大学数学系列丛书

微积分辅导（下）

（修订本）

龚漫奇　　吴灵敏　　缪克英　　编著

清 华 大 学 出 版 社
北京交通大学出版社
·北京·

内 容 简 介

本书共分 5 章,主要内容包括:多元函数微分学、重积分、曲线积分与曲面积分、无穷级数、微分方程。此外,本书后附有模拟试卷及其参考答案。

本书可作为高等院校的理工科专业和经济管理类专业各微积分课程的辅导教材,也可供各类成人教育和自学考试人员使用。

图书在版编目（CIP）数据

微积分辅导．下/龚漫奇，吴灵敏，缪克英编著．—北京：清华大学出版社；北京交通大学出版社，2007.4（2018.2 修订）

（大学数学系列丛书）

ISBN 978‒7‒81082‒956‒4

Ⅰ．微…　Ⅱ．①龚…　②吴…　③缪…　Ⅲ．微积分-高等学校-教学参考资料　Ⅳ．O172

中国版本图书馆 CIP 数据核字（2007）第 023614 号

责任编辑：黎　丹
出版发行：清 华 大 学 出 版 社　　邮编：100084　　电话：010‒62776969
　　　　　北京交通大学出版社　　邮编：100044　　电话：010‒51686414
印　刷　者：北京时代华都印刷有限公司
经　　销：全国新华书店
开　　本：185×230　　印张：20.25　　字数：454 千字
版　　次：2007 年 3 月第 1 版　　2018 年 2 月第 1 次修订　　2018 年 2 月第 5 次印刷
书　　号：ISBN 978‒7‒81082‒956‒4/O·44
印　　数：10 001～11 500 册　　定价：38.00 元

本书如有质量问题，请向北京交通大学出版社质监组反映。对您的意见和批评，我们表示欢迎和感谢。

投诉电话：010‒51686043，51686008；传真：010‒62225406；E-mail：press@bjtu.edu.cn。

前　言

微积分是高等院校理工科各专业必修的一门学时最多的基础课，总的来说这门课有以下 3 个特点。

（1）门坎高。开课伊始学的就是这门课中最难理解的"极限的 ε-δ 语言定义"。

（2）内容多。首先微积分所涉及的初等数学几乎包括了全部的中学数学；其次微积分作为大学数学的基础课，它包含了众多其他数学课的基础内容，这些课程包括：数理逻辑、实变函数（多学时内容）、线性代数、空间解析几何、偏微分方程、线性规划、非线性规划、积分变换、复变函数等；再有，微积分需要记忆的内容较多，仅微积分下册需要记忆的定理和公式就有 50 多个，而且这些公式是很难在考场上凭逻辑临时推出的。

（3）难度大。微积分的基本概念都是非常抽象的，有些甚至带有哲学色彩，所以很难理解。另外，微积分含有一些难度极大的题目。

正是基于微积分课程的以上 3 个特点，我们编写了《微积分辅导》（上、下册），希望能够帮助学生学好这门课。下面从两个方面介绍如何利用本书来学习微积分。

第一，为了透彻理解和灵活掌握微积分，建议在使用本书时，首先应熟知每一章的基本内容，然后再看例题。看例题时，先只看题目，不看分析与解答，自己想一想，动手算一算，尽量能自己给出结果，然后再去看例题的分析和解答。也许有人会认为这样做太浪费时间，尤其是经过较长时间的思考仍然没有得出正确的结论时。实际上经过多年的教学实践证明，在学习效果上，主动而深刻地对典型问题的思考要比被动地接受大量的解题信息好得多，而且在主动思考没有得到正确解时也是如此。这是因为在长时间思考没有得到正确解后再看正确的解答会给人留下更加深刻的印象。另外，对于不是自己独立做出的题目，应注意其解题思路，等过一段时间，已经淡忘了该题的解题过程后，再重解该题看能否想起它的解题思路并给出正确解，这是一种较好的反复学习的方法。

第二，从现实的角度，尤其是对数学基础不太好的学生，针对上面提到的学习微积分课的 3 个难点，下面给出具体的学习对策。对于开始上课就碰到最难理解的"极限的 ε-δ 语言定义"，首先要多从直观的角度去理解极限，然后考查严格定义是怎样从直观中抽象出来的；

如果还是难于理解，可先将 ε-δ 的定义背记下来，反复默写，即使一时不能理解也没关系，只要在后面的学习中反复地对比思考，一般都会逐渐加深对 ε-δ 语言的理解。另外，即使最终还不能理解微积分中"ε-δ 语言"，也不妨碍学习微积分的基本原理和基本应用。对于学习微积分的第二个难点：内容多，其实本书的主要目的就是为了帮助学生克服这一困难的。面对众多的内容和多变的题型，最重要的就是多记、多看、多练。所谓"多记"，就是对于必须记忆的公式和定理（即本书的基础内容部分）要熟记于心。注意"多记"是指反复地记，而不是大量地记。所谓"多看"，就是要多看一些题目，多看一些典型例题的解法。最后，也是最重要的，是"多练"，因为记下了公式不等于会用公式，看懂了别人解题并不能说明自己会解题（经常出现这样的情况，考试后教师说某题我讲过，但该题的得分率却很低，学生说讲的时候都懂，一做题就不会了）。为此下面推荐一种效率较高的复习方法（即"多练"的方法），先整理好应背记的公式和定理，然后开始做历届的考题，不会做时看解答或问会做的人，找出是哪个应背的公式没有理解，做个记号，然后消化理解，学会解这类题目。这样一张一张做卷子，一次一次理解还未掌握而又应该掌握的内容，就可得到较好的复习效果。对于学习微积分的第三个难点：难度大，首先"难度"是一个相对的概念，许多题目，对于没见过该种题型的人是很难的，而对于学习过这种题型的人就不是难题了，因此适当地学习一些常见的题型对于掌握微积分这门课程是必需的。本书的例题就是由富有微积分教学经验的教师为提高学生解题能力所精选的最具代表性的题目。其次，对于学习的深度，学生要根据自身的条件量力而行，本书的例题都标有难度，"A 类"为较易，"C 类"为较难，"B 类"为中等。一般地，只要掌握 A 类、B 类题目就已经达到这门课的基本要求了。

本套书共分 11 章，上册 6 章，即预备知识、极限与连续、导数与微分、微分中值定理与导数的应用、不定积分、定积分及其应用，下册 5 章，即多元函数微分学、重积分、曲线积分与曲面积分、无穷级数、微分方程，每章包括 3 个部分：基本内容、例题、测验与练习。另外书后还附有北京交通大学微积分课程的期末试卷及其解答。

本书由龚漫奇主编，负责全书的统一协调、编纂和定稿，具体的编写分工为：龚漫奇编写第 8、11 章，缪克英编写第 7、10 章，吴灵敏编写第 9 章。

由于水平所限，书中缺点、错误在所难免，敬请读者批评指正。

编　者

2007 年 2 月

总　序

随着人类进入 21 世纪，科学技术的发展日益迅猛。在当今这个信息时代中，各种竞争的关键就是科学技术的竞争，科学技术的竞争突出地体现在人才的竞争上，而人才的竞争其实就是教育的竞争。当前的知识经济时代，将对人类知识和科学技术的发展、经济增长因素和方式乃至社会生活，引发新的、深刻的变化。在知识经济时代，国家的竞争能力和综合国力的强弱，不仅取决于其拥有的自然资源，更重要的是取决于科学技术和知识更新的发展水平，尤其是知识创新与技术创新的能力。知识经济的第一资源是智力资源，拥有智力资源的是人才，人才来自教育。要提高民族的创新能力，归根到底要提高全体民众的教育水平，培养大批具有创新意识、创新精神和创新能力的人才。

在我国的高等教育中，数学教育可以说起着举足轻重的作用。许多专家指出，数学教育在人类的精神营养中，确实有"精神钙质"的作用，因为数学对一个人的思想方法、知识结构与创造能力的形成起着不可缺少的作用。很难想像，一个数学知识贫乏的人，会在科学上有所建树。因此，全面提高我国理工科大学中非数学专业大学生的数学水平，将关系到我国各行各业中高级专门人才的素质和能力，关系到我国未来科学技术的发展水平和在世界上的竞争力，是国家百年树人基业中的重要一环。

正是基于以上的考虑，我们借鉴了我国近几年高等学校教学改革，特别是数学教学改革的经验，借鉴近几年我校数学教学改革的一些实践与做法，组织一批在大学数学公共课教学中有丰富教学经验的教师，在精心筹划、多方面研讨的基础上，编写了这一套"大学数学系列丛书"。

本系列教材在大学数学的三门重要的基础课教材——《微积分》、《线性代数与解析几何》、《概率论与数理统计》上下了很大的工夫。我们不仅按照教学的基本要求仔细编写了各章的内容，而且在各章中也融入了当前教学改革的一些经验；同时注意编写了与主教材配套的辅导教材，这样可以帮助学生更好地理解主教材中的内容和学习方法。在辅导教材的编写上，我们注重对主教材内容知识的扩展，同时也帮助学生掌握好各门课程的学习方法。但是，我们反对将主教材中的习题在辅导教材中简单地给出题解的做法。我们认为，这种做法是对大学生的学习积极性和创造性的扼杀。另外，为了适应目前大学数学教学改革的需要，我们编写了《数学实验基础》和《数学建模基础》两本教材。我们认为，数学实验、数学建模与传统大学数学教学内容相结合，将会极大地丰富数学教学内容，增强大学生学习数学、应用数学的兴趣与积极性，为他们在将来的工作中想到数学、运用数学解决实际问题打下一个良好的基础。同时，数学实验课与数学建模课的开设，将会给传统的数学教学方法带来更有意义的改革。另外，为了配合我校的"高等数学方法"选修课及参加北京市大学生（非数学专业）数学竞赛培训的需要，我们还编写了《高等数学方法导引》教材，使大学生中有数学天赋的同学能更进一步地掌握高等数学的解题方法。

　　本系列教材在编写过程中，得到了北京交通大学教务处的大力支持，在教材的出版中，得到了北京交通大学出版社的热情帮助，在此，本系列丛书的全体编委向他们表示衷心的感谢。

　　本系列教材适用于高等院校的理工科专业和经济管理类专业的数学教学，也可以作为相关专业学生的自学教材和培训教材。

　　本系列教材的编写是大学数学基础课教学中的一种探索，其中一些做法，欢迎各方读者在对教材的使用与阅读中评头论足，不吝赐教，我们将在今后的修改中使其更加完善。

"大学数学系列丛书"编写委员会

2007 年 2 月

"大学数学系列丛书"
编写委员会成员名单

目　录

第7章

多元函数微分学

7.1 基本内容

1. 了解多元函数的概念

1) 多元函数的概念

设 D 是 n 维空间的一个点集，如果对每个点 $P(x_1, x_2, \cdots, x_n) \in D$，变量 z 按法则 f，总有唯一确定的数与之对应，则称 f 是 D 上的一个 n 元函数（或称变量 z 是变量 x_1，$x_2, \cdots, x_n$ 的 n 元函数），记作 $z = f(P)$ 或 $z = f(x_1, x_2, \cdots, x_n)$，$D$ 称为 f 的定义域，$W = f(D) = \{z \mid z = f(P), P \in D\}$ 称为 f 的值域.

2) 二元函数的几何意义

二元函数 $z = f(x, y)$，$(x, y) \in D$，一般地，D 是 xOy 平面上的一个区域，其图形由空间的点集 $\{(x, y, z) \mid z = f(x, y), (x, y) \in D\}$ 组成，是空间的一张曲面. 曲面投影到 xOy 平面上为 D，过任意点 $(x, y) \in D$，作垂直于 xOy 平面的直线与该曲面交于点 $(x, y, f(x, y))$.

2. 了解二元函数极限与连续的概念，掌握有界闭区域上二元函数连续的性质

1) 多元函数极限的概念

设 $z = f(P)$，$P \in D$，且在 P_0 附近（即 P_0 的某空心邻域内）总有 D 中的点，若对任意 $\varepsilon > 0$，总存在 $\delta > 0$，当 $0 < \mid PP_0 \mid < \delta$ 及 $P \in D$ 时，总有 $\mid f(P) - A \mid < \varepsilon$ 成立，则称 A 为 $P \to P_0$ 时 $f(P)$ 的极限，记作 $\lim\limits_{P \to P_0} f(P) = A$.

特别地，对二元函数记作

$$\lim_{P \to P_0} f(P) = \lim_{(x, y) \to (x_0, y_0)} f(x, y) = \lim_{\substack{x \to x_0 \\ y \to y_0}} f(x, y)$$

2) 多元函数连续的概念

设 $z = f(P)$，如果 $\lim\limits_{P \to P_0} f(P) = f(P_0)$，则称 $z = f(P)$ 在 P_0 点连续；又如果 $f(P)$ 在点集 X 中的每一点都连续，则称 $f(P)$ 为 X 上的连续函数.

3) 多元初等函数

由常数及基本初等函数经过有限次的四则运算复合而成且由一个式子表示的多元函数，称为多元初等函数.

多元初等函数在其定义区域内是连续的.

4) 有界闭区域上多元连续函数的性质

在有界闭区域 D 上连续的函数，在 D 上一定能够取到最大值和最小值，以及介于最大值与最小值之间的任何值.

3. 掌握多元函数偏导数的概念及其计算方法

1) 多元函数的偏导数概念

多元函数 $z = f(x, y, \cdots)$ 对 x 的偏导数，就是把除 x 以外的自变量都看作常数，z 看成 x 的一元函数的导数，记作

$$\frac{\partial z}{\partial x} = \frac{\partial f}{\partial x} = z'_x = f'_x = z_x = f_x$$

例如，二元函数 $z = f(x, y)$ 在 (x_0, y_0) 对 x 的偏导数就是把 y 看作常数，z 看成 x 的一元函数的导数，所以有极限形式

$$f'_x(x_0, y_0) = \lim\limits_{\Delta x \to 0} \frac{f(x_0 + \Delta x, y_0) - f(x_0, y_0)}{\Delta x}$$

2) 二阶偏导数

一阶偏导数的偏导数称为二阶偏导数，如

$$z''_{xx} = (z'_x)'_x, \quad z''_{xy} = (z'_x)'_y, \quad z''_{yx} = (z'_y)'_x, \quad z''_{yy} = (z'_y)'_y$$

在 z''_{xy} 与 z''_{yx} 连续的点处有 $z''_{xy} = z''_{yx}$.

3) 偏导数的求法

由偏导数的定义可知，它的计算方法就是一元函数求导的方法（除求导变量外的其余变量看作常数）.

4. 掌握多元函数全微分的概念，了解全微分存在的必要条件和充分条件，了解连续、偏导数存在及可微之间的关系，了解全微分在近似计算中的作用

1) 二元函数全微分的概念

设二元函数 $z = f(x, y)$，$\Delta z = f(x + \Delta x, y + \Delta y) - f(x, y)$，$\rho = \sqrt{\Delta x^2 + \Delta y^2}$，若

$\Delta z = A\Delta x + B\Delta y + o(\rho)(\rho \to 0)$，则称 $z = f(x, y)$ 在 (x, y) 可微，称 $A\Delta x + B\Delta y$ 为 $f(x, y)$ 的全微分，记作 $dz = A\Delta x + B\Delta y$.

2）可微的必要条件（可微与偏导数存在的关系）

若 $z = f(x, y)$ 在 (x, y) 处可微，则 $f(x, y)$ 在 (x, y) 处偏导数存在，且 $dz = z'_x\Delta x + z'_y\Delta y \overset{\text{记}}{=\!=\!=} z'_x dx + z'_y dy$.

3）可微的必要条件（可微与连续的关系）

若 $z = f(x, y)$ 在 (x, y) 处可微，则 $f(x, y)$ 在 (x, y) 处连续.

4）可微的充分条件（偏导数连续与可微的关系）

若 $z = f(x, y)$ 的偏导数在 (x, y) 连续，则 $f(x, y)$ 在 (x, y) 处可微.

5）连续、偏导数存在及可微之间的关系

$$偏导数连续 \Rightarrow 可微 \Rightarrow 偏导数存在$$
$$\Downarrow$$
$$连续$$

以上导出关系不可逆.

6）利用全微分近似计算

$z = f(x, y)$ 的偏导数在点 (x_0, y_0) 连续，则当 $|\Delta x|$，$|\Delta y|$ 较小时，有

$$\Delta z \approx dz = f'_x(x_0, y_0)\Delta x + f'_y(x_0, y_0)\Delta y$$

或

$$f(x_0 + \Delta x, y_0 + \Delta y) \approx f(x_0, y_0) + f'_x(x_0, y_0)\Delta x + f'_y(x_0, y_0)\Delta y$$

5. 熟练掌握复合函数和隐函数求导法

1）复合函数求导法

设因变量 z 是中间变量 $u, v, \cdots, w$ 的函数，而 $u, v, \cdots, w$ 又是自变量 $x, y, \cdots, t$ 的函数，则 z 成为 $x, y, \cdots, t$ 的函数. 当 z 关于 $u, v, \cdots, w$ 可微，且 $u, v, \cdots, w$ 关于 x 可偏导时，复合函数 z 关于 x 可偏导，且

$$z'_x = z'_u u'_x + z'_v v'_x + \cdots + z'_w w'_x$$

2）一阶全微分的形式不变性

设 $z = f(u, v, \cdots, w)$ 有连续偏导数，则不论 $u, v, \cdots, w$ 是自变量还是中间变量（这时 $u, v, \cdots, w$ 也有连续偏导）都有

$$dz = z'_u du + z'_v dv + \cdots + z'_w dw$$

3）隐函数求导法

设 n 个方程，m 个变量 $(m > n)$ 的隐函数方程组确定了 n 个 $m - n$ 元函数. 首先由题设

条件选定 $m-n$ 个变量为自变量，其余 n 个变量为函数变量；其次在每个方程两边对同一个自变量求导，其他自变量看成常数，而函数变量不是常数；最后从方程组解出（一般用克莱姆法则）所求的偏导数.

6. 掌握方向导数和梯度的概念及其计算法

1）方向导数的概念

设 L 是以 P_0 为起点，以 l 为方向的射线、则多元函数 $z=f(P)$ 在 P_0 点沿 l 方向的方向导数为

$$\frac{\partial z}{\partial l}\bigg|_{P_0} = \frac{\partial f}{\partial l}\bigg|_{P_0} = \lim_{P沿l\to P_0} \frac{f(P)-f(P_0)}{|PP_0|}$$

它是 $z=f(P)$ 沿 l 方向的变化率.

2）梯度的概念

$z=f(x,\ y,\ \cdots,\ t)$ 在 P_0 点的梯度为

$$\mathbf{grad}(f(P))\bigg|_{P_0} = (f'_x,\ f'_y,\ \cdots,\ f'_t)\bigg|_{P_0}$$

3）方向导数的计算公式

设 $z=f(x,\ y,\ \cdots,\ t)$ 在 P_0 可微，l 为任一非零方向，与 l 同方向的单位向量为 $e^0_l = (\cos\alpha,\ \cos\beta,\ \cdots,\ \cos r)(\alpha,\ \beta,\ \cdots,\ r$ 为方向角），则

$$\frac{\partial z}{\partial l}\bigg|_{P_0} = \left(\mathbf{grad}(f(P))\bigg|_{P_0}\right) \cdot \boldsymbol{l}^0$$

$$= (f'_x\cos\alpha + f'_y\cos\beta + \cdots + f'_t\cos r)\bigg|_{P_0}$$

4）方向导数与梯度的关系

函数 $z=f(P)$ 在 P_0 的方向导数 $\frac{\partial z}{\partial l}$ 中，当 l 与梯度方向同向时，$\frac{\partial z}{\partial l}$ 最大，最大值为 $\left|\mathbf{grad}(f(P))\mid_{P_0}\right|$，反向时，$\frac{\partial z}{\partial l}$ 最小，最小值为 $-\left|\mathbf{grad}(f(P))\mid_{P_0}\right|$.

7. 掌握曲线的切线与法平面和曲面的切平面与法线的概念及其求法

1）曲线的切线与法平面

设空间曲线 C：$x=x(t)$，$y=y(t)$，$z=z(t)$，曲线上当 $t=t_0$ 时对应的点 $M_0(x(t_0)$，$y(t_0)$，$z(t_0))$ 处切线方程为

$$\frac{x-x(t_0)}{x'(t_0)} = \frac{y-y(t_0)}{y'(t_0)} = \frac{z-z(t_0)}{z'(t_0)}$$

法平面方程为

$$x'(t_0)(x-x(t_0))+y'(t_0)(y-y(t_0))+z'(t_0)(z-z(t_0))=0$$

2）曲面的切平面与法线方程

设曲面 Σ：$F(x,\ y,\ z)=0$，在点 $M_0(x_0,\ y_0,\ z_0)$ 处

切平面方程为

$$F'_x(M_0)(x-x_0)+F'_y(M_0)(y-y_0)+F'_z(M_0)(z-z_0)=0$$

法线方程为

$$\frac{x-x_0}{F'_x(M_0)}=\frac{y-y_0}{F'_y(M_0)}=\frac{z-z_0}{F'_z(M_0)}$$

8. 理解多元函数极值与条件极值的概念，会求二元函数的极值，会用拉格朗日乘数法求条件极值及相关的应用问题

1）极值的概念

设 $z=f(P)$，对于在 P_0 点附近的点 P，总有 $f(P)>$（或$<$）$f(P_0)$，称 $f(P_0)$ 为 f 的极大（或小）值，P_0 称为极大（或小）值点.

2）条件极值的概念

若 $f(P_0)$ 是满足约束等式 $\varphi_1(P)=0$，$\varphi_2(P)=0$，$\cdots$，$\varphi_k(P)=0$ 的极值，则称 $f(P)$ 为条件极值.

3）多元函数极值的必要条件

设 $z=f(P)$ 在 P_0 点取极值，且 $f(P)$ 在 P_0 的一阶偏导数存在，则这些一阶偏导数在 P_0 点的取值为 0（一阶偏导数取值为 0 的点称为驻点）.

4）二元函数极值的充分条件

设 $z=f(x,\ y)$ 在点 $(x_0,\ y_0)$ 的邻域内有二阶连续偏导，且 $f'_x(x_0,\ y_0)=f'_y(x_0,\ y_0)=0$，记 $A=f''_{xx}(x_0,\ y_0)$，$B=f''_{xy}(x_0,\ y_0)$，$C=f''_{yy}(x_0,\ y_0)$，则

当 $AC-B^2>0$ 时，$\begin{cases}A>0，f(x_0,\ y_0)\ 为极小值；\\A<0，f(x_0,\ y_0)\ 为极大值.\end{cases}$

当 $AC-B^2<0$ 时，$f(x_0,\ y_0)$ 不是极值.

当 $AC-B^2=0$ 时，$f(x_0,\ y_0)$ 可能是极值，也可能不是极值.

5）拉格朗日乘数法

$z=f(P)$ 在条件 $\varphi_1(P)=0$，$\varphi_2(P)=0$，$\cdots$，$\varphi_k(P)=0$ 下的极值点 P 满足方程

$$L'_x=0,\ L'_y=0,\ \cdots,\ L'_t=0,\ L'_{\lambda_1}=0,\ L'_{\lambda_2}=0,\ \cdots,\ L'_{\lambda_k}=0$$

其中

$$L=f(P)+\lambda_1\varphi_1(P)+\lambda_2\varphi_2(P)+\cdots+\lambda_k\varphi_k(P),\ P=(x,\ y,\ \cdots,\ t)$$

L 称为拉格朗日函数，λ_1，λ_2，$\cdots$，λ_k 称为拉格朗日乘数.

6）函数在有界闭区域上的最值问题及最值的实际应用问题

具体见例 7-31 和例 7-34 等.

7.2　典型例题

例题及相关内容概述

例 7-1　关于多元函数求极限的例题，之后有求极限方法小结

例 7-2　关于证明极限不存在的例题，之后有证明方法小结

例 7-3、例 7-4　关于分段函数在分段点处连续、可偏导、可微、偏导数连续的例题；例 7-4 后有讨论可微的步骤小结

例 7-5 至例 7-7　关于具体函数的偏导数、全微分的例题

例 7-8　关于全微分近似计算的例题

例 7-9　关于具体函数的复合函数求导例题

例 7-10 至例 7-12　关于抽象函数的复合函数求导的例题；例 7-12 后有复合函数求导小结

例 7-13 至例 7-15　关于一个方程的隐函数求导的例题

例 7-16、例 7-17　关于方程组的隐函数求导的例题；例 7-17 后有隐函数求导小结

例 7-18　求解简单的偏微分方程的例题

例 7-19、例 7-20　关于利用复合函数求导变换偏微分方程的例题

例 7-21、例 7-22　关于曲面的切平面的例题；例 7-22 后有求法向量的方法小结

例 7-24、例 7-25　关于曲线的切线的例题；例 7-26 后有求切向量的方法小结

例 7-26、例 7-27　关于方向导数的例题

例 7-28　关于显函数极值的例题

例 7-29　关于隐函数极值的例题，之后有求无条件极值的步骤小结

例 7-30　利用极限的保号性讨论极值的例题

例 7-31、例 7-32　关于在有界闭区域上求最值的例题，之后有求最值的步骤小结

例 7-33　方向导数和最值的综合例题

例 7-34 至例 7-36　关于最值的实际应用的例题；例 7-36 后有最值应用问题解题步骤小结

例 7-37　利用最值证明不等式的例题

例 7-38、例 7-39　利用最值的证明题

【例 7-1】（B 类）　求下列极限

(1) $\lim\limits_{\substack{x\to 0\\y\to 0}}\dfrac{\mathrm{e}^{xy}-2}{\cos^2 x+\sin^2 y+1}$

(2) $\lim\limits_{\substack{x\to 0\\y\to 0}}\dfrac{\sin(x^2 y)-\arcsin(x^2 y)}{x^6 y^3}$

(3) $\lim\limits_{\substack{x\to 0\\y\to 0}}(\sqrt[3]{x}+y)\sin\dfrac{1}{x}\cos\dfrac{1}{y}$

(4) $\lim\limits_{\substack{x\to 0\\y\to 0}}\dfrac{\sin(x^4-y^4)}{x^2+y^2}$

(5) $\lim\limits_{\substack{x\to 0\\y\to 0}}\dfrac{\sqrt{x^2 y^2+1}-1}{\tan x^2 y}$

(6) $\lim\limits_{\substack{x\to +\infty\\y\to +\infty}}\left(\dfrac{xy}{x^2+y^2}\right)^{x^2}$

分析：这是多元函数求极限的问题.

解　(1) 利用函数的连续性

$$\lim_{\substack{x\to 0\\y\to 0}}\frac{\mathrm{e}^{xy}-2}{\cos^2 x+\sin^2 y+1}=\frac{\mathrm{e}^{0\times 0}-2}{\cos^2 0+\sin^2 0+1}=-\frac{1}{2}$$

(2) 利用变量代换 $t=x^2 y$，化为一元函数求极限

$$\lim_{\substack{x\to 0\\y\to 0}}\frac{\sin(x^2 y)-\arcsin(x^2 y)}{x^6 y^3}\xupdownarrow{t=x^2 y}\lim_{t\to 0}\frac{\sin t-\arcsin t}{t^3}\left(\frac{0}{0}\right)$$

$$=\lim_{t\to 0}\frac{\cos t-\dfrac{1}{\sqrt{1-t^2}}}{3t^2}\left(\frac{0}{0}\right)=\lim_{t\to 0}\frac{-\sin t+\dfrac{1}{2}(1-t^2)^{-\frac{3}{2}}(-2t)}{6t}$$

$$=\lim_{t\to 0}\left[-\frac{\sin t}{6t}-\frac{1}{6}(1-t^2)^{-\frac{3}{2}}\right]=-\frac{1}{6}-\frac{1}{6}=-\frac{1}{3}$$

(3) 利用"无穷小×有界函数＝无穷小".

$$\lim_{\substack{x\to 0\\y\to 0}}(\sqrt[3]{x}+y)\sin\frac{1}{x}\cos\frac{1}{y}=\lim_{\substack{x\to 0\\y\to 0}}\sqrt[3]{x}\sin\frac{1}{x}\cos\frac{1}{y}+\lim_{\substack{x\to 0\\y\to 0}}y\sin\frac{1}{x}\cos\frac{1}{y}$$
$$=0+0=0$$

(4) 利用等价代换. 因为当 $x\to 0$，$y\to 0$ 时，$x^4-y^4\to 0$，所以 $\sin(x^4-y^4)\sim x^4-y^4$，因此

$$\lim_{\substack{x\to 0\\y\to 0}}\frac{\sin(x^4-y^4)}{x^2+y^2}=\lim_{\substack{x\to 0\\y\to 0}}\frac{x^4-y^4}{x^2+y^2}=\lim_{\substack{x\to 0\\y\to 0}}(x^2-y^2)=0$$

(5) 分子有理化及分母等价代换.

$$\lim_{\substack{x\to 0\\y\to 0}}\frac{\sqrt{x^2 y^2+1}-1}{\tan x^2 y}=\lim_{\substack{x\to 0\\y\to 0}}\frac{x^2 y^2}{x^2 y(\sqrt{x^2 y^2+1}+1)}=\lim_{\substack{x\to 0\\y\to 0}}\frac{y}{\sqrt{x^2 y^2+1}+1}=0$$

(6) 利用夹逼准则. 因为

$$0 \leqslant \left| \left(\frac{xy}{x^2 y^2} \right)^{x^2} \right| \leqslant \left[\frac{\frac{1}{2}(x^2+y^2)}{x^2+y^2} \right]^{x^2} = \left(\frac{1}{2} \right)^{x^2}$$

又 $\lim\limits_{x \to +\infty} \left(\dfrac{1}{2} \right)^{x^2} = 0$，故

$$\lim_{\substack{x \to +\infty \\ y \to +\infty}} \left(\frac{xy}{x^2+y^2} \right)^{x^2} = 0$$

多元函数求极限方法小结

（1）利用函数的连续性；

（2）作变量代换，化为一元函数的极限；

（3）利用"有界函数×无穷小＝无穷小"；

（4）利用等价代换；

（5）利用夹逼准则.

【例 7-2】（B 类）　证明下列极限不存在.

(1) $\lim\limits_{\substack{x \to 0 \\ y \to 0}} \dfrac{x+y}{x-y}$　　　　　　(2) $\lim\limits_{\substack{x \to 0 \\ y \to 0}} \dfrac{xy^2}{x^2+y^4}$

分析：若动点 $P(x,y)$ 沿不同路径趋于定点 (x_0, y_0) 时，$f(x,y)$ 趋于不同的值，则 $\lim\limits_{\substack{x \to x_0 \\ y \to y_0}} f(x,y)$ 不存在.

证　（1）因为

$$\lim_{\substack{x \to 0 \\ y \to 0 \\ y=0}} \frac{x+y}{x-y} = \lim_{x \to 0} \frac{x+0}{x-0} = 1$$

$$\lim_{\substack{x \to 0 \\ y \to 0 \\ y=\frac{x}{3}}} \frac{x+y}{x-y} = \lim_{x \to 0} \frac{x+\dfrac{x}{3}}{x-\dfrac{x}{3}} = \lim_{x \to 0} \frac{4x}{2x} = 2$$

当 (x,y) 沿 $y=0$ 和 $y=\dfrac{x}{3}$ 两条不同路径趋于点 $(0,0)$ 时，极限值不同，所以原极限不存在.

（2）因为

$$\lim_{\substack{x \to 0 \\ y \to 0 \\ x=ky^2}} \frac{xy^2}{x^2+y^4} = \lim_{y \to 0} \frac{ky^4}{k^2 y^4 + y^4} = \frac{k}{k^2+1}$$

当 (x, y) 沿 $x = ky^2$ 趋于点 $(0, 0)$ 时，极限值与 k 有关，不是确定的常数，故原极限不存在.

证明二元函数极限不存在方法小结

$$\lim_{\substack{x \to x_0 \\ y \to y_0}} f(x, y) = A \Leftrightarrow 动点 (x, y) 沿任何路径趋于 (x_0, y_0) 时，f(x, y) \to A$$

所以要证明极限不存在，可以有下列常见方法：

(1) 找两条路径，使函数沿两条路径的极限值不同（如例 7-2 (1)）；

(2) 找与 k 有关的特殊路径，使函数沿这样的路径的极限值不是常数而与 k 有关（如例 7-2 (2)）；

(3) 找一条路径，使函数沿此路径的极限不存在（见例 7-4 偏导数连续性的讨论）.

注：二元函数的极限与一元函数的极限有本质的区别。对于一元函数，只要左、右极限存在且相等，则极限一定存在；对于二元函数，即使沿所有直线（已经覆盖了整个平面）的极限都存在且相等，也不能说明极限存在，因为直线路径并不是所有路径，如例 7-2 (2)，以下做法是错误的。

因为

$$\lim_{\substack{x \to 0 \\ y \to 0 \\ y = kx}} \frac{xy^2}{x^2 + y^4} = \lim_{x \to 0} \frac{k^2 x^3}{x^2 + k^4 x^4} = \lim_{x \to 0} \frac{k^2 x}{1 + k^4 x^2} = 0$$

所以原极限 $= 0$.

【例 7-3】（B 类）　设

$$f(x, y) = \begin{cases} \dfrac{xy}{x^2 + y^2}, & x^2 + y^2 \neq 0 \\ 0, & x^2 + y^2 = 0 \end{cases}$$

问 $f(x, y)$ 在点 $(0, 0)$ 是否连续？是否可偏导，是否可微？是否一阶偏导数连续？

分析：分段点处用定义讨论.

解　因为

$$\lim_{\substack{x \to 0 \\ y \to 0 \\ y = kx}} \frac{xy}{x^2 + y^2} = \lim_{x \to 0} \frac{kx^2}{x^2 + k^2 x^2} = \frac{k}{1 + k^2}$$

所以 $\lim_{\substack{x \to 0 \\ y \to 0}} f(x, y)$ 不存在，故 $f(x, y)$ 在点 $(0, 0)$ 处不连续 $\Rightarrow$ 不可微 $\Rightarrow$ 一阶偏导数不连续，但

$$f'_x(0, 0) = \lim_{\Delta x \to 0} \frac{f(0+\Delta x, 0) - f(0, 0)}{\Delta x} = \lim_{\Delta x \to 0} \frac{0-0}{\Delta x} = 0$$

同理 $f'_y(0, 0) = 0$，因此 $f(x, y)$ 在 $(0, 0)$ 可偏导.

【例 7-4】（C 类）　设

$$z = f(x, y) = \begin{cases} (x^2 + y^2)\sin\dfrac{1}{x^2+y^2}, & x^2+y^2 \neq 0 \\ 0, & x^2+y^2 = 0 \end{cases}$$

问 $f(x, y)$ 在点 $(0, 0)$ 处是否连续？是否可偏导？是否可微？是否一阶偏导数连续？

解　因为

$$\lim_{\substack{x \to 0 \\ y \to 0}} f(x, y) = \lim_{\substack{x \to 0 \\ y \to 0}} (x^2 + y^2) \sin\frac{1}{x^2+y^2} = 0 = f(0, 0)$$

所以 $f(x, y)$ 在点 $(0, 0)$ 处连续。又

$$f'_x(0, 0) = \lim_{\Delta x \to 0} \frac{f(0+\Delta x, 0) - f(0, 0)}{\Delta x} = \lim_{\Delta x \to 0} \frac{\Delta x^2 \sin\dfrac{1}{\Delta x^2}}{\Delta x}$$

$$= \lim_{\Delta x \to 0} \Delta x \sin\frac{1}{\Delta x^2} = 0$$

同理 $f'_y(0, 0) = 0$，故 $f(x, y)$ 在点 $(0, 0)$ 处可偏导。又因为

$$\lim_{\rho \to 0} \frac{\Delta z - f'_x(0, 0)\Delta x - f'_y(0, 0)\Delta y}{\rho}$$

$$= \lim_{\rho \to 0} \frac{f(0+\Delta x, 0+\Delta y) - f(0, 0) - 0 \cdot \Delta x - 0 \cdot \Delta y}{\rho}$$

$$= \lim_{\substack{\Delta x \to 0 \\ \Delta y \to 0}} \frac{(\Delta x^2 + \Delta y^2) \sin\dfrac{1}{\Delta x^2 + \Delta y^2}}{\sqrt{\Delta x^2 + \Delta y^2}}$$

$$= \lim_{\substack{\Delta x \to 0 \\ \Delta y \to 0}} \sqrt{\Delta x^2 + \Delta y^2} \sin\frac{1}{\Delta x^2 + \Delta y^2} = 0$$

故 $f(x, y)$ 在点 $(0, 0)$ 处可微，且 $\mathrm{d}z\Big|_{\substack{x=0 \\ y=0}} = 0 \cdot \mathrm{d}x + 0 \cdot \mathrm{d}y = 0$，由偏导数

$$f'_x(x, y) = \begin{cases} 2x\sin\dfrac{1}{x^2+y^2} - \dfrac{2x}{x^2+y^2}\cos\dfrac{1}{x^2+y^2}, & x^2+y^2 \neq 0 \\ 0, & x^2+y^2 = 0 \end{cases}$$

而

$$\lim_{\substack{x\to 0 \\ y=x}} f'_x(x,\ y) = \lim_{x\to 0}(2x\sin\frac{1}{2x^2} - \frac{1}{x}\cos\frac{1}{2x^2})$$

不存在，因此$\lim\limits_{\substack{x\to 0 \\ y\to 0}} f'_x(x,\ y)$ 不存在，同理$\lim\limits_{\substack{x\to 0 \\ y\to 0}} f'_y(x,\ y)$不存在，所以 $f(x,\ y)$ 的一阶偏导数在点（0，0）处不连续.

注：(1) 分段函数在分段点 $(x_0,\ y_0)$ 的全微分讨论，按以下步骤进行：用定义求 $f'_x(x_0,\ y_0)$，$f'_y(x_0,\ y_0)$，若它们不存在，则 $z=f(x,\ y)$ 在$(x_0,\ y_0)$不可微；若存在，则计算

$$\lim_{\rho\to 0}\frac{\Delta z - f'_x(x_0,\ y_0)\Delta x - f'_y(x_0,\ y_0)\Delta y}{\rho} \quad (\rho=\sqrt{\Delta x^2+\Delta y^2})$$

如果此极限为 0，则在$(x_0,\ y_0)$可微，且

$$dz\Big|_{\substack{x=x_0 \\ y=y_0}} = f'_x(x_0,\ y_0)dx + f'_y(x_0,\ y_0)dy$$

若极限不为 0，则在$(x_0,\ y_0)$不可微.

(2) 牢记下述成立的推理过程：

$$\text{偏导数 } f'_x,\ f'_y \text{ 连续} \Rightarrow f \text{ 可微} \begin{array}{l} \nearrow f \text{ 可偏导} \\ \searrow f \text{ 连续} \end{array}$$

除上述列出的推理成立外，其他推理均不成立.

练习题 7-1 设 $z=f(x,\ y)=\sqrt{|xy|}$，求$\dfrac{\partial f}{\partial x}$.

答案：当 $x>0$ 时，为$\dfrac{\sqrt{|y|}}{2\sqrt{x}}$；当 $x<0$ 时，为$-\dfrac{\sqrt{|y|}}{2\sqrt{-x}}$；当 $x=0$，$y=0$ 时，为 0；当 $x=0$，$y\neq 0$ 时，不存在.

【例 7-5】（A 类） 设 $f(x,\ y)=x+(y-1)\arcsin\sqrt{\dfrac{x}{y}}$，求 $f'_x(x,\ 1)$.

分析：具体函数关于 x 的导数，只要把 y 看成常数.

解 1 把 y 看成常数求导后代入 $y=1$，因为

$$f'_x(x,\ y)=1+(y-1)\cdot\frac{1}{\sqrt{1-\dfrac{x}{y}}}\cdot\frac{1}{2\sqrt{x}}\cdot\frac{1}{\sqrt{y}}$$

所以 $f'_x(x,\ 1)=1$.

解 2 把 y 看成常数 1，再求导.

因为 $f(x, 1) = x$，所以 $f'_x(x, 1) = 1$.

> **注**：解法 2 显然比解法 1 简单. 注意
>
> $$f'_x(x_0, y_0) = (f(x, y))'_x \Big|_{\substack{x=x_0 \\ y=y_0}} = (f(x, y_0))'_x \Big|_{x=x_0}$$

对 $f'_y(x_0, y_0)$ 有类似的形式.

【例 7-6】（A 类）　设 $z = \arctan \dfrac{x+y}{1-xy}$，求 $\dfrac{\partial z}{\partial x}$，$\dfrac{\partial z}{\partial y}$，$\dfrac{\partial^2 z}{\partial x^2}$，$\dfrac{\partial^2 z}{\partial x \partial y}$，$\dfrac{\partial^2 z}{\partial y^2}$.

> **分析**：这是具体函数求偏导数.

解
$$\frac{\partial z}{\partial x} = \frac{1}{1 + \left(\dfrac{x+y}{1-xy}\right)^2} \cdot \frac{1-xy-(x+y)(-y)}{(1-xy)^2}$$

$$= \frac{1+y^2}{(1-xy)^2 + (x+y)^2} = \frac{1}{1+x^2}$$

$$\frac{\partial^2 z}{\partial x^2} = \frac{-2x}{(1+x^2)^2}, \quad \frac{\partial^2 z}{\partial x \partial y} = 0$$

由函数表达式中变量 x 与 y 的对称性可知

$$\frac{\partial z}{\partial y} = \frac{1}{1+y^2}, \quad \frac{\partial^2 z}{\partial y^2} = \frac{-2y}{(1+y^2)^2}$$

【例 7-7】（A 类）　设 $f(x, y, z) = \left(\dfrac{x}{y}\right)^{\frac{1}{z}}$，求 $\mathrm{d}f(1, 1, 1)$.

> **分析**：$\mathrm{d}f(x, y, z) = f'_x \mathrm{d}x + f'_y \mathrm{d}y + f'_z \mathrm{d}z$.

解 1　因为

$$f'_x = \frac{1}{z}\left(\frac{x}{y}\right)^{\frac{1}{z}-1} \cdot \frac{1}{y}, \quad f'_y = \frac{1}{z}\left(\frac{x}{y}\right)^{\frac{1}{z}-1} \cdot \left(-\frac{x}{y^2}\right)$$

$$f'_z = \left(\frac{x}{y}\right)^{\frac{1}{z}} \ln\left(\frac{x}{y}\right) \cdot \left(-\frac{1}{z^2}\right)$$

将点 $(1, 1, 1)$ 代入，并由全微分公式得

$$\mathrm{d}f(1, 1, 1) = 1 \cdot \mathrm{d}x + (-1)\mathrm{d}y + 0 \cdot \mathrm{d}z = \mathrm{d}x - \mathrm{d}y$$

解 2　因为

$$f'_x(1,1,1) = (f(x,1,1))' \Big|_{x=1} = (x)' \Big|_{x=1} = 1$$

$$f'_y(1,1,1) = (f(1,y,1))' \Big|_{y=1} = \left(\frac{1}{y}\right)' \Big|_{y=1} = \left(-\frac{1}{y^2}\right) \Big|_{y=1} = -1$$

$$f'_z(1,1,1) = (f(1,1,z))' \Big|_{z=1} = (1)' \Big|_{z=1} = 0$$

所以

$$\mathrm{d}f(1,1,1) = \mathrm{d}x - \mathrm{d}y$$

【例 7-8】（A 类）　扇形的中心角 $\alpha = 60°$，增加 $\Delta\alpha = 1°$，为了使扇形的面积仍然不变，则应当把扇形的半径 $R = 20$ 厘米大约减少多少？

分析：此题是微分近似计算问题.

解　扇形的面积公式为　$S = \dfrac{1}{2}R^2\alpha$，于是

$$\Delta S \approx \mathrm{d}S = S'_R \Delta R + S'_\alpha \Delta\alpha = R\alpha\Delta R + \frac{1}{2}R^2\Delta\alpha$$

按题设有 $\Delta S = 0$，$\Delta\alpha = \dfrac{\pi}{180}$，代入上式即

$$0 \approx 20 \cdot \frac{\pi}{3}\Delta R + \frac{1}{2} \cdot 20^2 \cdot \frac{\pi}{180}$$

解之得

$$\Delta R \approx -\frac{1}{6}\ (\text{厘米}) \approx -1.7\ (\text{毫米})$$

即半径应减少约 1.7 毫米.

【例 7-9】（B 类）　（1）设 $u = \dfrac{\mathrm{e}^{ax}(y-z)}{a^2+1}$，而 $y = a\sin x$，$z = \cos x$，求 $\dfrac{\mathrm{d}u}{\mathrm{d}x}$（$a$ 为常数）；

（2）$u = xy^2z^3t^4$，且 $y = \mathrm{e}^{xt}$，$z = \sin(2x-3t)$，求 $\dfrac{\partial u}{\partial x}$.

分析：这是具体函数的复合函数求导问题，可以代入中间变量后求导，也可用链导法则求导.

解 1　（1）代入中间变量后

$$u = \frac{1}{a^2+1}\left[\mathrm{e}^{ax}(a\sin x - \cos x)\right]$$

所以

$$\frac{\mathrm{d}u}{\mathrm{d}x}=\frac{1}{a^2+1}\left[\mathrm{e}^{ax}a(a\sin x-\cos x)+\mathrm{e}^{ax}(a\cos x+\sin x)\right]$$

$$=\mathrm{e}^{ax}\sin x$$

(2) $u=x\mathrm{e}^{2xt}\left[\sin^3(2x-3t)\right]t^4$，所以

$$\frac{\partial u}{\partial x}=\mathrm{e}^{2xt}(\sin^3(2x-3t))t^4+x\mathrm{e}^{2xt}2t(\sin^3(2x-3t))\,t^4+$$

$$x\mathrm{e}^{2xt}(6\sin^2(2x-3t)\cos(2x-3x))t^4$$

$$=t^4\mathrm{e}^{2xt}\sin^2(2x-3t)\left[\sin(2x-3t)+2xt\sin(2x-3t)+6x\cos(2x-3t)\right]$$

解 2　(1) u 通过中间变量 x，y，z 是自变量 x 的复合函数（见函数关系图①），所以

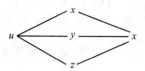

$$\frac{\mathrm{d}u}{\mathrm{d}x}=u'_x\stackrel{①}{=\!=\!=}u'_xx'_x+u'_yy'_x+u'_zz'_x$$

$$=\frac{\mathrm{e}^{ax}a(y-z)}{a^2+1}\cdot 1+\frac{\mathrm{e}^{ax}\cdot 1}{a^2+1}a\cos x+\frac{\mathrm{e}^{ax}\cdot(-1)}{a^2+1}(-\sin x)$$

$$\stackrel{y=a\sin x}{=\!=\!=\!=\!=}_{z=\cos x}\mathrm{e}^{ax}\sin x$$

(2) u 通过中间变量 x，y，z，t 是自变量 x，t 的复合函数（见函数关系图②），所以

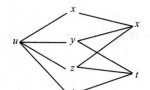

$$\frac{\partial u}{\partial x}=u'_x\stackrel{②}{=\!=\!=}u'_xx'_x+u'_yy'_x+u'_zz'_x+u'_tt'_x$$

$$=y^2z^3t^4\cdot 1+x^2 2yz^3t^4\cdot \mathrm{e}^{xt}t+xy^2 3z^2t^4\cdot 2\cos(2x-3t)+xy^2z^3 4t^3\cdot 0$$

$$\stackrel{y=\mathrm{e}^{xt}}{=\!=\!=\!=\!=}_{z=\sin(2x-3t)}t^4\mathrm{e}^{2xt}\sin^2(2x-3t)\left[\sin(2x-3t)+2xt\sin(2x-3t)+6x\cos(2x-3t)\right]$$

注："$\stackrel{①}{=\!=\!=}$" 左端的 $u'_x=u'_x(x)=\left[\dfrac{\mathrm{e}^{ax}(a\sin x-\cos x)}{a^2+1}\right]'_x\stackrel{故}{=\!=}\dfrac{\mathrm{d}y}{\mathrm{d}x}$，而右端的 $u'_x=u'_x(x,\ y,\ z)=\left[\dfrac{\mathrm{e}^{ax}\ (y-z)}{a^2+1}\right]'_x\stackrel{故}{=\!=}\dfrac{\partial u}{\partial x}$；

同理 "$\stackrel{②}{=\!=\!=}$" 左端的 $u'_x=u'_x(x,\ t)=\left[x\mathrm{e}^{2xt}(\sin^3(2x-3t))t^4\right]'_x$，而右端的 $u'_x=u'_x(x,\ y,\ z,\ t)=(xy^2z^3\,t^4)'_x$，所以把省略符号 u'_x 写完整，体现了对偏导数概念（即求导时，谁是常数，谁不是常数）的正确理解.

【例 7-10】（B 类）　设 $z=xy+xF(u)$，其中 F 为可微函数，且 $u=\dfrac{y}{x}$，证明

$$x\frac{\partial z}{\partial x}+y\frac{\partial z}{\partial y}=z+xy$$

分析： 这是抽象函数求偏导数的问题.

证　函数关系如图③，所以

$$\frac{\partial z}{\partial x}=z'_x=z'_x x'_x+z'_u u'_x$$

$$=(y+F(u))\cdot 1+xF'(u)\cdot\left(-\frac{y}{x^2}\right)$$

$$=y+F(u)-\frac{y}{x}F'(u)$$

$$\frac{\partial z}{\partial y}=z'_y=z'_u u'_y+z'_y y'_y$$

$$=xF'(u)\cdot\left(\frac{1}{x}\right)+x\cdot 1$$

$$=x+F'(u)$$

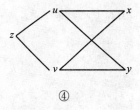

③

故

$$x\frac{\partial z}{\partial x}+y\frac{\partial z}{zy}=x\left(y+F(u)-\frac{y}{x}F'(w)\right)+y(x+F'(u))$$

$$=xy+xF(u)+xy$$

$$=z+xy$$

【例 7-11】（B 类）　f 有二阶连续导数，(1) 设 $z=f(xy,\ x^2+y^2)$，求 $\dfrac{\partial^2 z}{\partial x\partial y}$；(2) $z=f(\sin x,\ \cos y,\ \mathrm{e}^{x+y})$，求 $\dfrac{\partial^2 z}{\partial y^2}$；(3) $z=x^2 f(x,\ u,\ v)$，$u=2x+y$，$v=xy$，求 $\dfrac{\partial^2 z}{\partial x\partial y}$.

分析： 抽象函数求二阶偏导数.

解　(1) 令 $u=xy$，$v=x^2+y^2$，则 $z=f(u,\ v)$，函数关系如图④，所以

$$\frac{\partial z}{\partial x}=z'_x=z'_u u'_x+z'_v v'_x$$

$$=f'_u\cdot y+f'_v\cdot(2x)$$

$$\frac{\partial^2 z}{\partial x\partial y}=(z'_x)'_y=(yf'_u+2xf'_v)'_y$$

$$=f'_u+y(f'_u)'_y+2x(f'_v)'_y$$

④

$$= f_u' + y[f_{uu}'' \cdot x + f_{uv}'' \cdot (2y)] + 2x[f_{vu}'' \cdot x + f_{vv}'' \cdot (2y)]$$

$$= f_u' + xyf_{uu}'' + 2(y^2 + x^2)f_{uv}'' + 4xyf_{vv}''$$

> **注:** ①因为 $f = f(u, v)$，所以 $f_u' = f_u'(u, v)$，因此
>
> $$(f)_x' = (f(u, v))_x' = f_u'u_x' + f_v'v_x'$$
> $$(f_u')_x' = (f_u'(u, v))_x' = f_{uu}''u_x' + f_{uv}''v_x'$$

对于 f_v' 同理.

②为了书写统一和方便，可不引入中间变量，记 $f(xy, x^2 + y^2) = f($第1元，第2元$)$，且记 $f_{第1元}' = f_1'$，$f_{第2元}' = f_2'$. 以下解题过程将用这种简单的记号，读者可按这种记号重新书写（1）的解题过程.

（2）$z = f(\sin x, \cos y, e^{x+y})$，所以

$$\frac{\partial z}{\partial y} = f_1' \cdot (\sin x)_y' + f_2' \cdot (\cos y)_y' + f_3' \cdot (e^{x+y})_y'$$

$$= f_1' \cdot 0 + f_2' \cdot (-\sin y) + f_3' \cdot [e^{x+y} \cdot (x+y)_y']$$

$$= -\sin y f_2' + e^{x+y} f_3'$$

$$\frac{\partial^2 z}{\partial y^2} = \left(\frac{\partial z}{\partial y}\right)_y' = (-\sin y f_2' + e^{x+y} f_3')_y'$$

$$= -\cos y f_2' - \sin y (f_2')_y' + e^{x+y} f_3' + e^{x+y} (f_3')_y'$$

$$= -\cos y f_2' - \sin y [f_{21}'' \cdot (\sin x)_y' + f_{22}'' \cdot (\cos y)_y' +$$
$$f_{23}'' \cdot (e^{x+y})_y'] + e^{x+y} f_3' + e^{x+y} [f_{31}'' \cdot (\sin x)_y' +$$
$$f_{32}'' \cdot (\cos y)_y' + f_{33}'' \cdot (e^{x+y})_y']$$

$$= e^{x+y} f_3' - \cos y f_2' - \sin y (-\sin y f_{22}'' + e^{x+y} f_{23}'') +$$
$$e^{x+y} (-\sin y f_{32}'' + e^{x+y} f_{33}'')$$

$$= e^{x+y} f_3' - \cos y f_2' + \sin^2 y f_{22}'' - 2\sin y e^{x+y} f_{23}'' + e^{2(x+y)} f_{33}''$$

> **注:** 和解（1）后的"注"类似，因为 $f = f($第1元，第2元，第3元$)$，所以 $f_1' = f_1'($第1元，第2元，第3元$)$，因此
>
> $$(f)_y' = f_1' \cdot (第1元)_y' + f_2' \cdot (第2元)_y' + f_3' \cdot (第3元)_y'$$
> $$(f_1')_y' = f_{11}'' \cdot (第1元)_y' + f_{12}'' \cdot (第2元)_y' + f_{13}'' \cdot (第3元)_y'$$

对 f_2'，f_3' 同理，f_{13}'' 表示对第1、3变元的二阶偏导数，其他符号有类似的含义.

（3）$z = x^2 f(x, u, v)$，$u = 2x + y$，$v = xy$，所以

$$\frac{\partial z}{\partial x} = (x^2 f(x, u, v))'_x = 2xf + x^2(f)'_x$$

$$= 2xf + x^2 [f'_1 + f'_2 \cdot (2x+y)'_x + f'_3 \cdot (xy)'_x]$$

$$= 2xf + x^2 f'_1 + 2x^2 f'_2 + x^2 y f'_3$$

$$\frac{\partial^2 z}{\partial x \partial y} = (2xf + x^2 f'_1 + 2x^2 f'_2 + x^2 y f'_3)'_y$$

$$= 2x(f)'_y + x^2(f'_1)'_y + 2x^2(f'_2)'_y + x^2 f'_3 + x^2 y(f'_3)'_y$$

$$= 2x(f'_2 + f'_3 \cdot x) + x^2(f''_{12} + f''_{13} \cdot x) +$$

$$2x^2(f''_{22} + f''_{23} \cdot x) + x^2 f'_3 + x^2 y(f''_{32} + f''_{33} \cdot x)$$

$$= 2xf'_2 + 3x^2 f'_3 + x^2 f''_{12} + x^3 f''_{13} + 2x^2 f''_{22} +$$

$$x^2(2x+y)f''_{23} + x^3 y f''_{33}$$

【例 7-12】(C 类)　设 $z = f(x, y)$ 在 $(1, 1)$ 处可微，且 $f(1, 1) = 1$，$f'_x(1, 1) = 2$，$f'_y(1, 1) = 3$，$\varphi(x) = f(x, f(x, x))$，求 $\dfrac{\mathrm{d}}{\mathrm{d}x}(\varphi^3(x))\Big|_{x=1}$.

分析：此题是多层复合函数求导问题. $z = f(x, f(x, x))$ 是二元函数 $z = f(x, y)$，$y = f(x, u)$ 与一元函数 $u = x$ 的复合.

解
$$\frac{\mathrm{d}}{\mathrm{d}x}(\varphi^3(x))\Big|_{x=1} = 3\varphi^2(x)\varphi'(x)\Big|_{x=1} = 3\varphi^2(1)\varphi'(1)$$

$$= 3(f(1, f(1, 1)))^2 \varphi'(1) = 3\varphi'(1)$$

问题归结为求 $\varphi'(1)$，先求 $\varphi'(x)$.

$$\varphi'(x) = (f(x, f(x, x)))'_x$$

$$= f'_1(x, f(x, x)) \cdot (x)'_x +$$

$$f'_2(x, f(x, x)) \cdot (f(x, x))'_x$$

$$= f'_1(x, f(x, x)) + f'_2(x, f(x, x))(f'_1(x, x) +$$

$$f'_2(x, x))$$

所以

$$\varphi'(1) = f'_1(1, f(1, 1)) + f'_2(1, f(1, 1)) \ (f'_1(1, 1) + f'_2(1, 1))$$

$$= 2 + 3 \cdot (2+3) = 17$$

（**注意**：$f'_1(1, 1) = f'_x(1, 1) = 2$，$f'_2(1, 1) = f'_y(1, 1) = 3$）

因此

$$\frac{\mathrm{d}}{\mathrm{d}x}(\varphi^3(x))\Big|_{x=1} = 3\varphi'(1) = 3 \times 17 = 51$$

注：① $f_1' = f_1'(?)$，$f_2' = f_2'(?)$，括号里"?"处的内容与求导前 $f = f(?)$ 括号里"?"处的内容完全相同．如本例中当 $f = f(x, f(x, x))$ 时，$f_1' = f_1'(x, f(x, x))$，$f_2' = f_2'(x, f(x, x))$；当 $f = f(x, x)$ 时，$f_1' = f_1'(x, x)$，$f_2' = f_2'(x, x)$．

② 当 f 为一元函数时，求导时就不用写右下标号了，如本例中 $(\varphi(x))' = \varphi'(x) = \varphi'$．

③ 本例中求导后用 $f_1'(x, f(x, x))$，而没有简写成 f_1'，一是为了与 $f_1'(x, x)$ 区别，二是为了代入 $x = 1$ 求值．如果对省略符号 f_1' 已经理解得很清楚，也可用 f_1'．

复合函数求导小结

（1）弄清复合关系，哪些是自变量，哪些是中间变量，求导前可画出函数关系图；

（2）对某个自变量求导时，要经过一切与其有关的中间变量，最后到该变量；

（3）求抽象函数的二阶偏导数时，用简写记号 f_1' 等比较好，但要注意 f_1' 的函数关系图与 f 的完全相同，即当 $f = f(\square)$ 时，$f_1' = f_1'(\square)$，括号里的内容是一样的；

（4）如果用了 f_1'，f_2' 等符号且题设中含有 $f(x, y, \cdots)$ 时，则 $f_1' = $ 题中 f_x'，$f_2' = $ 题中的 f_y'，$\cdots$

练习题 7-2　设 f，g 都有连续的一、二阶导数，$z = \dfrac{1}{2}[f(y+ax) + f(y-ax)] + \dfrac{1}{2a}\displaystyle\int_{y-ax}^{y+ax} g(t)\mathrm{d}t$，求 $\dfrac{\partial^2 z}{\partial x^2} - a^2 \dfrac{\partial^2 z}{\partial y^2}$．

答案： 0

【例 7-13】（B类）　已知 $x^2 \sin y + \mathrm{e}^x \arctan z - \sqrt{y}\ln z = 3$，求 $\dfrac{\partial z}{\partial x}$，$\dfrac{\partial z}{\partial y}$．

分析： 这是隐函数求导问题．

解 1　利用公式求导．令

$$F(x, y, z) = x^2 \sin y + \mathrm{e}^x \arctan z - \sqrt{y}\ln z - 3$$

则

$$F_x' = 2x\sin y + \mathrm{e}^x \arctan z$$

$$F_y' = x^2 \cos y - \frac{1}{2\sqrt{y}}\ln z$$

$$F_z' = \frac{\mathrm{e}^x}{1+z^2} - \frac{\sqrt{y}}{z}$$

所以

$$\frac{\partial z}{\partial x} = -\frac{F_x'}{F_z'} = -\frac{z(1+z^2)(2x\sin y + e^x \arctan z)}{ze^x - \sqrt{y}(1+z^2)}$$

$$\frac{\partial z}{\partial y} = -\frac{F_y'}{F_z'} = -\frac{z(1+z^2)(2x^2\sqrt{y}\cos y - \ln z)}{2\sqrt{y}[ze^x - \sqrt{y}(1+z^2)]}$$

解 2 因为有 1 个方程、3 个变量，所以有 "3－1" 个自变量，按题意选为 x，y，函数变量为 z，它是自变量 x，y 的函数，则 $z = z(x, y)$，方程两边对 x 求导（y 是常数，z 不是常数）得

$$2x\sin y + e^x \arctan z + e^x \cdot \frac{1}{1+z^2} \cdot \frac{\partial z}{\partial x} - \sqrt{y}\frac{1}{z} \cdot \frac{\partial z}{\partial x} = 0 \qquad ①$$

方程两边对 y 求导（x 是常数，z 不是常数）得

$$x^2\cos y + e^x \cdot \frac{1}{1+z^2} \cdot \frac{\partial z}{\partial y} - \frac{1}{2\sqrt{y}} \cdot \ln z - \sqrt{y} \cdot \frac{1}{z} \cdot \frac{\partial z}{\partial y} = 0 \qquad ②$$

由①，②两式解出 $\dfrac{\partial z}{\partial x}$，$\dfrac{\partial z}{\partial y}$，与解 1 相同.

解 3 方程两边求全微分，即

$$2x\sin y\mathrm{d}x + x^2\cos y\mathrm{d}y + e^x\arctan z\mathrm{d}x + e^x\frac{1}{1+z^2}\mathrm{d}z - \frac{\ln z}{2\sqrt{y}}\mathrm{d}y - \frac{\sqrt{y}}{z}\mathrm{d}z = 0$$

整理得

$$\mathrm{d}z = \frac{(2x\sin y + e^x\arctan z)\mathrm{d}x + \left(x^2\cos y - \dfrac{\ln z}{2\sqrt{y}}\right)\mathrm{d}y}{\dfrac{\sqrt{y}}{z} - e^x\dfrac{1}{1+z^2}}$$

所以 $\dfrac{\partial z}{\partial x}$，$\dfrac{\partial z}{\partial y}$ 与解 1 相同.

一个方程 $F(x, y, z) = 0$ 所确定的隐函数 $z = z(x, y)$ 求偏导数方法小结

（1）用公式 $\dfrac{\partial z}{\partial x} = -\dfrac{F_x'}{F_z'}$，$\dfrac{\partial z}{\partial y} = -\dfrac{F_y'}{F_z'}$ 求. 首先将所给方程整理为 $F(x, y, z) = 0$ 的形式，x，y，z 看成相互独立的自变量，即求 F_x' 时，y，z 看成常数，对 F_y'，F_z' 同理.

（2）利用复合函数求导法求. 方程两边对 x 求导时，y 看成常数，z 不再是自变量，而是视为中间变量，看成 x，y 的函数 $z = z(x, y)$，求完导后从方程中解出 $\dfrac{\partial z}{\partial x}$，对 $\dfrac{\partial z}{\partial y}$ 同理.

（3）利用全微分求. 对方程两边求全微分，x，y，z 看成相互独立的自变量，然后整理成 $\mathrm{d}z = u(x, y, z)\mathrm{d}x + v(x, y, z)\mathrm{d}y$，则 $\dfrac{\partial z}{\partial x} = u(x, y, z)$，$\dfrac{\partial z}{\partial y} = v(x, y, z)$.

【例 7-14】（B类） 设 $e^z = xyz$，求 $\dfrac{\partial^2 z}{\partial x^2}$.

分析：本题依然可以用上例中的三种方法求 $\dfrac{\partial z}{\partial x}$. 以后主要用与方程组的情形有统一解题过程的第 2 种解法，其他两种方法由读者去练习.

解 1 个方程、3 个变量，"$3-1$"$=2$，选 2 个自变量为 x，y，则 $z = z(x, y)$，方程两边对 x 求导得

$$e^z \frac{\partial z}{\partial x} = y\left(z + x\frac{\partial z}{\partial x}\right)$$

解得

$$\frac{\partial z}{\partial x} = \frac{yz}{e^z - xy} \overset{①}{=} \frac{yz}{xyz - xy} = \frac{z}{xz - x}$$

所以

$$\frac{\partial^2 z}{\partial x^2} = \left(\frac{z}{xz - x}\right)'_x = \frac{\dfrac{\partial z}{\partial x}(xz - x) - z\left(z + x\dfrac{\partial z}{\partial x} - 1\right)}{(xz - x)^2}$$

将 $\dfrac{\partial z}{\partial x} = \dfrac{z}{xz - x}$ 代入化简得

$$\frac{\partial^2 z}{\partial x^2} = \frac{z(xz - x) - z(xz^2 - xz + xz - xz + x)}{(xz - x)^3}$$

$$= \frac{-xz^3 + 2xz^2 - 2xz}{(xz - x)^3} = \frac{-z(z^2 - 2z + 2)}{x^2(z - 1)^3}$$

注：利用原方程化简计算，是隐函数计算中常用到的，如①处代入了 $e^z = xyz$.

【例 7-15】（B类） 已知 $\varphi(u^2 - x^2,\ u^2 - y^2,\ u^2 - z^2) = 0$，其中 φ 是可微函数，证明

$$\frac{1}{x}\frac{\partial u}{\partial x} + \frac{1}{y}\frac{\partial u}{\partial y} + \frac{1}{z}\frac{\partial u}{\partial z} = \frac{1}{u}$$

分析：本题是复合函数求导与隐函数求导的综合题.

解 1 个方程、4 个变量，"$4-1$"$=3$，选 3 个自变量（按题意）为 x，y，z，则 $u = u(x, y, z)$. 方程两边对 x 求导（y，z 看成常数，u 不是常数）得

$$\varphi_1' \cdot (2u \cdot u_x' - 2x) + \varphi_2' \cdot (2u \cdot u_x' - 0) + \varphi_3' \cdot (2u \cdot u_x' - 0) = 0$$

解得

$$\frac{\partial u}{\partial x} = u'_x = \frac{x\varphi'_1}{u(\varphi'_1 + \varphi'_2 + \varphi'_3)}$$

由方程中 x，y，z 的对称性，有

$$\frac{\partial u}{\partial y} = \frac{y\varphi'_2}{u(\varphi'_1 + \varphi'_2 + \varphi'_3)}, \quad \frac{\partial u}{\partial z} = \frac{z\varphi'_3}{u(\varphi'_1 + \varphi'_2 + \varphi'_3)}$$

于是

$$\frac{1}{x}\frac{\partial u}{\partial x} + \frac{1}{y}\frac{\partial u}{\partial y} + \frac{1}{z}\frac{\partial u}{\partial z} = \frac{\varphi'_1 + \varphi'_2 + \varphi'_3}{u(\varphi'_1 + \varphi'_2 + \varphi'_3)} = \frac{1}{u}$$

【例 7-16】（B 类） （1）已知 $\begin{cases} x = -u^2 + v + z, \\ y = u + vz, \end{cases}$ 求 $\dfrac{\partial u}{\partial x}$，$\dfrac{\partial v}{\partial x}$，$\dfrac{\partial u}{\partial z}$；

（2）已知 $\begin{cases} u = f(ux, \ v+y), \\ v = g(u-x, \ v^2y), \end{cases}$ 求 $\dfrac{\partial u}{\partial x}$，$\dfrac{\partial u}{\partial y}$，$\dfrac{\partial v}{\partial x}$，$\dfrac{\partial v}{\partial y}$.

分析： 本题是方程组所确定的隐函数求导问题.

解 1 （1）2 个方程、5 个变量，"5−2"＝3，选 3 个自变量为 x，y，z，则 $u = u(x, y, z)$，$v = v(x, y, z)$，方程组两边对 x 求导（y，z 看成常数，u，v 不是常数）得

$$\begin{cases} 1 = -2u\dfrac{\partial u}{\partial x} + \dfrac{\partial v}{\partial x} \\ 0 = \dfrac{\partial u}{\partial x} + z\dfrac{\partial v}{\partial x} \end{cases} \Rightarrow \begin{cases} \dfrac{\partial u}{\partial x} = \dfrac{-z}{2uz+1} \\ \dfrac{\partial v}{\partial x} = \dfrac{1}{2uz+1} \end{cases}$$

方程组对 z 求导（x，y 看成常数，u，v 不是常数）得

$$\begin{cases} 0 = -2u\dfrac{\partial u}{\partial z} + \dfrac{\partial v}{\partial z} + 1 \\ 0 = \dfrac{\partial u}{\partial z} + v + z\dfrac{\partial v}{\partial z} \end{cases} \Rightarrow \dfrac{\partial u}{\partial z} = \dfrac{z-v}{2uz+1}$$

（2）2 个方程、4 个变量，"4−2"＝2，选 2 个自变量为 x，y，则 $u = u(x, y)$，$v = v(x, y)$，方程两边对 x 求导（y 是常数，u，v 不是常数）得

$$\begin{cases} \dfrac{\partial u}{\partial x} = f'_1 \cdot \left(x\dfrac{\partial u}{\partial x} + u \right) + f'_2 \cdot \dfrac{\partial v}{\partial x} \\ \dfrac{\partial v}{\partial x} = g'_1 \cdot \left(\dfrac{\partial u}{\partial x} - 1 \right) + g'_2 \cdot \left(2vy\dfrac{\partial v}{\partial x} \right) \end{cases}$$

$$\Rightarrow \begin{cases} (1 - xf'_1)\dfrac{\partial u}{\partial x} - f'_2 \cdot \dfrac{\partial v}{\partial x} = uf'_1 \\ g'_1 \cdot \dfrac{\partial u}{\partial x} + (2vyg'_2 - 1)\dfrac{\partial v}{\partial x} = g'_1 \end{cases}$$

$$\Rightarrow \begin{cases} \dfrac{\partial u}{\partial x} = \dfrac{u(2vyg_2'-1)\,f_1'+f_2'g_1'}{(1-xf_1')(2vyg_2'-1)+f_2'g_1'} \\[4mm] \dfrac{\partial v}{\partial x} = \dfrac{g_1'-(x+u)f_1'g_1'}{(1-xf_1')(2vyg_2'-1)+f_2'g_1'} \end{cases}$$

方程组两边对 y 求导（x 是常数，u,v 不是常数）得

$$\begin{cases} \dfrac{\partial u}{\partial y} = f_1' \cdot \left[x\,\dfrac{\partial u}{\partial y}+f_2'\left(\dfrac{\partial v}{\partial y}+1\right) \right] \\[4mm] \dfrac{\partial v}{\partial y} = g_1' \cdot \dfrac{\partial u}{\partial y}+g_2' \cdot \left(2vy\,\dfrac{\partial v}{\partial y}+v^2 \right) \end{cases}$$

$$\Rightarrow \begin{cases} (1-xf_1')\,\dfrac{\partial u}{\partial y}-f_2' \cdot \dfrac{\partial v}{\partial y}=f_2' \\[4mm] g_1' \cdot \dfrac{\partial u}{\partial g}+(2vyg_2'-1)\,\dfrac{\partial v}{\partial y}=-v^2 g_2' \end{cases}$$

$$\Rightarrow \begin{cases} \dfrac{\partial v}{\partial y} = \dfrac{(2vyg_2'-1)f_2'-v^2 f_2'g_2'}{(1-xf_1')(2vyg_2'-1)+f_2'g_1'} \\[4mm] \dfrac{\partial v}{\partial y} = \dfrac{v^2(xf_1'-1)g_2'-f_2'g_1'}{(1-xf_1')(2vyg_2'-1)+f_2'g_1'} \end{cases}$$

解 2　（1）方程组两边求全微分得

$$\begin{cases} \mathrm{d}x = -2u\mathrm{d}u+\mathrm{d}v+\mathrm{d}z \\ \mathrm{d}y = \mathrm{d}u+z\mathrm{d}v+v\mathrm{d}z \end{cases}$$

将 $\mathrm{d}u,\ \mathrm{d}v$ 解出，得

$$\mathrm{d}u = \dfrac{-z\mathrm{d}x+\mathrm{d}y+(z-v)\mathrm{d}z}{2uz+1}$$

$$\mathrm{d}v = \dfrac{\mathrm{d}x+2u\mathrm{d}y-(1+2uv)\mathrm{d}z}{2uz+1}$$

所以

$$\dfrac{\partial u}{\partial x}=-\dfrac{z}{2uz+1},\quad \dfrac{\partial v}{\partial x}=\dfrac{1}{2uz+1},\quad \dfrac{\partial u}{\partial z}=\dfrac{z-v}{2uz+1}$$

（2）方程组两边求全微分得

$$\begin{cases} \mathrm{d}u = f_1' \cdot (x\mathrm{d}u+u\mathrm{d}x)+f_2' \cdot (\mathrm{d}v+\mathrm{d}y) \\ \mathrm{d}v = g_1' \cdot (\mathrm{d}u-\mathrm{d}x)+g_2' \cdot (2vy\mathrm{d}v+v^2\mathrm{d}y) \end{cases}$$

$$\Rightarrow \begin{cases} (1-xf_1')\mathrm{d}u-f_2'\mathrm{d}v=uf_1'\mathrm{d}x+f_2'\mathrm{d}y \\ g_1'\mathrm{d}u+(2vyg_2'-1)\mathrm{d}v=g_1'\mathrm{d}x-v^2 g_2'\mathrm{d}y \end{cases}$$

解出 du，dv 得

$$du = \frac{[(2uvyg_2'-u)f_1'+f_2'g_1']dx + [(2vyg_2'-1)f_2'-v^2f_2'g_2']dy}{(1-xf_1')(2vyg_2'-1)+f_2'g_1'}$$

$$dv = \frac{[(1-xf_1')g_1'-uf_1'g_1']dx + [(xf_1'-1)v^2g_2'-f_2'g_1']dy}{(1-xf_1')(2vyg_2'-1)+f_2'g_1'}$$

由于 du 表达式中 dx 前面部分为 $\dfrac{\partial u}{\partial x}$，$dy$ 前面部分为 $\dfrac{\partial u}{\partial y}$，而 dv 表达式中 dx 前面部分为 $\dfrac{\partial v}{\partial x}$，$dy$ 前面部分为 $\dfrac{\partial v}{\partial y}$，故与解 1 完全相同.

【例 7-17】（C 类） 设 $y=f(x, t)$，而 t 是由方程 $F(x, y, t)=0$ 所确定的 x，y 的函数，其中 f，F 都具有一阶连续偏导数，证明

$$\frac{dy}{dx} = \frac{\dfrac{\partial f}{\partial x} \cdot \dfrac{\partial F}{\partial t} - \dfrac{\partial f}{\partial t} \cdot \dfrac{\partial F}{\partial x}}{\dfrac{\partial f}{\partial t} \cdot \dfrac{\partial F}{\partial y} + \dfrac{\partial F}{\partial t}}$$

分析： 隐函数求导问题.

证 1 因为出现了 2 个方程、3 个变量，"3−2"＝1，选 1 个变量 x 为自变量，则 $y=y(x)$，$t=t(x)$，将方程组 $\begin{cases} y=f(x, t) \\ F(x, y, t)=0 \end{cases}$ 两边对 x 求导得

$$\begin{cases} \dfrac{dy}{dx} = f_1' + f_2' \cdot \dfrac{dt}{dx} \\ F_1' + F_2' \cdot \dfrac{dy}{dx} + F_3' \cdot \dfrac{dt}{dx} = 0 \end{cases} \Rightarrow \begin{cases} \dfrac{dy}{dx} - f_2' \cdot \dfrac{dt}{dx} = f_1' \\ F_2' \cdot \dfrac{dy}{dx} + F_3' \cdot \dfrac{dt}{dx} = -F_1' \end{cases}$$

解得

$$\frac{dy}{dx} = \frac{f_1' \cdot F_3' - f_2' \cdot F_1'}{F_3' + f_2' \cdot F_2'} = \frac{\dfrac{\partial f}{\partial x} \cdot \dfrac{\partial F}{\partial t} - \dfrac{\partial f}{\partial t} \cdot \dfrac{\partial F}{\partial x}}{\dfrac{\partial F}{\partial t} + \dfrac{\partial f}{\partial t} \cdot \dfrac{\partial F}{\partial y}}$$

$\left(\text{由 } f(x, t), F(x, y, t) \text{ 知 } f_1' = \dfrac{\partial f}{\partial x}, f_2' = \dfrac{\partial f}{\partial t}, F_1' = \dfrac{\partial F}{\partial x}, F_2' = \dfrac{\partial F}{\partial y}, F_3' = \dfrac{\partial F}{\partial t} \right)$

证 2 将方程 $F(x, y, t)=0$ 所确定的 $t=t(x, y)$ 代入 $y=f(x, t)$ 中得

$$y = f(x, t(x, y))$$

这个方程只含有 x，y 两个变量，所以确定了一元函数 $y=y(x)$，方程两边对 x 求导得

$$\frac{\mathrm{d}y}{\mathrm{d}x} = f'_x + f'_t \cdot \left(t'_x + t'_y \cdot \frac{\mathrm{d}y}{\mathrm{d}x} \right)$$

又由 $F(x, y, t) = 0$ 得

$$t'_x = -\frac{F'_x}{F'_t}, \quad t'_y = -\frac{F'_y}{F'_t}$$

代入上式，得

$$\frac{\mathrm{d}y}{\mathrm{d}x} = f'_x + f'_t \left(-\frac{F'_x}{F'_t} - \frac{F'_y}{F'_t} \cdot \frac{\mathrm{d}y}{\mathrm{d}x} \right)$$

解得

$$\frac{\mathrm{d}y}{\mathrm{d}x} = \frac{f'_x F'_t - f'_t F'_x}{F'_t + f'_t F'_y} = \frac{\dfrac{\partial f}{\partial x} \dfrac{\partial F}{\partial t} - \dfrac{\partial f}{\partial t} \dfrac{\partial F}{\partial x}}{\dfrac{\partial f}{\partial t} \dfrac{\partial F}{\partial y} + \dfrac{\partial F}{\partial t}}$$

解 3 方程组 $\begin{cases} y = f(x, t) \\ F(x, y, t) = 0 \end{cases}$ 两边求全微分得

$$\begin{cases} \mathrm{d}y = f'_x \mathrm{d}x + f'_t \mathrm{d}t \\ F'_x \mathrm{d}x + F'_y \mathrm{d}y + F'_t \mathrm{d}t = 0 \end{cases} \Rightarrow \begin{cases} \mathrm{d}y - f'_t \mathrm{d}t = f'_x \mathrm{d}x \\ F'_y \mathrm{d}y + F'_t \mathrm{d}t = -F'_x \mathrm{d}x \end{cases}$$

解得

$$\mathrm{d}y = \frac{f'_x F'_t - f'_t F'_x}{F'_t + f'_t F'_y} \mathrm{d}x$$

即

$$\frac{\mathrm{d}y}{\mathrm{d}x} = \frac{f'_x F'_t - f'_t F'_x}{F'_t + f'_t F'_y}$$

方程组所确定的隐函数求导小结

(1) 数独立方程个数（设为 n）、变量个数（设为 m，$m > n$），则独立自变量的个数为 $m-n$；

(2) 根据题目选定 $m-n$ 个变量为自变量，其余 n 个变量为函数变量（求导时不是常数）；

(3) n 个方程两边对选定的自变量求导，其余 $m-n-1$ 个自变量看成常数，从而得到所需导数的方程组；

(4) 从方程组解出所需导数（一般用克莱姆法则）。

练习题 7-3　设 $y=y(x)$，$z=z(x)$ 是由方程 $z=xf(x+y)$ 和 $F(x,y,z)=0$ 所确定的函数，其中 f 和 F 分别具有一阶连续导数和一阶连续偏导数，求 $\dfrac{\mathrm{d}z}{\mathrm{d}x}$.

答案：$\dfrac{(f+xf')F_x-xf'F_x}{F_y+xf'F_z}$　$(F_y+xf'F_z\neq0)$

练习题 7-4　设 $f(x,y,z)=\mathrm{e}^x yz^2$，其中 $z=z(x,y)$ 是由 $x+y+z+xyz=0$ 所确定的函数，求 $f_x(0,1,-1)$.

答案：1.

【例 7-18】（B 类）　求解下列简单的偏微分方程：

(1) 设 $u=u(x,y)$ 满足 $u_x'=0$，求 u；

(2) 设 $u=u(x,y)$ 满足 $u_{xy}''=0$，求 u；

(3) 设 $u=u(x,y)$ 满足 $\begin{cases} u_x'=2x+y^2, \\ u(y^2,y)=1 \end{cases}$，求 u；

(4) 设 $u=u(x,y)$，对 x，y 作变量替换 $\xi=x+y$，$\eta=x-y$，变换方程 $\dfrac{\partial^2 u}{\partial y^2}=\dfrac{\partial^2 u}{\partial x^2}$，再求 u.

分析：$u=u(x,y)$ 作为 x，y 的二元函数，当对 x 求导时，y 被看作常数，因此反过来对 x 求不定积分时，也要将 y 看作常数，积分常数 C 应看作任意关于 y 可微的一元函数.

解　(1) $u=\displaystyle\int u'_x\mathrm{d}x=\int 0\mathrm{d}x=c(y)$

(2) $u'_x=\displaystyle\int u''_{xy}\mathrm{d}y=\int 0\mathrm{d}y=c(x)$

$u=\displaystyle\int u'_x\mathrm{d}x=\int c(x)\mathrm{d}x=c_1(x)+c_2(y)$

这里 $c_1(x)$，$c_2(y)$ 为任意可微函数，且 $c_1'(x)=c(x)$.

(3) $u=\displaystyle\int u'_x\mathrm{d}x=\int(2x+y^2)\mathrm{d}x=x^2+xy^2+c(y)$

将 $u(y^2,y)=1$ 代入得

$$1=y^4+y^2\cdot y^2+c(y)$$

所以 $c(y)=1-2y^4$，故

$$u=x^2+xy^2+1-2y^4$$

(4) 将 u 看成 ξ，η 的函数，则

$$u'_x = u'_\xi \xi'_x + u'_\eta \eta'_x = u'_\xi + u'_\eta$$

$$u''_{xx} = (u'_\xi + u'_\eta)'_x$$

$$= u''_{\xi\xi} \xi'_x + u''_{\xi\eta} \eta'_x + u''_{\eta\xi} \xi'_x + u''_{\eta\eta} \eta'_x$$

$$= u''_{\xi\xi} + 2u''_{\xi\eta} + u''_{\eta\eta}$$

$$u'_y = u'_\xi \xi'_y + u'_\eta \eta'_y = u'_\xi - u'_\eta$$

$$u''_{yy} = (u'_\xi - u'_\eta)'_y$$

$$= u''_{\xi\xi} \xi'_y + u''_{\xi\eta} \eta'_y - u''_{\eta\xi} \xi'_y - u''_{\eta\eta} \eta'_y$$

$$= u''_{\xi\xi} - 2u''_{\xi\eta} + u''_{\eta\eta}$$

所以方程

$$\frac{\partial^2 u}{\partial y^2} = \frac{\partial^2 u}{\partial x^2} \Leftrightarrow u''_{yy} = u''_{xx} \Leftrightarrow u''_{\xi\eta} = 0$$

由此解得

$$u = c_1(\xi) + c_2(\eta) \ (\text{解法见 (2)})$$

$$= c_1(x+y) + c_2(x-y)$$

其中 c_1, c_2 为任意可微函数.

【例 7-19】（B 类）　设 $u = f(x, y, z)$ 可微，$x = r\sin\theta\cos\varphi$，$y = r\sin\theta\sin\varphi$，$z = r\cos\theta$，若 $x\frac{\partial u}{\partial x} + y\frac{\partial u}{\partial y} + z\frac{\partial u}{\partial z} = 0$，证明：$u$ 仅是 θ 和 φ 的函数.

分析：u 通过中间变量 x，y，z 是 r，θ，φ 的函数，要证明 u 仅是 θ，φ 的函数，意味着 u 与 r 无关，即只要证明 $\frac{\partial u}{\partial r} = 0$.

证　因为

$$\frac{\partial u}{\partial r} = \frac{\partial u}{\partial x}\frac{\partial x}{\partial r} + \frac{\partial u}{\partial y}\frac{\partial y}{\partial r} + \frac{\partial u}{\partial z}\frac{\partial z}{\partial r}$$

$$= \frac{\partial u}{\partial x} \cdot (\sin\theta\cos\varphi) + \frac{\partial u}{\partial y} \cdot (\sin\theta\sin\varphi) + \frac{\partial u}{\partial z} \cdot (\cos\theta)$$

$$= r\sin\theta\cos\varphi \cdot \frac{1}{r}\frac{\partial u}{\partial x} + r\sin\theta\sin\varphi \cdot \frac{1}{r}\frac{\partial u}{\partial y} + r\cos\theta \cdot \frac{1}{r}\frac{\partial u}{\partial z}$$

$$= \frac{1}{r}\left(x\frac{\partial u}{\partial x} + y\frac{\partial u}{\partial y} + z\frac{\partial u}{\partial z}\right) = 0$$

所以 u 对 r 是常数，即 u 仅是 θ，φ 的函数.

【例 7-20】（B 类）　设 $u = f(x、y)$ 有二阶连续偏导数，且 $x = \frac{s - \sqrt{3}t}{2}$，$y = \frac{\sqrt{3}s + t}{2}$，证明

(1) $\left(\dfrac{\partial u}{\partial x}\right)^2+\left(\dfrac{\partial u}{\partial y}\right)^2=\left(\dfrac{\partial u}{\partial s}\right)^2+\left(\dfrac{\partial u}{\partial t}\right)^2$

(2) $\dfrac{\partial^2 u}{\partial x^2}+\dfrac{\partial^2 u}{\partial y^2}=\dfrac{\partial^2 u}{\partial s^2}+\dfrac{\partial^2 u}{\partial t^2}$

分析：这样的等式证明，一般是求出等式一边，与等式的另一边比较. 本题易先求出等式右边的量.

证　u 通过中间变量 x，y 成为 s，t 的函数，所以

(1) $\dfrac{\partial u}{\partial s}=\dfrac{\partial u}{\partial x}\dfrac{\partial x}{\partial s}+\dfrac{\partial u}{\partial y}\dfrac{\partial y}{\partial s}=\dfrac{1}{2}\dfrac{\partial u}{\partial x}+\dfrac{\sqrt{3}}{2}\dfrac{\partial u}{\partial y}$

$\dfrac{\partial u}{\partial t}=\dfrac{\partial u}{\partial x}\dfrac{\partial x}{\partial t}+\dfrac{\partial u}{\partial y}\dfrac{\partial y}{\partial t}=-\dfrac{\sqrt{3}}{2}\dfrac{\partial u}{\partial x}+\dfrac{1}{2}\dfrac{\partial u}{\partial y}$

故

$$\left(\dfrac{\partial u}{\partial s}\right)^2+\left(\dfrac{\partial u}{\partial t}\right)^2=\left(\dfrac{1}{2}\dfrac{\partial u}{\partial x}+\dfrac{\sqrt{3}}{2}\dfrac{\partial u}{\partial y}\right)^2+\left(-\dfrac{\sqrt{3}}{2}\dfrac{\partial y}{\partial x}+\dfrac{1}{2}\dfrac{\partial u}{\partial y}\right)^2$$

$$=\left(\dfrac{\partial u}{\partial x}\right)^2+\left(\dfrac{\partial u}{\partial y}\right)^2$$

(2) $\dfrac{\partial^2 u}{\partial s^2}=\left(\dfrac{\partial u}{\partial s}\right)'_s=\left(\dfrac{1}{2}\dfrac{\partial u}{\partial x}+\dfrac{\sqrt{3}}{2}\dfrac{\partial u}{\partial y}\right)'_s$

$$=\dfrac{1}{2}\left(\dfrac{\partial^2 u}{\partial x^2}\dfrac{\partial x}{\partial s}+\dfrac{\partial^2 u}{\partial x\partial y}\dfrac{\partial y}{\partial s}\right)+\dfrac{\sqrt{3}}{2}\left(\dfrac{\partial^2 u}{\partial y\partial x}\dfrac{\partial x}{\partial s}+\dfrac{\partial^2 u}{\partial y^2}\dfrac{\partial y}{\partial s}\right)$$

$$=\dfrac{1}{2}\left(\dfrac{1}{2}\dfrac{\partial^2 u}{\partial x^2}+\dfrac{\sqrt{3}}{2}\dfrac{\partial^2 u}{\partial x\partial y}\right)+\dfrac{\sqrt{3}}{2}\left(\dfrac{1}{2}\dfrac{\partial^2 u}{\partial x\partial y}+\dfrac{\sqrt{3}}{2}\dfrac{\partial^2 u}{\partial y^2}\right)$$

$$=\dfrac{1}{4}\dfrac{\partial^2 u}{\partial x^2}+\dfrac{\sqrt{3}}{2}\dfrac{\partial^2 u}{\partial x\partial y}+\dfrac{3}{4}\dfrac{\partial^2 u}{\partial y^2}$$

同理可求

$$\dfrac{\partial^2 u}{\partial t^2}=\dfrac{3}{4}\dfrac{\partial^2 u}{\partial x^2}-\dfrac{\sqrt{3}}{2}\dfrac{\partial^2 u}{\partial x\partial y}+\dfrac{1}{4}\dfrac{\partial^2 u}{\partial y^2}$$

则

$$\dfrac{\partial^2 u}{\partial s^2}+\dfrac{\partial^2 u}{\partial t^2}=\dfrac{\partial^2 u}{\partial x^2}+\dfrac{\partial^2 u}{\partial y^2}$$

【例 7-21】（B 类）　求曲面 $z=4-x^2-y^2$ 的平行于 $2x+2y+z-1=0$ 的切平面方程与法线方程.

分析：这是多元微分的几何应用问题，曲面 $F(x, y, z) = 0$ 在 M_0 点处切平面的法向量为 $\boldsymbol{n} = (F'_x, F'_y, F'_z)\big|_{M_0}$，所以令 $F(x, y, z) = z - 4 + x^2 + y^2$。

解 设曲面在 $M_0(x_0, y_0, z_0)$ 处的切平面平行已知平面，则切平面的法向量为 $\boldsymbol{n} = (F'_x, F'_y, F'_z)\big|_{M_0} = (2x_0, 2y_0, 1)$，而已知平面的法向量为 $\boldsymbol{n}_0 = (2, 2, 1)$，由 $\boldsymbol{n} \parallel \boldsymbol{n}_0$，所以

$$\frac{2x_0}{2} = \frac{2y_0}{2} = \frac{1}{1}$$

解得 $x_0 = y_0 = 1$。又切点 M_0 在曲面上，将 $x_0 = y_0 = 1$ 代入 $z = 4 - x^2 - y^2$ 可得 $z_0 = 2$，即切点坐标为 $(1, 1, 2)$，故所求切平面方程为

$$2 \cdot (x-1) + 2 \cdot (y-1) + 1 \cdot (z-2) = 0$$

即 $x + y - 3 = 0$。

法线方程为

$$\frac{x-1}{2} = \frac{y-1}{2} = \frac{z-2}{1}$$

【例 7-22】（B 类） 设 $F(u, v)$ 可微，证明：曲面 $F\left(\dfrac{x-a}{z-c}, \dfrac{y-b}{z-c}\right) = 0$ 上任一点处的切平面都通过定点。

分析：将曲面在任一点处的切平面求出后，易验证 (a, b, c) 满足其方程。

证 设曲面上任一点 $M_0(x_0, y_0, z_0)$，M_0 处的法向量为

$$\boldsymbol{n} = (F'_x, F'_y, F'_z)\big|_{M_0}$$

$$= \left(\frac{F'_1}{z_0-c}, \frac{F'_2}{z_0-c}, -\frac{F'_1 \cdot (x_0-a) + F'_2 \cdot (y_0-b)}{(z_0-c)^2}\right)$$

所以 M_0 处的切平面方程为

$$\frac{F'_1}{z_0-c}(x-x_0) + \frac{F'_2}{z_0-c}(y-y_0) - \frac{F'_1 \cdot (x_0-a) + F'_2 \cdot (y_0-b)}{(z_0-c)^2}(z-z_0) = 0$$

显然 (a, b, c) 满足切平面方程，故任意点处的切平面都过定点 (a, b, c)。

【例 7-23】（C 类） 求曲面 Σ：$x = e^{u+v}$，$y = e^{u-v}$，$z = e^{uv}$ 在点 $P_0(e^2, 1, e)$ 处的切平面方程。

分析：所给曲面为参数方程的形式，以下用两种方法求切平面的法向量.

先用两种方法求法向量 $\boldsymbol{n}$.

解法 1（隐函数法） 曲面方程有 3 个、变量有 5 个，"5−3"=2，选择 2 个变量 x，y 为自变量，则 $u=u(x, y)$，$v=v(x, y)$，$z=z(x, y)$，因此可将 $z=z(x, y)$ 看成曲面的直角坐标方程，故 $\boldsymbol{n}=(-z_x', -z_y', 1)$. 将原方程组两端对 x 求导得

$$\begin{cases} 1=e^{u+v}(u_x'+v_x') \\ 0=e^{u-v}(u_x'-v_x') \\ z_x'=e^{uv}(u_x'v+uv_x') \end{cases}$$

因为 $x=e^2$，$y=1$，$z=e$ 时 $u=1$，$v=1$，代入上式解得

$$z_x'=\frac{1}{e}$$

同理，原方程组对 y 求导，可得 $z_y'=0$，所以

$$\boldsymbol{n}=\left(-\frac{1}{e}, 0, 1\right) /\!/ (1, 0, -e)$$

解法 2（双切线法） 令 $v=1$，得曲面上过 P_0 的一条曲线 Γ_1.

$$\Gamma_1: \begin{cases} x=e^{u+1} \\ y=e^{u-1} \\ z=e^n \end{cases}$$

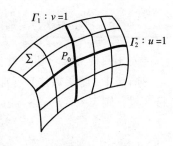

图 7-1

Γ_1 在 P_0 的切线方向向量为

$$\boldsymbol{s}_1=(x_u', y_u', z_u')\Big|_{u=1}=(e^2, 1, e) \perp \boldsymbol{n}$$

令 $u=1$，得曲面上过 P_0 的另一条曲线 Γ_2

$$\Gamma_2: \begin{cases} x=e^{1+v} \\ y=e^{1-v} \\ z=e^v \end{cases}$$

Γ_2 在 P_0 的切线方向向量为

$$\boldsymbol{s}_2 = (x_v', y_v', z_v')\Big|_{v=1}$$
$$=(e^2, -1, e) \perp \boldsymbol{n}$$

故

$$n=s_1 \times s_2 = \begin{vmatrix} \boldsymbol{i} & \boldsymbol{j} & \boldsymbol{k} \\ e^2 & 1 & e \\ e^2 & -1 & e \end{vmatrix} = (2e,\ 0,\ -2e^2)\ /\!/\ (1,\ 0,\ -e)$$

故曲面在 P_0 的切平面方程为

$$1 \cdot (x-e^2) + 0 \cdot (y-1) - e \cdot (z-e) = 0$$

即 $x-ez=0$.

曲面的切平面的法向量 n 求法小结

（1）当曲面方程为 $F(x,\ y,\ z)=0$ 时，$n=(F'_x,\ F'_y,\ F'_z)$；

（2）当曲面方程为 $z=z(x,\ y)$ 时，$n=(-z'_x,\ -z'_y,\ 1)$；

（3）当曲面方程为 $x=x(u,\ v)$，$y=y(u,\ v)$，$z=z(u,\ v)$ 时，可用隐函数法或双切线法求 n（见上例）.

【**例 7-24**】（B 类）　求空间曲线 $\Gamma:\begin{cases} x^2+y^2=\dfrac{1}{2}z^2 \\ x+y+2z=4 \end{cases}$ 在点 $M(1,\ -1,\ 2)$ 处的切线方程

与法平面方程.

分析：所给曲线为交面式（两个曲面相交的形式），以下用两种方法求切线的方向向量.

先用两种方法求切向量 s.

解法 1（隐函数法）　曲线的方程有 2 个、变量有 3 个，"3－2" =1，选一个变量 x 为自变量，则 $y=y(x)$，$z=z(x)$，因此曲线可看成参数方程

$$x=x,\ y=y(x),\ z=z(x)$$

则切向量为

$$s=(1,\ y'_x,\ z'_x)\Big|_M$$

原方程组两边对 x 求导得

$$\begin{cases} 2x+2yy'_x=zz'_x \\ 1+y'_x+2z'_x=0 \end{cases}$$

将 $x=1$，$y=-1$，$z=2$ 代入，解得 $y'_x=3$，$z'_x=-2$，所以切向量为 $s=(1,\ 3,\ -2)$.

解法 2（双切平面法）　曲面 $\sum_1:\ x^2+y^2=\dfrac{1}{2}z^2$ 在 M 点的切平面法向量为

$$\boldsymbol{n}_1 = (2x,\ 2y,\ -z)\Big|_M = (2,\ -2,\ -2) \perp s$$

曲面 Σ_2：$x+y+2z=4$ 在 M 点的切平面的法向量为

$$\boldsymbol{n}_2 = (1,\ 1,\ 2)\Big|_M = (1,\ 1,\ 2) \perp s$$

所以

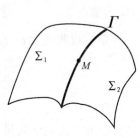

图 7-2

$$s = \boldsymbol{n}_1 \times \boldsymbol{n}_2 = \begin{vmatrix} \boldsymbol{i} & \boldsymbol{j} & \boldsymbol{k} \\ 2 & -2 & -2 \\ 1 & 1 & 2 \end{vmatrix} = (-2,\ -6,\ 4)\ /\!/\ (1,\ 3,\ -2)$$

故所求切线方程为

$$\frac{x-1}{1} = \frac{y+1}{3} = \frac{z-2}{-2}$$

法平面方程为

$$1 \cdot (x-1) + 3(y+1) + (-2)(z-2) = 0$$

即 $x+3y-2z+6=0$.

练习题 7-5 求椭球面 $x^2 + 2y^2 + 3z^2 = 21$ 上某点处的切平面 π 的方程，使 π 过直线 $\dfrac{x-6}{2} = \dfrac{y-3}{1} = \dfrac{2z-1}{-2}$.

答案：切平面方程为 $x+4y+6z=21$ 和 $x+2z=7$.

练习题 7-6 设 $F(x,\ y,\ z)=0$ 具有连续偏导数，且对任意实数 t，有 $F(tx,\ ty,\ tz)=t^k F(x,\ y,\ z)(k \in \mathbf{N})$，证明：曲面 $F(x,\ y,\ z)=0$ 上任一点的切平面相交于一定点（设在任意点处 $F_x^2 + F_y^2 + F_z^2 \neq 0$）.

提示：曲面上点 $(x_0,\ y_0,\ z_0)$ 处的切平面为 $F_x(x_0,\ y_0,\ z_0)(x-x_0) + F_y(x_0,\ y_0,\ z_0)(y-y_0) + F_z(x_0,\ y_0,\ z_0)(z-z_0)=0(*)$，由 $F(tx,\ ty,\ tz)=t^k F(x,\ y,\ z)$ 两边对 t 求导后令 $t=1$，再代入 $(x_0,\ y_0,\ z_0)$，得 $x_0 F_x(x_0,\ y_0,\ z_0) + y_0 F_y(x_0,\ y_0,\ z_0) + z_0 F_z(x_0,\ y_0,\ z_0)=kF(x_0,\ y_0,\ z_0)=0$（因为 $(x_0,\ y_0,\ z_0)$ 在曲面 $F(x,\ y,\ z)=0$ 上），从而由 $(*)$ 式知，切平面方程为 $xF_x(x_0,\ y_0,\ z_0) + yF_y(x_0,\ y_0,\ z_0) + zF_z(x_0,\ y_0,\ z_0)=0$，此方程过原点.

【例 7-25】（B 类） 求曲线 Γ：$x = \displaystyle\int_0^t \cos u\, du$，$y = 2\sin t + \pi t^2 + 1$，$z = t^3 + 2$ 上与平面 $6x - 3y + 4z + 5 = 0$ 平行的切线方程.

分析：参数方程形式的切线问题，切线与已知平面平行，则切线的方向向量与平面的法向量垂直.

解 设曲线上 $t=t_0$ 时切线与已知平面平行，则切线的方向向量为

$$s = (x_t', \ y_t', \ z_t')\Big|_{t=t_0}$$

$$= (\cos t_0, \ 2\cos t_0+2\pi t_0, \ 3t_0^2),$$

已知平面的法向量为 $n=(6, \ -3, \ 4)$，则 $s\perp n$，所以 $s\cdot n=0$，即

$$6\cos t_0+(-3)(2\cos t_0+2\pi t_0)+4(3t_0^2) = 0$$

$$\Rightarrow -6\pi t_0+12t_0^2=0$$

解得 $t_0=0$ 或 $t_0=\dfrac{\pi}{2}$.

当 $t_0=0$ 时，代入参数方程得切点为 $(0, 1, 2)$，方向向量为 $s=(1, 2, 0)$，切线方程为

$$\frac{x}{1}=\frac{y-1}{2}=\frac{z-2}{0}$$

当 $t_0=\dfrac{\pi}{2}$ 时，切点为 $\left(1, 3+\dfrac{\pi^3}{4}, \dfrac{\pi^3}{8}+2\right)$，方向向量为 $s=\left(0, \pi^2, \dfrac{3\pi^2}{4}\right)$ $/\!/(0, 4, 3)$，切线方程为

$$\frac{x-1}{0}=\frac{y-3-\dfrac{\pi^3}{4}}{4}=\frac{z-\dfrac{\pi^3}{8}-2}{3}$$

【例 7-26】（B 类） 求函数 $z=1-\dfrac{x^2}{a^2}-\dfrac{y^2}{b^2}$ $(a>0, \ b>0)$ 在点 $P\left(\dfrac{a}{\sqrt{2}}, \ \dfrac{b}{\sqrt{2}}\right)$ 处沿曲线 $\dfrac{x^2}{a^2}+\dfrac{y^2}{b^2}=1$ 在该点的内法线方向的方向导数.

分析：因为 $\dfrac{\partial z}{\partial l}=z_x'\cos\alpha+z_y'\cos\beta$，其中 $\cos\alpha$，$\cos\beta$ 为 l 的方向余弦，所以本题关键是求内法线方向的方向余弦.

解 曲线 $\dfrac{x^2}{a^2}+\dfrac{y^2}{b^2}=1$ 看成 1 个方程、2 个变量的隐函数方程，"2-1"=1，选 1 个变量 x 为自变量，则 $y=y(x)$. 曲线可以看成参数方程：$x=x$，$y=y(x)$，因此切向量为 $(1, y'(x))=\left(1, -\dfrac{F_x'}{F_y'}\right)$，其中 $F(x, y)=\dfrac{x^2}{a^2}+\dfrac{y^2}{b^2}-1$，故与其垂直的法向量为 (F_x', F_y')，所以所给曲线

在 P 点的法向量为

$$\left(\frac{2x}{a^2},\ \frac{2y}{b^2}\right)\Bigg|_P=\left(\frac{\sqrt{2}}{a},\ \frac{\sqrt{2}}{b}\right)$$

但由几何知识知，所给曲线为椭圆曲线，其在第一象限的内法线方向指向左偏下，应是上述向量的反方向，故所求方向为 $\boldsymbol{n}=\left(-\dfrac{\sqrt{2}}{a},\ -\dfrac{\sqrt{2}}{b}\right)$，将其单位化得

$$\cos\alpha=\frac{-b}{\sqrt{a^2+b^2}},\ \cos\beta=\frac{-a}{\sqrt{a^2+b^2}}$$

又

$$z'_x\Big|_P=\left(\frac{-2x}{a^2}\right)\Big|_P=-\frac{\sqrt{2}}{a},\ z'_y\Big|_P=\left(\frac{-2y}{b^2}\right)\Big|_P=-\frac{\sqrt{2}}{b}$$

故所求方向导数为

$$\frac{\partial z}{\partial n}=\left(-\frac{\sqrt{2}}{a}\right)\left(\frac{-b}{\sqrt{a^2+b^2}}\right)+\left(-\frac{\sqrt{2}}{b}\right)\left(\frac{-a}{\sqrt{a^2+b^2}}\right)$$

$$=\frac{\sqrt{2(a^2+b^2)}}{ab}$$

曲线的切线方向向量 $\boldsymbol{s}$ 求法小结

(1) 当空间曲线方程为参数方程：$x=x(t)$，$y=y(t)$，$z=z(t)$ 时，$\boldsymbol{s}=(x'(t)$，$y'(t)$，$z'(t))$；

(2) 当空间曲线方程为交面式方程：$F(x,\ y,\ z)=0$，$G(x,\ y,\ z)=0$ 时，可用隐函法或双切平面法求 $\boldsymbol{s}$（见例 7-24）；

(3) 当平面曲线为显式方程 $y=y(x)$ 时，可将其看为参数方程 $x=x$，$y=y(x)$，则 $\boldsymbol{s}=(x'_x,\ y'_x)=(1,\ y'_x)$；

(4) 当平面曲线为隐式方程 $F(x、y)=0$ 时，隐式方程确定了隐函数 $y=y(x)$，由(3)，$\boldsymbol{s}=(1,\ y'_x)=\left(1,\ -\dfrac{F'_x}{F'_y}\right)$，所以与其垂直的法线方向为 $\boldsymbol{n}=(F'_x,\ F'_y)$（因为 $\boldsymbol{n}\perp\boldsymbol{s}$ $\Rightarrow\boldsymbol{n}\cdot\boldsymbol{s}=0$），$\boldsymbol{n}$ 恰好是 $F(x,\ y)$ 的梯度方向。

【**例 7-27**】（B 类）　求函数 $u=x^2+y^2+z^2$ 沿曲线 $x=2t$，$y=t^3$，$z=\dfrac{6}{\pi}\sin\pi t$ 在点 $P(2,1,0)$ 处的切线方向（沿 t 增加的方向）的方向导数，又问函数 u 在 P 处沿什么方向的变化率最大？最大变化率是多少？

分析： $\dfrac{\partial u}{\partial l} = u'_x \cos \alpha + u'_y \cos \beta + u'_z \cos r$，其中 $\cos \alpha$，$\cos \beta$，$\cos r$ 为 l 的方向余弦.

解　在 $P(2,1,0)$ 处，$t=1$，所以 P 点处的切线方向为

$$s = (x'(t),\ y'(t),\ z'(t)) \Big|_{t=1} = (2,\ 3t^2,\ 6\cos \pi t) \Big|_{t=1}$$
$$= (2,\ 3,\ -6)$$

将其单位化得

$$\cos \alpha = \frac{2}{7},\ \cos \beta = \frac{3}{7},\ \cos r = \frac{-6}{7}$$

又

$$\frac{\partial u}{\partial x} \Big|_p = (2x) \Big|_{x=2} = 4,\ \frac{\partial u}{\partial y} \Big|_p = (2y) \Big|_{y=1} = 2,\ \frac{\partial u}{\partial z} = (2z) \Big|_{z=0} = 0$$

所以

$$\frac{\partial u}{\partial s} = 4 \times \frac{2}{7} + 2 \times \frac{3}{7} + 0 \times \left(-\frac{6}{7}\right) = 2$$

因为函数在一点处沿梯度方向有最大变化率，且最大变化率为梯度的模，所以 u 在 P 点沿梯度方向

$$\mathbf{grad}(u) \Big|_p = (u'_x,\ u'_y,\ u'_z) \Big|_p = (4,\ 2,\ 0)$$

变化率最大，最大变化率为上述向量的模，即

$$\sqrt{4^2 + 2^2 + 0^2} = 2\sqrt{5}$$

练习题 7-7　设温度函数 $T = 4x^2 + 9y^2$，(1) 求点 $P(9,4)$ 处沿方向角为 $210°$ 的方向 l 的温度变化率；(2) 在什么方向上，点 P 处的温度变化率取得最大值？并求此最大值.

答案： (1) $-36(\sqrt{3}+1)$；(2) 沿方向角为 $45°$ 的方向上点 P 处的温度变化率最大，最大值为 $72\sqrt{2}$.

【例 7-28】（B 类）　求函数 $z = x^4 + y^4 - x^2 - 2xy - y^2$ 的极值.

分析： 由极值的必要条件，先求取极值的可疑点，再由极值的充分条件进行判定.

解　令

$$\begin{cases} z'_x = 4x^3 - 2x - 2y = 0 \\ z'_y = 4y^3 - 2x - 2y = 0 \end{cases}$$

解得三个驻点 $(0, 0)$, $(1, 1)$, $(-1, -1)$ 为极值可疑点. 设

$$A = z''_{xx} = 12x^2 - 2, \quad B = z''_{xy} = -2, \quad C = z''_{yy} = 12y^2 - 2$$

在点 $(1, 1)$ 处，因为

$$AC - B^2 = (12x^2 - 2)(12y^2 - 2) - (-2)^2 \Big|_{\substack{x=1 \\ y=1}} = 96 > 0$$

$$A = 12x^2 - 2 \Big|_{x=1} = 10 > 0$$

故 $z(1, 1) = -2$ 为极小值.

在点 $(-1, -1)$ 处，因为

$$AC - B^2 = (12x^2 - 2)(12y^2 - 2) - (-2)^2 \Big|_{\substack{x=-1 \\ y=-1}} = 96 > 0$$

$$A = 12x^2 - 2 \Big|_{x=-1} = 10 > 0$$

故 $z(-1, -1) = -2$ 也为极小值.

在点 $(0, 0)$ 处，因为

$$AC - B^2 = (12x^2 - 2)(12y^2 - 2) - (-2)^2 \Big|_{\substack{x=0 \\ y=0}} = 0$$

判别法失效，但由极值的定义，在点 $(0, 0)$ 的邻域内，当 $y = 0$ 时，$z(x, 0) = x^2(x^2 - 1) \leqslant 0 = z(0, 0)$，而当 $y = -x$ 时，$z(x, -x) = 2x^4 \geqslant 0 = z(0, 0)$，故 $z(0, 0)$ 不是极值.

【例 7-29】（B 类）　求由方程 $2x^2 + 2y^2 + z^2 + 8xz - z + 8 = 0$ 确定的函数 $z = z(x, y)$ 的极值.

分析：隐函数求极值的讨论过程与显函数是一样的，只是要用隐函数的求导法求导.

解　原方程两边分别对 x, y 求导得

$$\begin{cases} 4x + 2zz'_x + 8z + 8xz'_x - z'_x = 0 & \text{(7-1)} \\ 4y + 2zz'_y + 8xz'_y - z'_y = 0 & \text{(7-2)} \end{cases}$$

令 $z'_x = 0$, $z'_y = 0$ 得 $\begin{cases} 4x + 8z = 0, \\ y = 0, \end{cases}$ 代回原方程得

$$7z^2 + z - 8 = 0$$

解得 $z_1 = -\dfrac{8}{7}$, $z_2 = 1$，所以两组驻点及相应的函数值为

$$\begin{cases} x = \dfrac{16}{7}, \\ y = 0, \\ z = -\dfrac{8}{7}, \end{cases} \quad \text{或} \quad \begin{cases} x = -2 \\ y = 0 \\ z = 1 \end{cases}$$

将式（7-1）分别对 x，y 求导，式（7-2）对 y 求导得

$$\begin{cases} 4 + 2(z_x')^2 + 2zz_{xx}'' + 16z_x' + 8xz_{xx}'' - z_{xx}'' = 0 \\ 2z_x'z_y' + 2zz_{xy}'' + 8z_y' + 8xz_{xy}'' - z_{xy}'' = 0 \\ 4 + 2(z_y')^2 + 2zz_{yy}'' + 8xz_{yy}'' - z_{yy}'' = 0 \end{cases} \tag{7-3}$$

将 $z_x' = 0$，$z_y' = 0$，$x = \dfrac{16}{7}$，$y = 0$，$z = -\dfrac{8}{7}$ 代入式（7-3），得

$$A = z_{xx}'' = -\frac{4}{15}, \ B = z_{xy}'' = 0, \ C = z_{yy}'' = -\frac{4}{15}$$

因为 $AC - B^2 = \left(-\dfrac{4}{15}\right)\left(-\dfrac{4}{15}\right) - 0^2 > 0$，且 $A = -\dfrac{4}{15} < 0$，故 $z\left(\dfrac{16}{7}, 0\right) = -\dfrac{8}{7}$ 为极大值.

将 $z_x' = 0$，$z_y' = 0$，$x = -2$，$y = 0$，$z = 1$ 代入式（7-3），得

$$A = z_{xx}'' = \frac{4}{15}, \ B = z_{xy}'' = 0, \ C = z_{yy}'' = \frac{4}{15}$$

因为 $AC - B^2 = \dfrac{4}{15} \times \dfrac{4}{15} - 0^2 > 0$，且 $A = \dfrac{4}{15} > 0$，故 $z(-2, 0) = 1$ 为极小值.

求极值步骤小结

（1）求取极值的可疑点（导数为 0 或不存在的点）；

（2）用极值的充分条件对可疑点进行判定，若不能判定，则改用其他方法或定义（如例 7-28）.

【**例 7-30**】（C 类）　设 $f(x, y)$ 在点 $(0, 0)$ 的邻域内连续，且

$$\lim_{\substack{x \to 0 \\ y \to 0}} \frac{f(x, y) - f(0, 0)}{x^2 + 1 - x\sin y - \cos^2 y} = A < 0$$

问 $f(0, 0)$ 是否为 $f(x, y)$ 的极值？若是，是极大值还是极小值？

分析：利用极限的保号性及极值的定义来讨论.

解　因为

$$\lim_{\substack{x \to 0 \\ y \to 0}} \frac{f(x, y) - f(0, 0)}{x^2 + 1 - x\sin y - \cos^2 y} = A < 0$$

所以存在 $\delta > 0$，当 $0 < x^2 + y^2 < \delta$ 时，

$$\frac{f(x, y) - f(0, 0)}{x^2 + 1 - x\sin y - \cos^2 y} < 0$$

又因为

$$x^2 + 1 - x\sin y - \cos^2 y = \left(x - \frac{1}{2}\sin y\right)^2 + \frac{3}{4}\sin^2 y$$

上式在点（0，0）的充分小邻域内总是大于 0，所以存在点（0，0）的空心邻域，使该邻域内的 (x, y) 有

$$f(x, y) - f(0, 0) < 0$$

即

$$f(x, y) < f(0, 0)$$

说明 $f(0, 0)$ 是 $f(x, y)$ 的极值，且为极大值.

【例 7-31】（B 类）　求函数 $z = x^2 y(4 - x - y)$ 在 $x = 0$，$y = 0$，$x + y = 6$ 所围闭区域 D 上的最大值和最小值.

分析：闭区域上的连续函数一定取到最大值和最小值，可疑点在区域内部的驻点处或不可导点处及边界上的条件极值点或边界的边界点处.

解　D 如图 7-3 阴影所示，先求 D 内驻点，令

$$\begin{cases} z'_x = xy(8 - 3x - 2y) = 0 \\ z'_y = x^2(4 - x - 2y) = 0 \end{cases}$$

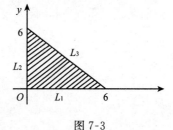

图 7-3

解得 D 内唯一可疑点（2，1）.

再求 D 的边界（如图 7-3 中 L_1，L_2，L_3）上的可疑点.

因为在 $L_1(y=0)$ 上，$z(x, 0) = 0$；在 $L_2(x=0)$ 上，$z(0, y) = 0$，所以整个 L_1，L_2 都是疑点；在 L_3 上，$y = 6 - x$，所以

$$z = x^2(6 - x)(4 - x - 6 + x) = -12x^2 + 2x^3$$
$$z'_x = -24x + 6x^2$$

令 $z'_x = 0$ 得 $x = 4$. 相应地，$y = 6 - 4 = 2$，所以 L_3 上的疑点为（4，2）及 L_3 的边界点（0，6）和（6，0）.

最后比较全部疑点的函数值.

$$z(2, 1) = 4, \ z\Big|_{L_1} = z\Big|_{L_2} = z(6, 0) = z(0, 6) = 0, \ z(4, 2) = -64.$$

故 $z(2，1)=4$ 为最大值，$z(4，2)=-64$ 为最小值.

【例 7-32】（B 类） 求 $z=x^2+y^2$ 在区域 D：$(x-\sqrt{2})^2+(y-\sqrt{2})^2\leqslant 9$ 上的最大值和最小值.

> **分析：** 仍是闭区域上连续函数的最值问题.

解 先求区域 D 内的驻点，令

$$\begin{cases} z'_x=2x=0 \\ z'_y=2y=0 \end{cases}$$

解得 D 内唯一可疑点为 $(0，0)$.

再求 D 的边界（圆周：$(x-\sqrt{2})^2+(y-\sqrt{2})^2=9$）上的疑点. 以下用拉格朗日乘数法和参数化两种方法来求.

解法 1 设拉格朗日函数

$$L=x^2+y^2+\lambda((x-\sqrt{2})^2+(y-\sqrt{2})^2-9)$$

令

$$\begin{cases} L'_x=2x+2\lambda(x-\sqrt{2})=0 \\ L'_y=2y+2\lambda(y-\sqrt{2})=0 \\ L'_\lambda=(x-\sqrt{2})^2+(y-\sqrt{2})^2-9=0 \end{cases}$$

由前两式可得 $x=y$，代入第 3 式解得边界的可疑点为 $\left(\dfrac{5}{\sqrt{2}}，\dfrac{5}{\sqrt{2}}\right)$，$\left(-\dfrac{1}{\sqrt{2}}，-\dfrac{1}{\sqrt{2}}\right)$. 由于圆周没有边界点，所以只要比较找到的 3 个可疑点的函数值.

$$z(0，0)=0，\quad z\left(\frac{5}{\sqrt{2}}，\frac{5}{\sqrt{2}}\right)=25，\quad z\left(-\frac{1}{\sqrt{2}}，-\frac{1}{\sqrt{2}}\right)=1$$

故 $z(0，0)=0$ 为最小值，$z\left(\dfrac{5}{\sqrt{2}}，\dfrac{5}{\sqrt{2}}\right)=25$ 为最大值.

解法 2 圆周 $(x-\sqrt{2})^2+(y-\sqrt{2})^2=9$ 的参数方程为

$$\begin{cases} x=\sqrt{2}+3\cos t \\ y=\sqrt{2}+3\sin t \end{cases} \quad (0\leqslant t\leqslant 2\pi)$$

代入 $z=x^2+y^2$，得

$$\begin{aligned} z&=(\sqrt{2}+3\cos t)^2+(\sqrt{2}+3\sin t)^2 \\ &=13+6\sqrt{2}(\sin t+\cos t) \quad (0\leqslant t\leqslant 2\pi) \end{aligned}$$

$$z'_t = 6\sqrt{2}(\cos t - \sin t)$$

令 $z'_t = 0$ 得

$$t = \frac{\pi}{4}, \quad t = \frac{5\pi}{4}$$

当 $t = \frac{\pi}{4}$ 时, $z = 25$; 当 $t = \frac{5\pi}{4}$ 时, $z = 1$; 端点处当 $t = 0$ 或 $t = 2\pi$ 时, $z = 13 + 6\sqrt{2} < 25$. 在 D 内部可疑点 $(0, 0)$ 处, $z = 0$, 故最小值为 $z(0, 0) = 0$, 最大值为 $z\left(\dfrac{5}{\sqrt{2}}, \dfrac{5}{\sqrt{2}}\right) = 25$.

求函数在有界闭区域 D 上最值的步骤小结

(1) 求 D 内部的可疑点 (导数为 0 或不存在的点);

(2) 求 D 的边界上的可疑点 (条件极值点和边界的边界点);

注: 条件极值点的求法: 拉格朗日乘数法、代入消元法 (一个条件可消去一个变量)、参数化 (见例 7-31 解法 2).

(3) 比较所有可疑点及边界点的函数值, 最大的为最大值, 最小的为最小值.

【例 7-33】(B 类) 在椭球面 $2x^2 + 2y^2 + z^2 = 1$ 上求一点, 使得函数 $f(x, y, z) = x^2 + y^2 + z^2$ 在该点沿着点 $A(1, 1, 1)$ 到点 $B(2, 0, 1)$ 方向的方向导数是函数在该点的所有方向导数中的最大值.

分析: 函数在一点处沿梯度方向的方向导数最大.

解 设所求椭球面上的点为 $P(x, y, z)$, 函数 $f(x, y, z) = x^2 + y^2 + z^2$ 在 P 点的梯度方向为

$$\mathbf{grad} f\Big|_P = (f'_x, f'_y, f'_z)\Big|_P = (2x, 2y, 2z)\Big|_P$$

因为 $f(x, y, z)$ 在 P 点处沿梯度方向的方向导数最大, 故由题设 $\mathbf{grad} f\Big|_p$ 就是 $\overrightarrow{AB} = (1, -1, 0)$ 的方向, 即

$$(2x, 2y, 2z) /\!/ (1, -1, 0)$$

且 $x > 0$, 所以

$$\frac{2x}{1} = \frac{2y}{-1} = \frac{2z}{0} \quad (x > 0)$$

即 $x = -y (x > 0)$, $z = 0$.

又 $P(x, y, z)$ 在椭球面上，其坐标满足椭球面方程，所以有

$$2x^2 + 2(-x)^2 + 0^2 = 1 \quad (x > 0)$$

解得 $x = \dfrac{1}{2}$，故所求点为 $P\left(\dfrac{1}{2}, -\dfrac{1}{2}, 0\right)$.

练习题 7-8　已知实数 x，y，z 满足 $e^x + y^2 + |z| = 3$，试证：$e^x y^2 |z| \leqslant 1$.

提示： 当 $y = 0$ 时，结论显然成立；当 $y \neq 0$ 时，令 $u = e^x$，$v = y^2$（则 $u > 0$，$v > 0$），有 $|z| = 3 - u - v$，设 $f(u, v) = uv(3 - u - v) = e^x y^2 |z|$，令 $\dfrac{\partial f}{\partial u} = 0$，$\dfrac{\partial f}{\partial v} = 0$，在 $u > 0$，$v > 0$ 的条件下解得唯一解为 $u = 1$，$v = 1$，可判定出 $f(u, v)$ 在 $(1, 1)$ 处取得极大值 $f(1, 1) = 1$. 由于 $f(u, v)$ 在 $u > 0$，$v > 0$ 时连续，且仅有一个极大值点，故此极大值就是最大值，所以在 $e^x + y^2 + |z| = 3$ 时，有 $e^x y^2 |z| \leqslant 1$.

【例 7-34】（B 类）　求抛物面 $z = x^2 + y^2$ 与平面 $x + y - 2z = 2$ 之间的最短距离.

分析： 这是最值的实际应用问题.

解 1　设 (x, y, z) 是 $z = x^2 + y^2$ 上任一点，它到平面的距离为

$$d = \frac{|x + y - 2z - 2|}{\sqrt{1^2 + 1^2 + (-2)^2}} = \frac{1}{\sqrt{6}} |x + y - 2z - 2|$$

构造辅助函数为

$$L = (x + y - 2z + 2)^2 + \lambda(z - x^2 - y^2)$$

令

$$\begin{cases} L'_x = 2(x + y - 2z + 2) - 2\lambda x = 0 \\ L'_y = 2(x + y - 2z + 2) - 2\lambda y = 0 \\ L'_z = -4(x + y - 2z + 2) + \lambda = 0 \\ L'_\lambda = z - x^2 - y^2 = 0 \end{cases}$$

解得唯一驻点 $\left(\dfrac{1}{4}, \dfrac{1}{4}, \dfrac{1}{8}\right)$.

由于抛物面与平面之间的最短距离一定存在，且只有唯一驻点，故必在唯一驻点处取得最短距离，最短距离为

$$d_{\min} = \frac{1}{\sqrt{6}} \left| \frac{1}{4} + \frac{1}{4} - 2 \times \frac{1}{8} - 2 \right| = \frac{7}{4\sqrt{6}}$$

注：因为 $\dfrac{1}{\sqrt{6}}\,|\,x+y-2z-2\,|$ 与 $(x+y-2z+2)^2$ 具有相同的极小值点，为了避免绝对值的运算，在构造辅助函数时改用了后者.

解 2 设 $(x,\,y,\,z)$ 是 $z=x^2+y^2$ 上任一点，$(x_1,\,y_1,\,z_1)$ 是 $x+y-2z=2$ 上任一点，则这两点之间的距离为

$$d^2=(x-x_1)^2+(y-y_1)^2+(z-z_1)^2$$

构造辅助函数

$$L=(x-x_1)^2+(y-y_1)^2+(z-z_1)^2+\lambda(z-x^2-y^2)+\mu(x_1+y_1-2z_1-2)$$

令

$$
\begin{cases}
L'_x=2(x-x_1)-2\lambda x=0 & ① \\
L'_y=2(y-y_1)-2\lambda y=0 & ② \\
L'_z=2(z-z_1)+\lambda=0 & ③ \\
L'_{x_1}=-2(x-x_1)+\mu=0 & ④ \\
L'_{y_1}=-2(y-y_1)+\mu=0 & ⑤ \\
L'_{z_1}=-2(z-z_1)-2\mu=0 & ⑥ \\
L'_\lambda=z-x^2-y^2=0 & ⑦ \\
L'_\mu=x_1+y_1-2z_1-2=0 & ⑧
\end{cases}
$$

由③+⑥得 $\lambda=2\mu$，①+④及②+⑤得 $x=y=\dfrac{\mu}{2\lambda}=\dfrac{1}{4}$，代入⑦得 $z=\dfrac{1}{8}$. 将 $x,\,y,\,z$ 及④，⑤，⑥代入⑧得 $\mu=-\dfrac{7}{12}$，再代回④，⑤，⑥得 $x_1=\dfrac{13}{24}$，$y_1=\dfrac{13}{24}$，$z_1=-\dfrac{11}{24}$，故

$$d_{\min}=\sqrt{\left(\dfrac{1}{4}-\dfrac{13}{24}\right)^2+\left(\dfrac{1}{4}-\dfrac{13}{24}\right)^2+\left(\dfrac{1}{8}+\dfrac{11}{24}\right)^2}=\dfrac{7}{4\sqrt{6}}$$

理由与解法 1 相同.

解 3 由几何直观，所求最短距离为曲面 $z=x^2+y^2$ 上与平面 $x+y-2z-2=0$ 平行的切平面的切点到已知平面的距离.

曲线在 $(x,\,y,\,z)$ 处的法向量为

$$\boldsymbol{n}=(F'_x,\,F'_y,\,F'_z)=(-2x,\,-2y,\,1)$$

其中，$F(x,\,y,\,z)=z-x^2-y^2$. 要使切平面与已知平面平行，则其法向量平行，而已知平面的法向量 $\boldsymbol{n}_0=(1,\,1,\,-2)$，所以

$$\frac{-2x}{1}=\frac{-2y}{1}=\frac{1}{-2}$$

解得 $x=y=\frac{1}{4}$，代入 $z=x^2+y^2$ 得 $z=\frac{1}{8}$，则切点为 $\left(\frac{1}{4},\ \frac{1}{4},\ \frac{1}{8}\right)$，故

$$d_{\min}=\frac{\left|\dfrac{1}{4}+\dfrac{1}{4}-2\times\dfrac{1}{8}-2\right|}{\sqrt{1^2+1^2+(-2)^2}}=\frac{7}{4\sqrt{6}}$$

【例 7-35】（B 类）　在椭球面 $\dfrac{x^2}{a^2}+\dfrac{y^2}{b^2}+\dfrac{z^2}{c^2}=1(a,\ b,\ c>0)$ 的第一卦限上求一点，使该点处的切平面与三个坐标面所围的四面体的体积最小.

分析： 切平面与最值的综合应用问题.

解 1　设 $(x,\ y,\ z)$ 为椭球面在第一卦限上的任一点，则切平面方程为

$$\frac{2x}{a^2}(X-x)+\frac{2y}{b^2}(Y-y)+\frac{2z}{c^2}(Z-z)=0$$

利用 $\dfrac{x^2}{a^2}+\dfrac{y^2}{b^2}+\dfrac{z^2}{c^2}=1$ 简化上式得

$$\frac{x}{a^2}X+\frac{y}{b^2}Y+\frac{z}{c^2}Z=1$$

该平面在三个坐标轴上的截距分别为 $\dfrac{a^2}{x}$，$\dfrac{b^2}{y}$，$\dfrac{c^2}{z}$，所以切平面与三个坐标面所围四面体的体积为

$$V=\frac{a^2b^2c^2}{6xyz}$$

为了简化计算过程，构造辅助函数为

$$L=\ln\ (xyz)+\lambda\left(\frac{x^2}{a^2}+\frac{y^2}{b^2}+\frac{z^2}{c^2}-1\right)$$

令

$$\begin{cases}L'_x=\dfrac{1}{x}+\dfrac{2\lambda x}{a^2}=0\\[2mm]L'_y=\dfrac{1}{y}+\dfrac{2\lambda y}{b^2}=0\\[2mm]L'_z=\dfrac{1}{z}+\dfrac{2\lambda z}{c^2}=0\\[2mm]L'_\lambda=\dfrac{x^2}{a^2}+\dfrac{y^2}{b^2}+\dfrac{z^2}{c^2}-1=0\end{cases}$$

解得唯一一组解为 $x=\dfrac{a}{\sqrt{3}}$，$y=\dfrac{b}{\sqrt{3}}$，$z=\dfrac{c}{\sqrt{3}}$. 由于最小值一定存在，则唯一一组解即为所求，所以所求点的坐标为 $\left(\dfrac{a}{\sqrt{3}},\ \dfrac{b}{\sqrt{3}},\ \dfrac{c}{\sqrt{3}}\right)$.

解 2 由解法 1 知

$$V=\frac{a^2b^2c^2}{6xyz}$$

因为 $\dfrac{x^2}{a^2}+\dfrac{y^2}{b^2}+\dfrac{z^2}{c^2}=1$，由公式

$$uvw\leqslant\left(\frac{uvw}{3}\right)^3\ （见例 7\text{-}37）$$

所以

$$\frac{x^2}{a^2}\cdot\frac{y^2}{b^2}\cdot\frac{z^2}{c^2}\leqslant\left(\frac{\dfrac{x^2}{a^2}+\dfrac{y^2}{b}+\dfrac{z^2}{c^2}}{3}\right)^3=\frac{1}{27}$$

上式等号成立当且仅当 $\dfrac{x^2}{a^2}=\dfrac{y^2}{b^2}=\dfrac{z^2}{c^2}=\dfrac{1}{3}$，即 $x=\dfrac{a}{\sqrt{3}}$，$y=\dfrac{b}{\sqrt{3}}$，$z=\dfrac{c}{\sqrt{3}}$. 由上述不等式有

$$\frac{1}{xyz}\geqslant\frac{3\sqrt{3}}{abc}$$

所以

$$V=\frac{a^2b^2c^2}{6xyz}\geqslant\frac{a^2b^2c^2}{6}\cdot\frac{3\sqrt{3}}{abc}=\frac{\sqrt{3}abc}{2}$$

故所求点的坐标为 $\left(\dfrac{a}{\sqrt{3}},\ \dfrac{b}{\sqrt{3}},\ \dfrac{c}{\sqrt{3}}\right)$时，体积最小.

【例 7-36】（B 类） 设生产函数 $f(x,\ y)=100x^{\frac{3}{4}}y^{\frac{1}{4}}$，其中 x 代表劳动力的数量，y 为资本的数量，函数值为生产量. 设每个劳动力和每单位资本的成本分别为 150 元和 250 元，该厂的总预算为 50 000 元，问如何分配这笔钱于雇用劳动力和资本，使生产量最高?

分析：最值的应用实例.

问题为 $f(x,\ y)=100x^{\frac{3}{4}}y^{\frac{1}{4}}$ 在条件 $150x+250y=50\ 000$ 下的最大值.

解法 1 构造拉格朗日函数为

$$L=100x^{\frac{3}{4}}y^{\frac{1}{4}}+\lambda(150x+250y-50\ 000)$$

令

$$\begin{cases} L_x' = 75x^{-\frac{1}{4}}y^{\frac{1}{4}} + 150\lambda = 0 \\ L_y' = 25x^{\frac{3}{4}}y^{-\frac{3}{4}} + 250\lambda = 0 \\ L_\lambda' = 150x + 250y - 50\ 000 = 0 \end{cases}$$

解得唯一一组解为 $x = 250$，$y = 50$. 因为一定有最大生产量，则这组解即为所求，即当投入 250 个劳动力，其余部分作为资本投入，可获得最大生产量.

解法 2 利用条件消去一个变量，由 $150x + 250y = 50\ 000$，得 $y = \dfrac{1}{5}(1\ 000 - 3x)$，代入

$$\begin{aligned} f(x,\ y) &= 100x^{\frac{3}{4}}y^{\frac{1}{4}} \\ &= \frac{100}{\sqrt[4]{5}}x^{\frac{3}{4}}(1\ 000 - 3x)^{\frac{1}{4}}, \end{aligned}$$

上式对 x 求导，并令其为 0，有

$$\frac{3}{4}x^{-\frac{1}{4}}(1\ 000 - 3x)^{\frac{1}{4}} - \frac{3}{4}x^{\frac{3}{4}}(1\ 000 - 3x)^{-\frac{3}{4}} = 0$$

即 $1\ 000 - 3x = x \Rightarrow x = 250$，从而 $y = 50$ 即为所求.

实际应用的最值问题解题步骤小结

（1）将问题化为当 $\triangle_1$，$\triangle_2$，$\cdots$ 为多少时，"□" 最大或最小，则设 $\triangle_1$，$\triangle_2 \cdots$ 为自变量 x，y，$\cdots$，设 "□" 为因变量 u；

（2）将 u 写成 x，y，$\cdots$ 的函数，并根据题设写出自变量 x，y，$\cdots$ 应满足的关系式；

（3）求解对应的条件极值问题；

（4）根据实际问题一定有最值而可疑点又唯一来判定可疑点就是要找的最值点.

练习题 7-9 设长方体的三个面在坐标面上，其一顶点在平面 $\dfrac{x}{a} + \dfrac{y}{b} + \dfrac{z}{c} = 1$ 上 $(a > 0,\ b > 0,\ c > 0)$，求长方体的最大体积.

答案： $\dfrac{abc}{27}$.

【**例 7-37**】（B 类） 设 $x_1 + x_2 + \cdots + x_n = c$（$c > 0$ 为常数，x_1，x_2，$\cdots$，$x_n \geqslant 0$），求 $f(x_1,\ x_2,\ \cdots,\ x_n) = x_1 x_2 \cdots x_n$ 的最大值，并证明 $\sqrt[n]{x_1 x_2 \cdots x_n} \leqslant \dfrac{1}{n}(x_1 + x_2 + \cdots + x_n)$.

分析： 这是条件极值问题，并利用最值证明不等式.

解 构造辅助函数为

$$L = x_1 x_2 \cdots x_n + \lambda(x_1 + x_2 + \cdots + x_n - c)$$

令

$$\begin{cases} L'_{x_1} = x_2 x_3 \cdots x_n + \lambda = 0 \\ L'_{x_2} = x_1 x_3 \cdots x_n + \lambda = 0 \\ \vdots \\ L'_{x_n} = x_1 x_2 \cdots x_{n-1} + \lambda = 0 \\ L'_{x_\lambda} = x_1 + x_2 + \cdots + x_n - c = 0 \end{cases}$$

解得唯一一组解 $x_1 = x_2 = \cdots = x_n = \dfrac{c}{n}$,而连续函数 $f(x_1, x_2, \cdots, x_n)$ 在有界闭区域 $x_1 + x_2 + \cdots + x_n = c(x_1, x_2, \cdots, x_n \geqslant 0)$ 上一定有最大值和最小值,且 $x_1, x_2, \cdots, x_n$ 有一个为 0 时为区域的边界,在其上 $f = 0$ 为函数的最小值,故唯一一组解必是使 f 取最大值的一组值,最大值为

$$f\left(\frac{c}{n}, \frac{c}{n}, \cdots, \frac{c}{n}\right) = \left(\frac{c}{n}\right)^n$$

故对任意 $x_1, x_2, \cdots, x_n$,当 $x_1 + x_2 + \cdots + x_n = c$ 时,有

$$f(x_1, x_2, \cdots, x_n) \leqslant \left(\frac{c}{n}\right)^n$$

即

$$x_1 x_2 \cdots x_n \leqslant \left(\frac{x_1 + x_2 + \cdots + x_n}{n}\right)^n$$

也即

$$\sqrt[n]{x_1 x_2 \cdots x_n} \leqslant \frac{x_1 + x_2 + \cdots + x_n}{n}$$

【例 7-38】(C 类) 设曲线 $C: x = x(t)$, $y = y(t)(a < t < b)$ 是 D 内一条光滑曲线,$f(x, y)$ 在 D 内可微,当 $(x, y) \in C$ 时,$f(x_0, y_0)$ 是 $f(x, y)$ 在 C 上的最大值或最小值,证明:$f(x, y)$ 在 (x_0, y_0) 的梯度向量与曲线 C 在 (x_0, y_0) 的切向量垂直.

分析: 梯度、切向量及最值的综合问题.

证 将曲线上的点代入函数,并令

$$\varphi(t) = f(x(t), y(t)), \quad a < t < b$$

设 (x_0, y_0) 处对应的 $t = t_0$,由于 t_0 是 $\varphi(t)$ 的最大值或最小值点,所以 $\varphi'(t_0) = 0$,即

$$\frac{\partial f}{\partial x}(x(t_0),\ y(t_0))\cdot x'(t_0)+\frac{\partial f}{\partial y}(x(t_0),\ y(t_0))\cdot y'(t_0)\ =0$$

由于 $x(t_0)=x_0,\ y(t_0)=y_0$，则 $\left(\dfrac{\partial f}{\partial x}(x_0,\ y_0),\ \dfrac{\partial f}{\partial y}(x_0,\ y_0)\right)$ 为 $f(x,\ y)$ 在 $(x_0,\ y_0)$ 的梯度向量，而 $(x'(t_0),\ y'(t_0))$ 为曲线 C 在 $(x_0,\ y_0)$ 处的切向量，从而由上式知 $f(x,\ y)$ 在 $(x_0,\ y_0)$ 的梯度向量与 C 在 $(x_0,\ y_0)$ 的切向量垂直.

【例 7-39】（C 类）　设 D 为平面上的有界闭区域，$f(x,\ y)$ 在 D 上连续，在 D 内可微，且在 D 的边界上 $f(x,\ y)=0$，在 D 内 $f(x,\ y)$ 满足 $\dfrac{\partial f}{\partial x}+\dfrac{\partial f}{\partial y}=f$. 证明：在 D 上 $f(x,\ y)\equiv0$.

分析： 这类证明题一般用反证法，并利用最值的必要条件和题设条件得出矛盾.

证　假设 $f(x,\ y)$ 在 D 上不恒为 0，不妨设存在一点的函数值大于 0（小于 0 的证明过程一样）. 由于 $f(x,\ y)$ 是 D 上的连续函数，故在 D 上一定有最大值，所以最大值 M 必在 D 的内部某点 $(\xi,\ \eta)$ 处达到，即

$$f(\xi,\ \eta)=M\geqslant f(x,\ y),\ (x,\ y)\in D，且\ M>0$$

由极值的必要条件知

$$\frac{\partial f}{\partial x}(\xi,\ \eta)=\frac{\partial f}{\partial y}(\xi,\ \eta)=0$$

又

$$M=f(\xi,\ \eta)=\frac{\partial f}{\partial x}(\xi,\ \eta)+\frac{\partial f}{\partial y}(\xi,\ \eta)=0$$

与 $M>0$ 矛盾.
故在 D 上 $f(x,\ y)\equiv0$.

练习题 7-10　设 $z=f(x,\ y)$ 在有界闭区域 D 上具有一阶连续偏导数，且函数在 D 的内部某点处的值大于在 D 的边界上的值. 证明：在 D 的内部必存在点 P，在点 P 处有 $f_x^2+f_y^2=0$.

提示： 由题设条件，在 D 的内部必存在点 P，使点 P 为 $f(x,\ y)$ 的最大值点. 由极值的必要条件，有 $f_x(P)=f_y(P)=0$，从而有结论成立.

7.3　本章测验

1.（10 分）设 $f(x,\ y)=\sqrt{x^2+y^4}$，求 $f_x'(0,\ 0)$，$f_y'(0,\ 0)$.

2. （10分）求函数 $u=\dfrac{x}{x^2+y^2+z^2}$ 的偏导数.

3. （10分）设 $u=f(x,\ xy,\ xyz)$，求 $\dfrac{\partial^2 u}{\partial z \partial y}$.

4. （10分）设 $z=f(2x-y)+g(x,\ xy)$，其中 f，g 有二阶连续导数或偏导数，求 $\dfrac{\partial^2 z}{\partial x \partial y}$.

5. （10分）设 $x^2+y^2+z^2=f(x,\ f(x,\ y))$，其中 f 具有连续的偏导数，求 dz.

6. （10分）设 $z=z(u)$，且 $u=\varphi(u)+\displaystyle\int_y^x p(t)\mathrm{d}t$，其中 $z(u)$ 为可微函数，$\varphi'(u)$ 连续且 $\varphi'(u)\neq 1$，$p(t)$ 连续，求 $p(y)\dfrac{\partial z}{\partial x}+p(x)\dfrac{\partial z}{\partial y}$.

7. （10分）设 $u=f(x,\ y,\ z)$，$\varphi(x^2,\ \mathrm{e}^y,\ z)=0$，$y=\sin x$，其中 f，φ 都具有一阶连续偏导数，且 $\dfrac{\partial \varphi}{\partial z}\neq 0$，求 $\dfrac{\mathrm{d}u}{\mathrm{d}y}$.

8. （15分）由曲线 $\begin{cases}3x^2+2y^2=12\\ z=0\end{cases}$ 绕 y 轴旋转一周所得的旋转曲面在点 $P(0,\sqrt{3},\sqrt{2})$ 处指向外侧的法向量为 $\boldsymbol{n}$，求函数 $u=\ln(x^2+y^2+z^2)$ 在点 P 处沿 $\boldsymbol{n}$ 的方向导数.

9. （10分）设 $z=3axy-x^3-y^3$，求 a 为何值时，$(a,\ a)$ 为极大值点；a 为何值时，$(a,\ a)$ 为极小值点.

10. （15分）证明：曲面 $z+\sqrt{x^2+y^2+z^2}=x^3f\left(\dfrac{y}{x}\right)$ 任意点处的切平面在 z 轴上的截距与切点到坐标原点的距离之比为常数，并求此常数.

7.4　本章测验参考答案

1. $f'_x(0,\ 0)$ 不存在，$f'_y(0,\ 0)=0$

2. $u'_x=\dfrac{y^2+z^2-x^2}{(x^2+y^2+z^2)^2}$，$u'_y=\dfrac{-2xy}{(x^2+y^2+z^2)^2}$，$u'_z=\dfrac{-2xz}{(x^2+y^2+z^2)^2}$

3. $xf'_3+x^2yf''_{32}+x^2yzf''_{33}$

4. $-2f''+xg''_{12}+g'_2+xyg''_{22}$

5. $\dfrac{1}{2z}\big((f'_x(x,\ u)+f'_u(x,\ u)f'_x(x,\ y)-2x)\mathrm{d}x+(f'_u(x,\ u)f'_y(x,\ y)-2y)\mathrm{d}y\big)$，其中 $u=f(x,\ y)$

6. 0

7. $f'_1+f'_2\cdot\cos x-f'_3\cdot\dfrac{1}{\varphi_3}\ (2x\varphi'_1+\mathrm{e}^{\sin x}\cos x\cdot\varphi'_2)$

8. $\dfrac{4\sqrt{30}}{25}$

9. 当 $a>0$ 时 (a, a) 为极大值点，当 $a<0$ 时，(a, a) 为极小值点

10. -2

7.5 本章练习

7-1 求 $f(x, y)$，若 (1) $f\left(\dfrac{x}{y}, \sqrt{xy}\right)=\dfrac{x^3-2xy^2\sqrt{xy}+3xy^4}{y^3}$；

　　(2) $f(x, y)=y^2F(3x+2y)$，且 $f\left(x, \dfrac{1}{2}\right)=x^2$.

7-2 求下列极限.

(1) $\lim\limits_{\substack{x\to 0 \\ y\to 0}}\dfrac{x^2\sin y}{x^2+y^2}$

(2) $\lim\limits_{\substack{x\to 1 \\ y\to 1}}\dfrac{\ln\left(\dfrac{x^2+y^2}{xy}\right)-1}{(x-1)^2+y^2}$

(3) $\lim\limits_{\substack{x\to 3 \\ y\to+\infty}}\dfrac{xy-2}{3y+1}$

(4) $\lim\limits_{\substack{x\to 0 \\ y\to 0}}(1+x^2y^2)^{\frac{1}{x^2+y^2}}$

7-3 证明 $\lim\limits_{\substack{x\to 0 \\ y\to 0}}\dfrac{x^2-y^2+x^3-y^3}{x^2+y^2}$ 不存在.

7-4 求

$$z=\begin{cases}\dfrac{x^2y^2}{x^4+y^4}, & x^4+y^4\neq 0 \\ 0, & x^4+y^4=0\end{cases}$$

的全微分，并研究在点 $(0, 0)$ 处的全微分是否存在？

7-5 设 $\varphi(x, y)$ 连续，$\psi(x, y)=|x-y|\varphi(x, y)$，研究 $\psi(x, y)$ 在 $(0, 0)$ 点的可微性.

7-6 设 $f(x, y)=x+\sqrt{\arcsin (xy)}\ln (2-y)$，求 $f_x'(x, 1)$.

7-7 设 $z=\dfrac{x^2+y^2}{xy}$，求 $\dfrac{\partial^2 z}{\partial x^2}$，$\dfrac{\partial^2 z}{\partial y^2}$.

7-8 利用全微分近似计算 $\ln(\sqrt[3]{1.03}+\sqrt[4]{0.98}-1)$.

7-9 求 $\dfrac{\partial z}{\partial x}$，$\dfrac{\partial z}{\partial y}$，其中 f，φ 为可微函数.

(1) $z=f(xy+\varphi(y))$

(2) $z=e^{xy}f\left(x^2-y^2, \dfrac{y}{x}\right)$

7-10 设 $u=\sin(\xi+\eta^2+\zeta^3)$，而 $\xi=x+y+z$，$\eta=xy+yz+zx$，$\zeta=xyz$，求 $\dfrac{\partial u}{\partial x}$，$\dfrac{\partial u}{\partial y}$，$\dfrac{\partial u}{\partial z}$.

7-11 设 $u=x^{y^z}$，求 $\mathrm{d}u(3, 2, 2)$.

7-12 设 $z=f(\varphi(x)-y, \psi(y)+x)$，$f$ 具有连续的二阶偏导数，φ，ψ 可导，求 $\dfrac{\partial^2 z}{\partial x \partial y}$.

7-13 设 $w=f(t)$，$t=\varphi(xy, x^2+y^2)$，f，φ 都有连续的二阶导数或偏导数，求 $\dfrac{\partial^2 w}{\partial x^2}$.

7-14 设 $\dfrac{x}{z}=\ln\dfrac{z}{y}$，求 $\mathrm{d}z$ 及 $\dfrac{\partial^2 z}{\partial x^2}$.

7-15 设 $u=f(x, y, z)$，其中 z 由 $\varphi(x+z, y+z)=0$ 所确定，f，φ 均可微，求 $\dfrac{\partial u}{\partial x}$，$\dfrac{\partial u}{\partial y}$.

7-16 设 $z=u^3+v^3$，而 u，v 由方程组 $\begin{cases} x=u+v \\ y=u^2+v^2 \end{cases}$ 所确定，求 $\dfrac{\partial z}{\partial x}$，$\dfrac{\partial z}{\partial y}$.

7-17 设 $z=f(x, y)$ 满足方程 $\dfrac{\partial^2 z}{\partial x \partial y}=x+y$，且 $f(x, 0)=x$，$f(0, y)=y^2$，求 $f(x, y)$.

7-18 证明：变换 $u=x-2y$，$v=x+3y$ 可把方程 $6\dfrac{\partial^2 z}{\partial x^2}+\dfrac{\partial^2 z}{\partial x \partial y}-\dfrac{\partial^2 z}{\partial y^2}=0$ 化简为 $\dfrac{\partial^2 z}{\partial u \partial v}=0$.

7-19 求曲面 $z=x^2+\dfrac{1}{4}y^2-1$ 上与平面 $2x+y+z=0$ 平行的切平面方程与法线方程.

7-20 求曲面 $z=x^2+y^2+1$ 上同时平行于直线 L_1：$\dfrac{x}{2}=\dfrac{y}{-2}=z$ 与直线 L_2：$2x=y=z$ 的切平面方程.

7-21 求曲面 $x^2+2y^2+3z^2=21$ 上过直线 L：$\dfrac{x-6}{2}=\dfrac{y-3}{1}=\dfrac{2z-1}{-2}$ 的切平面方程.

7-22 证明：曲面 $f(x-az, y-bz)=0$ 上任意点处的切平面均与直线 $\dfrac{x}{a}=\dfrac{y}{b}=z$ 平行.

7-23 证明：曲面 $x^{\frac{2}{3}}+y^{\frac{2}{3}}+z^{\frac{2}{3}}=a^{\frac{2}{3}}$ 上任意点处的切平面与坐标轴的截距的平方和为 a^2.

7-24 求曲线 $\begin{cases} z=xy \\ y=1 \end{cases}$ 在点 $(2, 1, 2)$ 处的切线与 x 轴正向的夹角.

7-25 求曲线 $x=t$，$y=t^2$，$z=t^3$ 上与平面 $3y+z=1$ 平行的切线方程.

7-26 求空间曲线 $\begin{cases} 2x^2+y^2+z^2=45 \\ x^2+2y^2=z \end{cases}$ 在点 $(-2, 1, 6)$ 处的切线方程和法平面方程.

7-27 证明：函数 $f(x, y)=\begin{cases} 1, & \text{当 } x=0 \text{ 或 } y=0 \\ 0, & \text{当 } x\neq0 \text{ 且 } y\neq0 \end{cases}$ 在点 $(0, 0)$ 处两个偏导数均存在且为 0，但在 $(0, 0)$ 处沿其他任何方向的方向导数均不存在.

7-28 证明：函数 $f(x, y)=\sqrt{x^2+y^2}$ 在（0，0）处沿任何方向的方向导数存在，但在（0，0）处不可微.

7-29 问函数 $u=xy^2z$ 在点 $P(1, -1, 2)$ 处沿什么方向的方向导数最大？并求方向导数的最大值.

7-30 求函数 $u=x^3+y^3+z^3-3xyz$ 的梯度，并问在何点处其梯度：（1）垂直于 z 轴；（2）平行于 z 轴；（3）等于 0.

7-31 求函数 $u=\dfrac{1}{z}\sqrt{6x^2+8y^2}$ 在点 $P(1, 1, 1)$ 处沿曲面 $2x^2+3y^2+z^2=6$ 在 P 点处指向外侧的法向量的方向导数.

7-32 求函数 $z=x^3+y^3-3xy$ 的极值.

7-33 证明：函数 $z=(1+e^y)\cos x-ye^y$ 有无穷多个极大值，但无极小值.

7-34 求 $z=6-4x-3y$ 在 $x^2+y^2=1$ 条件下的极值.

7-35 求函数 $z=x^2+y^2+2xy-2x$ 在 $x^2+y^2\leqslant1$ 上的最大值和最小值.

7-36 求函数 $u=x^my^nz^p$ 的最大值，其中 $x+y+z=a$, x, y, z, m, n, p 均为正数.

7-37 抛物面 $z=x^2+y^2$ 被平面 $x+y+z=1$ 截成一椭圆，求原点到这个椭圆的最长距离和最短距离.

7-38 求内接于半径为 R 的圆的三角形中面积最大的那个.

7-39 在球面 $x^2+y^2+z^2=5r^2(x>0, y>0, z>0)$ 上求一点，使函数 $f(x, y, z)=\ln x+\ln y+3\ln z$ 达到最大值，并求其最大值. 利用上述结果证明：$(abc^3)\leqslant27\left(\dfrac{a+b+c}{5}\right)^5$ $(a>0, b>0, c>0)$.

7-40 设 $u(x, y)$ 在 $x^2+y^2\leqslant1$ 上连续，在 $x^2+y^2<1$ 内满足 $\dfrac{\partial^2u}{\partial x^2}+\dfrac{\partial^2u}{\partial y^2}=u$，且在 $x^2+y^2=1$ 上 $u(x, y)>0$. 证明：当 $x^2+y^2\leqslant1$ 时，$u(x, y)\geqslant0$.

7.6   本章练习参考答案

7-1   （1）$x^3-2xy+3y^2$ （2）$\dfrac{4}{9}y^2(3x+2y-1)^2$

7-2   （1）0   （2）$\ln 2-1$ （3）1   （4）1

7-4   当 $(x, y)\neq(0, 0)$ 时，$\mathrm{d}z=\dfrac{(2xy^6-2x^5y^2)\mathrm{d}x+(2x^6y-2x^2y^5)\mathrm{d}y}{(x^4+y^4)^2}$；当 $(x, y)=(0, 0)$时，z 不可微（因 z 在$(0, 0)$ 处不连续）.

7-5   当 $\varphi(0, 0)\neq0$ 时，$\psi(x, y)$ 在$(0, 0)$不可偏导，故不可微；当 $\varphi(0, 0)=0$ 时，$\psi(x, y)$在$(0, 0)$处可微.

7-6　1

7-7　$\dfrac{\partial^2 z}{\partial x^2}=\dfrac{2y}{x^3}$,　$\dfrac{\partial^2 z}{\partial y^2}=\dfrac{2x}{y^3}$

7-8　0.005

7-9　(1)　$\dfrac{\partial z}{\partial x}=yf'(xy+\varphi(y))$,　$\dfrac{\partial z}{\partial y}=f'(xy+\varphi(y))(x+\varphi'(y))$

　　　(2)　$\dfrac{\partial z}{\partial x}=\mathrm{e}^{xy}(yf+2xf_1'-\dfrac{y}{x^2}f_2')$,　$\dfrac{\partial z}{\partial y}=\mathrm{e}^{xy}(xf+\dfrac{1}{x}f_2'-2yf')$

7-10　$\dfrac{\partial u}{\partial x}=\cos(\xi+\eta^2+\zeta^3)\cdot(1+2\eta(y+z)+3\zeta^2 yz)$

　　　$\dfrac{\partial u}{\partial y}=\cos(\xi+\eta^2+\zeta^3)(1+2\eta(x+z)+3\zeta^2 xz)$

　　　$\dfrac{\partial u}{\partial z}=\cos(\xi+\eta^2+\zeta^3)(1+2\eta(x+y)+3\zeta^2 xy)$

7-11　$108\mathrm{d}x+324\ln 3\mathrm{d}y+324\ln 3\cdot\ln 2\mathrm{d}z$

7-12　$-\varphi'(x)f_{11}''+(\varphi'(x)\psi'(y)-1)f_{12}''+\psi'(y)f_{22}''$

7-13　$f''(t)(y\varphi_1'+2x\varphi_2')^2+f'(t)(y^2\varphi_{11}''+4xy\varphi_{12}''+4x^2\varphi_{22}''+2\varphi_2')$

7-14　$\mathrm{d}z=\dfrac{z}{x+z}\mathrm{d}x+\dfrac{z^2}{y(x+z)}\mathrm{d}y$,　$\dfrac{\partial^2 z}{\partial x^2}=\dfrac{-z^2}{(x+z)^3}$

7-15　$\dfrac{\partial u}{\partial x}=f_1'-\dfrac{f_3'\varphi_1'}{\varphi_1'+\varphi_2'}$,　$\dfrac{\partial u}{\partial y}=f_2'-\dfrac{f_3'\varphi_2'}{\varphi_1'+\varphi_2'}$

7-16　$\dfrac{\partial z}{\partial x}=\dfrac{3}{2}(y-x^2)$,　$\dfrac{\partial z}{\partial y}=\dfrac{3}{2}x$

7-17　$\dfrac{1}{2}x^2 y+\dfrac{1}{2}xy^2+x+y^2$

7-19　$2x+y+z+3=0$,　$\dfrac{x+1}{2}=\dfrac{y+2}{1}=\dfrac{z-1}{1}$

7-20　$16x+8y-16z+11=0$

7-21　$x+2z=7$ 或 $x+4y+6z=21$

7-24　$\dfrac{\pi}{4}$

7-25　$\dfrac{x}{1}=\dfrac{y}{0}=\dfrac{z}{0}$ 或 $\dfrac{x+2}{1}=\dfrac{y-4}{-4}=\dfrac{z+8}{12}$

7-26　$\dfrac{x+2}{25}=\dfrac{y-1}{28}=\dfrac{z-6}{12}$,　$25x+28y+12z-50=0$

7-29　沿梯度方向$(2,-4,1)$最大，最大值为$\sqrt{21}$

7-30　梯度为$(3x^2-3yz,\ 3y^2-3xz,\ 3z^2-3xy)$，(1) 在曲面 $z^2=xy$ 上梯度垂直于 z 轴；

　　　(2) 在直线 $x=y=0$ 或 $x=y=z$ 上梯度平行于 z 轴；(3) 在直线 $x=y=z$ 上梯度

为 0.

7-31 $\dfrac{11}{7}$

7-32 极小值 $z(1, 1)=-1$，$(0, 0)$ 不是极值点.

7-33 提示：$x_0=k\pi$，$y_0=\cos k\pi-1(k=0,\ \pm1,\ \pm2\cdots)$ 为无穷多个驻点. 当 $k=0,\ \pm2$，±4，…时，$(x_0,\ y_0)$ 为极大值；当 $k=\pm1,\ \pm3$，…时，$(x_0,\ y_0)$ 不是极值点.

7-34 $z\left(\dfrac{4}{5},\ \dfrac{3}{5}\right)=1$ 为极小值；$z\left(-\dfrac{4}{5},\ -\dfrac{3}{5}\right)$ 为极大值.

7-35 $z\left(\dfrac{\sqrt{3}}{2},\ -\dfrac{1}{2}\right)=1-\dfrac{3}{2}\sqrt{3}$ 为最小值；$z\left(-\dfrac{\sqrt{3}}{2},\ -\dfrac{1}{2}\right)=1+\dfrac{3}{2}\sqrt{3}$ 为最大值.

7-36 $x=\dfrac{ma}{m+n+p}$，$y=\dfrac{na}{m+n+p}$，$z=\dfrac{pa}{m+n+p}$ 时 u 最大.

7-37 最长距离为 $\sqrt{9+5\sqrt{3}}$，最短距离为 $\sqrt{9-5\sqrt{3}}$.

7-38 内接于半径为 R 的三角形中，等边三角形的面积最大，最大面积为 $\dfrac{3\sqrt{3}}{4}R^2$.

7-39 $f(r,\ r,\ \sqrt{3}r)=\ln(3\sqrt{3}r^5)$ 为最大值.

7-40 提示：若存在 $(x_0,\ y_0)$ 使 $u(x_0,\ y_0)<0$，则最小值 $u(\xi,\ \eta)<0$，且 $u(\xi,\ \eta)$ 是一元函数 $u(x,\ \eta)$ 的最小值 $\Rightarrow u'_x(\xi,\ \eta)=0$，$u''_{xx}(\xi,\ \eta)\geqslant0$. 同理 $u'_y(\xi,\ \eta)=0$，$u''_{yy}(\xi,\ \eta)\geqslant0\Rightarrow u(\xi,\ \eta)=u''_{xx}(\xi,\ \eta)+u''_{yy}(\xi,\ \eta)\geqslant0$ 矛盾.

第 8 章

重 积 分

8.1 基本内容

1. 符号与名称

$\iint_D f(x, y)\mathrm{d}\sigma$（或 $\iiint_\Omega f(x, y, z)\mathrm{d}v$）称为函数 f 在区域 D（或 Ω）上的二重（或三重）积分．$\mathrm{d}\sigma = \mathrm{d}x\mathrm{d}y$（或 $\mathrm{d}v = \mathrm{d}x\mathrm{d}y\mathrm{d}z$）称为面积（或体积）元素或微面积（或微体积）．

简写符号　在不致混淆时，重积分可用下列简写符号表示．

$$\iint_D f(x, y)\mathrm{d}\sigma = \iint_D f\mathrm{d}\sigma = \iint_D f = \iint_D$$

$$\iiint_\Omega f(x, y, z)\mathrm{d}v = \iiint_\Omega f\mathrm{d}v = \iiint_\Omega f = \iiint_\Omega$$

2. 应用意义

物理意义　$\iint_D f(x, y)\mathrm{d}\sigma$ 为 D 上 (x, y) 处面密度为 $f(x, y)$ 的薄板的质量；

$\iiint_\Omega f(x, y, z)\,\mathrm{d}v$ 为 Ω 中 (x, y, z) 处体密度为 $f(x, y, z)$ 的物体的质量．

注：从微观上讲，$f(x, y)\mathrm{d}\sigma$ 表示在点 (x, y) 处面积为 $\mathrm{d}\sigma$ 的微区域 中薄板的微质量；而 $\iint_D f(x, y)\mathrm{d}\sigma$ 就是将 D 按某种方式（具体方式见例 8-19）微分成一个一个的微区域 $\mathrm{d}\sigma$ 后，全部微区域上的微质量的和．

几何意义　$\iint_D 1\mathrm{d}\sigma$ 为 D 的面积；$\iiint_\Omega 1\mathrm{d}v$ 为 Ω 的体积．当 $f(x, y) \geqslant 0$ 时，$\iint_D f(x, y)\mathrm{d}\sigma$ 表示以 D 为底、以曲面 $z = f(x, y)$ 为顶，并以平行于 z 轴的直线段为柱体的曲顶柱体的体积．

3. 性质（只以二重积分为例，三重积分同理）

（1）**存在性**　如果 f 在有界闭域 D 上分块连续（可以改变 f 在各块边界上的取值），则 $\iint_D f\mathrm{d}\sigma$ 存在.

（2）**可加性**　$\iint_{D_1+D_2} = \iint_{D_1} + \iint_{D_2}$，其中 $D_1 + D_2 = D_1 \bigcup D_2$ 且 $D_1 \bigcap D_2$ 的面积为 0.

（3）**线性性**　$\iint_D (k_1 f + k_2 g) = k_1 \iint_D f + k_2 \iint_D g$，其中 k_1，k_2 为常数.

（4）**保号性**　如果 $f \leqslant g$，则 $\iint_D f\mathrm{d}\sigma \leqslant \iint_D g\mathrm{d}\sigma$.

推论 1　$\left| \iint_D f\mathrm{d}\sigma \right| \leqslant \iint_D |f| \mathrm{d}\sigma$.

推论 2（积分中值定理）　如果 f 在 D 上连续，则存在 $(x_0, y_0) \in D$，使

$$\iint_D f(x, y)\mathrm{d}\sigma = f(x_0, y_0) \times \text{“}D\text{ 的面积”}$$

（5）**对称性**

① 奇偶对称性：如果 D 关于 $x=0$ 对称，f 关于 x 是偶（或奇）的，则

$$\iint_D f\mathrm{d}\sigma = 2\iint_{D_\#} f\mathrm{d}\sigma \,\text{（或} \iint_D f\mathrm{d}\sigma = 0\text{）}$$

其中，$D_\# = D \bigcap \{x \geqslant 0\}$ 或 $D_\# = D \bigcap \{x \leqslant 0\}$. 其他奇偶对称性见例 8-7.

② 轮换对称性：$\iiint_{\Omega(x, y, z)} f(x, y, z)\mathrm{d}v = \iiint_{\Omega(y, z, x)} f(y, z, x)\mathrm{d}v$.

其中，$\Omega(x, y, z)$ 是用含 x，y，z 的表达式或语言定义的空间区域，而 $\Omega(y, z, x)$ 就是将 $\Omega(x, y, z)$ 中的 x 换 y，y 换 z，z 换 x 后所得的空间区域（详见例 8-21）.

4. 计算公式

（1）$\iint_D f(x, y)\mathrm{d}x\mathrm{d}y = \int_{左端}^{右端} \left[\int_{y=下线}^{y=上线} f(x, y)\mathrm{d}y \right]\mathrm{d}x = \int_{下端}^{上端} \left[\int_{x=左线}^{x=右线} f(x, y)\mathrm{d}x \right]\mathrm{d}y$

（2）$\iint_D f(x, y)\mathrm{d}x\mathrm{d}y = \int_{顺端}^{逆端} \left[\int_{r=内线}^{r=外线} f(r\cos\theta, r\sin\theta)r\mathrm{d}r \right]\mathrm{d}\theta$

（3）$\iiint_\Omega f(x, y, z)\mathrm{d}x\mathrm{d}y\mathrm{d}z = \iint_{D=(\Omega)_{xy} ①} \left[\int_{z=下面}^{z=上面} f(x, y, z)\mathrm{d}z \right]\mathrm{d}x\mathrm{d}y$

其中，找 D 与上、下面的口诀："含 z 方程上下面，无 z 消 z 围 D 线"（详见例 8-15）.

———————————

① $(\Omega)_{xy}$ 是 Ω 在 xOy 面上的投影. 一般地，$(A)_B$ 是 A 在 B 上的投影.

(4) $\displaystyle\iiint_\Omega f(x,\ y,\ z)\mathrm{d}x\mathrm{d}y\mathrm{d}z = \int_{下端}^{上端}\left[\iint_{D_z} f(x,\ y,\ z)\mathrm{d}x\mathrm{d}y\right]\mathrm{d}z$

其中，围 D_z 的曲线方程就是将 z 看成常数时围 Ω 的曲面方程．

(5) 柱坐标与球坐标变换．

① $\displaystyle\iiint_\Omega f\mathrm{d}v = \iiint_{\Omega'}(f\mid_{x=r\cos\theta,\,y=r\sin\theta})r\mathrm{d}\theta\mathrm{d}r\mathrm{d}z$

$\left(\displaystyle\iiint_\Omega f\mathrm{d}v = \iiint_{\Omega'}(f\mid_{x=r\sin\varphi\cos\theta,\,y=r\sin\varphi\sin\theta,\,z=r\cos\varphi})r^2\sin\varphi\mathrm{d}\theta\mathrm{d}\varphi\mathrm{d}r\right)$

由 Ω 找 Ω'（或 Ω''）的方法：把 Ω 边界的直角坐标方程用柱（或球）坐标变换代入即可得 Ω'（或 Ω''）边界的方程（详见例 8-20）．

② $\displaystyle\iiint_\Omega f\mathrm{d}v = \int_{门顺端}^{门逆端}\mathrm{d}\theta\int_{伞收端}^{伞开端}\mathrm{d}\varphi\int_{r=内面}^{r=外面}\left(f\left|\begin{smallmatrix}x=r\sin\varphi\cos\theta\\y=r\sin\varphi\sin\theta\\z=r\cos\varphi\end{smallmatrix}\right.\right)r^2\sin\varphi\mathrm{d}r$ （详见例 8-18）

③ 用前面的"（3）＋（2）"

$$\iiint_\Omega f\mathrm{d}v = \int_{顺端}^{逆端}\mathrm{d}\theta\int_{r=内线}^{r=外线}\left(\left[\int_{z=下面}^{z=上面}f\mathrm{d}z\right]_{\substack{x=r\cos\theta\\y=r\sin\theta}}\right)r\mathrm{d}r$$

用前面的"（4）＋（2）"

$$\iiint_\Omega f\mathrm{d}v = \int_{下端}^{上端}\left[\int_{顺端(z)}^{逆端(z)}\mathrm{d}\theta\int_{r=内线(z)}^{r=外线(z)}\left(f\left|\begin{smallmatrix}x=r\cos\theta\\y=r\sin\theta\end{smallmatrix}\right.\right)r\mathrm{d}r\right]\mathrm{d}z$$

*（6）①一般坐标变换．

① 设 $T:(x,\ y)=T(u,\ v)$ 是从 D' 到 D 的一个——可微变换，则

$$\iint_D f(x,\ y)\mathrm{d}x\mathrm{d}y = \iint_{D'} f(T(u,\ v))\left|\frac{\partial(x,\ y)}{\partial(u,\ v)}\right|\mathrm{d}u\mathrm{d}v$$

② 设 $T:(x,\ y,\ z)=T(u,\ v,\ w)$ 是从 Ω' 到 Ω 的一个——可微变换，则

$$\iiint_\Omega f(x,\ y,\ z)\mathrm{d}x\mathrm{d}y\mathrm{d}z = \iiint_{\Omega'} f(T(u,\ v,\ w))\left|\frac{\partial(x,\ y,\ z)}{\partial(u,\ v,\ w)}\right|\mathrm{d}u\mathrm{d}v\mathrm{d}w$$

5. 重积分应用

(1) 重积分微元法（详见例 8-38）．

(2) 如果曲面 Σ：$z=z(x,\ y)$，$(x,\ y)\in D=(\Sigma)_{xy}$，则 Σ 的面积为

$$A = \iint_\Sigma \mathrm{d}S = \iint_{D=(\Sigma)_{xy}}\left(\sqrt{1+z_x'^2+z_y'^2}\,\Big|_{\Sigma:z=z(x,y)}\right)\mathrm{d}x\mathrm{d}y$$

---

① 左上角带"＊"号的内容属于多学时要求内容．

（3）**重心** 密度为 ρ 的物体 Ω 的重心 $(\bar{x}, \bar{y}, \bar{z})$ 满足

$$\bar{x} = \frac{\iiint_\Omega x\rho \mathrm{d}v}{\iiint_\Omega \rho \mathrm{d}v}, \ \bar{y} = \frac{\iiint_\Omega y\rho \mathrm{d}v}{\iiint_\Omega \rho \mathrm{d}v}, \ \bar{z} = \frac{\iiint_\Omega z\rho \mathrm{d}v}{\iiint_\Omega \rho \mathrm{d}v}.$$

（4）**转动惯量** 密度为 ρ 的物体 Ω 对轴 l 的转动惯量为

$$I = \iiint_\Omega [\text{点}(x, y, z)\text{到轴}\,l\,\text{的距离}]^2 \rho \mathrm{d}v$$

（5）**引力** 密度为 ρ 的物体 Ω 对 Q 点处质量为 m 的质点的引力为

$$\boldsymbol{F} = \left(\iiint_\Omega \mathrm{d}F_x, \iiint_\Omega \mathrm{d}F_y, \iiint_\Omega \mathrm{d}F_z \right)$$

$$(\mathrm{d}F_x, \mathrm{d}F_y, \mathrm{d}F_z) = \mathrm{d}\boldsymbol{F} = \mathrm{d}\boldsymbol{F}^\circ \, |\,\mathrm{d}\boldsymbol{F}\,| = \frac{QP}{|\,QP\,|} \cdot \frac{Gm\rho \mathrm{d}v}{|\,QP\,|^2}$$

$\mathrm{d}\boldsymbol{F}$ 是位于点 $P(x, y, z)$ 体积为 $\mathrm{d}v$ 的微物体对质点 Q 的微引力.

8.2 典型例题

例题及相关内容概述

例 8-1 证明重积分不等式（利用多元最值）

例 8-2 二重积分（直角坐标）计算的公式和步骤

例 8-3 把 x 看作常数对 y 积分的计算

例 8-4 二次积分交换积分次序的算法和步骤

例 8-5 用极坐标计算二重积分的公式与步骤

例 8-6 用例 8-5 解题

例 8-7 奇偶对称性（含多种形式）的叙述及应用

例 8-8 奇偶对称性或含抽象函数的二次积分

例 8-9 含两个字母的代数不等式的几何意义

例 8-10 用例 8-9 解题

例 8-11 二次积分化二重积分可能出现负号

例 8-12 用交换积分次序或坐标系才可计算的积分

例 8-13 分块函数或带绝对值的函数的重积分

例 8-14 "先1后2法"计算三重积分的公式和简例

例 8-15 不作立体图算三重积分的方法及步骤

【**例 8-1**】（A 类）　证明：$18e^{-64} \leqslant \iint_D e^{x^2 y(4-x-y)} d\sigma \leqslant 18e^4$，其中 D：$x \geqslant 0$，$y \geqslant 0$，$x+y \leqslant 6$.

分析：先求被积函数在 D 上的最大、最小值，然后用积分的保号性.

证　由例 7-31，在 D 上

$$-64 \leqslant x^2 y\,(4-x-y) \leqslant 4$$

所以

$$e^{-64} \leqslant e^{x^2 y(4-x-y)} \leqslant e^4$$

再由积分的保号性及 D 的面积 $S = (6 \times 6)/2 = 18$，故原式得证.

【例 8-2】（A 类）　用直角坐标计算二重积分的方法和步骤是什么？并以下列各题为例进行说明.

（1）求 $\iint_D xy\,d\sigma$，其中 D 为 $y=1$，$x=4$，$2y=x$ 所围区域.

（2）求 $\iint_D xy\,d\sigma$，其中 D 为 $y^2=x$，$y=x-2$ 所围区域.

解　首先介绍两个公式.

公式 1　若区域 D 如图 8-1 所示，则

$$D: \begin{cases} a \leqslant x \leqslant b, \\ y_{\text{下}}(x) \leqslant y \leqslant y_{\text{上}}(x) \end{cases}$$

且

$$\iint_D f(x, y)\,dx\,dy = \int_a^b \left[\int_{y=y_{\text{下}}(x)}^{y=y_{\text{上}}(x)} f(x, y)\,dy \right] dx \xlongequal{\text{简记}} \int_a^b dx \int_{y_{\text{下}}}^{y_{\text{上}}(x)} f(x, y)\,dy$$

对照图 8-1 记上式为

$$\iint_D f(x, y)\,dx\,dy = \int_{\text{左端}}^{\text{右端}} \left[\int_{y=\text{下线}}^{y=\text{上线}} f(x, y)\,dy \right] dx \tag{8-1}$$

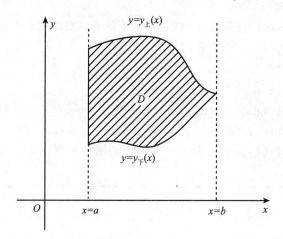

图 8-1

公式 2　若区域 D 如图 8-2 所示，则

$$D: \begin{cases} c \leqslant y \leqslant d \\ x_{\text{左}}(y) \leqslant x \leqslant x_{\text{右}}(y) \end{cases}$$

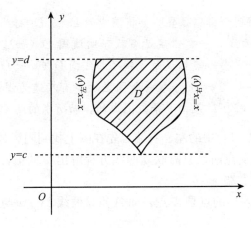

图 8-2

且

$$\iint_D f(x,\ y)\mathrm{d}x\mathrm{d}y = \int_c^d \left[\int_{x=x_{左}(y)}^{x=x_{右}(y)} f(x,\ y)\mathrm{d}x \right]\mathrm{d}y \xrightarrow{\text{简记}} \int_c^d \mathrm{d}y \int_{x_{左}(y)}^{x_{右}(y)} f(x,\ y)\mathrm{d}x$$

对照图 8-2，记上式为

$$\iint_D f(x,\ y)\mathrm{d}x\mathrm{d}y = \int_{下端}^{上端} \left[\int_{x=左线}^{x=右线} f(x,\ y)\mathrm{d}x \right]\mathrm{d}y \tag{8-2}$$

　　下面先用公式（8-1）解（1）、（2）两个小题．为了便于读者的理解和查找，把解题的一般步骤写在方括号"〔 〕"内，而对题目的具体解法写在"〔 〕"外．

　　（1）求 $\iint_D xy\mathrm{d}x\mathrm{d}y$，$D$ 由 $y=1$，$x=4$，$x=2y$ 所围．

　　〔**步骤 1**　画 D 图：画 xOy 坐标系；画围 D 曲线；用阴影标 D．〕
　　作图，如图 8-3 所示．

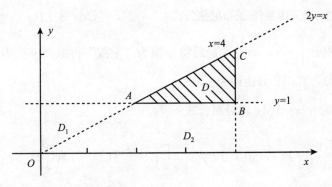

图 8-3

> **注**: 常见的错误是将阴影标错位置. 如将图中的 D_1 或 D_2 标为阴影. 错误的原因是没搞清楚围 D 的是哪几条曲线. 一类错误是多找了曲线围 D（如选 D_2 就是多找了 x 轴围 D，选 D_1 是多找了 y 轴）；另一类错误是少找了曲线围 D（如选 D_1 是少找了 $x=4$ 围 D）. 又例如要找由 $y=1$，$x=4$，$2y=x$，$y=0$ 所围区域，有人选为图 8-3 中的 D 就是错的. 只有选 D_2 才是正确的，因为 D 是由 3 条线围成的，而所求的是 4 条线所围成的区域.

[**步骤 2**　找出公式（8-1）中的左、右端. 先在图上找到阴影最左边的点，计算其横坐标. 当最左边的点是两线交点时，只需联立两线方程解出 x 的值，即得左端 $x=a$. 同理再算最右边点的横坐标，得右端 $x=b$.]

如图 8-3，阴影 D 最左边的点是 A 点，而 A 点是两线 $2y=x$ 与 $y=1$ 的交点，解方程组

$$\begin{cases} 2y=x \\ y=1 \end{cases} \Rightarrow \begin{cases} x=2 \\ y=1 \end{cases}$$

得左端 x＝2. 又因为阴影 D 最右边的点是垂直线段 BC，而 BC 的方程是 $x=4$，所以右端 $x=4$.

[**步骤 3**　找出公式（8-1）中的"$y=$上线"与"$y=$下线". 在图中找出贴着阴影上方的线，并将该线的方程找出，再解出方程中的 y，就得到"$y=$上线". 同理找阴影下方的线，可得"$y=$下线". 又注意当围 D 的上（或下）方的曲线不是由一个方程表示时，则应在两线交点处作一垂线将阴影 D 一分为二，分成 D_1 与 D_2，然后利用积分的可加性，分别计算 $\iint_{D_1}$ 与 $\iint_{D_2}$.]

从图 8-3 中可见贴着阴影上方的线为直线段 AC，其方程为 $2y=x$，解出 $y=\dfrac{x}{2}$，即为"$y=$上线". 而阴影下方的线为 AB，方程为 $y=1$，即为"$y=$下线".

[**步骤 4**　将上述两步求出的左、右端与上、下线代入公式 $\iint_D f(x,y)\mathrm{d}\sigma = \int_{左端}^{右端}\left[\int_{y=下线}^{y=上线} f(x,y)\mathrm{d}y\right]\mathrm{d}x$ 并计算其值. 首先由牛顿-莱布尼兹公式 $\int_{y=下线}^{y=上线} f(x,y)\mathrm{d}y = \left[\int f(x,y)\mathrm{d}y\right]_{y=下线}^{y=上线}$，再将 x 看成常数算出不定积分 $\int f(x,y)\mathrm{d}y$，最后将 y 换为"上线"再减去 y 换为"下线"，就得到一个关于 x 的定积分，算出积分值即为所求.]

由于此题所求为 $\iint_D xy\mathrm{d}x\mathrm{d}y$，对照公式

$$\iint_D f(x,y)\mathrm{d}x\mathrm{d}y = \int_{左端}^{右端}\left[\int_{y=下线}^{y=上线} f(x,y)\mathrm{d}y\right]\mathrm{d}x$$

可知 $f(x,y)=xy$，左端＝2，右端＝4，"$y=$上线"是 $y=\dfrac{x}{2}$，"$y=$下线"是 $y=1$，代入计算有

$$\iint_D xy\mathrm{d}x\mathrm{d}y = \int_2^4 \left[\int_{y=1}^{y=\frac{x}{2}} xy\mathrm{d}y \right] \mathrm{d}x = \int_2^4 \left[\int xy\mathrm{d}y \right]_{y=1}^{y=\frac{x}{2}} \mathrm{d}x$$

$$= \int_2^4 \left[x \cdot \frac{1}{2}y^2 \right]_{y=1}^{y=\frac{x}{2}} \mathrm{d}x = \int_2^4 \left[x \cdot \frac{1}{2}\left(\frac{x}{2}\right)^2 - x \cdot \frac{1}{2} \cdot (1)^2 \right] \mathrm{d}x$$

$$= \int_2^4 \left(\frac{1}{8}x^3 - \frac{1}{2}x \right) \mathrm{d}x = \frac{9}{2}$$

在对运算的含义清楚以后，上述计算可简写为

$$\iint_D xy\mathrm{d}x\mathrm{d}y = \int_2^4 \mathrm{d}x \int_1^{\frac{x}{2}} xy\mathrm{d}y = \int_2^4 \left[x \cdot \frac{1}{2}y^2 \right]_1^{\frac{x}{2}} \mathrm{d}x = \frac{9}{2}$$

注：在将二重积分化为二次积分 $\int_a^b \mathrm{d}x \int_{y_下(x)}^{y_上(x)} f(x,y)\mathrm{d}y$ 时，外层积分的两个积分限总是两个常数 a、b，它们表示区域 D 在两条垂线 $x=a$ 与 $x=b$ 所围的竖条条带中，区域 D 可以和垂线只接触一个点，也可以和垂线接触一段直线段．而内层的积分限是两个函数 $y_下(x)$ 与 $y_上(x)$，它们表示区域 D 在两条线 $y=y_下(x)$ 与 $y=y_上(x)$ 之间（当然 D 还必须在竖条条带 $a \leqslant x \leqslant b$ 内）．一般来说，$y_下(x)$ 与 $y_上(x)$ 中都含有 x，只有当围 D 的上、下线是平行于 x 轴的水平直线时，$y_下(x)$ 或 $y_上(x)$ 才会变成不含 x 的常数．另外，区域 D 总是与 $y=y_下(x)$，$y=y_上(x)(a \leqslant x \leqslant b)$ 的整条线段都接触，绝不会只接触一个点．做题时易犯的典型错误是将 4 个积分限写作 4 个常数．如在本小题中，由于 C 点的坐标为 $x=4$，$y=2$，所以在 D 中有 $1 \leqslant y \leqslant 2$，故有些同学就会将本小题中的二重积分化为 $\iint_D xy\mathrm{d}x\mathrm{d}y = \int_2^4 \mathrm{d}x \int_1^2 xy\mathrm{d}y$（典型错误！）．由上面的分析可知，只有当区域 D 是一个矩形时，二次积分的 4 个积分限才是 4 个常数．

(2) 求 $\iint_D xy\mathrm{d}x\mathrm{d}y$，$D$ 由 $y^2=x$，$y=x-2$ 所围区域．

步骤 1 画 D 图，如图 8-4 所示．

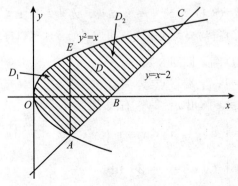

图 8-4

步骤 2 D 的左、右端. 左端 O 点 $\Rightarrow x=0$；右端 C 点，解 $y^2=x$，$y=x-2$ 得 C 点 $(4，2)$ $\Rightarrow x=4$（同时得 A 点 $(1，-1)$）.

步骤 3 由于围 D 下方的曲线是由弧线 $\overset{\frown}{OA}$ 与直线段 AC 两部分组成，根据（1）题解中给出的步骤 3，在这两线的交点 A 处作一垂线 AE（见图 8-4）将 D 一分为二，分为 D_1（半月形 $\overset{\frown}{OAEO}$）与 D_2（曲边三角形 $\overset{\frown}{ABCEA}$），然后用积分的可加性，分别计算 $\iint_{D_1}$，$\iint_{D_2}$.

因为 D_1：左端 O 点 $\Rightarrow x=0$；右端 $AE \Rightarrow x=1$（因为 A 点坐标 $x=1$）；下线 $\overset{\frown}{OA}$ 的方程 $y^2=x$，解出 $y=\pm\sqrt{x}$，取 $y=-\sqrt{x}$（因为在 $\overset{\frown}{OA}$ 上 $y\leqslant 0$）；上线 $\overset{\frown}{OE}$ 的方程 $y^2=x$，解出 $y=\pm\sqrt{x}$，取 $y=\sqrt{x}$（因为在 $\overset{\frown}{OE}$ 上 $y\geqslant 0$），代入公式得

$$\iint_{D_1} xy\mathrm{d}x\mathrm{d}y = \int_0^1 \mathrm{d}x \int_{y=-\sqrt{x}}^{y=\sqrt{x}} xy\mathrm{d}y = \int_0^1 \left[x\cdot\frac{1}{2}y^2 \right]_{y=-\sqrt{x}}^{y=\sqrt{x}} \mathrm{d}x = \int_0^1 0\mathrm{d}x = 0$$

同理 D_2：左端 $AE \Rightarrow x=1$；右端 C 点 $\Rightarrow x=4$；下线 $AC \Rightarrow y=x-2$；上线 $\overset{\frown}{EC}$，$y^2=x \Rightarrow y=\sqrt{x}$（因为 $\overset{\frown}{EC}$ 上 $y\geqslant 0$）.

$$\iint_{D_2} xy\mathrm{d}x\mathrm{d}y = \int_1^4 \mathrm{d}x \int_{y=x-2}^{y=\sqrt{x}} xy\mathrm{d}y = \int_1^4 \left[x\cdot\frac{1}{2}y^2 \right]_{y=x-2}^{y=\sqrt{x}} \mathrm{d}x$$

$$= \int_1^4 \left[x\cdot\frac{1}{2}x - x\cdot\frac{1}{2}(x-2)^2 \right]\mathrm{d}x = \frac{45}{8}$$

故

$$\iint_D xy\mathrm{d}x\mathrm{d}y = \iint_{D_1} xy\mathrm{d}x\mathrm{d}y + \iint_{D_2} xy\mathrm{d}x\mathrm{d}y = 0 + \frac{45}{8} = \frac{45}{8}$$

最后用公式（8-2）重解（1）、（2）两个小题.

注：公式（8-2）与公式（8-1）的区别只不过是换个方向考虑问题而已. 细心的读者可以逐字检查对比，只要将公式（8-1）中的 x 与 y 互换，左右与下上互换，垂直与水平互换，并注意把 a，b 换为 c，d，就可得到公式（8-2）. 用同样的方法可以得到公式（8-2）的解题步骤.

解　（1）**步骤 1**　画 D 图，同图 8-3.

步骤 2　下端 $AB \Rightarrow y=1$；上端 C 点 $\Rightarrow y=2$.

步骤 3　左线 AC，$2y=x$ 解出 $x=2y$；右线 $BC \Rightarrow x=4$.

步骤 4　$\iint_D xy\mathrm{d}x\mathrm{d}y = \int_1^2 \mathrm{d}y \int_{x=2y}^{x=4} xy\mathrm{d}x = \int_1^2 \left[y\cdot\frac{1}{2}x^2 \right]_{x=2y}^{x=4} \mathrm{d}y$

$$= \int_1^2 (y\cdot 8 - y\cdot 2y^2)\mathrm{d}y = \frac{9}{2}$$

（2）**步骤 1**　画 D 图，同图 8-4.

步骤 2 下端 A 点 $\Rightarrow y=-1$；上端 C 点 $\Rightarrow y=2$.

步骤 3 左线 $\overparen{AOEC}$，方程 $x=y^2$；右线 AC，方程 $y=x-2$，解出 $x=y+2$.

步骤 4

$$\iint_D xy\mathrm{d}x\mathrm{d}y = \int_{-1}^2 \mathrm{d}y \int_{x=y^2}^{x=y+2} xy\mathrm{d}x = \int_{-1}^2 \left[y \cdot \frac{1}{2}x^2 \right]_{x=y^2}^{x=y+2} \mathrm{d}y$$

$$= \int_{-1}^2 \left[y \cdot \frac{1}{2}(y+2)^2 - y \cdot \frac{1}{2}y^4 \right]\mathrm{d}y = \frac{45}{8}$$

【例 8-3】（A 类） 将 x 看成常数，计算下列积分.

(1) $\displaystyle\int_{y_下(x)}^{y_上(x)} \sin(2x-3y)\mathrm{d}y$ (2) $\displaystyle\int_{y_下(x)}^{y_上(x)} \mathrm{e}^{\frac{y}{x}}\mathrm{d}y$

解 (1) 原式 $= \left[\displaystyle\int \sin(2x-3y) \cdot \frac{\mathrm{d}(2x-3y)}{-3} \right]_{y_下(x)}^{y_上(x)}$

$$= \frac{1}{3}\cos(2x-3y)\bigg|_{y_下(x)}^{y_上(x)}$$

$$= \frac{1}{3}\cos\left[2x-3y_上(x)\right] - \frac{1}{3}\cos\left[2x-3y_下(x)\right]$$

(2) 原式 $= \left[\displaystyle\int \mathrm{e}^{\frac{y}{x}} x\mathrm{d}\frac{y}{x} \right]_{y_下(x)}^{y_上(x)} = \left[x\mathrm{e}^{\frac{y}{x}} \right]_{y_下(x)}^{y_上(x)} = x\mathrm{e}^{y_上(x)/x} - x\mathrm{e}^{y_下(x)/x}$

【例 8-4】（A 类） 改变下列二次积分的积分次序.

(1) $\displaystyle\int_1^2 \mathrm{d}x \int_1^{x^2} f(x,\ y)\mathrm{d}y$ (2) $\displaystyle\int_0^2 \mathrm{d}x \int_{\frac{1}{2}x}^{2x} f(x,\ y)\mathrm{d}y$

(3) $\displaystyle\int_0^1 \mathrm{d}y \int_0^{1-\sqrt{1-y^2}} f(x,\ y)\mathrm{d}x + \int_1^2 \mathrm{d}y \int_0^{2-y} f(x,\ y)\mathrm{d}x$

注：为了读者理解和查找方便，将交换积分次序的解题步骤写在下面的解题过程中，并用"$\begin{bmatrix} & \\ & \end{bmatrix}$"将其括起来.

解 (1)[**步骤 1** 找出两端两线方程，并计算"线"与"端"的交点及位于两端所确定的条带中的两线的交点.]

两端为：左端 $x=1$；右端 $x=2$. 两线为：下线 $y=1$；上线为 $y=x^2$.

显然下线 $y=1$ 与左、右端的交点为 $A(1,\ 1)$、$B(2,\ 1)$，上线 $y=x^2$ 与左、右端的交点为 $A(1,\ 1)$，$C(2,\ 4)$. 而在两端之间（$1\leqslant x\leqslant 2$）下线 $y=1$ 与上线 $y=x^2$ 的交点为 $A(1,\ 1)$（注意交点 $(-1,\ 1)$ 不在两端之间舍去）.

[**步骤 2** 在坐标系中画出步骤 1 中找出的两端、两线和交点，并根据 D 在两端（先定端）、两线（只考虑两端之内的两线）之间，用阴影标出 D.]

按步骤 2 在坐标系中用阴影标出 D，如图 8-5 所示.

[**步骤 3** 用公式（8-2）或公式（8-1）把 $\displaystyle\iint_D f(x,\ y)\mathrm{d}\sigma$ 化为另一种次序的二次积分，则原二次积分 $= \displaystyle\iint_D f(x,\ y)\mathrm{d}\sigma =$ 另一种次序的二次积分.]

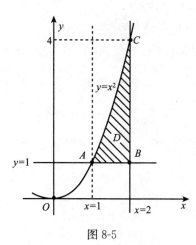

图 8-5

对照图 8-5 改用公式（8-2）化二次积分.

下端 $AB \Rightarrow y=1$；上端 C 点 $\Rightarrow y=4$. 左线 $\overset{\frown}{AC}$，$y=x^2$，解出 $x=\pm\sqrt{y}$，因为 $\overset{\frown}{AC}$ 上 $x\geqslant 0$，所以取 $x=\sqrt{y}$；右线 $BC \Rightarrow x=2$. 所以

$$原式 = \iint_D f(x，y)\mathrm{d}\sigma = \int_1^4 \mathrm{d}y \int_{x=\sqrt{y}}^{x=2} f(x，y)\mathrm{d}x$$

（2）按（1）中给出的步骤求解.

步骤 1　左端 $x=0$；右端 $x=2$. 下线 $y=\dfrac{1}{2}x$；上线 $y=2x$. 下线与左、右端的交点为 $O(0，0)$，$A(2，1)$；上线与左、右端的交点 $O(0，0)$、$B(2，4)$.

步骤 2　由步骤 1 画出图 8-6，并用阴影标出 D

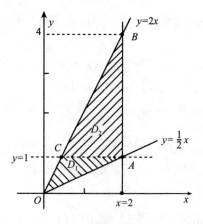

图 8-6

步骤 3　准备用公式（8-2）. 由于阴影的右线是由 OA 与 AB 两线组成，所以过两线交点 A 处作一水平的直线 AC 将阴影 D 分成 D_1 和 D_2 两块.

对于 D_1，下端 O 点 $\Rightarrow y=0$；上端 $AC \Rightarrow y=1$. 左线 OC，$y=2x$，解出 $x=\dfrac{1}{2}y$；右线 OA，$y=\dfrac{1}{2}x$，解出 $x=2y$.

对于 D_2，下端 $AC \Rightarrow y=1$；上端 B 点 $\Rightarrow y=4$. 左线 CB，$y=2x$，解出 $x=\dfrac{1}{2}y$；右线 AB，$x=2$. 所以

$$原式 = \iint_D f(x,\ y)\mathrm{d}\sigma = \iint_{D_1} + \iint_{D_2}$$
$$= \int_0^1 \mathrm{d}y \int_{x=\frac{1}{2}y}^{x=2y} f(x,\ y)\mathrm{d}x + \int_1^4 \mathrm{d}y \int_{x=\frac{1}{2}y}^{x=2} f(x,\ y)\mathrm{d}x$$

（3）设原式 $= \iint_{D_1} + \iint_{D_2}$，则

对于 D_1：下端 $y=0$；上端 $y=1$. 左线 $x=0$；右线 $x=1-\sqrt{1-y^2}$.
对于 D_2：下端 $y=1$；上端 $y=2$. 左线 $x=0$；右线 $x=2-y$.

注：对于带"$\sqrt{\ }$"的方程，应先移项平方去根号，然后可看它到底是什么曲线，并注意它是该曲线的哪一段. 例如，$x=1-\sqrt{1-y^2} \Leftrightarrow (x-1)^2 = 1-y^2$ 且 $x \leqslant 1$，所以 $x=1-\sqrt{1-y^2}$ 是圆 $(x-1)^2 + y^2 = 1$ 的左半圆（因为 $x \leqslant 1$）.

接下来先画 D_1 的两端、两线及有关的交点，就可画出 D_1 的图形；同样再画出 D_2 的图形. 具体的 D_1，D_2 的图形如图 8-7 所示.

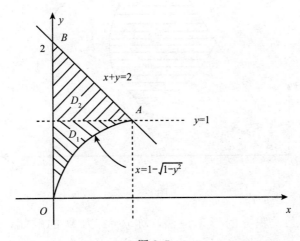

图 8-7

显然，可对 $D_1 \cup D_2 \stackrel{记}{=} D$ 用公式（8-1）. 此时 D：左端 $OB \Rightarrow x=0$；右端 A 点 $x=1$. 下线 $\overset{\frown}{OA}$，$x=1-\sqrt{1-y^2}$，解出 $y=\pm\sqrt{1-(x-1)^2}$，取 $y=+\sqrt{1-(x-1)^2}$（因为在 $\overset{\frown}{OA}$ 上 $y \geqslant 0$）；上线 AB，$x+y=2$，解出 $y=2-x$. 所以

$$原式 = \iint_{D_1} + \iint_{D_2} = \iint_D = \int_0^1 dx \int_{y=\sqrt{1-(x-1)^2}}^{y=2-x} f(x,y) dy$$

【例 8-5】（A 类）   用极坐标计算二重积分的方法和步骤是什么？并以下题为例进行说明.

求 $\iint_D 3xy d\sigma$ 的值，其中 D 是由 $y=x$，$x=0$，$x^2+y^2=10y$，$x^2+y^2=4y$ 围成的在第一象限内的部分.

解   先介绍计算公式.

如图 8-8 所示，设极轴（r 轴）与 x 轴的正半轴重合. 如果区域 D（阴影部分）在 $\theta=\alpha$，$\theta=\beta$ 围成的扇形区域内，围住 D 外部（离原点远）的曲线的极坐标方程为 $r=r_{外}(\theta)$，围住 D 内部（离原点近）的曲线的极坐标方程为 $r=r_{内}(\theta)$，则

$$D:\begin{cases} \alpha \leqslant \theta \leqslant \beta & (0 \leqslant \beta-\alpha \leqslant 2\pi) \\ r_{内}(\theta) \leqslant r \leqslant r_{外}(\theta) \end{cases}$$

且

$$\iint_D f(x,y) d\sigma = \int_\alpha^\beta \left[\int_{r=r_{内}(\theta)}^{r=r_{外}(\theta)} f(r\cos\theta, r\sin\theta) r dr \right] d\theta$$

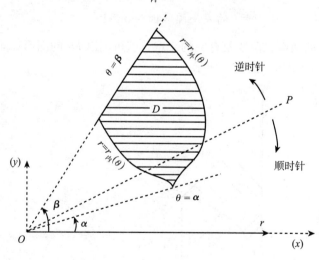

图 8-8

沿用直角坐标化二次积分的形象说法，称 $\theta=\alpha$ 为 D 的顺端，$\theta=\beta$ 为 D 的逆端；$r=r_{外}(\theta)$ 为 D 的外线，$r=r_{内}(\theta)$ 为 D 的内线. 对应的公式为

$$\iint_D f(x,y)\mathrm{d}\sigma=\int_{顺端}^{逆端}\left[\int_{r=内线}^{r=外线}f(r\cos\theta,r\sin\theta)r\mathrm{d}r\right]\mathrm{d}\theta \tag{8-3}$$

下面就以计算 $\iint_D 3xy\mathrm{d}\sigma$（$D$ 由 $y=x$，$x=0$，$x^2+y^2=10y$，$x^2+y^2=4y$ 所围）为例说明如何找出 D 的顺端、逆端、内线、外线并最终求出积分值的方法与步骤．与例 8-2 相同，将解题的一般步骤用"〔 〕"括起来．

〔**步骤 1** 　在直角坐标系中画出区域 D 的图形并标出阴影．〕

画出 D 图，如图 8-9 阴影所示（注意阴影是 4 条线所围）．

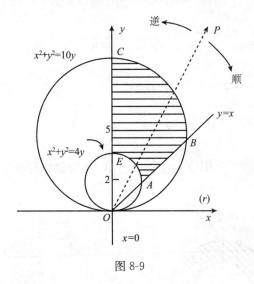

图 8-9

〔**步骤 2** 　确定阴影的顺端与逆端．首先用一条从原点出发的射线 OP 穿过阴影，然后让射线绕着原点按顺时针方向扫过阴影，在射线即将脱离阴影的瞬间射线所处的极角即为顺端 $\theta=\alpha$．同理，射线逆时针旋转可得逆端 $\theta=\beta$．〕

如图 8-9 所示，用 OP 穿阴影，让 OP 顺时针旋转可得顺端的位置为 $y=x$，其极角为 $\theta=\dfrac{\pi}{4}$（求点 (x,y) 极角的方法是解方程组 $x=r\cos\theta$，$y=r\sin\theta$ 中的 θ）；逆时针旋转可知逆端位置为 y 轴，其极角为 $\theta=\dfrac{\pi}{2}$．即顺端 $\theta=\dfrac{\pi}{4}$，逆端 $\theta=\dfrac{\pi}{2}$．

〔**步骤 3** 　确定阴影的内线与外线．用一条从原点出发的带箭头的射线 OP 穿过阴影，箭头穿入阴影时所碰到的曲线称为阴影的内线，箭头穿出阴影时所碰到的曲线称为阴影的外线．找到内线和外线后，先写出其直角坐标方程，然后用极坐标变换 $x=r\cos\theta$，$y=r\sin\theta$ 代入方程从而得到一个只含 r 与 θ 的方程，解出 r 等于一个只含 θ 的式子：$r=r(\theta)$，则当此式对应内线时就是"$r=$ 内线"，而对应外线时就是"$r=$ 外线"．〕

用 OP 穿过图 8-9 的阴影，显然内线为 $\overset{\frown}{AE}$，其直角坐标方程为 $x^2+y^2=4y$，用 $x=r\cos\theta$，

$y=r\sin\theta$ 代入得 $x^2+y^2=r^2$，$4y=4r\sin\theta$，所以

$$x^2+y^2=4y\Leftrightarrow r^2=4r\sin\theta$$

解出 $r=4\sin\theta$，即为内线．同理外线为 $\overset{\frown}{BC}$，方程为 $x^2+y^2=10y$．用 $x=r\cos\theta$，$y=r\sin\theta$ 代入得外线 $r=10\sin\theta$.

［**步骤 4**　将上面得出的顺、逆端，内、外线代入公式 $\iint_D f(x,y)\mathrm{d}\sigma=\int_{顺端}^{逆端}\left[\int_{r=内线}^{r=外线}\right.$

$\left.f(r\cos\theta,r\sin\theta)r\mathrm{d}r\right]\mathrm{d}\theta.$ 计算 $\int(\quad)r\mathrm{d}r$ 时，把 θ 看成常数．］

$$原式=\iint_D 3xy\mathrm{d}\sigma=\int_{顺端}^{逆端}\left[\int_{r=内线}^{r=外线}3xy\Big|_{\substack{x=r\cos\theta\\y=r\sin\theta}}\cdot r\mathrm{d}r\right]\mathrm{d}\theta$$

$$=\int_{\frac{\pi}{4}}^{\frac{\pi}{2}}\left[\int_{r=4\sin\theta}^{r=10\sin\theta}3(r\cos\theta)(r\sin\theta)r\mathrm{d}r\right]\mathrm{d}\theta=\int_{\frac{\pi}{4}}^{\frac{\pi}{2}}\left[3\cos\theta\sin\theta\cdot\frac{1}{4}r^4\right]_{r=4\sin\theta}^{r=10\sin\theta}\mathrm{d}\theta$$

$$=\int_{\frac{\pi}{4}}^{\frac{\pi}{2}}\frac{3}{4}\cos\theta\sin\theta(10^4\sin^4\theta-4^4\cdot\sin^4\theta)\mathrm{d}\theta=\frac{4319}{6}$$

【**例 8-6**】（A 类）　将二重积分 $\iint_D f(x,y)\mathrm{d}\sigma$ 化为极坐标系下的二次积分，其中 D 如图 8-10 中的阴影所示．

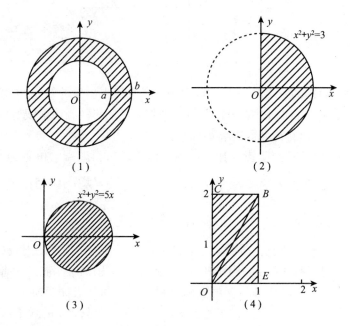

图 8-10

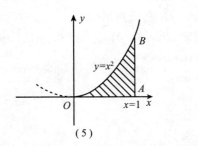
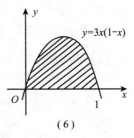

（5）　　　　　　　　　　　　　　　（6）

图 8-10（续）

解　下面就按例 8-5 中提供的解题步骤逐步找出阴影的顺、逆端与内、外线，并代入公式 $\iint_D f(x,\ y)\mathrm{d}\sigma = \int_{\text{顺端}}^{\text{逆端}}\mathrm{d}\theta \int_{r=\text{内线}}^{r=\text{外线}} f(r\cos\theta,\ r\sin\theta)r\mathrm{d}r.$

（1）顺端 $\theta=0$；逆端 $\theta=2\pi$. 内线 $x^2+y^2=a^2 \Rightarrow r=a$，外线 $r=b$. 所以

$$\iint_D f(x,\ y)\mathrm{d}\sigma = \int_0^{2\pi}\mathrm{d}\theta \int_{r=a}^{r=b} f(r\cos\theta,\ r\sin\theta)r\mathrm{d}r$$

（2）顺端 $\theta=\alpha=-\dfrac{\pi}{2}$，逆端 $\theta=\beta=\dfrac{\pi}{2}$. 注意，对 α，β，要求且只要求 $0\leqslant\beta-\alpha\leqslant2\pi$. 所以 α 到 β 为：$-\dfrac{\pi}{2}$ 到 $\dfrac{\pi}{2}$ 或者 $\dfrac{3\pi}{2}$ 到 $\dfrac{5\pi}{2}$ 都是正确的，而 $\dfrac{3\pi}{2}$ 到 $\dfrac{\pi}{2}$，$-\dfrac{\pi}{2}$ 到 $\dfrac{5\pi}{2}$ 都是错的.

外线 $r^2=3 \Rightarrow r=\sqrt{3}$，内线 $r=0$，因为阴影可以看成一个内圆半径逐渐变小（$r\to0$）的圆环扇形的极限，所以认为阴影的内线为 $r=0$（即把原点看成半径为 0 的圆）. 故

$$\iint_D f(x,\ y)\mathrm{d}\sigma = \int_{-\frac{\pi}{2}}^{\frac{\pi}{2}}\mathrm{d}\theta \int_{r=0}^{r=\sqrt{3}} f(r\cos\theta,\ r\sin\theta)r\mathrm{d}r$$

（3）顺端 $\theta=-\dfrac{\pi}{2}$；逆端 $\theta=\dfrac{\pi}{2}$. 为了说明上述结果，将图中 O 点处的图形放大、再放大，想像在 O 点附近微观世界中有阴影与没有阴影的区域应该是什么样子. 根据微分以直代曲的思想，曲线 $x^2+y^2=5x$ 在 O 点的微观图应该是其在 O 点的切线，即 y 轴. 所以在 O 点的微观图形就和（2）中在 O 点的图一样，所以（3）的顺端与逆端都与（2）的一样，即顺端 $\theta=-\dfrac{\pi}{2}$，逆端 $\theta=\dfrac{\pi}{2}$.

又因为（3）的内线为 $r=0$，外线 $x^2+y^2=5x \Rightarrow r^2=5r\cos\theta \Rightarrow r=5\cos\theta$，所以

$$\iint_D f(x,\ y)\mathrm{d}\sigma = \int_{-\frac{\pi}{2}}^{\frac{\pi}{2}}\mathrm{d}\theta \int_{r=0}^{r=5\cos\theta} f(r\cos\theta,\ r\sin\theta)r\mathrm{d}r$$

（4）当用原点射线 OP 旋转扫过阴影时，可知阴影的外线（即原点射线穿出阴影的线）是由两条线段 EB、BC 组成. 因此过两外线 EB、BC 的交点 B 作一条原点射线 OB 分阴影

D 为 D_1、D_2 两块，其中 D_1 是三角形 OEB，D_2 是三角形 OBC.

显然，对于 D_1（即三角形 OEB），顺端 OE，$\theta=0$；逆端 OB，由于逆端上点 B 的坐标 $(x，y)=(1，2)$，所以解方程组 $\begin{cases} x=1=r\cos\theta \\ y=2=r\sin\theta \end{cases}\Rightarrow\tan\theta=2$ 得逆端 $\theta=\arctan 2$. 又内线 $r=0$，外线 EB，$x=1\Rightarrow r\cos\theta=1\Rightarrow r=\dfrac{1}{\cos\theta}$.

同理，对于 D_2（即三角形 OBC），顺端 OB，$\theta=\arctan 2$；逆端 OC，$\theta=\dfrac{\pi}{2}$. 内线 $r=0$；外线 $y=2\Rightarrow r\sin\theta=2\Rightarrow r=\dfrac{2}{\sin\theta}$，所以

$$\iint_D f(x，y)\mathrm{d}\sigma=\iint_{D_1} f(x，y)\mathrm{d}\sigma+\iint_{D_2} f(x，y)\mathrm{d}\sigma$$
$$=\int_0^{\arctan 2}\mathrm{d}\theta\int_{r=0}^{r=\frac{1}{\cos\theta}} f(r\cos\theta，r\sin\theta)r\mathrm{d}r+\int_{\arctan 2}^{\frac{\pi}{2}}\mathrm{d}\theta\int_{r=0}^{r=\frac{2}{\sin\theta}} f(r\cos\theta，r\sin\theta)r\mathrm{d}r$$

（5）顺端 OA，$\theta=0$；逆端 B 点，因为 B 点的坐标为 $(1，1)$ 所以逆端 $\theta=\dfrac{\pi}{4}$；外线 AB，$x=1\Rightarrow r\cos\theta=1\Rightarrow r=\dfrac{1}{\cos\theta}$；内线 OB，$y=x^2\Rightarrow r\sin\theta=(r\cos\theta)^2\Rightarrow r=\dfrac{\sin\theta}{\cos^2\theta}$. 注意 $y=x^2$ 在 O 点的切线为 x 轴，所以当从原点出发的射线的极角 $\theta\in\left(0，\dfrac{\pi}{4}\right)$ 时，射线从原点出发首先进入的一定是空白的区域，然后碰到曲线 $y=x^2$，再进入阴影区域，所以 $y=x^2$ 是内线. 故

$$\iint_D f(x，y)\mathrm{d}\sigma=\int_0^{\frac{\pi}{4}}\mathrm{d}\theta\int_{r=\frac{\sin\theta}{\cos^2\theta}}^{r=\frac{1}{\cos\theta}} f(r\cos\theta，r\sin\theta)r\mathrm{d}r$$

（6）顺端 $\theta=0$；逆端是 $y=3x(1-x)$ 在 $x=0$ 处的切线的倾角 θ，故 $\tan\theta=y'\,|_{x=0}=3-6x\,|_{x=0}=3$，所以逆端 $\theta=\arctan 3$. 又内线 $r=0$；外线 $y=3x(1-x)\Rightarrow r\sin\theta=3r\cos\theta(1-r\cos\theta)\Rightarrow r=\dfrac{3\cos\theta-\sin\theta}{3\cos^2\theta}$. 故

$$\iint_D f(x，y)\mathrm{d}\sigma=\int_0^{\arctan 3}\mathrm{d}\theta\int_{r=0}^{r=\frac{3\cos\theta-\sin\theta}{3\cos^2\theta}} f(r\cos\theta，r\sin\theta)\,r\mathrm{d}r$$

【例 8-7】（A 类）　求解下列有关重积分的奇偶对称性问题.

（1）叙述重积分的（一般的）奇偶对称性.

（2）设 D：$x^2+y^2\leqslant 1$，$y\geqslant 0$；$D_{\text{半}}$：$x^2+y^2\leqslant 1$，$x\geqslant 0$，$y\geqslant 0$，如图 8-11 中阴影所示.

判断下列二重积分 $\iint_D f(x，y)\mathrm{d}\sigma$ 是等于 0？还是等于 $2\iint_{D_{\text{半}}} f(x，y)\mathrm{d}\sigma$？还是等于其他？

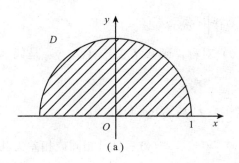
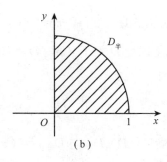

$$(a)\qquad\qquad\qquad\qquad(b)$$

图 8-11

① $\iint_D y\mathrm{e}^x\mathrm{d}\sigma$，② $\iint_D x\mathrm{e}^y\mathrm{d}\sigma$，③ $\iint_D y\cos x\mathrm{d}\sigma$，④ $\iint_D x\cos y\mathrm{d}\sigma$．

（3）叙述重积分的多变量奇偶对称性，并由此计算二重积分 $\iint_D \arctan(x^3+y^3)\mathrm{d}\sigma$，其中 D：$x^2+y^2\leqslant 1$．

解　（1）如果区域 D 关于 $x=0$ 对称，函数 f 关于 x 是偶（或奇）函数，则

$$\iint_D f(x,\ y)\mathrm{d}\sigma=2\iint_{D_\ast} f(x,\ y)\mathrm{d}\sigma\ （或=0）$$

其中

$$D_\ast=D\bigcap\{x\geqslant 0\}\text{ 或 }D_\ast=D\bigcap\{x\leqslant 0\}$$

下面对上述重积分的奇偶对称性作几点说明．

①"D 关于 $x=0$ 对称"的几何含义是：将 D 沿 $x=0$ 对折后完全重合．"D 关于 $x=0$ 对称"的代数含义是：将 D 的表达式（包括语言表达式）中的 x 换为 $-x$ 后，D 的表达式不变．

②"函数 f 关于 x 是偶（或奇）函数"的含义是：

$$f(-x,\ y)=f(x,\ y)\ （或=-f(x,\ y)）$$

③ 两类常见错误：一是不管 f 的奇偶性，认为总是有 $\iint_D f(x,\ y)\mathrm{d}\sigma=2\iint_{D_\ast} f(x,\ y)\mathrm{d}\sigma$；二是将"$D$ 关于 $x=0$ 对称"记为"D 关于 x 轴对称"．

④ 显然可将对称性中的 x 换为 y；而且可将二重积分换为三重积分（或第一类曲线、曲面积分），即可将对称性中的"$\iint$"换为"$\iiint$"，"D"换为"Ω"，"$f(x,\ y)$"换为"$f(x,\ y,\ z)$"．

（2）显然 D 关于 $x=0$ 对称而 D 关于 $y=0$ 不对称．而函数 $y\mathrm{e}^x$ 关于 y 奇，关于 x 非奇非偶；$x\mathrm{e}^y$ 关于 x 奇，关于 y 非奇非偶；$y\cos x$ 关于 y 奇，关于 x 偶；$x\cos y$ 关于 x 奇，关于 y 偶．故由（1）可得

①$\iint_D y\mathrm{e}^x\mathrm{d}\sigma=$ 其他　　　　　　②$\iint_D x\mathrm{e}^y\mathrm{d}\sigma=0$

③ $\iint_D y\cos x\mathrm{d}\sigma = 2\iint_{D_*} y\cos x\mathrm{d}\sigma$ ④ $\iint_D x\cos y\mathrm{d}\sigma = 0$

(3) 如果区域 D 关于 $(x, y) = (0, 0)$ 对称，函数 f 关于 (x, y) 是偶（或奇）函数，则

$$\iint_D f(x, y)\mathrm{d}\sigma = 2\iint_{D_*} f(x, y)\mathrm{d}\sigma \quad (\text{或} = 0)$$

其中，D_* 满足：$D \setminus D_*$ 与 $D_{另半} = \{(x, y) \mid (-x, -y) \in D_*\}$ 相同或相差无几（即两者的差的面积都为 0）.

> **注**：① 此对称性可推广到三重积分，将 "$\iint$" 换为 "$\iiint$"，"D" 换为 "Ω".
>
> ②在①的基础上还可推广到三个变量，变为 "Ω 关于 $(x, y, z) = (0, 0, 0)$ 点对称，f 关于 (x, y, z) 偶或奇".

最后计算 $\iint_D \arctan(x^3 + y^3)\mathrm{d}\sigma$，$D$：$x^2 + y^2 \leqslant 1$. 由于将 $x^2 + y^2 \leqslant 1$ 中的 x，y 换为 $-x$，$-y$ 后 D 不变，所以 D 关于 $(x, y) = (0, 0)$ 对称；又因为

$$\arctan((-x)^3 + (-y)^3) = -\arctan(x^3 + y^3)$$

所以 $\arctan(x^3 + y^3)$ 关于 (x, y) 是奇函数，故

$$\iint_D \arctan(x^3 + y^3)\mathrm{d}\sigma = 0$$

> **练习题 8-1** 将上例（即例 8-7)(2) 中的 D 改为 D：$x^2 + y^2 \leqslant 1$，$x \geqslant 0$，其他不变.
>
> **答案**：①$\iint_D y\mathrm{e}^x\mathrm{d}\sigma = 0$，②$\iint_D x\mathrm{e}^y\mathrm{d}\sigma = $ 其他，③$\iint_D y\cos x\mathrm{d}\sigma = 0$，④$\iint_D x\cos y\mathrm{d}\sigma = 2\iint_{D_*} x\cos y\mathrm{d}\sigma$.
>
> **练习题 8-2** 设 a, b 为非零常数，D_1：$x^2 + y^2 \leqslant 1$，$ax + by \geqslant 0$，又已知 $\iint_{D:x^2 + y^2 \leqslant 1} f(x, y)\mathrm{d}\sigma = A$，且对于任意 (x, y) 都有 $f(-x, -y) = f(x, y)$，求 $\iint_{D_1} f(x, y)\mathrm{d}\sigma$.
>
> **答案**：$\dfrac{A}{2}$.

【例 8-8】（C 类）   计算 $\iint_D x[1 + yf(x^2 + y^2)]\mathrm{d}x\mathrm{d}y$，其中 D 由 $y = x^3$，$y = 1$，$x = -1$ 所围，函数 $f(u)$ 在区间 $[0, 2]$ 上连续.

解法 1 的分析：利用上册例 2-19 中介绍的"分出可算部分先算"的思想方法，应该先想到将所求积分拆成两个积分，即原式 $=\iint_D x\mathrm{d}\sigma + \iint_D xyf(x^2+y^2)\mathrm{d}\sigma$. 显然 $\iint_D x\mathrm{d}\sigma$ 是可以先算出来的. 再考虑积分 $\iint_D xyf(x^2+y^2)\mathrm{d}\sigma$，由于被积函数 $xyf(x^2+y^2)$ 关于 x，y 都是奇函数，所以可用对称性. 但 D 关于 $x=0$ 和 $y=0$ 都不对称，怎么办？关键是要再一次利用"分出可算部分先算"的思想方法，D 虽不对称，但能否分出 D 的一部分 D_1，而 D_1 是对称的呢？

解法 2 的分析：直接化成二次积分计算. 注意计算不定积分 $\int f(x, y)\mathrm{d}y$ 时 x 是常数，且当一元函数 $f(u)$ 连续时，其原函数 $F(u)=\int_a^u f(t)\mathrm{d}t$ 存在，其中 u 可以是 x，y 的函数 $u=u(x, y)$.

解 1 因为

$$原式 = \iint_D x\mathrm{d}\sigma + \iint_D xyf(x^2+y^2)\mathrm{d}\sigma$$

其中 D 如图 8-12 所示，故

$$\iint_D x\mathrm{d}\sigma = \int_{-1}^1 \mathrm{d}x\int_{y=x^3}^{y=1} x\mathrm{d}y = \int_{-1}^1 x(1-x^3)\mathrm{d}x = -\frac{2}{5}$$

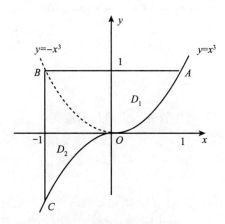

图 8-12

再看 $I=\iint_D xyf(x^2+y^2)\mathrm{d}\sigma$，由于 $xyf(x^2+y^2)$ 关于 x，y 都是奇函数，所以如图 8-12 所示，用与 $y=x^3$ 关于 $x=0$（y 轴）对称的曲线 $y=(-x)^3$（把 x 换 $-x$）把 D 分为 D_1 与 D_2，则 D_1 关于 $x=0$ 对称，D_2 关于 $y=0$ 对称（因为 $y=-x^3$，将 y 换 $-y$ 得 $y=x^3$），

因此

$$I=\left(\iint_{D_1}+\iint_{D_2}\right)xyf(x^2+y^2)\mathrm{d}\sigma=0+0=0$$

所以

$$原式=-\frac{2}{5}+0=-\frac{2}{5}$$

解 2 因为 D 如图 8-12 所示，所以

$$原式=\int_{-1}^{1}\left[\int_{y=x^3}^{y=1}(x+xyf(x^2+y^2))\mathrm{d}y\right]\mathrm{d}x$$

$$=\int_{-1}^{1}\left[\int(x+xyf(x^2+y^2))\mathrm{d}y\right]_{y=x^3}^{y=1}\mathrm{d}x$$

$$=\int_{-1}^{1}\left[xy+\frac{1}{2}x\int f(x^2+y^2)\mathrm{d}(x^2+y^2)\right]_{y=x^3}^{y=1}\mathrm{d}x$$

令 $u=x^2+y^2$，$F(u)=\int_{1}^{u}f(t)\mathrm{d}t$，则 $F(u)$ 存在，且

$$\int f(x^2+y^2)\mathrm{d}(x^2+y^2)=\int f(u)\mathrm{d}u=F(u)+C=F(x^2+y^2)+C$$

所以得到

$$原式=\int_{-1}^{1}\left[xy+\frac{1}{2}xF(x^2+y^2)\right]_{y=x^3}^{y=1}\mathrm{d}x$$

$$=\int_{-1}^{1}\left[x+\frac{1}{2}xF(x^2+1)-x^4-\frac{1}{2}xF(x^2+x^6)\right]\mathrm{d}x$$

$$=0+0-\int_{-1}^{1}x^4\mathrm{d}x-0=-\frac{2}{5}$$

【例 8-9】（A 类） 说明下列代数表达式的几何意义.

(1) xOy 平面上：$y\leqslant f(x)$ (2) 极坐标平面上：$r\leqslant f(\theta)$

(3) xOy 平面上：$g(x,y)>0$ (4) xOy 平面上：$g(x,y)>0$，$h(x,y)>0$

其中 f，g，h 都是连续函数.

解 (1) $y\leqslant f(x)$ 表示曲线 $y=f(x)$ 下方的区域，包括边界.

(2) 极坐标平面上，$r\leqslant f(\theta)$ 表示曲线 $r=f(\theta)$ 内侧的一方（即含有极点的一方），包括边界.

(3) $g(x,y)>0$ 表示曲线 $g(x,y)=0$ 的一侧，或者说是由曲线 $g(x,y)=0$ 分出的所有区域中的若干个（可以是 0 个）不含边界. 例如，$x^2-y^2-1>0$ 是双曲线 $x^2-y^2-1=0$ 所分成的 3 个区域中左、右两边的两个，如图 8-13 阴影所示（虚线表示不含边界）. 在曲线 $g(x,y)=0$ 分出的多个区域中确定阴影区域的方法：在各个区域中（不可在边上）任取

一点$(x_0，y_0)$，如果$g(x_0，y_0)>0$，则其所在的区域是阴影区域，否则不是阴影区域．例如，为算出图 8-13 中的阴影，可计算 $(2，0)$，$(-2，0)$，$(0，0)$三点对应的 x^2-y^2-1，可知前两点 $x^2-y^2-1>0$，后一点 $x^2-y^2-1<0$，所以阴影应如图 8-13 所示．

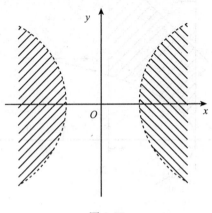

图 8-13

(4) $g(x，y)>0$，$h(x，y)>0$ 表示区域 D_1：$g(x，y)>0$ 与区域 D_2：$h(x，y)>0$ 的交 $D_1\bigcap D_2$．

【例 8-10】　将下列二重积分化为二次积分．

(1)（A 类）　$\displaystyle\iint_D f(x,y)\mathrm{d}\sigma$，$D$：$0\leqslant y\leqslant1-x$，$0\leqslant x\leqslant1$

(2)（B 类）　$\displaystyle\iint_D f(x,y)\mathrm{d}\sigma$，$D$：$0\leqslant x\leqslant y^2$，$0\leqslant y\leqslant x+2$，$x\leqslant2$

解　(1) 不用画图．根据公式（8-1），如果 D：$a\leqslant x\leqslant b$，$y_{\text{下}}(x)\leqslant y\leqslant y_{\text{上}}(x)$，则$\displaystyle\iint_D f\mathrm{d}\sigma$
$=\displaystyle\int_a^b\mathrm{d}x\int_{y_{\text{下}}(x)}^{y_{\text{上}}(x)}f\mathrm{d}y$．套用到本题，因为 D：$0\leqslant x\leqslant1$，$0\leqslant y\leqslant1-x$，所以

$$\iint_D f(x，y)\mathrm{d}\sigma=\int_0^1\mathrm{d}x\int_0^{1-x}f(x，y)\mathrm{d}y$$

由此可知，当由不等式表示的积分区域与公式（8-1）或公式（8-2）或公式（8-3）中的标准积分区域相同或可等价地变形为标准积分域时，对应的重积分可直接写成二次积分．

(2) 由上例（例 8-9）的解，D 在 $x=0$ 的右边，在 $x=y^2$ 的左边（注意 $0\leqslant x\leqslant y^2\Leftrightarrow0\leqslant x$，$x\leqslant y^2$）；在 $y=0$ 的上边，$y=x+2$ 的下边；且还在 $x=2$ 的左边，如图 8-14 所示．D 是上述所有区域的交，如图 8-14 阴影所示，故

$$\iint_D f(x，y)\mathrm{d}\sigma=\int_0^2\mathrm{d}x\int_{\sqrt{x}}^{x+2}f(x，y)\mathrm{d}y$$

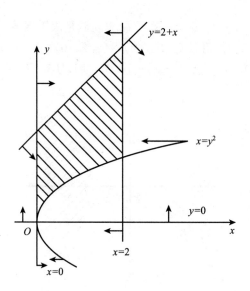

图 8-14

【**例 8-11**】（B 类）　将下列二次积分用二重积分表示，并用不等式表示对应的积分区域．

(1) $\int_{-1}^{0} dx \int_{x}^{0} f(x, y) dy$　(2) $\int_{0}^{1} dx \int_{x}^{0} f(x, y) dy$　(3) $\int_{-1}^{1} dx \int_{x}^{0} f(x, y) dy$

解　如图 8-15 所示．

(1) 原式 $= \iint_{D_1} f(x, y) d\sigma$，$D_1$：$-1 \leqslant x \leqslant 0$，$x \leqslant y \leqslant 0$

(2) 原式 $= -\iint_{0}^{1} dx \int_{0}^{x} f(x, y) dy = -\iint_{D_2} f(x, y) d\sigma$，$D_2$：$0 \leqslant x \leqslant 1$，$0 \leqslant y \leqslant x$

(3) 原式 $= \left(\int_{-1}^{0} + \int_{0}^{1} \right) dx \int_{x}^{0} f(x, y) dy = \iint_{D_1} f(x, y) d\sigma - \iint_{D_2} f(x, y) d\sigma$

其中 D_1，D_2 同（1）、（2）两题中的 D_1，D_2．

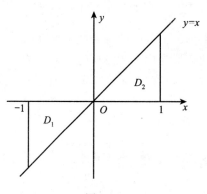

图 8-15

注：二重积分化为二次积分时，积分下限必须小于或等于积分上限．但二次积分本身并无此要求．

【例 8-12】 计算下列积分的值．

(1)（B 类）$\displaystyle\int_0^1 dx \int_x^1 e^{y^2} dy$

(2)（C 类）$\displaystyle\int_0^{R/\sqrt{2}} e^{-y^2} dy \int_0^y e^{-x^2} dx + \int_{R/\sqrt{2}}^R e^{-y^2} dy \int_0^{\sqrt{R^2-y^2}} e^{-x^2} dx$

(3)（C 类）$\displaystyle\iint_D (\arcsin\sqrt{x^2+y^2})^{-1} dxdy$，其中 D：$x^2+y^2 \leqslant 1$，$x^2+y^2 \geqslant y$，$x \geqslant 0$，$y \geqslant 0$．

分析：交换积分次序是逐次积分和重积分计算的一个重要技巧，希望学习者在解题过程中时时注意．另外，在适当的时机，使用极坐标计算二重积分也是常用的方法．

解 (1) 原式 $= \displaystyle\iint_D e^{y^2} dxdy$，其中 D 如图 8-16(a) 所示．交换积分次序，得

$$原式 = \int_0^1 dy \int_{x=0}^{x=y} e^{y^2} dx = \int_0^1 y e^{y^2} dy = \frac{1}{2} e^{y^2} \Big|_0^1 = \frac{1}{2}(e-1)$$

(2) $$原式 = \iint_{D_1} e^{-y^2} e^{-x^2} dxdy + \iint_{D_2} e^{-y^2} e^{-x^2} dxdy$$

其中 D_1，D_2 如图 8-16(b) 所示．由于积分域是八分之一的圆，被积函数含 x^2+y^2，应作极坐标变换．

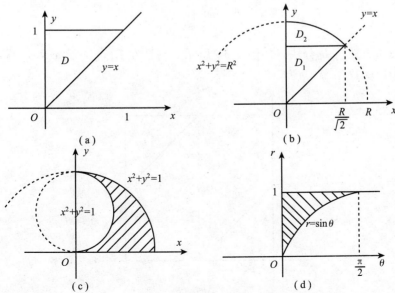

(a)   (b)

(c)   (d)

图 8-16

$$原式 = \iint_{D_1 \cup D_2} e^{-(x^2+y^2)} dxdy \overset{极}{=\!=\!=} \int_{\frac{\pi}{4}}^{\frac{\pi}{2}} d\theta \int_{r=0}^{r=R} e^{-r^2} \cdot rdr = \frac{\pi}{8}(1 - e^{-R^2})$$

（3）区域 D 如图 8-16(c) 阴影所示．用极坐标变换．

$$原式 = \int_0^{\frac{\pi}{2}} d\theta \int_{r=\sin\theta}^{r=1} (\arcsin r)^{-1} \cdot rdr = \iint_{D_{\theta r}} (\arcsin r)^{-1} rd\theta dr$$

其中，积分区域 $D_{\theta r}$ 如图 8-16(d) 阴影所示，交换积分次序，得

$$原式 = \int_0^1 dr \int_{\theta=0}^{\theta=\arcsin r} (\arcsin r)^{-1} rd\theta = \int_0^1 rdr = \frac{1}{2}$$

【例 8-13】（B 类）　计算二重积分 $\iint_D |\cos(x+y)| d\sigma$，其中 D：$0 \leqslant x \leqslant \pi$，$0 \leqslant y \leqslant \pi$.

> **分析：**对应于定积分中的分段函数，这里是分块函数的重积分，所以需将积分区域分块，使每一块上的被积函数是同一个代数公式（不含绝对值）．处理绝对值 $|\Box|$ 的办法：令 "$\Box = 0$" 得到分块方程，将积分域分块，则可保证各块内同号（$\Box$ 的正负可取块内一点计算确定），然后根据绝对值的定义：$\Box \geqslant 0$ 时，$|\Box| = +\Box$，$\Box \leqslant 0$ 时，$|\Box| = -\Box$. 去掉绝对值.

解　令 $\cos(x+y) = 0$，因为

$$0 \leqslant x, \ y \leqslant \pi \Rightarrow 0 \leqslant x+y \leqslant 2\pi$$

所以

$$x+y = \frac{\pi}{2}, \ 或 \ x+y = 2\pi - \frac{\pi}{2}$$

利用这两条直线将 D 分块，如图 8-17 所示．易证在 D_1，D_3 内 $\cos(x+y) \geqslant 0$，在 D_2 内 $\cos(x+y) \leqslant 0$. 故

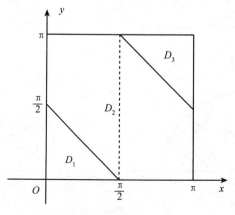

图 8-17

$$原式=\left(\iint_{D_1}+\iint_{D_2}+\iint_{D_3}\right)\mid\cos(x+y)\mid\mathrm{d}\sigma$$

$$=\iint_{D_1}\cos(x+y)\mathrm{d}\sigma+\iint_{D_3}\cos(x+y)\mathrm{d}\sigma+\iint_{D_2}[-\cos(x+y)]\mathrm{d}\sigma$$

$$=\int_0^{\frac{\pi}{2}}\mathrm{d}x\int_{y=0}^{y=\frac{\pi}{2}-x}\cos(x+y)\mathrm{d}y+\int_{\frac{\pi}{2}}^{\pi}\mathrm{d}x\int_{y=\frac{3\pi}{2}-x}^{y=\pi}\cos(x+y)\mathrm{d}y-$$

$$\left[\int_0^{\frac{\pi}{2}}\mathrm{d}x\int_{y=\frac{\pi}{2}-x}^{y=\pi}\cos(x+y)\mathrm{d}y+\int_{\frac{\pi}{2}}^{\pi}\mathrm{d}x\int_{y=0}^{y=\frac{3\pi}{2}-x}\cos(x+y)\mathrm{d}y\right]=2\pi$$

【例 8-14】（A 类）　用"先 1 后 2 法"计算三重积分的公式是什么？并用其计算三重积分

$$\iiint_{\Omega}8xyz\,\mathrm{d}x\mathrm{d}y\mathrm{d}z$$

其中 Ω 是由 $z=0$，$y=0$，$x+z=1$，$x=y^2$ 所围的在第一卦限中的区域.

解　先介绍"先 1 后 2 法"计算三重积分的公式.

如图 8-18 所示，如果空间区域 Ω 在 xOy 面上的投影 $(\Omega)_{xy}=D$，且围住 Ω 上部的曲面方程为 $z=z_上(x,y)$，围住 Ω 下部的曲面方程为 $z=z_下(x,y)$，则

$$\Omega:z_下(x,y)\leqslant z\leqslant z_上(x,y),\ (x,y)\in D$$

且

$$\iiint_{\Omega}f(x,y,z)\mathrm{d}x\mathrm{d}y\mathrm{d}z=\iint_D\left[\int_{z=z_下(x,y)}^{z=z_上(x,y)}f(x,y,z)\mathrm{d}z\right]\mathrm{d}x\mathrm{d}y \tag{8-4}$$

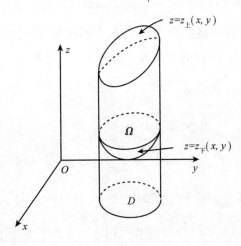

图 8-18

下面计算 $\iiint_{\Omega}8xyz\,\mathrm{d}x\mathrm{d}y\mathrm{d}z$.

先画 Ω 的图，如图 8-19 所示. 作图要点：① 画曲面 $x=y^2$. 先用描点法在 xOy 面上画

出曲线 $x=y^2$，见图中弧 $\overset{\frown}{OE}$，注意弧 $\overset{\frown}{OE}$ 在 O 点与 y 轴相切；然后将弧 $\overset{\frown}{OE}$ 向上平移至弧 $\overset{\frown}{O'E'}$；最后连 OO'，EE' 得曲面 $x=y^2$，如图中 $OEE'O'$。② 画平面 $x+z=1$ 与曲面 $x=y^2$ 的交线。先画此交线上的两点。第一点：弧 $\overset{\frown}{OE}$ 与平面 $x+z=1$ 的交点 F；第二点：直线 OO' 与平面 $x+z=1$ 的交点 B。最后找一曲线连接 B，F，如图 8-19 所示。

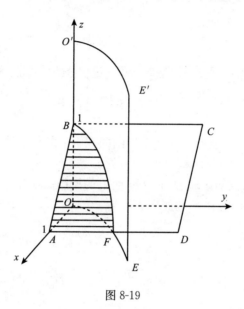

图 8-19

得 Ω 图如图 8-19 所示后，显然 Ω 在 xOy 面上的投影 $(\Omega)_{xy}=D$ 为 OA，AF，$\overset{\frown}{FO}$ 所围，故 D：$0 \leqslant x \leqslant 1$，$0 \leqslant y \leqslant \sqrt{x}$。而 Ω 的上面为 $x+z=1$，下面为 $z=0$。故由公式（8-4）得

$$
\begin{aligned}
I &= \iiint_{\Omega} 8xyz\,\mathrm{d}x\mathrm{d}y\mathrm{d}z \\
&= \iint_{D}\left[\int_{z=0}^{z=1-x} 8xyz\,\mathrm{d}z\right]\mathrm{d}x\mathrm{d}y \\
&= \iint_{D}\left[4xyz^2\right]_{z=0}^{z=1-x}\mathrm{d}x\mathrm{d}y = \iint_{D} 4xy(1-x)^2\,\mathrm{d}x\mathrm{d}y \\
&= \int_0^1 \mathrm{d}x\int_{y=0}^{y=\sqrt{x}} 4x(1-x)^2 y\,\mathrm{d}y = \int_0^1 \left[2x(1-x)^2 y^2\right]_{y=0}^{y=\sqrt{x}}\mathrm{d}x \\
&= \int_0^1 2x(1-2x+x^2)x\,\mathrm{d}x = 2\left(\frac{1}{3}-2\cdot\frac{1}{4}+\frac{1}{5}\right) = \frac{1}{15}
\end{aligned}
$$

【例 8-15】（A 类）　不作立体图计算三重积分的方法及步骤是什么？并用该方法计算下列三重积分。

（1）$\iiint_{\Omega} xy^2z^3\,\mathrm{d}x\mathrm{d}y\mathrm{d}z$，其中 Ω 是由曲面 $z=xy$ 及平面 $y=x$，$x=1$，$z=0$ 所围成的闭

区域.

(2) $\iiint\limits_{\Omega} x^2 \mathrm{d}x\mathrm{d}y\mathrm{d}z$，其中 Ω 是曲面 $x^2+y^2=R^2$，$x^2+z^2=R^2$ 所围成的闭区域（$R>0$）.

分析：由于利用公式（8-4）计算三重积分时，需要了解 Ω 在空间的大致形状，并且需要绘制 Ω 的空间草图，但这些都是较难掌握的内容. 然而通过观察公式（8-4）可知，只要能找出 Ω 在 xOy 面的投影 $(\Omega)_{xy}=D$ 和围 Ω 的上、下面方程 $z=z_{\text{上}}(x,\ y)$，$z=z_{\text{下}}(x,\ y)$，就可将三重积分化为二重积分. 为了便于记忆，把找 D 和上、下面的方法编了一个口诀："含 z 方程上下面，无 z 消 z 围 D 线".

注意：虽然本题强调的是如何在计算三重积分时避免立体作图的困难，但并不是要排斥立体想像和立体作图. 相反地，我们提倡在计算三重积分时，要尽量结合空间想像来计算 Ω 在 xOy 面的投影和围 Ω 的上、下面，这样才能使解题的过程更加自然且流畅. 例如利用空间解析几何的知识"无 z 方程是平行于 z 轴的柱面的方程"很容易理解围 Ω 的"无 z 方程"就是围 Ω 在 xOy 面的投影 $(\Omega)_{xy}=D$ 的曲线的方程，即"无 z 方程"是"围 D 线"；又如利用空间解析几何的知识"两曲面的交线在 xOy 面的投影曲线的方程就是两曲面方程消 z 所得的方程"很容易理解两个围 Ω 的曲面方程消 z 所得的方程也是围 Ω 在 xOy 面的投影 $(\Omega)_{xy}=D$ 的曲线的方程，即"消 z 方程"也是"围 D 线".

解　与例 8-2 一样，还是在具体计算（1）、（2）两个三重积分的过程中介绍不作立体图计算三重积分的方法，并且把解题的一般步骤用"〔　〕"括起来.

（1）计算 $\iiint\limits_{\Omega} xy^2z^3 \mathrm{d}x\mathrm{d}y\mathrm{d}z$，$\Omega$ 由 $z=xy$，$y=x$，$x=1$，$z=0$ 所围.

〔**步骤 1**　写出公式（8-4）$\iiint\limits_{\Omega} f(x,\ y,\ z)\mathrm{d}x\mathrm{d}y\mathrm{d}z=\iint\limits_{D}\left[\int_{z=z_{\text{下}}(x,y)}^{z=z_{\text{上}}(x,y)} f(x,\ y,\ z)\mathrm{d}z\right]\mathrm{d}x\mathrm{d}y$ 及口诀"含 z 方程上下面，无 z 消 z 围 D 线".〕

〔**步骤 2**　找出围 Ω 的全部曲面及其方程.〕

全部围 Ω 的方程为 $z=xy$，$y=x$，$x=1$，$z=0$.

〔**步骤 3**　找出含 z 方程，并解出 $z=z(x,\ y)$，即为围 Ω 的上、下面方程. 口诀："含 z 方程上下面".〕

Ω 的上、下面：$z=xy$，$z=0$.

〔**步骤 4**　围 D 的曲线方程是：① 围 Ω 的无 z 方程；② 步骤 3 找出的任意两个含 z 方程消 z 后所得的方程. 口诀："无 z 消 z 围 D 线".〕

围 D 线：无 z 方程 $y=x$，$x=1$；消 z 方程，由 $z=xy$，$z=0$ 消 z 得 $xy=0$.

〔**步骤 5**　在 xOy 面上画出区域 D. 首先画出步骤 4 找出的围 D 线方程对应的曲线. 由于 Ω 是空间中的有界闭域，所以 D 一定也是 xOy 面上的有界闭域，因此当所有的围 D 线只围起了一个封闭域时，该封闭域即为 D. 而当围 D 线围出了两个或两个以上封闭域时，应检查题设，从中找出哪一个封闭域是我们要求的 D，找到 D 后标以阴影. 又注意由立体解析

几何知识，当"无 z"线已围成一个封闭域时，可不考虑该封闭域外的"消 z"线.]

将围 D 线，$y=x$，$x=1$，$xy=0$（注意 $xy=0$ 的图形是 $x=0$ 与 $y=0$ 的图形的并）画在坐标系中，如图 8-20 所示，只有一个封闭域 $\triangle OAB$，所以就是 D.

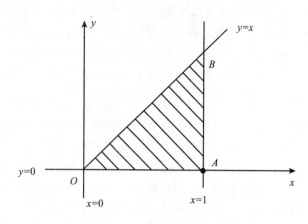

图 8-20

[**步骤 6** 确定上、下面中谁上谁下. 从 D 内选一点 (x_0, y_0)，代入步骤 4 中的含 z 方程 $z=z_1(x, y)$，$z=z_2(x, y)$. 计算 $z_1(x_0, y_0)$，$z_2(x_0, y_0)$，大者为上，小者为下.]

显然在 D 内 $z=xy>z=0$，所以 $z=xy$ 是上面，$z=0$ 是下面.

[**步骤 7** 代入公式 $\iiint_D f(x, y, z)\mathrm{d}v=\iint_D \left[\int_{z=z_\mathrm{F}(x,y)}^{z=z_\mathrm{E}(x,y)} f(x, y, z)\mathrm{d}x\right]\mathrm{d}x\mathrm{d}y$ 计算. 先把 x，y 看成常数计算 "[ ]" 内的积分，再用步骤 4 求出的 D 的具体形式计算二重积分 $\iint_D [\ ]\mathrm{d}x\mathrm{d}y.]$

$$原式=\iiint_\Omega xy^2z^3\mathrm{d}v=\iint_D \left[\int_{z=0}^{z=xy} xy^2z^3\mathrm{d}z\right]\mathrm{d}x\mathrm{d}y$$

$$=\iint_D xy^2\cdot\frac{1}{4}z^4\Big|_{z=0}^{z=xy}\mathrm{d}x\mathrm{d}y=\frac{1}{4}\iint_D x^5y^6\mathrm{d}x\mathrm{d}y$$

$$\xlongequal{\text{图 8-20}}\frac{1}{4}\int_0^1\mathrm{d}x\int_{y=0}^{y=x} x^5y^6\mathrm{d}y=\frac{1}{4}\int_0^1 x^5\cdot\frac{1}{7}y^7\Big|_{y=0}^{y=x}\mathrm{d}x=\frac{1}{364}$$

（2）计算 $\iiint_\Omega x^2\mathrm{d}v$，$\Omega$ 由 $x^2+y^2=R^2$，$x^2+z^2=R^2$ 所围.

步骤 1、2、3 上、下面：$x^2+z^2=R^2$，解出 $z=\pm\sqrt{R^2-x^2}$.

步骤 4 围 D 线，无 z：$x^2+y^2=R^2$；消 z：$z=+\sqrt{R^2-x^2}$ 与 $z=-\sqrt{x^2-R^2}$，消 z 得 $2\sqrt{x^2-R^2}=0\Rightarrow x=\pm R$.

步骤 5 画围 D 线，$x^2+y^2=R^2$，$x=R$，$x=-R$，标阴影如图 8-21 所示.

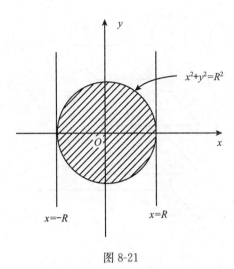

图 8-21

步骤 6　显然 $z=+\sqrt{R^2-x^2}>z=-\sqrt{R^2-x^2}$.

步骤 7

$$\iiint_{\Omega} x^2 \mathrm{d}v = \iint_{D}\left[\int_{z=-\sqrt{R^2-x^2}}^{z=+\sqrt{R^2-x^2}} x^2 \mathrm{d}z\right] \mathrm{d}x\mathrm{d}y = \iint_{D} x^2 \cdot 2\sqrt{R^2-x^2}\,\mathrm{d}x\mathrm{d}y$$

$$= \int_{-R}^{R}\mathrm{d}x\int_{y=-\sqrt{R^2-x^2}}^{y=+\sqrt{R^2-x^2}} 2x^2\sqrt{R^2-x^2}\,\mathrm{d}y = \int_{-R}^{R} 4x^2(\sqrt{R^2-x^2})^2\,\mathrm{d}x = \frac{16}{15}R^5$$

【例 8-16】　用"先 2 后 1 法"计算三重积分的公式是什么（A 类）？并用其求解下列两题.

（1）（B 类）计算 $\displaystyle\iiint_{\Omega}(x^2+y^2)\mathrm{d}x\mathrm{d}y\mathrm{d}z$，其中 Ω 是由曲线 $\begin{cases} y^2=2z \\ x=0 \end{cases}$ 绕 z 轴旋转而成的曲面与平面 $z=2$，$z=8$ 所围成的空间区域.

（2）（B 类）设函数 $f(z)$ 连续，Ω：$x^2+y^2+z^2\leqslant 1$，证明

$$\iiint_{\Omega} f(z)\mathrm{d}v = \pi\int_{-1}^{1} f(z)(1-z^2)\mathrm{d}z$$

解　先"介绍先 2 后 1 法"计算三重积分的公式.

如图 8-22 所示，如果空间区域 Ω 在 z 轴上的投影区间为 $[C_{\mathrm{下}}, C_{\mathrm{上}}]$，又对该区间上的任一点 z，过点 z 作平行于 xOy 面的平面与区域 Ω 交成平面区域 D_z，则

$$\Omega：C_{\mathrm{下}}\leqslant z\leqslant C_{\mathrm{上}}, \ (x, \ y, \ z)\in D_z$$

且

$$\iiint_{\Omega} f(x, \ y, \ z)\mathrm{d}x\mathrm{d}y\mathrm{d}z = \int_{C_{\mathrm{下}}}^{C_{\mathrm{上}}}\left[\iint_{D_z} f(x, \ y, \ z)\mathrm{d}x\mathrm{d}y\right]\mathrm{d}z \tag{8-5}$$

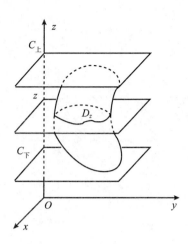

图 8-22

下面仍然仿照例 8-2，在具体计算中介绍用"先 2 后 1 法"计算三重积分的方法，并把一般的解题步骤用"〔　〕"括起来.

（1）计算 $\iiint_\Omega (x^2 + y^2)\mathrm{d}x\mathrm{d}y\mathrm{d}z$，其中 Ω 是由曲线 $\begin{cases} y^2 = 2z \\ x = 0 \end{cases}$，绕 z 轴旋转而成的曲面与平面 $z = 2$，$z = 8$ 所围成的空间区域.

〔**步骤 1**　写出公式（8-5），即 $\iiint_\Omega f\mathrm{d}v = \int_{C_\text{下}}^{C_\text{上}} \left[\iint_{D_z} f\mathrm{d}x\mathrm{d}y \right]\mathrm{d}z.$〕

〔**步骤 2**　找出公式中的 $C_\text{下}$ 与 $C_\text{上}$. 从定义来说，$C_\text{下}$、$C_\text{上}$ 分别为 Ω 的最低点、最高点的纵坐标，所以通常通过 Ω 的几何直观来求 $C_\text{下}$、$C_\text{上}$.〕

由于所述曲面是由一抛物线绕其对称轴旋转而得，所以其形状如一个碗，而 Ω 是由此碗和两个平行于碗口的平面所围，所以 Ω 如图 8-23 中粗线描绘所示，故 $C_\text{下} = 2$，$C_\text{上} = 8$.

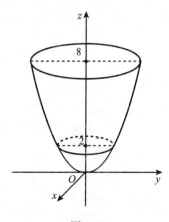

图 8-23

[**步骤 3**　确定公式中的 D_z，由空间解析几何可知，围 D_z 的曲线的方程就是把 z 看成常数后围 Ω 的曲面的方程.]

由于 $z=2$，$z=8$ 不是围 D_z 的方程（除"$z=$常数"外所有围 Ω 的曲面的方程都是围 D_z 的方程），所以围 D_z 的曲线的方程为：把 z 看作常数后，曲线 $\begin{cases} y^2=2z \\ x=0 \end{cases}$ 绕 z 轴旋转而成的曲面的方程 $x^2+y^2=2z$（由计算旋转面的口诀"绕 z 不换 z，根号里面没有 z"，将曲线方程 $y^2=2z$ 中非 z 的字母 y 换成"$\pm\sqrt{\square^2+\square^2}$"，其中"$\sqrt{}$"内没有 z，所以是 x^2+y^2，故所求曲面为 $[\pm\sqrt{x^2+y^2}]^2=2z$）. 因此 D_z 是圆盘：$x^2+y^2\leqslant 2z$（$2\leqslant z\leqslant 8$）.

[**步骤 4**　将步骤 2、步骤 3 所得的 $C_{\text{下}}$、$C_{\text{上}}$、D_z 代入公式

$$\iiint_\Omega f(x,\ y,\ z)\ \mathrm{d}x\mathrm{d}y\mathrm{d}z = \int_{C_{\text{下}}}^{C_{\text{上}}}\left[\iint_{D_z} f(x,\ y,\ z)\mathrm{d}x\mathrm{d}y\right]\mathrm{d}z$$

先计算"$[\ \ ]$"中的二重积分，把其中的 z 看作常数，然后计算定积分 $\displaystyle\int_{C_{\text{下}}}^{C_{\text{上}}}[\ \ ]\ \mathrm{d}z$.]

$$\begin{aligned}
I &= \iiint_\Omega (x^2+y^2)\mathrm{d}x\mathrm{d}y\mathrm{d}z \\
&= \int_2^8\left[\iint_{D_z:x^2+y^2\leqslant 2z}(x^2+y^2)\mathrm{d}x\mathrm{d}y\right]\mathrm{d}z \qquad\text{（用极坐标）} \\
&= \int_2^8\left[\int_0^{2\pi}\mathrm{d}\theta\int_{r=0}^{r=\sqrt{2z}}r^2r\mathrm{d}r\right]\mathrm{d}z \\
&= \int_2^8\left[2\pi\cdot\frac{1}{4}r^4\Big|_{r=0}^{r=\sqrt{2z}}\right]\mathrm{d}z = \int_2^8 2\pi z^2\mathrm{d}z = 40\pi
\end{aligned}$$

（2）设 $f(z)$ 连续，Ω：$x^2+y^2+z^2\leqslant 1$，证明

$$\iiint_\Omega f(z)\mathrm{d}x\mathrm{d}y\mathrm{d}z = \pi\int_{-1}^1 f(z)(1-z^2)\mathrm{d}z$$

先计算左边.

步骤 1、2、3　$C_{\text{下}}=-1$，$C_{\text{上}}=1$，D_z：$x^2+y^2\leqslant(1-z^2)$

步骤 4

$$\begin{aligned}
\text{左边} &= \int_{-1}^1\left[\iint_{D_z:x^2+y^2\leqslant 1-z^2}f(z)\mathrm{d}x\mathrm{d}y\right]\mathrm{d}z \\
&= \int_{-1}^1[f(z)(D_z\text{ 的面积})]\mathrm{d}z \\
&= \int_{-1}^1 f(z)\pi(\sqrt{1-z^2})^2\mathrm{d}z = \text{右边}
\end{aligned}$$

【例 8-17】（A 类）　　如何使用极坐标计算二重积分的方法解决用柱坐标计算三重积分的问题，并用其求解下列两题.

（1）将三重积分 $\iiint_{\Omega} f \mathrm{d}v$（其中 $f = f(x, y, z)$）化为柱坐标下的三次积分，要求积分次序是先对 z 积，再对 r 积，最后对 θ 积. 其中 Ω 由 $z = xy$，$y = x$，$x = 1$，$z = 0$ 所围成.

（2）将三重积分 $\iiint_{\Omega} f \mathrm{d}v$ 化为柱坐标下的三次积分，要求积分次序是先对 r 积，再对 θ 积，最后对 z 积.

解 用公式（8-4）后，再用公式（8-3）可得

$$\iiint_{\Omega} f \mathrm{d}v = \iint_D \left[\int_{z=z_{\mathrm{下}}(x,y)}^{z=z_{\mathrm{上}}(x,y)} f \mathrm{d}z \right] \mathrm{d}x \mathrm{d}y$$

$$= \int_{\text{顺端}}^{\text{逆端}} \mathrm{d}\theta \int_{r=\text{内线}}^{r=\text{外线}} r \mathrm{d}r \int_{z=T_{\mathrm{下}}(r,\theta)}^{z=T_{\mathrm{上}}(r,\theta)} (f \mid_{x=r\cos\theta, y=r\sin\theta}) \mathrm{d}z \qquad (8\text{-}6)$$

其中，$T_{\mathrm{下}}(r, \theta) = z_{\mathrm{下}}(r\cos\theta, r\sin\theta)$，$T_{\mathrm{上}}(r, \theta) = z_{\mathrm{上}}(r\cos\theta, r\sin\theta)$.

同理，用公式（8-5）后，再用公式（8-3）可得

$$\iiint_{\Omega} f \mathrm{d}v = \int_{C_{\mathrm{下}}}^{C_{\mathrm{上}}} \left[\iint_{D_z} f \mathrm{d}x \mathrm{d}y \right] \mathrm{d}z$$

$$= \int_{C_{\mathrm{下}}}^{C_{\mathrm{上}}} \mathrm{d}z \int_{(\text{顺端})_z}^{(\text{逆端})_z} \mathrm{d}\theta \int_{r=(\text{内线})_z}^{r=(\text{外线})_z} (f \mid_{x=r\cos\theta, y=r\sin\theta}) r \mathrm{d}r \qquad (8\text{-}7)$$

其中，D_z 在极坐标下的表达式为 D_z：$(\text{顺端})_z \leqslant \theta \leqslant (\text{逆端})_z$，$(\text{内线})_z \leqslant r \leqslant (\text{外线})_z$.

（1）由例 8-15（1）可知

$$\iiint_{\Omega} f \mathrm{d}v = \iint_D \left[\int_{z=0}^{z=xy} f(x, y, z) \mathrm{d}z \right] \mathrm{d}x \mathrm{d}y$$

其中 D 如图 8-20 所示，因此利用极坐标变换可得

$$\iiint_{\Omega} f \mathrm{d}v = \int_0^{\frac{\pi}{4}} \mathrm{d}\theta \int_{r=0}^{r=\frac{1}{\cos\theta}} r \mathrm{d}r \int_{z=0}^{z=r^2\cos\theta\sin\theta} f(r\cos\theta, r\sin\theta, z) \mathrm{d}z$$

（2）由例 8-16（1）可知

$$\iiint_{\Omega} f \mathrm{d}v = \int_2^8 \left[\iint_{D_z : x^2+y^2 \leqslant 2z} f(x, y, z) \mathrm{d}x \mathrm{d}y \right] \mathrm{d}z$$

再对"［ ］"内的二重积分作极坐标变换，得

$$\iiint_{\Omega} f \mathrm{d}v = \int_2^8 \mathrm{d}z \int_0^{2\pi} \mathrm{d}\theta \int_{r=0}^{r=\sqrt{2z}} f(r\cos\theta, r\sin\theta, z) r \mathrm{d}r$$

【例 8-18】（B 类） 用球坐标系的"先 $1(r)$ 后 $2(\theta\varphi)$ 法"计算三重积分的方法和步骤是什么？以下题为例进行说明.

化三重积分 $\iiint_{\Omega} f(x, y, z) \mathrm{d}v$ 为球坐标系下的三次积分，其中 Ω 为

(1) Ω: $x^2+y^2+z^2\leqslant 2z$, $y\leqslant 0$, $z\geqslant 1$

(2) Ω: $x^2+y^2+z^2\leqslant 2z$, $y\geqslant 0$, $z\leqslant 1$

解　用球坐标系计算三重积分是重积分计算中的一个较难的内容，为了易于学习，重点介绍两点：一是球坐标变换及其坐标面（详见下面的内容）；二是当 $D_{\theta\varphi}$ 为球面矩形时的解题步骤（详见下面的内容 3°）.

需要特别指出的是，虽然也有 $D_{\theta\varphi}$ 不是球面矩形的情况，但由于绝大多数应该用球坐标计算的三重积分，其 $D_{\theta\varphi}$ 都是球面矩形，所以只要掌握 $D_{\theta\varphi}$ 是球面矩形的解题方法，就足以应付用球坐标系计算三重积分的问题了. 至于 $D_{\theta\varphi}$ 不是球面矩形的情况，给出相应的定理（详见下面的内容），而对于有关的计算则将按照重积分换元的思想来处理（详见例 8-20）.

球坐标变换及其坐标面

球坐标变换

$$\begin{cases} x=r\sin\varphi\cos\theta, & 0\leqslant r<+\infty \\ y=r\sin\varphi\cos\theta, & 0\leqslant\varphi\leqslant\pi \\ z=r\cos\varphi, & 0\leqslant\theta\leqslant 2\pi \text{ 或 } \alpha\leqslant\theta\leqslant\alpha+2\pi \end{cases}$$

坐标面

① $r=r_0$, $0\leqslant r_0<+\infty$：表示半径为 r_0 的球面，球心在原点.

② $\theta=\theta_0$, $0\leqslant\theta_0\leqslant 2\pi$：表示极角为 θ_0 的半平面，z 轴为半平面的边. 形象地说，$\theta=\theta_0$ 像一扇装在 z 轴上的门，当 θ_0 从 0 变到 2π 时，对应门沿逆时针方向旋转一周（如图 8-24(a) 所示）.

③ $\varphi=\varphi_0$, $0\leqslant\varphi_0\leqslant\pi$：表示半顶角为 φ_0 的圆锥，其轴为 z 轴，顶点在原点. 形象地说，$\varphi=\varphi_0$ 像一把伞，伞把为 z 轴的正半轴，当 φ_0 从 0 变到 $\dfrac{\pi}{2}$ 再变到 π 时，就像一把逐渐打开的伞，从全收到平开再到反弓（开口向下的圆锥），最后反弓地贴在 z 轴的负半轴上（如图 8-24(b) 所示）.

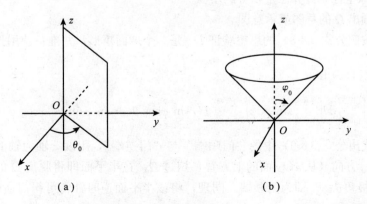

（a）　　　　　　　　　　（b）

图 8-24

用球坐标的"先 1(r) 后 2($\theta\varphi$) 法"计算三重积分公式

如图 8-25 所示，如果空间区域 Ω 在从原点发射的光源的照射下，在单位球面 $r=1$（实际上在任意的 $r=r_0$ 上也一样）上的投影区域为 $D_{\theta\varphi}$. 又从外部（原点以远）的方向围住 Ω 的曲面的方程为 $r=r_外(\theta,\varphi)$，从内部（原点以近）的方向围住 Ω 的曲面的方程为 $r=r_内(\theta,\varphi)$，则

$$\Omega: r_内(\theta,\varphi) \leqslant r \leqslant r_外(\theta,\varphi), \ (\theta,\varphi) \in D_{\theta\varphi}$$

且

$$\iiint_\Omega f(x,y,z)\mathrm{d}v = \iint_{D_{\theta\varphi}} \left[\int_{r=r_内(\theta,\varphi)}^{r=r_外(\theta,\varphi)} f(r\sin\varphi\cos\theta, r\sin\varphi\sin\theta, r\cos\varphi)r^2\sin\varphi\mathrm{d}r \right] \mathrm{d}\theta\mathrm{d}\varphi \quad (8\text{-}8)$$

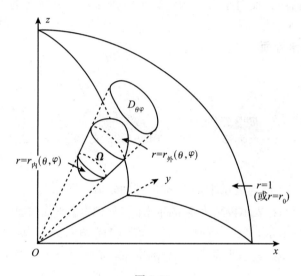

图 8-25

下面介绍当公式（8-8）中的 $D_{\theta\varphi}$ 是球面矩形时，即 $D_{\theta\varphi}$ 是由球面上的经线与纬线所围成的区域时，用球坐标系计算三重积分的步骤.

步骤 1　画出 Ω 的草图或示意图.

步骤 2　按照公式（8-8）的思想验证 $D_{\theta\varphi}$ 是一个球面矩形，并准备使用公式

$$\iiint_\Omega f(x,y,z)\mathrm{d}v =$$

$$\int_{门顺端}^{门逆端} \mathrm{d}\theta \int_{伞收端}^{伞开端} \sin\varphi\mathrm{d}\varphi \int_{r=内面}^{r=外面} f(r\sin\varphi\cos\theta, r\sin\varphi\sin\theta, r\cos\varphi)r^2\mathrm{d}r \quad (8\text{-}9)$$

步骤 3　找出公式（8-9）中的"门顺端"与"门逆端"，用以 z 轴为轴的半平面（像一扇门）按顺时针方向（从 xOy 面的上方看）扫过 Ω，在半平面即将脱离 Ω 的瞬间，半平面与 x 轴所成的极角 $\theta=\theta_1$ 即为门顺端. 同理，将该半平面逆时针转可得门逆端 $\theta=\theta_2$（θ_1, θ_2 应满足 $0 \leqslant \theta_2 - \theta_1 \leqslant 2\pi$）.

步骤 4 找出公式（8-9）中的"伞收端"与"伞开端"．想像从 z 轴的正半轴打开一把伞（伞尖在原点），伞从紧收逐渐打开，开到伞面变平，再反弓，成为反向的伞（即开口向下的一个圆锥面），最后贴到 z 轴的负半轴上．在这个开伞的过程中，伞面第一次碰到 Ω 时，伞尖处的半顶角 $\varphi = \varphi_1$ 即为伞收端．同理在开伞过程中，伞面即将脱离 Ω 的瞬间，伞尖处的半顶角 $\varphi = \varphi_2$ 即为伞开端．

步骤 5 找出公式（8-9）中的"$r=$ 内面"与"$r=$ 外面"．用一根从原点出发的射线穿过 Ω，穿入 Ω 时所遇到的曲面称为 Ω 的内面，穿出 Ω 时所遇到的曲面称为 Ω 的外面．找到内面和外面后，先写出其直角坐标方程 $F(x, y, z) = 0$，然后用球坐标变换 $x = r\sin\varphi\cos\theta$，$y = r\sin\varphi\sin\theta$，$z = r\cos\varphi$ 代入方程得到一个只含 r，θ，φ 的方程，解出 r 等于一个只含 θ，φ 的式子 $r = r(\theta, \varphi)$，则当此式对应内面时就是"$r=$ 内面"，而对应外面时就是"$r=$ 外面"．

步骤 6 把前面找到的"门顺、逆端"、"伞收、开端"、"$r=$ 内、外面"代入公式（8-9）．先把 θ，φ 看成常数计算 $\int (\ )\mathrm{d}r$，代入上下限后成为只含 θ，φ 的式子，然后把 θ 看成常数对 φ 积分．

最后用上述步骤解题．

（1）**步骤 1** 画 Ω 图．因为 $x^2 + y^2 + z^2 \leqslant 2z$ 是直径在 z 轴 $[0, 2]$ 区间上的球体 V，$y \leqslant 0$ 是左半空间，$z \geqslant 1$ 是 $z = 1$ 的上边，所以 Ω 是球体的左上四分之一，如图 8-26 所示．

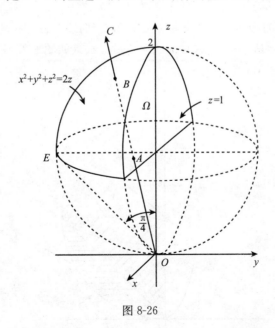

图 8-26

步骤 2 显然．
步骤 3 用装在 z 轴上的门扫 Ω，注意 $\theta = 0$ 是对应 x 的正半轴，显然门顺端是 $\theta = \pi$，

门逆端是 $\theta=2\pi$.

步骤 4 从 z 的正半轴开伞扫 Ω，显然一开始（$\varphi=0$）时，伞面就沿着 Ω；又当伞面开到 E 点 $\left(\varphi=\dfrac{\pi}{4}\right)$ 时即将离开 Ω，所以伞收端是 $\varphi=0$，伞开端是 $\varphi=\dfrac{\pi}{4}$.

步骤 5 从原点引出一条射线 OC 穿过 Ω（见图 8-26）. 穿入点 A，穿出点 B；穿入面（内面）是 $z=1$，穿出面（外面）是 $x^2+y^2+z^2=2z$. 将球变换 $x=r\sin\varphi\cos\theta$，$y=r\sin\varphi\sin\theta$，$z=r\cos\varphi$ 代入，得

内面 $z=1\Rightarrow r\cos\varphi=1\Rightarrow r=\dfrac{1}{\cos\varphi}$，即 "$r=$内面"；外面

$$x^2+y^2+z^2=2z\Leftrightarrow(r\sin\varphi\cos\theta)^2+(r\sin\varphi\sin\theta)^2+(r\cos\varphi)^2$$
$$=2r\cos\varphi\Rightarrow r^2=2r\cos\varphi\Rightarrow r=2\cos\varphi$$

即 "$r=$外面".

步骤 6 代入公式

$$\iiint\limits_{\Omega}f(x,\ y,\ z)\mathrm{d}v=\int_{\pi}^{2\pi}\mathrm{d}\theta\int_{0}^{\frac{\pi}{4}}\mathrm{d}\varphi\int_{r=\frac{1}{\cos\varphi}}^{r=2\cos\varphi}f(r\sin\varphi\cos\theta,\ r\sin\varphi\sin\theta,\ r\cos\varphi)r^2\sin\varphi\mathrm{d}r$$

解 （2）与（1）同理，Ω 是球体 V 的右下四分之一，如图 8-27 所示.

注意在找内、外面时会发现，用原点射线穿 Ω，当射线在 Ω 中晃动，射线穿出 Ω 时经过两个曲面，一个是平面 $z=1$，一个是球面 $x^2+y^2+z^2=2z$（如图 8-27 所示）. 因此要把 Ω 分成两块 Ω_1，Ω_2（一般是使用过两面交线及顶点在原点的锥面分 Ω），用重积分的可加性来解.

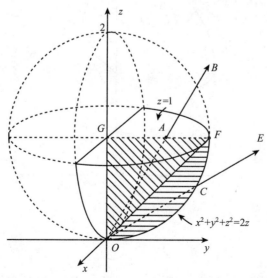

图 8-27

如图 8-27 所示，阴影处是 Ω 与 $x=0$ 的截面．令 Ω_1 是阴影中的 $\triangle OFG$ 绕 z 轴旋转生成的旋转体在 Ω 内的部分，令 Ω_2 是阴影中的月芽形 $OCFO$ 绕 z 轴旋转生成的旋转体在 Ω 内的部分，则 $\Omega=\Omega_1 \bigcup \Omega_2$．

可以看出，Ω_1 的门顺端 $\theta=0$，门逆端 $\theta=\pi$；伞收端 $\varphi=0$，伞开端 $\varphi=\dfrac{\pi}{4}$，内面 $r=0$，外面 $z=1 \Rightarrow r\cos\varphi=1 \Rightarrow r=\dfrac{1}{\cos\varphi}$．

再看 Ω_2，门顺端 $\theta=0$，门逆端 $\theta=\pi$；伞收端 $\varphi=\dfrac{\pi}{4}$，伞开端 $\varphi=\dfrac{\pi}{2}$；内面 $r=0$，外面 $x^2+y^2+z^2=2z \Rightarrow r^2=2r\cos\varphi \Rightarrow r=2\cos\varphi$．所以

$$\iiint_{\Omega} f(x,\ y,\ z)\mathrm{d}v = \iiint_{\Omega_1} f(x,\ y,\ z)\mathrm{d}v + \iiint_{\Omega_2} f(x,\ y,\ z)\mathrm{d}v$$

$$= \int_0^{\pi}\mathrm{d}\theta \int_0^{\frac{\pi}{4}}\mathrm{d}\varphi \int_{r=0}^{r=\frac{1}{\cos\varphi}} f(r\sin\varphi\cos\theta,\ r\sin\varphi\sin\theta,\ r\cos\varphi)r^2\sin\mathrm{d}r +$$

$$\int_0^{\pi}\mathrm{d}\theta \int_{\frac{\pi}{4}}^{\frac{\pi}{2}}\mathrm{d}\varphi \int_{r=0}^{r=2\cos\varphi} f(r\sin\varphi\cos\theta,\ r\sin\varphi\sin\theta,\ r\cos\varphi)r^2\sin\mathrm{d}r$$

【例 8-19】（B 类）

（1）试用微元理论解释三重积分计算公式（8-4）和公式（8-5）．

（2）给出坐标变换下重积分计算公式的统一的微元解释模式．

（3）给出二重积分化为极坐标下"先对 θ 积后对 r 积"的二次积分计算公式，并给出相应的微元解释．最后用此公式重解例 8-12 的第（3）小题．

（4）给出三重积分化为球标系下"先对 φ 积后对 $r\theta$ 积（先 1 后 2）"的分次积分计算公式，并给出相应的微元解释．

解　（1）为了解释得更加形象，将三重积分 $\iiint_{\Omega} f\mathrm{d}v$ 看作体密度为 f（f 为单位体积内的质量数，其单位为 $\mathrm{g/cm^3}$）的物体 Ω 的质量 M．为了计算 $M=\iiint_{\Omega} f\mathrm{d}v$，用三组平行平面分割 Ω，第一组平行于 $z=0$，间隔为 $\mathrm{d}z$，第二组平行于 $y=0$，间隔为 $\mathrm{d}y$，第三组平行于 $x=0$，间隔为 $\mathrm{d}x$．这样 Ω 就成为众多长 $\mathrm{d}x$、宽 $\mathrm{d}y$、高 $\mathrm{d}z$ 的微长方体（以下称微分域或微块）整齐排列（所有缝都对齐）而成的实心物体．由微元理论，在标准微分域 $[x,\ x+\mathrm{d}x] \times [y,\ y+\mathrm{d}y] \times [z,\ z+\mathrm{d}z]$① 内，因为 $x,\ y,\ z$ 是宏观量（单位如米等），$\mathrm{d}x,\ \mathrm{d}y,\ \mathrm{d}z$ 是微观量（单位为纳米等），故从宏观看 $x+\mathrm{d}x=x$，$y+\mathrm{d}y=y$，$z+\mathrm{d}z=z$，所以在整个微分域中 $f=f(x,\ y,\ z)$ 不变，因而此标准微分域的质量为

---

① 由笛卡儿乘积定义：$[x,\ x+\mathrm{d}x] \times [y,\ y+\mathrm{d}y] \times [z,\ z+\mathrm{d}z]=\{(x,\ y,\ z) \mid x\in[x,\ x+\mathrm{d}x],\ y\in[y,\ y+\mathrm{d}y],\ z\in[z,\ z+\mathrm{d}z]\}$．

$$dM=f\mathrm{d}v=f(x, y, z)\mathrm{d}x\mathrm{d}y\mathrm{d}z$$

其中 $\mathrm{d}v$ 是微区域的体积，且 $\mathrm{d}v=\mathrm{d}x\mathrm{d}y\mathrm{d}z$. 这样三重积分 $\iiint_{\Omega}f\mathrm{d}v=\iiint_{\Omega}\mathrm{d}M$ 就可解释为 Ω 中所有微区域质量的和，而公式（8-4）和（8-5）就是给出两种求和的方式.

公式（8-4）

$$\iiint_{\Omega}f\mathrm{d}v=\iint_{D}\left[\int_{z=z_{\mathrm{F}}(x,y)}^{z=z_{\mathrm{E}}(x,y)}f(x, y, z)\mathrm{d}z\right]\mathrm{d}x\mathrm{d}y$$

的含义是：先积"块"成"棍"，再积"棍"成"捆". 具体地说，先将区域 D 内位于平面微区域 $[x, x+\mathrm{d}x]\times[y, y+\mathrm{d}y]$ 中从高度为 $z_{\mathrm{F}}(x, y)$ 到高度为 $z_{\mathrm{E}}(x, y)$ 的所有微块的质量积到一起得到一根微"棍"的质量，然后将 D 中所有的这样的微"棍"的质量积到一起，就得到 Ω 的质量.

公式（8-5）

$$\iiint_{\Omega}f\mathrm{d}v=\int_{C_{\mathrm{F}}}^{C_{\mathrm{E}}}\left[\iint_{D_z}f(x, y, z)\mathrm{d}x\mathrm{d}y\right]\mathrm{d}z$$

的含义是：先积"块"成"片"，再积"片"成"摞". 具体地说，先将高度在 $[z, z+\mathrm{d}z]$ 中且在区域 D_z 中的所有微块的质量积到一起得到一个微"片"的质量，然后将高度在 $[C_{\mathrm{F}}, C_{\mathrm{E}}]$ 中的所有这样的微"片"的质量积到一起，就得到 Ω 的质量.

（2）设有一个坐标变换 T：$(x, y, z)=T(u, v, w)$，又设 T 是一个从 (u, v, w) 空间到 (x, y, z) 空间的连续可微的一一映射，则在此坐标变换下的三重积分 $\iiint_{\Omega}f(x, y, z)\mathrm{d}x\mathrm{d}y\mathrm{d}z$ 的计算方法是：先用三组坐标面，即 $u=$ 常数（注意"$u=$ 常数"表示的是 xyz 空间中使 u $=$ 该常数的所有点），常数间间隔为 $\mathrm{d}u$；$v=$ 常数，间隔 $\mathrm{d}v$；$w=$ 常数，间隔 $\mathrm{d}w$ 将 xyz 空间中的区域 Ω 微分成一个一个的微平行六面体，然后计算各个微平行六面体的质量，最后用不同的方式将这些质量积到一起. 常见的方式有"先 1 后 2"、"先 2 后 1"、"先 1 再 1 最后 1". 对应的形象叙述为"积块成棍，积棍成捆，积块成片"、"积片成摞"和"积块成棍，积棍成片，积片成摞".

（3）如图 8-28 所示，区域 D 满足：D 最靠近原点的点靠在 $r=a$（称内端）上；D 最远离原点的点靠在 $r=b$（称外端）上. 又在环形区域 $a\leqslant r\leqslant b$ 中，围住 D 的顺时针方向的一边的曲线的极坐标方程为 $\theta=\theta_{\mathrm{顺}}(r)$（称顺线），围住 D 的逆时针方向的一边的曲线的极坐标方程为 $\theta=\theta_{\mathrm{逆}}(r)$（称逆线，解题时确定顺、逆线的方法为：用一个绕着原点顺时针转的箭头穿过区域 D，则穿入线是逆线，穿出线是顺线），则

$$D：a\leqslant r\leqslant b, \theta_{\mathrm{顺}}(r)\leqslant\theta\leqslant\theta_{\mathrm{逆}}(r)$$

且

$$\iint_{D}f(x, y)\mathrm{d}\sigma=\int_{a}^{b}\mathrm{d}r\int_{\theta=\theta_{\mathrm{顺}}(r)}^{\theta=\theta_{\mathrm{逆}}(r)}f(r\cos\theta, r\sin\theta)r\mathrm{d}\theta \qquad (8\text{-}10)$$

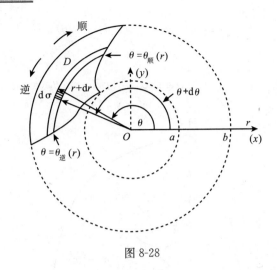

图 8-28

微元解释：由本题第（2）小题的想法，首先用 r＝常数，间隔 $\mathrm{d}r$，θ＝常数，间隔 $\mathrm{d}\theta$ 的两组坐标线把区域 D 微分成一个一个的微矩形（因为"r＝常数"垂直于"θ＝常数"，所以微平行四边形变成了微矩形）；然后在微元环 $r \leqslant r \leqslant r+\mathrm{d}r$ 中，把从 $\theta=\theta_{顺}(r)$ 到 $\theta=\theta_{逆}$ (r) 的所有微矩形的质量积到一起得到一个微圆环段（如图所示）的质量；最后将圆环 $a \leqslant r \leqslant b$ 中所有这样的微圆环段的质量积到一起就得到 D 的质量

$$M = \iint_D f\mathrm{d}\sigma = \int_a^b \left[\int_{\theta=\theta_{顺}(r)}^{\theta=\theta_{逆}(r)} f(r\cos\theta,\ r\sin\theta) r\mathrm{d}\theta \right] \mathrm{d}r$$

其中，$\mathrm{d}\sigma = (r\mathrm{d}\theta)\cdot\mathrm{d}r$ 是标准微分区域 $[r,\ r+\mathrm{d}r]\times[\theta,\ \theta+\mathrm{d}\theta]$（如图阴影所示）的面积.

下面用公式（8-10）重解例 8-12(3)：计算 $\iint_D (\arcsin\sqrt{x^2+y^2})^{-1}\mathrm{d}x\mathrm{d}y$，其中 D 如图 8-16(c) 阴影所示.

解 如图 8-16(c) 所示，D 的内端 $r=0$，外端 $r=1$；顺线：$\theta=0$，逆线：$x^2+y^2=y \Rightarrow$ $r^2=r\sin\theta\,(0\leqslant\theta\leqslant\frac{\pi}{2}) \Rightarrow \theta=\arcsin r$，代入公式（8-10），得

$$\iint_D (\arcsin\sqrt{x^2+y^2})^{-1}\mathrm{d}x\mathrm{d}y = \int_0^1 \mathrm{d}r \int_{\theta=0}^{\theta=\arcsin r} (\arcsin r)^{-1} r\mathrm{d}\theta$$

$$= \int_0^1 r\mathrm{d}r = \frac{1}{2}$$

（4）如图 8-29 所示，如果空间区域 Ω，在所有沿经线光线的照射下（想像光线沿经线在光纤中流动，恰如菊花的花瓣），在平面 $\varphi=\frac{\pi}{2}$ 上（也可在其他 $\varphi=\varphi_0$ 上，但不如 $\varphi=\frac{\pi}{2}$ 是 xOy 平面自然）的投影区域为 D_θ，又从伞收端方向围住 Ω 的曲面方程为 $\varphi=\varphi_{收}(r,\theta)$，从伞开端方向围住 Ω 的曲面方程为 $\varphi=\varphi_{开}(r,\theta)$，则

$$\Omega: \varphi_{收}(r, \theta) \leqslant \varphi \leqslant \varphi_{开}(r, \theta), (r, \theta) \in D_{r\theta}$$

且

$$\iiint_{\Omega} f(x, y, z)\mathrm{d}v = \iint_{D_{r\theta}} \left[\int_{\varphi=\varphi_{收}(r,\theta)}^{\varphi=\varphi_{开}(r,\theta)} f(r\sin\varphi\cos\theta, r\sin\varphi\sin\theta, r\cos\theta)r^2\sin\varphi\mathrm{d}\varphi \right] \mathrm{d}r\mathrm{d}\theta \quad (8\text{-}11)$$

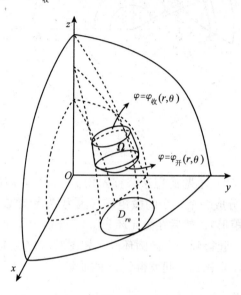

图 8-29

公式（8-11）的微元解释：先积微"块"的质量得一个圆弧线形微四棱柱（柱不是等粗的，微块上的纬线长度越近，"赤道"越宽，越近"两极"越窄）的质量，最后将 $D_{r\theta}$ 中所有的这种圆弧线形微四棱柱的质量积到一起就得到 Ω 的质量

$$M = \iiint_{\Omega} f\mathrm{d}v = \iint_{D_{r\theta}} \left[\int_{\varphi=\varphi_{顺}(r,\theta)}^{\varphi=\varphi_{开}(r,\theta)} f \cdot r^2\sin\varphi\mathrm{d}\varphi \right] \mathrm{d}r\mathrm{d}\theta$$

其中 $\mathrm{d}v$ 是微长方体（因为等经面"$\theta=$常数"，等纬面"$\varphi=$常数"和等半径面"$r=$常数"相互垂直，所以平行六面体变为长方体）$[\theta, \theta+\mathrm{d}\theta] \times [\varphi, \varphi+\mathrm{d}\varphi] \times [r, r+\mathrm{d}r]$ 的体积，所以

$$\mathrm{d}v = (微经线长) \times (微纬线长) \times (微半径增量)$$
$$= (r_{经}\mathrm{d}\varphi) \cdot (r_{纬}\mathrm{d}\theta)\mathrm{d}r = (r\mathrm{d}\varphi)(r\sin\varphi\mathrm{d}\theta)\mathrm{d}r = r^2\sin\varphi\mathrm{d}\varphi\mathrm{d}r\mathrm{d}\theta$$

练习题 8-3　写出三重积分化为柱坐标系下的先对 θ 积后对 rz 积（先 1 后 2）的分次积分公式.

答案： 如果区域 Ω 在以 z 轴为心且平行于 xOy 面的圆形光线的照射下，在 $\theta=\pi$ 上的投影为 D_{rz}，从门顺、逆端围 Ω 的曲面为 $\theta=\theta_{顺}(r, z)$，$\theta=\theta_{逆}(r, z)$，则

$$\iiint_\Omega f \mathrm{d}v = \iint_{D_{rz}} \left[\int_{\theta=\theta_{顺}(r,z)}^{\theta=\theta_{逆}(r,z)} fr\mathrm{d}\theta \right] \mathrm{d}z\mathrm{d}r \tag{8-12}$$

【例 8-20】（C 类）　作球坐标变换

$$\begin{cases} x=r\sin\varphi\cos\theta \\ y=r\sin\varphi\cos\theta \\ z=r\cos\varphi \end{cases} \quad (0\leqslant r<\infty,\ 0\leqslant\varphi\leqslant\pi,\ 0\leqslant\theta\leqslant2\pi)$$

把三重积分 $\iiint_\Omega f(x,y,z)\mathrm{d}v$ 化为球坐标系下的三次积分. 其中 Ω: $x^2+y^2+z^2\leqslant1$, $z\geqslant0$, $y\geqslant0$, $z\leqslant x$.

分析：注意此题的 Ω 在单位球面上的投影 $D_{\theta\varphi}$ 不是球面矩形，所以不能用例 8-18 提供的解题步骤来做，而只能按重积分一般换元的思想（主要是一一对应的连续变换把边界变到边界）来做.

解　因为 Ω: $x^2+y^2+z^2\leqslant1$, $0\leqslant z\leqslant x$, $y\geqslant0$, 所以 Ω 是第一卦限内（因为 $x,y,z\geqslant0$, 故还有 $0\leqslant\theta,\varphi\leqslant\frac{\pi}{2}$）$\frac{1}{16}$ 的球体（就像过 y 轴把一个西瓜切成等分的 8 块，取 $z=0$ 上的一块拦腰再分成两块）.

结合 Ω 的位置，将球变换代入 Ω 的边界可得 Ω' 的边界.

① $x^2+y^2+z^2=1\Leftrightarrow r^2=1\Leftrightarrow r=1$.

② $z=0\Leftrightarrow r\cos\varphi=0\Leftrightarrow r=0$ 和 $\varphi=\frac{\pi}{2}$.

③ $y=0\Leftrightarrow r\sin\varphi\sin\theta=0\Leftrightarrow r=0$ 和 $\theta=0$（因为 $\varphi=0$, z 的正半轴; $\varphi=\pi$, z 的负半轴; $\theta=\pi$, 转到 y 负半轴的半平面; 都不在 Ω 中，故舍去）.

④ $z=x\Leftrightarrow r\cos\varphi=r\sin\varphi\cos\theta\Leftrightarrow r=0$ 和 $\varphi=\mathrm{arccot}(\cos\theta)$（因为 $\cot\varphi=\cos\theta$ 且 $0\leqslant\theta,\varphi\leqslant\frac{\pi}{2}$）.

故 Ω' 的边界为

$$r=0,\ r=1,\ \theta=0,\ \varphi=\frac{\pi}{2},\ \varphi=\mathrm{arccot}(\cos\theta)$$

注意对于 $\varphi=\mathrm{arccot}(\cos\theta)$, 因为

$$\varphi_\theta'=-\frac{1}{1+\cos^2\theta}(-\sin\theta)\geqslant0$$

所以 $\varphi(\theta)$ 单增. 又因为 $\varphi(0)=\frac{\pi}{4}$, $\varphi\left(\frac{\pi}{2}\right)=\frac{\pi}{2}$, 所以 $D_{\theta\varphi}$ 如图 8-30 所示，故

$$原式=\int_0^{\frac{\pi}{2}}\mathrm{d}\theta\int_{\varphi=\mathrm{arccot}(\cos\theta)}^{\varphi=\frac{\pi}{2}}\mathrm{d}\varphi\int_{r=0}^{r=1}f(r\sin\varphi\cos\theta,\ r\sin\varphi\sin\theta,\ r\cos\varphi)r^2\sin\varphi\mathrm{d}r$$

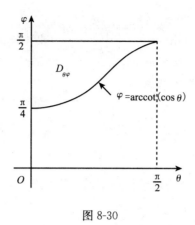

图 8-30

注意： 第一，除题目明确要求，当 $D_{\theta\varphi}$ 不是球面矩形时，不要用球变换；第二，对于此题，如将 x，y，z 轮换为 z，x，y 后作球坐标变换

$$\begin{cases} z = r\sin\varphi\cos\theta \\ x = r\sin\varphi\sin\theta \\ y = r\cos\varphi \end{cases}$$

则可得较简单的结果（但不是题目要求的结果）

$$原式 = \int_0^{\frac{\pi}{4}} d\theta \int_{\varphi=0}^{\varphi=\frac{\pi}{2}} d\varphi \int_{r=0}^{r=1} f(r\sin\varphi\sin\theta, \ r\cos\varphi, \ r\sin\varphi\cos\theta) r^2 \sin\varphi dr$$

【例 8-21】（B 类）　重积分的轮换对称性的原理是什么？有哪些具体的表现形式？并由此判断下列等式是否成立？

(1) $$\iint_D f(x, y)dxdy = \frac{1}{2} \iint_D [f(x, y) + f(y, x)]dxdy$$

其中 f 连续，D：$x + 2y \leqslant 1$，$2x + y \leqslant 1$，$x \geqslant 0$，$y \geqslant 0$.

(2) $$\iint_{(x-3)^2+(y-8)^2 \leqslant 1} f(x)f(y)dxdy = \iint_{(y-3)^2+(x-8)^2 \leqslant 1} f(x)f(y)dxdy$$

解　因为重积分与积分变量无关，所以将一个重积分的积分变量 x，y，z 换为 y，z，x 后两个重积分相等．这就是重积分轮换对称性所依据的原理．具体地说，设空间区域 Ω 的含有字母 x，y，z 的表达式（表达式可以是数学式子，也可以是语言文字）为 $\Omega(x, y, z)$，同理平面区域 D 的表达式为 $D(x, y)$，则轮换字母 xyz（即把 xyz 换为 yzx 或 yzx 换为 zxy 或 zxy 换为 xyz）可得

$$\iiint_{\Omega(x,y,z)} f(x, y, z)dxdydz = \iiint_{\Omega(y,z,x)} f(y, z, x)dxdydz$$

轮换字母 xy（即把 xy 换为 yx 或 yx 换为 xy）可得

$$\iint_{D(x,y)} f(x,y)\mathrm{d}x\mathrm{d}y = \iint_{D(y,x)} f(y,x)\mathrm{d}x\mathrm{d}y$$

$$\iiint_{\Omega(x,y,z)} f(x,y,z)\mathrm{d}x\mathrm{d}y\mathrm{d}z = \iiint_{\Omega(y,x,z)} f(y,x,z)\mathrm{d}x\mathrm{d}y\mathrm{d}z$$

对于上述各等式，根据等式左右积分区域(D，Ω)，被积函数(f)是否相同可分为 4 种情况：两者都不同；前者相同，后者不同；前者不同，后者相同；两者都相同. 由于第四种情况对积分计算毫无帮助，第一种情况变前变后计算量相同（但可以把不习惯的积分方向改为习惯的积分方向，详见本章测验第 8 题的题解），所以轮换对称性通常是指第二种情况和第三种情况，其中第二种情况用得更多一些. 第二种情况称作积分区域轮换对称，第三种情况称作被积函数轮换对称. 下面叙述轮换对称性的具体表现形式.

① 如果平面区域 D 关于 $x=y$ 对称（对应 $D(x,y)=D(y,x)$，称 D 关于 xy 轮换对称，则

$$\iint_D f(x,y)\mathrm{d}x\mathrm{d}y = \iint_D f(y,x)\mathrm{d}x\mathrm{d}y \tag{8-13}$$

② 如果空间区域 Ω 绕直线 $x=y=z$ 旋转 120° 不变[①]（对应 $\Omega(x,y,z)=\Omega(y,z,x)$ 称 Ω 关于 xyz 轮换对称），则

$$\iiint_\Omega f(x,y,z)\mathrm{d}x\mathrm{d}y\mathrm{d}z = \iiint_\Omega f(y,z,x)\mathrm{d}x\mathrm{d}y\mathrm{d}z \tag{8-14}$$

③ 如果空间区域 Ω 关于 $x=y$ 平面对称（对应 $\Omega(x,y,z)=\Omega(y,x,z)$，称 Ω 关于 xy 轮换对称），则

$$\iiint_\Omega f(x,y,z)\mathrm{d}x\mathrm{d}y\mathrm{d}z = \iiint_\Omega f(y,x,z)\mathrm{d}x\mathrm{d}y\mathrm{d}z \tag{8-15}$$

④ 如果函数 $f(x,y)$ 关于 xy 轮换对称，即 $f(x,y)=f(y,x)$，则

$$\iint_{D(x,y)} f(x,y)\mathrm{d}x\mathrm{d}y = \iint_{D(y,x)} f(x,y)\mathrm{d}x\mathrm{d}y \tag{8-16}$$

其中 $D(x,y)$ 与 $D(y,x)$ 关于 $x=y$ 对称.

⑤ 如果函数 $f(x,y,z)$ 关于 xyz 轮换对称，即 $f(x,y,z)=f(y,z,x)=f(z,x,y)$，则

$$\iiint_{\Omega(x,y,z)} f(x,y,z)\mathrm{d}x\mathrm{d}y\mathrm{d}z = \iiint_{\Omega(y,z,x)} f(x,y,z)\mathrm{d}x\mathrm{d}y\mathrm{d}z \tag{8-17}$$

其中，$\Omega(x,y,z)$ 绕 $x=y=z$ 转 120° 后变为 $\Omega(y,z,x)$.

————————————

① 这时称 Ω 关于轴 $x=y=z$ 三分周角（360°÷3＝120°）旋转对称. 又注意 x，y，z 轴绕 $x=y=z$ 轴转 120° 后，正好落在原 y，z，x 轴的位置.

⑥ 如果函数 $f(x, y, z)$ 关于 xy 轮换对称，即 $f(x, y, z)=f(y, x, z)$，则

$$\iiint_{\Omega(x,y,z)} f(x,y,z)\mathrm{d}x\mathrm{d}y\mathrm{d}z = \iiint_{\Omega(y,x,z)} f(x, y, z)\,\mathrm{d}x\mathrm{d}y\mathrm{d}z \qquad (8\text{-}18)$$

其中 $\Omega(x, y, z)$ 与 $\Omega(y, x, z)$ 关于 $x=y$ 对称.

最后判断本题的（1）、（2）两个小题的正误.

解 （1）正确. 因为将 D 的表达式中 xy 互换后 D 不变，所以由公式（8-13），本题的

$$右边 = \frac{1}{2}\iint_D f(x, y)\mathrm{d}x\mathrm{d}y + \frac{1}{2}\iint_D f(y, x)\mathrm{d}x\mathrm{d}y = 左边$$

（2）正确. 因为被积函数 $f(x)f(y)$ 关于 xy 轮换对称，利用公式(8-16)，注意由于 $D(x,y)$ 是 $(x-3)^2+(y-8)^2\leqslant 1$，所以 $D(y,x)$ 就是把 $D(x,y)$ 中的 xy 互换，故 $D(y,x)$ 为 $(y-3)^2+(x-8)^2\leqslant 1$. 因此把上述的 $D(x,y)$ 与 $D(y,x)$ 代入公式(8-16)就得到(2).

【例 8-22】（B 类） 计算

$$\iint_D \frac{a\varphi(x)+b\varphi(y)}{\varphi(x)+\varphi(y)}\,\mathrm{d}\sigma$$

其中 D：$x^2+y^2\leqslant R^2$，$\varphi(x)$ 是连续的正值函数.

解 因为将 D：$x^2+y^2\leqslant R^2$ 中的 x，y 互换，D 不变，由轮换对称性公式（8-13）有

$$\iint_D \frac{a\varphi(x)+b\varphi(y)}{\varphi(x)+\varphi(y)}\mathrm{d}\sigma = \iint_D \frac{a\varphi(y)+b\varphi(x)}{\varphi(y)+\varphi(x)}\mathrm{d}\sigma$$

记上式为：原=新，则原=新=$\frac{1}{2}$（原+新），所以

$$原式 = \frac{1}{2}\iint_D \left(\frac{a\varphi(x)+b\varphi(y)}{\varphi(x)+\varphi(y)} + \frac{a\varphi(y)+b\varphi(x)}{\varphi(y)+\varphi(x)}\right)\mathrm{d}\sigma$$

$$= \frac{1}{2}\iint_D (a+b)\mathrm{d}\sigma = \frac{1}{2}(a+b)\,\pi R^2$$

【例 8-23】（B 类） 已知 $f(x)$ 在 $[0, 1]$ 连续，且 $\int_0^1 f(x)\mathrm{d}x = A$，求 $\iint_D f(x)f(y)\mathrm{d}\sigma$. 其中 D：$0\leqslant x\leqslant 1$，$x\leqslant y\leqslant 1$.

解 1 因为被积函数 $f(x)f(y)$ 中 x，y 互换，被积函数不变，由轮换对称性公式(8-16)有

$$\iint_D f(x)f(y)\mathrm{d}\sigma = \iint_{D_1} f(x)f(y)\mathrm{d}\sigma$$

其中 D_1 与 D 关于 $y=x$ 对称，如图 8-31 所示. 所以

$$\iint_D f(x)f(y)\mathrm{d}\sigma = \frac{1}{2}\left(\iint_D + \iint_{D_1}\right) = \frac{1}{2}\iint_{D\cup D_1}$$

$$= \frac{1}{2} \int_0^1 \mathrm{d}x \int_0^1 f(x) f(y) \mathrm{d}y$$

$$= \frac{1}{2} \int_0^1 f(x) \mathrm{d}x \int_0^1 f(y) \mathrm{d}y$$

$$= \frac{1}{2} A^2$$

解 2　如图 8-31 所示.

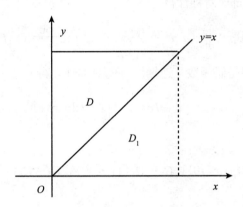

图 8-31

$$\iint_D f(x) f(y) \mathrm{d}x \mathrm{d}y = \int_0^1 \mathrm{d}x \int_{y=x}^{y=1} f(y) f(x) \mathrm{d}y$$

设 $f(x)$ 的原函数为 $F(x)$，则 $F'(x) = f(x)$，故

$$原式 = \int_0^1 f(x) F(y) \Big|_{y=x}^{y=1} \mathrm{d}x = \int_0^1 F'(x) (F(1) - F(x)) \mathrm{d}x$$

$$= \left[F(x) F(1) - \frac{1}{2} F(x)^2 \right]_0^1 = \frac{1}{2} F(1)^2 - F(0) F(1) + \frac{1}{2} F(0)^2$$

又因为

$$A = \int_0^1 f(x) \mathrm{d}x = F(x) \Big|_0^1 = F(1) - F(0)$$

所以

$$原式 = \frac{1}{2} \big[F(1) - F(0) \big]^2 = \frac{1}{2} A^2$$

含抽象函数的累次积分的算法小结

（1）计算积分时，如被积函数中含有抽象的连续函数 $f(x)$，则可设其有原函数 $F(x) = \int_a^x f(t) \mathrm{d}t$，使 $F'(x) = f(x)$，帮助计算不定积分.

（2）选取适当的 a，使 $F(a) = 0$ 可以简化计算.

【例 8-24】（B 类） 设 a，b，c 为常数，Ω：$|x| + |y| + |z| \leqslant 1$，计算

$$\iiint_\Omega (ax + by + cz)^2 \mathrm{d}x\mathrm{d}y\mathrm{d}z$$

解   原式 $= \iiint_\Omega (a^2 x^2 + b^2 y^2 + c^2 z^2 + 2abxy + 2acxz + 2bcyz)\mathrm{d}v$

因为 Ω 关于 $x=0$，$y=0$，$z=0$ 都对称，而 $2abxy$，$2acxz$，$2bcyz$ 分别关于 x，y，z 是奇函数，所以由重积分的奇偶对称性得

$$原式 = \iiint_\Omega (a^2 x^2 + b^2 y^2 + c^2 z^2)\mathrm{d}v \xrightarrow{\text{记}} \iiint_\Omega f \mathrm{d}v$$

又因为 f 关于 x，y，z 都是偶函数，连续用奇偶对称性，得

$$\iiint_\Omega f \mathrm{d}v = 2\iiint_{\Omega_1} f \mathrm{d}v = 4\iiint_{\Omega_2} f \mathrm{d}v = 8\iiint_{\Omega_3} f \mathrm{d}v$$

其中

$$\Omega_1 = \Omega \bigcap \{x \geqslant 0\}，\quad \Omega_2 = \Omega_1 \bigcap \{y \geqslant 0\}，\quad \Omega_3 = \Omega_2 \bigcap \{z \geqslant 0\}$$

故 Ω_3 的表达式为

$$|x| + |y| + |z| \leqslant 1，\ x \geqslant 0，\ y \geqslant 0，\ z \geqslant 0 \Leftrightarrow x + y + z \leqslant 1，\ x \geqslant 0，\ y \geqslant 0，\ z \geqslant 0$$

所以 Ω_3 是图 8-32 中的四面体 E-OAB，利用对称性将 Ω_3 倍增三次后推测出 Ω 的图形.

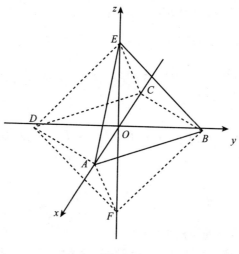

图 8-32

因为 Ω_3 关于 xyz 轮换对称（Ω_3 的表达式 xyz 轮换不变），所以可以用轮换对称性公式（8-14），连用两次，得

$$\iiint_{\Omega_3} x^2 \mathrm{d}v = \iiint_{\Omega_3} y^2 \mathrm{d}v = \iiint_{\Omega_3} z^2 \mathrm{d}v$$

对照图 8-32，计算

$$\iiint_{\Omega_3} z^2 \mathrm{d}v = \int_0^1 \left[\iint_{D_z} z^2 \mathrm{d}x \mathrm{d}y \right] \mathrm{d}z = \int_0^1 z^2 \times (D_z \text{ 的面积}) \mathrm{d}z$$

$$= \int_0^1 z^2 \cdot \frac{1}{2}(1-z)^2 \mathrm{d}z = \frac{1}{2}\left(\frac{1}{3} - 2 \cdot \frac{1}{4} + \frac{1}{5} \right) = \frac{1}{60}$$

（其中围 D_z 的曲线为：$x+y+z=1$，$x=0$，$y=0$，z 看成常数．）

从而得

$$原式 = \iiint_\Omega f \mathrm{d}v = 8 \iiint_{\Omega_3} f \mathrm{d}v = 8 \iiint_{\Omega_3} (a^2 x^2 + b^2 y^2 + c^2 z^2) \mathrm{d}v$$

$$= 8 \left[a^2 \iiint_{\Omega_3} x^2 \mathrm{d}v + b^2 \iiint_{\Omega_3} y^2 \mathrm{d}v + c^2 \iiint_{\Omega_3} z^2 \mathrm{d}v \right]$$

$$= 8(a^2 + b^2 + c^2) \iiint_{\Omega_3} z^2 \mathrm{d}v = 8(a^2 + b^2 + c^2) \cdot \frac{1}{60} = \frac{2}{15}(a^2 + b^2 + c^2)$$

练习题 8-4　计算三重积分 $I = \iiint_\Omega (3x^2 + 5y^2 + 7z^2) \, \mathrm{d}x\mathrm{d}y\mathrm{d}z$，其中 Ω：$0 \leqslant z \leqslant \sqrt{R^2 - x^2 - y^2}$．

答案：$2\pi R^5$．

提示：半球等于整球的一半．

【例 8-25】（C 类）　设 $f(x)$ 是 $[0,1]$ 上单调减的正值函数，证明：

$$\frac{\int_0^1 x f^2(x) \mathrm{d}x}{\int_0^1 x f(x) \mathrm{d}x} \leqslant \frac{\int_0^1 f^2(x) \mathrm{d}x}{\int_0^1 f(x) \mathrm{d}x}$$

分析：利用定积分与重积分的关系

$$\left(\int_a^b f(x) \mathrm{d}x \right) \cdot \left(\int_c^d g(x) \mathrm{d}x \right) = \int_a^b f(x) \left(\int_c^d g(y) \mathrm{d}y \right) \mathrm{d}x = \iint_D f(x) g(y) \mathrm{d}x \mathrm{d}y, \quad D: a \leqslant x \leqslant b, \; c \leqslant y \leqslant d$$

证　因为 $f(x) > 0$ 得所证分母大于 0，故

$$所证 \Leftrightarrow \int_0^1 x f^2(x) \mathrm{d}x \int_0^1 f(y) \mathrm{d}y - \int_0^1 x f(x) \mathrm{d}x \int_0^1 f^2(y) \mathrm{d}y \leqslant 0 \qquad (\triangle)$$

$$上式左边 = \iint_D (x f^2(x) f(y) - x f(x) f^2(y)) \mathrm{d}x \mathrm{d}y, \quad D: 0 \leqslant x \leqslant 1, \; 0 \leqslant y \leqslant 1$$

由于 x，y 互换后 D 的表达式不变，由轮换对称性公式（8-13）

$$\iint_D (xf^2(x)f(y) - xf(x)f^2(y))\mathrm{d}\sigma = \iint_D (yf^2(y)f(x) - yf(y)f^2(x))\mathrm{d}\sigma$$

记上式为：原＝新，则

$$原 = \frac{1}{2}（原＋新）$$

$$= \frac{1}{2}\iint_D (xf^2(x)f(y) - xf(x)f^2(y) + yf^2(y)f(x) - yf(y)f^2(x))\mathrm{d}\sigma$$

$$= \frac{1}{2}\iint_D f(x)f(y)(xf(x) - xf(y) + yf(y) - yf(x))\mathrm{d}\sigma$$

$$= \frac{1}{2}\iint_D f(x)f(y)[f(x) - f(y)](x - y)\mathrm{d}\sigma \qquad （☆）$$

由于 f 单调减，所以

$$x \leqslant y \Rightarrow f(x) \geqslant f(y), \ x \geqslant y \Rightarrow f(x) \leqslant f(y)$$

故总有 $[f(x) - f(y)](x - y) \leqslant 0$，再加上 $f(x) > 0$，$f(y) > 0 \Rightarrow$（☆）式 $\leqslant 0 \Rightarrow$（△）式成立. 得证.

【例 8-26】（C 类）　证明：$1 \leqslant \iint_D (\sin x^2 + \cos y^2)\mathrm{d}\sigma \leqslant \sqrt{2}$，其中 D：$0 \leqslant x \leqslant 1$，$0 \leqslant y \leqslant 1$.

证　因为 D：$0 \leqslant x \leqslant 1$，$0 \leqslant y \leqslant 1$ 中的 x，y 互换后 D 不变，所以由轮换对称性公式（8-13）得

$$\iint_D \cos y^2 \mathrm{d}\sigma = \iint_D \cos x^2 \mathrm{d}\sigma$$

故

$$\iint_D (\sin x^2 + \cos x^2)\mathrm{d}\sigma = \iint_D \sqrt{2}\sin\left(x^2 + \frac{\pi}{4}\right)\mathrm{d}\sigma$$

因为在 D 中

$$0 \leqslant x \leqslant 1 \Rightarrow \frac{\pi}{4} \leqslant x^2 + \frac{\pi}{4} \leqslant 1 + \frac{\pi}{4} \leqslant \frac{\pi}{2} + \frac{\pi}{4}$$

$$\Rightarrow 1 = \sqrt{2}\sin\frac{\pi}{4} \leqslant \sqrt{2}\sin\left(x^2 + \frac{\pi}{4}\right) \leqslant \sqrt{2} \cdot 1$$

所以

$$1 \leqslant \iint_D \sqrt{2}\sin\left(x^2 + \frac{\pi}{4}\right)\mathrm{d}\sigma \leqslant \sqrt{2}$$

【例 8-27】（B 类）　试将

$$I = \int_{-a}^{a}\mathrm{d}x\int_{-\sqrt{a^2-x^2}}^{0}\mathrm{d}y\int_{0}^{\sqrt{b^2-x^2-y^2}}f(x^2 + y^2 + z^2)\mathrm{d}z$$

化为球坐标系下的累次积分，其中 f 为连续函数，$b>a>0$.

解 设 $I = \iiint_\Omega f(x^2+y^2+z^2)\mathrm{d}v$，则由三重积分计算公式（8-4）

$$I = \iint_D \mathrm{d}x\mathrm{d}y \int_{z=z_{\underline{F}}(x,y)}^{z=z_{\underline{L}}(x,y)} f(x^2+y^2+z^2)\mathrm{d}z$$

对比

$$I = \int_{-a}^a \mathrm{d}x \int_{-\sqrt{a^2-x^2}}^0 \mathrm{d}y \int_0^{\sqrt{b^2-x^2-y^2}} f(x^2+y^2+z^2)\mathrm{d}z$$

可知空间区域 Ω 在 xOy 面上的投影 $(\Omega)_{xy}=D$ 满足

$$\iint_D \mathrm{d}x\mathrm{d}y = \int_{-a}^a \mathrm{d}x \int_{-\sqrt{a^2-x^2}}^0 \mathrm{d}y$$

且 Ω 的下面方程为 $z=0$，Ω 的上面方程为 $z=\sqrt{b^2-x^2-y^2}$. 由此可知区域 D 是 xOy 面上以 O 为心、a 为半径的下半圆盘，如图 8-33 阴影所示. 而 Ω 是在以 D 为底的一个半圆柱上盖上一个半径更大的球面顶，形如半个蒙古包，如图 8-33 所示.

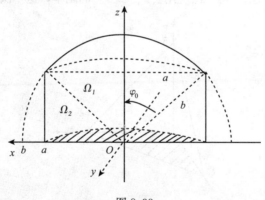

图 8-33

有了 Ω 的图，就可按公式（8-9）将 I 化为球坐标下的累次积分了，但要注意当用原点射线穿 Ω 时，穿出面有两个：球面 $x^2+y^2+z^2=b^2$ 和柱面 $x^2+y^2=a^2$，故需用过此两面交线的圆锥面 $\varphi=\varphi_0$ 分 Ω 为 Ω_1 和 Ω_2，如图 8-33 所示. 注意其中的 $\varphi_0=\arcsin\dfrac{a}{b}$. 最后用公式（8-9），得

$$I = \iiint_{\Omega_1} + \iiint_{\Omega_2}$$

$$= \int_\pi^{2\pi}\mathrm{d}\theta \int_0^{\arcsin\frac{a}{b}} \mathrm{d}\varphi \int_0^b f(r^2)r^2\sin\varphi\mathrm{d}r + \int_\pi^{2\pi}\mathrm{d}\theta \int_{\arcsin\frac{a}{b}}^{\frac{\pi}{2}}\mathrm{d}\varphi \int_0^{\frac{a}{\sin\varphi}} f(r^2)r^2\sin\varphi\mathrm{d}r$$

其中 $r=\dfrac{a}{\sin\varphi}$ 是一个穿出面 $x^2+y^2=a^2$ 的球坐标方程.

【**例 8-28**】（C 类）　计算

$$I = \int_0^1 dx \int_0^{1-x} dz \int_0^{1-x-z} (1-y) e^{-(1-y-z)^2} dy.$$

解　由于被积函数 f 关于 y 的不定积分不是初等函数，故应交换积分次序，先对 x（因为 f 中无 x）积分，再对 z（所以 $1-y$ 是常数）积分，最后对 y 积分.

先写出公式（8-4）的一个先对 y 积分的轮换型公式副本

$$\iiint_\Omega f(x,y,z) dxdydz = \iint_D dzdx \int_{y=y_{\mathrm{下}}(z,x)}^{y=y_{\mathrm{上}}(z,x)} f(x,y,z) dy \qquad (8\text{-}4)'$$

对比

$$I = \int_0^1 dx \int_0^{1-x} dz \int_0^{1-x-z} (1-y) e^{-(1-y-z)^2} dy$$

可知

$$\iint_D dzdx = \int_0^1 dx \int_0^{1-x} dz \Rightarrow (\Omega)_{xz} = D: \ 0 \leqslant x \leqslant 1, \ 0 \leqslant z \leqslant 1-x$$

如图 8-34 阴影所示，且 Ω 的下面方程为 $y=0$，Ω 的上面方程为 $y=1-x-z$，所以 Ω 是一个四面体 $B\text{-}OCA$，如图8-34所示. 再一次使用公式（8-4）的副本，这一次先对 x 积分，得

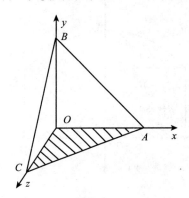

图 8-34

$$\text{原式} = \iint_{D_{yz}} \left[\int_{x=0}^{x=1-y-z} (1-y) e^{-(1-y-z)^2} dx \right] dydz$$

$$= \int_0^1 dy \int_{z=0}^{z=1-y} (1-y) e^{-(1-y-z)^2} (1-y-z) dz$$

$$= \int_0^1 (1-y)(-1) \frac{1}{2}(-1) e^{-(1-y-z)^2} \Big|_{z=0}^{z=1-y} dy$$

$$= \int_0^1 \frac{1}{2}(1-y)[1 - e^{-(1-y)^2}] dy = \frac{1}{4e}$$

注：此题也可只用代数推理求解．Ω：$0 \leqslant x \leqslant 1$，$0 \leqslant z \leqslant 1-x$，$0 \leqslant y \leqslant 1-x-z \Leftrightarrow \Omega$：$x \geqslant 0$，$y \geqslant 0$，$z \geqslant 0$，$x+y+z \leqslant 1$（轮换对称）$\Leftrightarrow \Omega$：$0 \leqslant y \leqslant 1$，$0 \leqslant z \leqslant 1-y$，$0 \leqslant x \leqslant 1-y-z$．故原式 $= \int_0^1 dy \int_0^{1-y} dz \int_0^{1-y-z} f dx$．

【例 8-29】（C类） 设 $f = f(x, y, z)$ 连续，将三次积分

$$I = \int_{-1}^0 dx \int_{x^2}^1 dy \int_0^{x^2+y^2} f dz$$

改变为先对 x 再对 y 最后对 z 的三次积分．

分析： 三次积分换序有两种思路：一是先将三次积分化为三重积分（如例 8-27、例 8-28），再按规定的次序化为新的三次积分；二是用多个相邻的二次积分换序完成所需的三次积分换序．前者直观快速但空间想像与作图较难掌握；后者只需平面作图但需做多个二次换序且含有把一个变量看作常数的二次换序，较为啰嗦且无空间直观．下面的解 1 用的是后者，解 2 用的是前者．

解 1 利用二次积分换序完成三次积分换序．因为内层换序时需把一变量看成常数，所以应少作内层换序．故设计换序步骤为 $dxdydz \longrightarrow dydxdz \longrightarrow dydzdx \longrightarrow dzdydx$．

第一步 $dxdydz \longrightarrow dydxdz$，即二次换序 $dxdy \longrightarrow dydx$．

显然将

$$I = \int_{-1}^0 dx \int_{x^2}^1 dy \int_0^{x^2+y^2} f dz$$

中 $dxdy$ 换序得

$$I = \int_0^1 dy \int_{-\sqrt{y}}^0 dx \int_0^{x^2+y^2} f dz$$

第二步 $dydxdz \longrightarrow dydzdx$，即二次换序 $dxdz \longrightarrow dzdx$．

注意： 内层换序时，要把外层变量看成常数且此常数在外层变量的两个积分限之间．所以对 $I = \int_0^1 dy \int_{-\sqrt{y}}^0 dx \int_0^{x^2+y^2} f dz$ 中的 $\int_{-\sqrt{y}}^0 dx \int_0^{x^2+y^2} f dz$ 交换积分次序时，要把 y 看成常数且由 $\int_0^1 dy$ 知 $0 \leqslant y \leqslant 1$．

设

$$\int_{-\sqrt{y}}^0 dx \int_0^{x^2+y^2} f dz = \iint_D f dx dz$$

则 D 如图 8-35 阴影所示，交换积分次序，得

$$\iint_D f dx dz = \int_0^{y^2} dz \int_{x=-\sqrt{y}}^{x=0} f dx + \int_{y^2}^{y+y^2} dz \int_{x=-\sqrt{y}}^{x=-\sqrt{z-y^2}} f dx$$

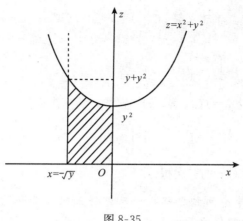

图 8-35

由此

$$I = \int_0^1 dy \int_0^{y^2} dz \int_{-\sqrt{y}}^0 f\,dx + \int_0^1 dy \int_{y^2}^{y+y^2} dz \int_{-\sqrt{y}}^{-\sqrt{z-y^2}} f\,dx$$

第三步 $dydzdx \longrightarrow dzdydx$，即二次换序 $dydz \longrightarrow dzdy$.

记上一步结果中

$$\int_0^1 dy \int_0^{y^2} dz = \iint_{D_1} dydz \ , \ \int_0^1 dy \int_{y^2}^{y+y^2} dz = \iint_{D_2} dydz$$

画出 D_1，D_2 的图，如图 8-36 所示，交换 y 与 z 的积分次序，可得

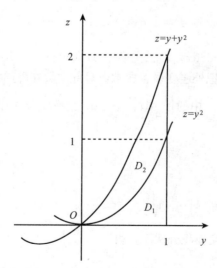

图 8-36

$$\iint_{D_1} \mathrm{d}y\mathrm{d}z = \int_0^1 \mathrm{d}z \int_{y=\sqrt{z}}^{y=1} \mathrm{d}y$$

$$\iint_{D_2} \mathrm{d}y\mathrm{d}z = \int_0^1 \mathrm{d}z \int_{y=-\frac{1}{2}+\sqrt{z+\frac{1}{4}}}^{y=\sqrt{z}} \mathrm{d}y + \int_1^2 \mathrm{d}z \int_{y=-\frac{1}{2}+\sqrt{z+\frac{1}{4}}}^{y=1} \mathrm{d}y$$

其中，$y=-\dfrac{1}{2}+\sqrt{z+\dfrac{1}{4}}$ 是 $z=y+y^2=\left(y+\dfrac{1}{2}\right)^2-\dfrac{1}{4}$ 的反函数. 因此最后的结果为

$$I = \iint_{D_1} \mathrm{d}y\mathrm{d}z \int_{-\sqrt{y}}^{0} f\,\mathrm{d}x + \iint_{D_2} \mathrm{d}y\mathrm{d}z \int_{-\sqrt{y}}^{-\sqrt{z-y^2}} f\,\mathrm{d}x$$

$$= \int_0^1 \mathrm{d}z \int_{\sqrt{z}}^{1} \mathrm{d}y \int_{-\sqrt{y}}^{0} f\,\mathrm{d}x + \int_0^1 \mathrm{d}z \int_{-\frac{1}{2}+\sqrt{z+\frac{1}{4}}}^{\sqrt{z}} \mathrm{d}y \int_{-\sqrt{y}}^{-\sqrt{z-y^2}} f\,\mathrm{d}x + \int_1^2 \mathrm{d}z \int_{-\frac{1}{2}+\sqrt{z+\frac{1}{4}}}^{1} \mathrm{d}y \int_{-\sqrt{y}}^{-\sqrt{z-y^2}} f\,\mathrm{d}x.$$

解 2 设 $I=\iiint_\Omega f\mathrm{d}v$，则 Ω 在 xOy 面上的投影 D：$-1\leqslant x\leqslant 0$，$x^2\leqslant y\leqslant 1$. 且 Ω 的上面 $z=x^2+y^2$，下面 $z=0$，所以 Ω 如图 8-37（a）所示. 图 8-37（b）是 Ω 在 yOz 面的投影；B、C 的投影为 A、C'；$\overset{\frown}{OC}$：$z=x^2+y^2$，$y=x^2$ 的投影是 $\overset{\frown}{OC'}$：$z=y^2+y$，$\overset{\frown}{OD}$：$z=y^2$.

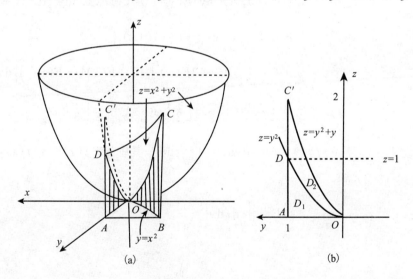

图 8-37

显然 x 轴代替 z 轴时，在区域 OAD 中，上面 $OAD(x=0)$，下面 $\subseteq OBC$ 面（$y=x^2$）. 而在区域 ODC' 中，上面为 ODC（$z=x^2+y^2$），下面 $\subseteq OBC$ 面（$y=x^2$）. 故

$$I = \iint_{D_1} \mathrm{d}y\mathrm{d}z \int_{x=-\sqrt{y}}^{x=0} f\,\mathrm{d}x + \iint_{D_2} \mathrm{d}y\mathrm{d}z \int_{x=-\sqrt{y}}^{x=-\sqrt{z-y^2}} f\,\mathrm{d}x$$

$$= \int_0^1 \mathrm{d}z \int_{\sqrt{z}}^1 \mathrm{d}y \int_{-\sqrt{y}}^0 f \mathrm{d}x + \int_0^1 \mathrm{d}z \int_{-\frac{1}{2}+\sqrt{z+\frac{1}{4}}}^{\sqrt{z}} \mathrm{d}y \int_{-\sqrt{y}}^{-\sqrt{z-y^2}} f \mathrm{d}x + \int_1^2 \mathrm{d}z \int_{-\frac{1}{2}+\sqrt{z+\frac{1}{4}}}^1 \mathrm{d}y \int_{-\sqrt{y}}^{-\sqrt{z-y^2}} f \mathrm{d}x$$

【例 8-30】（C 类）　设 $f(x)$ 在区间 $[0，1]$ 上连续且 $\int_0^1 f(x)\mathrm{d}x = A$，求

$$I = \int_0^1 \mathrm{d}x \int_x^1 \mathrm{d}y \int_x^y f(x)f(y)f(z)\mathrm{d}z.$$

> **分析**：解 1 是用 $f(x)$ 的原函数 $F(x)$ 求解，如例 8-23 后的注；解 2 是用轮换对称性，与例 8-23 的解 1 类似.

解 1　令 $F(x) = \int_0^x f(t)\mathrm{d}t$，则 $F'(x) = f(x)$，$F(0) = 0$，$F(1) = A$，则

$$
\begin{aligned}
I &= \int_0^1 \left[\int_x^1 \left(\int_x^y F'(x)F'(y)F'(z)\mathrm{d}z \right) \mathrm{d}y \right] \mathrm{d}x \\
&= \int_0^1 \left[\int_x^1 F'(x)F'(y) \left(F(z) \right)_{z=x}^{z=y} \mathrm{d}y \right] \mathrm{d}x \\
&= \int_0^1 \left[F'(x) \int_x^1 (F'(y)F(y) - F'(y)F(x))\mathrm{d}y \right] \mathrm{d}x \\
&= \int_0^1 F'(x) \left[\frac{1}{2}F(y)^2 - F(y)F(x) \right]_{y=x}^{y=1} \mathrm{d}x \\
&= \int_0^1 F'(x) \left[\left(\frac{1}{2}A^2 - AF(x) \right) - \left(\frac{1}{2}F(x)^2 - F(x)^2 \right) \right] \mathrm{d}x \\
&= \frac{1}{2}A^2 \left[F(x) \right]_0^1 - A \left[\frac{1}{2}F(x)^2 \right]_0^1 + \frac{1}{2} \left[\frac{1}{3}F(x)^3 \right]_0^1 = \frac{1}{6}A^3
\end{aligned}
$$

解 2　设 $I = \iiint_\Omega f(x)f(y)f(z)\mathrm{d}x\mathrm{d}y\mathrm{d}z = \iiint_\Omega g\,\mathrm{d}v$，其中 $g = f(x)f(y)f(z)$，则由三重积分计算公式（8-4）得

$$I = \iint_D \mathrm{d}x\mathrm{d}y \int_{z=z_{下}(x,y)}^{z=z_{上}(x,y)} g\,\mathrm{d}z$$

对比

$$I = \int_0^1 \mathrm{d}x \int_x^1 \mathrm{d}y \int_x^y g\,\mathrm{d}z$$

可知

$$\iint_D \mathrm{d}x\mathrm{d}y = \int_0^1 \mathrm{d}x \int_x^1 \mathrm{d}y \Rightarrow (\Omega)_{xy} = D：\ 0 \leqslant x \leqslant 1,\ x \leqslant y \leqslant 1$$

且 Ω 的上面为 $z=y$，下面为 $z=x$. 因此可推知 Ω 为图 8-38 中的三棱锥 $G\text{-}OEB$，其中 Ω 在 xOy 面的投影 $(\Omega)_{xy} = D$ 为阴影部分，Ω 的上面为 $OGE(z=y)$，下面为 $OGB(z=x)$.

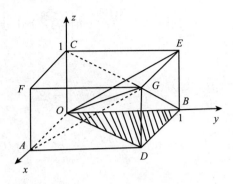

图 8-38

因为被积函数 $g=f(x)f(y)f(z)$ 关于所有变量轮换不变，所以由轮换对称性公式（8-16），zy 换 yz，得

$$\iiint_\Omega g\,\mathrm{d}v = \iiint_{\Omega_1} g\,\mathrm{d}v = \frac{1}{2}\iiint_{\Omega+\Omega_1} g\,\mathrm{d}v$$

其中，Ω_1 与 Ω 关于 $z=y$（即 OGE）对称，故 Ω_1 为三棱锥 $G\text{-}OEC$，因此 $\Omega+\Omega_1$ 为四棱锥 $G\text{-}OBEC$. 记 $\Omega+\Omega_1=\Omega_2$，再由轮换性公式（8-18），连用两次得

$$\iiint_{\Omega_2} g\,\mathrm{d}v = \iiint_{\Omega_3} g\,\mathrm{d}v = \iiint_{\Omega_4} g\,\mathrm{d}v = \frac{1}{3}\iiint_{\Omega_2+\Omega_3+\Omega_4} g\,\mathrm{d}v$$

其中，Ω_3，Ω_4 是将 Ω_2 绕 $x=y=z$（即 OG）旋转 $120°$、$240°$ 而得，故 Ω_3，Ω_4 是两个四棱锥 $G\text{-}OCFA$ 和 $G\text{-}OADB$，所以 $\Omega_2+\Omega_3+\Omega_4$ 为长方体 $OADB\text{-}CFGE$. 最后可算出

$$I = \iiint_\Omega g\,\mathrm{d}v = \frac{1}{2}\iiint_{\Omega_2} g\,\mathrm{d}v = \frac{1}{2}\cdot\frac{1}{3}\iiint_{\Omega_2+\Omega_3+\Omega_4} g\,\mathrm{d}v$$

$$= \frac{1}{6}\int_0^1\mathrm{d}x\int_0^1\mathrm{d}y\int_0^1 f(x)f(y)f(z)\,\mathrm{d}z = \frac{1}{6}A^3$$

【例 8-31】（B 类）　设 $f(x)$ 连续，$\Omega(t)$：$0\leqslant z\leqslant h$，$x^2+y^2\leqslant t^2$，又定义

$$F(t)=\iiint_{\Omega(t)}[z^2+f(x^2+y^2)]\mathrm{d}v$$

求 $\dfrac{\mathrm{d}F}{\mathrm{d}t}$，$\lim\limits_{t\to0^+}\dfrac{F(t)}{t^2}$，$\lim\limits_{t\to0}\dfrac{F(t)}{t^2}$.

　　解　显然 $F(t)$ 是偶函数，且 $t\geqslant0$ 时，用柱坐标可得

$$F(t)=\int_0^{2\pi}\mathrm{d}\theta\int_{r=0}^{r=t}\mathrm{d}r\int_{z=0}^{z=h}[z^2+f(r^2)]r\,\mathrm{d}z$$

$$=2\pi\left[\int_0^t\left(\frac{1}{3}z^3\Big|_0^h\right)r\,\mathrm{d}r+\int_0^t f(r^2)r\cdot h\,\mathrm{d}r\right]$$

$$= 2\pi \left[\frac{1}{3}h^3 \cdot \frac{1}{2}t^2 + h \int_0^t f(r^2)r\mathrm{d}r \right]$$

所以

$$\frac{\mathrm{d}F}{\mathrm{d}t} = \frac{2}{3}\pi h^3 t + 2\pi h f(t^2)t = F'(t)$$

$$\lim_{t \to 0^+} \frac{F(t)}{t^2} \xlongequal{\frac{``0"}{0}} \lim_{t \to 0^+} \frac{F'(t)}{2t} = \frac{1}{3}\pi h^3 + \pi h f(0)$$

因为 $F(t)$ 是偶函数，所以

$$\lim_{t \to 0} \frac{F(t)}{t^2} = \lim_{t \to 0^+} \frac{F(t)}{t^2}$$

【例 8-32】（C 类） 设函数 $f(x)$ 连续且恒大于零

$$F(t) = \frac{\iiint_{\Omega(t)} f(x^2 + y^2 + z^2)\mathrm{d}v}{\iint_{D(t)} f(x^2 + y^2)\mathrm{d}\sigma}$$

其中 $\Omega(t)$：$x^2 + y^2 + z^2 \leqslant t^2$，$D(t)$：$x^2 + y^2 \leqslant t^2$. 讨论 $F(t)$ 在区间 $(0, +\infty)$ 内的单调性.

解 设 $t > 0$，则

$$F(t) = \frac{\int_0^{2\pi} \mathrm{d}\theta \int_0^{\pi} \mathrm{d}\varphi \int_0^t f(r^2)r^2 \sin\varphi \mathrm{d}r}{\int_0^{2\pi} \mathrm{d}\theta \int_0^t f(r^2)r\mathrm{d}r} = \frac{2\int_0^t f(r^2)r^2\mathrm{d}r}{\int_0^t f(r^2)r\mathrm{d}r}$$

$$F'(t) = \frac{2f(t^2)t \left[t\int_0^t f(r^2)r\mathrm{d}r - \int_0^t f(r^2)r^2\mathrm{d}r \right]}{\left[\int_0^t f(r^2)r\mathrm{d}r \right]^2}$$

因为

$$t > 0, \quad f(t^2) > 0, \quad \left[\int_0^t f(r^2)r\mathrm{d}r \right]^2 > 0$$

所以令

$$G(t) = t\int_0^t f(r^2)r\mathrm{d}r - \int_0^t f(r^2)r^2\mathrm{d}r$$

由于 $G(t) = \int_0^t f(r^2)r(t-r)\mathrm{d}r$ 中的 r 满足 $0 < r < t$，所以 $G(t) > 0$. 故 $F'(t) > 0$，$F(t)$ 单增.

注意：也可用 $G'(t) = \int_0^t f(r^2) r\,\mathrm{d}r > 0$ 证明 $G(t) > 0$.

【**例 8-33**】 (1)（B类）设 $f(x, y)$ 连续且 $f(0, 0) \neq 0$，求

$$\lim_{x \to 0^+} \frac{\int_0^{x^2} \mathrm{d}t \int_x^{\sqrt{t}} f(t, u)\,\mathrm{d}u}{x^3}$$

(2)（C类）设 $f(x, y)$ 可微且 $f(0, 0) = 0$，求

$$\lim_{x \to 0^+} \frac{\int_0^{x^2} \mathrm{d}t \int_x^{\sqrt{t}} f(t, u)\,\mathrm{d}u}{x^4}$$

分析：(1)第一种解法是先把分子化为二重积为 $\iint_{D_x} f(t, u)\,\mathrm{d}t\mathrm{d}u$. 由于 $x \to 0^+$ 时，整个区域 $D_x \to (0, 0)$，所以分子 $\to f(0, 0) \times (D_x$ 的面积)，即当 $x \to 0^+$ 时，$f \approx f(0, 0)$. 第二种解法是分子交换积分次序，因为变换后内层积分不含 x 而易于求导. (2)用(1)中第一种解法的思想，因为 f 可微，所以当 $x \to 0^+$ 时，f 可以看成是一个平面，即 $f(t, u) \approx A + Bt + Cu$.

解 (1) **解1** 将 $x > 0$ 看作常数，把 $I_x = \int_0^{x^2} \mathrm{d}t \int_x^{\sqrt{t}} f(t, u)\,\mathrm{d}u$ 化为二重积分，如图 8-39所示. 注意 $u = x$ 在 $u = \sqrt{t}$ 的上边，所以

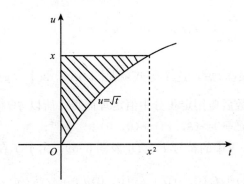

图 8-39

$$I_x = -\iint_{D_x} f(t, u)\,\mathrm{d}t\mathrm{d}u$$

其中 D_x 如图中阴影. 又由重积分中值定理，$\exists (\xi, \eta) \in D_x$，使

$$I_x = -f(\xi, \eta) \iint_{D_x} \mathrm{d}t\mathrm{d}u = -f(\xi, \eta) \int_0^x \mathrm{d}u \int_{t=0}^{t=u^2} \mathrm{d}t = -f(\xi, \eta) \cdot \frac{1}{3} x^3$$

故

$$\text{所求} = \lim_{x \to 0^+} \frac{I_x}{x^3} = \lim_{x \to 0^+} \frac{-f(\xi, \eta) \cdot \frac{1}{3} x^3}{x^3} = -\frac{1}{3} \lim_{x \to 0^+} f(\xi, \eta)$$

由于 $x \to 0^+$ 时，整个区域 $D_x \to (0, 0)$，故 $(\xi, \eta) \in D_x \Rightarrow (\xi, \eta) \to (0, 0)$，因此

$$\text{所求} = -\frac{1}{3} \lim_{x \to 0^+} f(\xi, \eta) = -\frac{1}{3} \lim_{(\xi, \eta) \to (0,0)} f(\xi, \eta) = -\frac{1}{3} f(0, 0)$$

解2　利用解法 1 的符号 I_x，D_x 及图 8-39，交换积分次序得

$$I_x = -\iint_{D_x} f(t, u) \mathrm{d}t \mathrm{d}u = -\int_0^x \left[\int_0^{u^2} f(t, u) \mathrm{d}t \right] \mathrm{d}u$$

所以

$$\text{所求} = \lim_{x \to 0^+} \frac{I_x}{x^3} \xlongequal{\text{洛}} \lim_{x \to 0^+} \frac{-\left(\int_0^x \left[\int_0^{u^2} f(t, u) \mathrm{d}t \right] \mathrm{d}u \right)_x'}{(x^3)_x'}$$

$$= \lim_{x \to 0^+} \frac{-\int_0^{x^2} f(t, x) \mathrm{d}t}{3x^2} = \lim_{x \to 0^+} \frac{-f(\xi, x) x^2}{3x^2}$$

$$= \frac{1}{3} \lim_{(\xi, x^2) \to (0,0)} f(\xi, x^2) = -\frac{1}{3} f(0, 0)$$

其中

$$\left(\int_0^x \left[\int_0^{u^2} f(t, u) \mathrm{d}t \right] \mathrm{d}u \right)_x' = \int_0^{x^2} f(t, x) \mathrm{d}t$$

是因为记 $\int_0^{u^2} f(t, u) \mathrm{d}t = g(u)$ 后，这个等式就是 $\left(\int_0^x g(u) \mathrm{d}u \right)_x' = g(x)$. 而 $\int_0^{x^2} f(t, x) \mathrm{d}t = f(\xi, x) x^2$ 是将 x 看成常数后应用定积分中值定理而得，所以 $\xi \in [0, x^2]$. 由 $0 \leqslant \xi \leqslant x^2$ 可知，当 $x \to 0^+$ 时，$\xi \to 0$，$x^2 \to 0 \Rightarrow (\xi, x^2) \to (0, 0)$.

（2）仍利用（1）解法 1 中的符号 I_x，D_x 及图 8-39，由于 f 在 $(0, 0)$ 可微，故

$$f(t, u) = f(0, 0) + f_1'(0, 0)t + f_2'(0, 0)u + o(\sqrt{t^2 + u^2}) \quad (\sqrt{t^2 + u^2} \to 0)$$

因为 $f(0, 0) = 0$，再记 $f_1'(0, 0) = A$，$f_2'(0, 0) = B$，得

$$f(t, u) = At + Bu + o(\sqrt{t^2 + u^2}) \quad (\sqrt{t^2 + u^2} \to 0)$$

因此

$$\iint_{D_x} f(t, u) \mathrm{d}t \mathrm{d}u = \iint_{D_x} (At + Bu) \mathrm{d}t \mathrm{d}u + \iint_{D_x} o(\sqrt{t^2 + u^2}) \mathrm{d}t \mathrm{d}u$$

显然

$$\iint_{D_x} (At + Bu)\mathrm{d}t\mathrm{d}u = \int_0^x \mathrm{d}u \int_0^{u^2} (At + Bu)\mathrm{d}t$$

$$= \int_0^x \left(A \cdot \frac{1}{2}t^2 + But \right)\Big|_{t=0}^{t=u^2} \mathrm{d}u = \int_0^x \left(\frac{1}{2}Au^4 + Bu^3 \right)\mathrm{d}u = \frac{1}{10}Ax^5 + \frac{1}{4}Bx^4$$

再看 $\iint_{D_x} o(\sqrt{t^2+u^2})\mathrm{d}t\mathrm{d}u$. 由于 $(t, u) \in D_x \subset \{(t, u) \mid 0 \leqslant t \leqslant x^2, 0 \leqslant u \leqslant x\}$ （即图 8-39 中的矩形），又因为 $x \to 0^+$，所以可以设 $0 \leqslant x \leqslant 1$，故当 $(t, u) \in D_x$ 时

$$0 \leqslant t \leqslant x^2 \leqslant x, \ 0 \leqslant u \leqslant x \Rightarrow 0 \leqslant \sqrt{t^2+u^2} \leqslant \sqrt{x^2+x^2} = \sqrt{2}x \Rightarrow 0 \leqslant \frac{\sqrt{t^2+u^2}}{x} \leqslant \sqrt{2}$$

故当 $x \to 0^+$ 时，$\dfrac{\sqrt{t^2+u^2}}{x}$ 有界，且 $\dfrac{o(\sqrt{t^2+u^2})}{\sqrt{t^2+u^2}} \to 0$ （因为 $x \to 0^+$ 时 $\sqrt{t^2+u^2} \to 0$），因此

$$\lim_{x \to 0^+} \frac{o(\sqrt{t^2+u^2})}{x} = \lim_{x \to 0^+} \frac{o(\sqrt{t^2+u^2})}{\sqrt{t^2+u^2}} \cdot \frac{\sqrt{t^2+u^2}}{x} = 0$$

所以得到

$$o(\sqrt{t^2+u^2}) = o(x) \qquad (x \to 0^+)$$

这样

$$\iint_{D_x} o(\sqrt{t^2+u^2})\mathrm{d}t\mathrm{d}u = \iint_{D_x} o(x)\mathrm{d}t\mathrm{d}u = o(x)\int_0^x \mathrm{d}u \int_0^{u^2} \mathrm{d}t = o(x) \cdot \frac{1}{3}x^3$$

从而得

$$\text{所求} = \lim_{x \to 0^+} \frac{I_x}{x^4} = \lim_{x \to 0^+} \frac{-\iint_{D_x} f(t, u)\mathrm{d}t\mathrm{d}u}{x^4}$$

$$= \lim_{x \to 0^+} \frac{-\iint_{D_x} (At+Bu)\mathrm{d}t\mathrm{d}u - \iint_{D_x} o(\sqrt{t^2+u^2})\mathrm{d}t\mathrm{d}u}{x^4} = \lim_{x \to 0^+} \frac{-\left(\frac{1}{10}Ax^5 + \frac{1}{4}Bx^4 \right) - o(x) \cdot \frac{1}{3}x^3}{x^4}$$

$$= 0 - \frac{1}{4}B + 0 = -\frac{1}{4}f_2'(0, 0)$$

【例 8-34】 设 $f(x, y)$ 在区域 D：$x^2+y^2 \leqslant 1$ 上有连续的偏导数，且 f 在 D 的边界上取值为 0，$f(0, 0) = 60$.

(1) （A 类）作极坐标变换 $x = r\cos\theta$，$y = r\sin\theta$ 后，f 是 r，θ 的函数，求 $\dfrac{\partial f}{\partial r}$.

(2) （C 类）求 $\lim\limits_{\varepsilon \to 0^+} \iint\limits_{\varepsilon^2 \leqslant x^2+y^2 \leqslant 1} \dfrac{xf_x' + yf_y'}{x^2+y^2}\mathrm{d}x\mathrm{d}y$.

解 (1) $\dfrac{\partial f}{\partial r} = \left(f(r\cos\theta, r\sin\theta) \right)_r' = f_1' \cdot \cos\theta + f_2' \cdot \sin\theta$

(2) 所求 $= \lim\limits_{\varepsilon \to 0^+} \int_0^{2\pi} d\theta \int_\varepsilon^1 \dfrac{r\cos\theta f_x' + r\sin\theta f_y'}{r^2} r dr$

$\qquad\quad = \lim\limits_{\varepsilon \to 0^+} \int_0^{2\pi} \left[\int_\varepsilon^1 (\cos\theta f_x' + \sin\theta f_y') dr \right] d\theta$

由于题设中含有 $f(x, y)$，所以 $f_1' = f_x'$，$f_2' = f_y'$，故由（1）可得

$$\text{所求} = \lim\limits_{\varepsilon \to 0^+} \int_0^{2\pi} \left[\int_\varepsilon^1 \frac{\partial f}{\partial r} dr \right] d\theta = \lim\limits_{\varepsilon \to 0^+} \int_0^{2\pi} \Big[f(r\cos\theta, r\sin\theta) \Big]_{r=\varepsilon}^{r=1} d\theta$$

$$= \lim\limits_{\varepsilon \to 0^+} \int_0^{2\pi} \big[f(\cos\theta, \sin\theta) - f(\varepsilon\cos\theta, \varepsilon\sin\theta) \big] d\theta$$

$$= \lim\limits_{\varepsilon \to 0^+} \int_0^{2\pi} \big[0 - f(\varepsilon\cos\theta, \varepsilon\sin\theta) \big] d\theta = \lim\limits_{\varepsilon \to 0^+} \big[-f(\varepsilon\cos\xi, \varepsilon\sin\xi) \cdot 2\pi \big]$$

$$= -2\pi \lim\limits_{(x,y) \to (0,0)} f(x, y) = -2\pi f(0, 0) = -120\pi$$

其中 $f(\cos\theta, \sin\theta) = 0$ 是因为 "f 在 D 的边界上取值为 0"，即当 $x^2 + y^2 = 1$ 时，$f(x, y) = 0$. 而 $\int_0^{2\pi} \big[-f(\varepsilon\cos\theta, \varepsilon\sin\theta) \big] d\theta = -f(\varepsilon\cos\xi, \varepsilon\sin\xi) 2\pi$　（$\pi < \xi < 2\pi$）用的是定积分中值定理. 最后因为 $\varepsilon \to 0^+ \Rightarrow (x, y) = (\varepsilon\cos\xi, \varepsilon\sin\xi) \to (0, 0)$.

【例 8-35】（C 类）　计算 $\iiint\limits_\Omega x dv$，其中 Ω 由 $z = xy$，$x + y + z = 1$，$z = 0$ 所围.

分析：方法一："含 z 方程上下面，无 z 消 z 围 D 线"，因为有三个上下面（含 z），情况较复杂，一般是将每个含 z 面单独进行分析，分析含 z 面被其他面割下的情况，找出该面围 Ω 的部分在 xOy 面的投影，然后再综合分析 Ω 的情况. 方法二：画 Ω 的立体图. 方法三：改变观察问题的方向，即把方法一中的 "z" 改为 "y" 或 "x".

解 1　先看 $z = xy$ 被截割的情况. 因为 $z = xy$ 与 $z = 0$ 消 z 得 $xy = 0$，从而有 $x = 0$ 或 $y = 0$；而 $z = xy$ 与 $x + y + z = 1$ 消 z 得

$$y = \frac{2}{x+1} - 1$$

所以 $z = xy$ 围 Ω 的部分在 xOy 面上的投影 D_1 由 $x = 0$，$y = 0$，$y = \dfrac{2}{x+1} - 1$ 所围.

同理，$z = 0$ 围 Ω 的部分在 xOy 面上的投影 D_2 由 $x = 0$，$y = 0$，$x + y = 1$ 所围；而 $x + y + z = 1$ 围 Ω 的部分在 xOy 面上的投影 D_3 由 $x + y = 1$，$y = \dfrac{2}{x+1} - 1$ 所围.

如图 8-40 所示，$D_2 = D_1 \cup D_3$. 显然在围 Ω 的三个面中，投影为 $D_2 = D_1 \cup D_3$ 的面 $z = 0$ 围住了 Ω 的一方（下方或上方），另外两个面围住了另一方（就像农村小房子上人字形屋顶的两个面），故分 Ω 为两块 Ω_1，Ω_3，使 Ω_1 在 xOy 面的投影为 D_1，Ω_3 在 xOy 面的投影为 D_3，再利用例 8-15 及其介绍的解题步骤可得

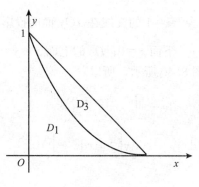

图 8-40

$$原式 = \iiint_{\Omega_1} x\mathrm{d}v + \iiint_{\Omega_3} x\mathrm{d}v$$

$$= \int_0^1 \mathrm{d}x \int_{y=0}^{y=\frac{2}{x+1}-1} \mathrm{d}y \int_{z=0}^{z=xy} x\mathrm{d}z + \int_0^1 \mathrm{d}x \int_{y=\frac{2}{x+1}-1}^{y=1-x} \mathrm{d}y \int_{z=0}^{z=1-x-y} x\mathrm{d}z$$

$$= \int_0^1 \mathrm{d}x \int_{y=0}^{y=\frac{2}{x+1}-1} x^2 y\mathrm{d}y + \int_0^1 \mathrm{d}x \int_{y=\frac{2}{x+1}-1}^{y=1-x} x(1-x-y)\mathrm{d}y$$

$$= \int_0^1 \left\{ \frac{1}{2}x^2 \cdot \left(\frac{2}{x+1}-1\right)^2 + x(1-x)\left[(1-x)-\left(\frac{2}{x+1}-1\right)\right] - \right.$$

$$\left. \frac{1}{2}x(1-x)^2 + \frac{1}{2}x\left(\frac{2}{x+1}-1\right)^2 \right\} \mathrm{d}x$$

$$= \int_0^1 \left[\frac{2}{x+1} + \frac{1}{2}(x^3 - 3x^2 + 4x - 4) \right] \mathrm{d}x$$

$$= 2\ln 2 + \frac{1}{2}\left(\frac{1}{4} - 3 \cdot \frac{1}{3} + 4 \cdot \frac{1}{2} - 4 \right) = 2\ln 2 - \frac{11}{8}$$

解 2 （画立体图法）　因为 $z=0$ 是 xOy 面，$x+y+z=1$ 是三轴截距均为 1 的平面，而 $z=xy$ 是一个中心在原点、马脊方向为 $y=x$ 的马鞍面，且该马鞍面通过 x，y 轴，所以 Ω 的立体图应如图 8-41 所示.

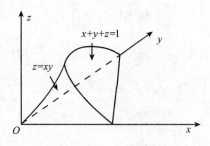

图 8-41

显然应使用 $z=xy$ 与 $x+y+z=1$ 的交线在 xOy 面的投影柱面 $y=\dfrac{2}{x+1}-1$ 分 Ω 为 Ω_1，Ω_3．易见，Ω_1 的上面为 $z=xy$，下面 $z=0$；Ω_3 的上面 $x+y+z=1$，下面 $z=0$，且 Ω_1，Ω_3 在 xOy 面的投影 D_1，D_3 如图 8-40 所示，所以

$$\iiint_\Omega x\,\mathrm{d}v = \iiint_{\Omega_1} x\,\mathrm{d}v + \iiint_{\Omega_3} x\,\mathrm{d}v$$

$$= \int_0^1 \mathrm{d}x \int_{y=0}^{y=\frac{2}{x+1}} \mathrm{d}y \int_{z=0}^{z=xy} x\,\mathrm{d}z + \int_0^1 \mathrm{d}x \int_{y=\frac{2}{x+1}-1}^{y=1-x} \mathrm{d}y \int_{z=0}^{z=1-x-y} x\,\mathrm{d}z$$

以下同解 1.

解 3 改变观察 Ω 的方向，设 y 的正半轴指向上方．利用口诀："含 y 方程上下面，无 y 消 y 围 D 线"和例 8-15 中的解题步骤求解如下．

上、下面：$z=xy \Rightarrow y=\dfrac{z}{x}$；$x+y+z=1 \Rightarrow y=1-x-z$

围 D 线：（无 y）$z=0$，（消 y）$\dfrac{z}{x}=1-x-z \Rightarrow z=\dfrac{x(1-x)}{x+1}$

因为 $x=0$，1 时，$z=0$；$0<x<1$ 时，$z>0$（$x>1$ 时 $z<0$；$x \to -1$ 时，$z \to \infty$，所以 $z=0$ 与 $z=\dfrac{x\,(1-x)}{x+1}$ 在 $x<0$ 内不能围出封闭域），可得 D 如图 8-42 阴影所示．

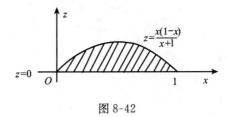

图 8-42

在 D 内取一点 $x=\dfrac{1}{2}$，$z=0$，则 $y_1=\dfrac{z}{x}<y_2=1-x-z$，故前者为下面，后者为上面．代入公式得

$$\iiint_\Omega x\,\mathrm{d}v = \iint_D \left[\int_{y=下面}^{y=上面} x\,\mathrm{d}y \right] \mathrm{d}x\mathrm{d}z = \int_0^1 \mathrm{d}x \int_{z=0}^{z=\frac{x(1-x)}{x+1}} \mathrm{d}z \int_{y=\frac{z}{x}}^{y=1-x-z} x\,\mathrm{d}y$$

$$= \int_0^1 \mathrm{d}x \int_{z=0}^{z=\frac{x(1-x)}{x+1}} x \left[(1-x-z) - \frac{z}{x} \right] \mathrm{d}z$$

$$= \int_0^1 \left(x(1-x)\frac{x(1-x)}{x+1} - (x+1)\frac{1}{2}\left[\frac{x(1-x)}{x+1} \right]^2 \right) \mathrm{d}x$$

$$= \int_0^1 \frac{x^4 - 2x^3 + x^2}{2(x+1)} \mathrm{d}x$$

$$= \int_0^1 \frac{x^4 + x^3 - 3x^3 - 3x^2 + 4x^2 + 4x - 4x - 4 + 4}{2(x+1)} \mathrm{d}x$$

$$= \int_0^1 \left[\frac{1}{2} (x^3 - 3x^2 + 4x - 4) + \frac{2}{x+1} \right] dx = 2\ln 2 - \frac{11}{8}$$

练习题 8-5 求 Ω 的体积, Ω 是由 $x^2 + y^2 = a^2$ $(a>0)$, $y^2 + z^2 = a^2$, $z^2 + x^2 = a^2$ 所围成的含有原点的空间区域.

答案: $16a^3 \left(1 - \dfrac{\sqrt{2}}{2} \right)$.

提示: 可用对称性, 在积分时注意选择积分次序或选用极坐标.

【例 8-36】 (C 类) 设 $f(x)$ 连续, 证明

$$\underbrace{\int_{x_0}^x dx \int_{x_0}^x dx \cdots \int_{x_0}^x}_{n+1 \text{ 个}} f(x) dx = \frac{1}{n!} \int_{x_0}^x (x-y)^n f(y) dy$$

分析: 用数学归纳法. 用归纳法的关键是用 n (或 $\leqslant n$) 时的结论证 $n+1$ 时的结论.

证 用数学归纳法. 记原式为: 左$_n$＝右$_n$. 显然当 $n=0$ 时, "左$_0$＝右$_0$" 成立 ($0!=1$, $x^0=1$).

设 n 时 "左$_n$＝右$_n$" 已成立, 则 $n+1$ 时

$$\text{左}_{n+1} = \int_{x_0}^x (\text{左}_n) dx = \int_{x_0}^x (\text{右}_n) dx = \int_{x_0}^x \left[\frac{1}{n!} \int_{x_0}^x (x-y)^n f(y) dy \right] dx$$

$$= \frac{1}{n!} \int_{x_0}^x dt \int_{x_0}^t (t-y)^n f(y) dy$$

$$\xlongequal{\text{换序}} \frac{1}{n!} \int_{x_0}^x dy \int_{t=y}^{t=x} (t-y)^n f(y) dt$$

$$= \frac{1}{n!} \int_{x_0}^x f(y) \left[\frac{1}{n+1} (t-y)^{n+1} \right]_{t=y}^{t=x} dy$$

$$= \frac{1}{(n+1)!} \int_{x_0}^x (x-y)^{n+1} f(y) dy = \text{右}_{n+1}$$

证毕.

注: $\int_{x_0}^x dx \int_{x_0}^x f(x) dx = \int_{x_0}^x \left[\int_{x_0}^x f(x) dx \right] dx = \int_{x_0}^x \left[\int_{x_0}^x f(u) du \right] dx = \int_{x_0}^x \left[\int_{x_0}^v f(u) du \right] dv$, 又 $\int_{x_0}^x dx \int_{x_0}^x (x-y)^n f(y) dy = \int_{x_0}^x dt \int_{x_0}^t (t-y)^n f(y) dy$.

【例 8-37】 (C 类) 设 $f(x, y)$ 的四阶偏导数连续, 又在 $D = \{(x, y) \mid 0 \leqslant x \leqslant 1, 0 \leqslant y \leqslant 1\}$ 的边界上 $f(x, y) = 0$, 在 D 中, $\left| \dfrac{\partial^4 f}{\partial^2 x \partial^2 y} \right| \leqslant B$. 求证

$$\left| \iint_D f(x,\ y)\mathrm{d}x\mathrm{d}y \right| \leqslant \frac{B}{144}$$

分析： 回忆上册例 6-45 中，$f(a)=f(b)=0 \Rightarrow \int_a^b f(x)\mathrm{d}x \leqslant \frac{(b-a)^2}{4}\max\limits_{a\leqslant x\leqslant b}\left|f'(x)\right|$ 的分部积分（因为积分中只有分部积分才会出现导数）证法 3，并注意 $f'_2(1,\ y)=?$

解 $\left| \iint_D f(x,\ y)\mathrm{d}x\mathrm{d}y \right| = \left| \int_0^1\left[\int_0^1 f(x,\ y)\mathrm{d}y\right]\mathrm{d}x \right|$

$\xlongequal[u=f,\ v=y+c_1]{\text{令 } f\mathrm{d}y=u\mathrm{d}v \text{ 则}} \left| \int_0^1\left[f(x,\ y)(y+c_1)\Big|_0^1 - \int_0^1 (y+c_1)f'_2(x,y)\mathrm{d}y \right]\mathrm{d}x \right|$

$\xlongequal{f(x,1)=f(x,0)=0} \left| \int_0^1\left[\int_0^1 f'_2(x,\ y)\frac{1}{2}\mathrm{d}(y^2+2c_1y+c_2)\right]\mathrm{d}x \right|$

$= \frac{1}{2}\left| \int_0^1\left[f'_2(x,\ y)(y^2+2c_1y+c_2)\Big|_0^1 - \int_0^1 (y^2+2c_1y+c_2)f''_{22}(x,\ y)\mathrm{d}y \right]\mathrm{d}x \right|$

$\xlongequal[\text{令 } 2c_1=-1,\ c_2=0]{\text{为了前一项}=0} \frac{1}{2}\left| \int_0^1\left[\int_0^1 y(1-y)f''_{22}(x,\ y)\mathrm{d}y\right]\mathrm{d}x \right|$

$\xlongequal{\text{换序}} \frac{1}{2}\left| \int_0^1 y(1-y)\left[\int_0^1 f''_{22}(x,\ y)\mathrm{d}x\right]\mathrm{d}y \right|$

$= \frac{1}{2}\left| \int_0^1 y(1-y)\left[(x+c_3)f''_{22}(x,\ y)\Big|_0^1 - \int_0^1 (x+c_3)f'''_{221}(x,\ y)\mathrm{d}x \right]\mathrm{d}y \right|$

$\xlongequal[f'_2(1,\ y)=f''_{22}(1,\ y)=0]{\text{因为 }f(1,\ y)=0\text{ 所以}} \frac{1}{2}\left| \int_0^1 y(1-y)\left[\int_0^1 f'''_{221}(x,y)\frac{1}{2}\mathrm{d}(x^2+2c_3x+c_4)\right]\mathrm{d}y \right|$

$\xlongequal{\text{令 } 2c_3=-1,\ c_4=0} \frac{1}{4}\left| \int_0^1 y(1-y)\left[x(x-1)f'''_{221}(x,y)\Big|_0^1 - \int_0^1 x(x-1)f''''_{2211}(x,\ y)\mathrm{d}x \right]\mathrm{d}y \right|$

$\leqslant \frac{1}{4}\int_0^1 \left| y(1-y) \right|\left[\int_0^1 \left| x(1-x) \right|\left| f''''_{2211}(x,\ y) \right|\mathrm{d}x\right]\mathrm{d}y$

（注意 $\left| f''''_{2211}(x,\ y) \right| = \left| \dfrac{\partial^4 f}{\partial^2 x\,\partial^2 y} \right| \leqslant B$）

$\leqslant \frac{1}{4}\int_0^1 y(1-y)\left[\int_0^1 x(1-x)B\mathrm{d}x\right]\mathrm{d}y = \frac{B}{144}$

【例 8-38】（A 类） 叙述重积分的微元法，并以推导静力矩的计算公式为例说明如何使用微元法.

解 （重积分或 I 型积分的微元法） 设所求量 M（为了便于理解，可先把 M 理解为质量，f 理解为密度）是一个与区域 D 有关的量，如果存在一个以区域为自变量的实值函数 $M(X)$ 满足：

(1) $M=M(D)$；

(2) $M(X)$ 具有可加性，即 $D_1\bigcap D_2=\varnothing$（或测度为 0）$\Rightarrow M(D_1\bigcup D_2)=M(D_1)+M(D_2)$；

(3) 在点 P 处的标准微分域 $\mathrm{d}\sigma$ 上，$\mathrm{d}M=M(\mathrm{d}\sigma)$ 满足 $M(\mathrm{d}\sigma)=f(P)\mathrm{d}\sigma$.

注: $M(\mathrm{d}\sigma)=f(P)\mathrm{d}\sigma$ 的数学定义是: 当含 P 点的任一区域 $\Delta\sigma$ 的直径 $\lambda(\Delta\sigma)\to 0$ 时, 用 $f(P)\Delta\sigma$ 代替 $M(\Delta\sigma)$ 的相对误差 $\left|\dfrac{M(\Delta\sigma)-f(P)\Delta\sigma}{f(P)\Delta\sigma}\right|\to 0$. $M(\mathrm{d}\sigma)=f(P)\mathrm{d}\sigma$ 的哲学含义是: 左边是精确值, 右边是替代值, 但这一替代是一个相对误差为 0 的微观替代. 从宏观看, $\mathrm{d}\sigma$ (指其面积或体积或长度), $f(P)\mathrm{d}\sigma$, $M(\mathrm{d}\sigma)$ 的数值都是 0(而 D, $f(P)$, M 都是宏观的非零值); 但从微观看, 它们就不一定相同了, 如 $M(\mathrm{d}\sigma)/\mathrm{d}\sigma=f(P)$, $M(\mathrm{d}\sigma)/[f(P)\mathrm{d}\sigma]=1$. 在微观中计算它们之间的关系称为微分 (或微观) 计算. 显然用微元法解题最关键的一点就是要找到可以替代 $\mathrm{d}M=M(\mathrm{d}\sigma)$ 的 $f(P)\mathrm{d}\sigma$, 且保证这一替代的相对误差为 0 (保证的根据是微观尺度与宏观尺度的比等于 0). 则

$$M=M(D)\ \overset{①}{=\!=\!=}\ \iint_D \mathrm{d}M\ \overset{②}{=\!=\!=}\ \iint_D f(P)\mathrm{d}\sigma$$

解释① 先把 D 微分成一个个的微分域 $\mathrm{d}\sigma$, 再由 $M(X)$ 的可加性知, $M=$ "D 上所有的 $M(\mathrm{d}\sigma)$ 的和" $=\iint_D \mathrm{d}M$.

解释② 因为用 $f(P)\mathrm{d}\sigma$ 替代 $M(\mathrm{d}\sigma)$ 的相对误差为 0 (或者说当 $\lambda(\Delta\sigma)\to 0$ 时, 相对误差 $\left|\dfrac{M(\Delta\sigma)-f(P)\Delta\sigma}{f(P)\Delta\sigma}\right|\to 0$), 而求和不增加相对误差, 所以用 $\iint_D f(P)\mathrm{d}\sigma$ 替代 $\iint_D \mathrm{d}M$ 的相对误差也为 0 (或者说当 $\lambda(\Delta\sigma)\to 0$ 时, 相对误差 $\left|\dfrac{M-\sum f(P)\Delta\sigma}{\sum f(P)\Delta\sigma}\right|\overset{也}{=\!=}0$, 其中 $M=\sum M(\Delta\sigma)$).

下面用微元法求解下述关于静力矩的问题.

已知平面区域 D 上薄板的面密度为 $\rho=\rho(x,y)$, 求该薄板对 y 轴的静力矩 T_y.

首先由物理学可知, 在点 (x,y) 处的质量为 m 的质点对 y 轴的静力矩 $=x\cdot m$. 再用微元法. 设区域函数 $T_y(X)=$ "区域 X 上的薄板对 y 轴的静力距". 显然

① 所求 $T_y=T_y(D)$;

② 由静力距的物理意义可知, $T_y(X)$ 具有可加性, 即当 $D_1\bigcap D_2=\varnothing$ 时, $T_y(D_1\bigcup D_2)=T_y(D_1)+T_y(D_2)$;

③ 计算点 (x,y) 处的微分域 $\mathrm{d}\sigma$ 上的微静力距

$$\mathrm{d}T_y=x\mathrm{d}M=x\rho(x,y)\mathrm{d}\sigma$$

所以

$$T_y=\iint_D \mathrm{d}T_y=\iint_D x\rho(x,y)\mathrm{d}\sigma$$

【例 8-39】 (B 类) 求柱面 $y^2+z^2=2z$ 被锥面 $y^2+z^2=x^2$ 所截下部分的面积 S.

分析: 所求 S 是 $y^2+z^2=2z$ 上的一块面积 (此题作为考题曾被接近一半的考生将曲面的方程选错!). 两方程消 y 容易, 所以选 y 作为主变量.

为了便于读者学习，把求曲面面积（包括曲面积分）的一般步骤用"〔 〕"括起来，并写在解题过程中.

解　〔**步骤1**　找出曲面 Σ 及其方程，并确定主变量.〕

Σ：$y^2+z^2=2z$，y 作为主变量，故由 $y^2+z^2=2z$ 解出 y 得

$$\Sigma_1: y=+\sqrt{2z-z^2}, \quad \Sigma_2: y=-\sqrt{2z-z^2}$$

〔**步骤2**　找出 Σ 在 zOx 坐标面上的投影 $(\Sigma)_{zx}=D_{zx}$. ① 找围 D_{zx} 的曲线的方程，包括割 Σ 的无 y 方程和割 Σ 的含 y 方程与 Σ 的方程消 y 所得的方程. ② 在 zOx 坐标面上画围 D_{zx} 的曲线，并用阴影标出这些曲线所围的封闭区域 D_{zx}. 由此可见，求 D_{zx} 的方法与例 8-15 中的口诀"无 y 消 y 围 D 线"类似.〕

对于 Σ_1，先用 $\Sigma_1: y=\sqrt{2z-z^2}$ 与 $y^2+z^2=x^2$ 消 y，得 $2z=x^2$；再用 $\Sigma_1: y=+\sqrt{2z-z^2}$ 与 $\Sigma_2: y=-\sqrt{2z-z^2}$ 消 y，得 $2z-z^2=0 \Leftrightarrow z=0$ 或 $z=2$. 所以围 D_{zx} 的曲线方程为 $2z=x^2$，$z=0$，$z=2$，将它们画在 zOx 面上，显然只有一块封闭域，如图 8-43 阴影所示，它就是 D_{zx}.

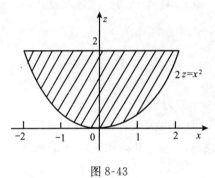

图 8-43

〔**步骤3**　代入公式计算.〕

Σ_1 的面积 S_1 为

$$S_1=\iint_{D_{zx}}\sqrt{1+y_z'^2+y_x'^2}\,\Big|_{y=\sqrt{2z-z^2}}\mathrm{d}z\mathrm{d}x$$

$$=\iint_{D_{zx}}\sqrt{1+\left(\frac{2-2z}{2\sqrt{2z-z^2}}\right)^2+0^2}\,\mathrm{d}z\mathrm{d}x$$

$$=\iint_{D_{zx}}\sqrt{\frac{1}{2z-z^2}}\,\mathrm{d}z\mathrm{d}x=2\iint_{D_{zx}\cap\{x\geqslant 0\}}\sqrt{\frac{1}{2z-z^2}}\,\mathrm{d}z\mathrm{d}x(对称性)$$

$$=2\int_0^2\mathrm{d}z\int_{x=0}^{x=\sqrt{2z}}\sqrt{\frac{1}{2z-z^2}}\,\mathrm{d}x=2\int_0^2\sqrt{\frac{1}{2z-z^2}}(\sqrt{2z}-0)\mathrm{d}z$$

$$=2\sqrt{2}\int_0^2\sqrt{\frac{z}{2z-z^2}}\,\mathrm{d}x=2\sqrt{2}\int_0^2(2-z)^{-\frac{1}{2}}\mathrm{d}z=2\sqrt{2}(-1)2(2-z)^{\frac{1}{2}}\Big|_0^2=8$$

同理（或用 I 型曲面积分的对称性）Σ_2 的面积 $S_2 = 8$，所以

$$S = S_1 + S_2 = 8 + 8 = 16$$

【例 8-40】（B 类）　一半径为 R、高为 H 的均匀圆柱体，在其对称轴上距上底为 a 处有一个质量为 m 的质点，试求圆柱体对质点的引力.

解　首先建立坐标系，令圆柱体 Ω：$x^2 + y^2 \leqslant R^2$，$-H \leqslant z \leqslant 0$，体密度为 ρ（常数），则质点位于 $Q(0, 0, a)$；然后取 Ω 内点 $P(x, y, z)$ 处的微分域 dv，可得 dv 内的物体对质点 Q 的微引力为

$$d\boldsymbol{F} = |d\boldsymbol{F}| \frac{\overrightarrow{QP}}{|\overrightarrow{QP}|}, \quad |d\boldsymbol{F}| = \frac{Gm dM}{|\overrightarrow{QP}|^2} = \frac{Gm\rho dv}{|\overrightarrow{QP}|^2}$$

其中 G 是万有引力系数. 由于多个微力的和是向量和，所以不能直接用积分计算，但可把微力写成坐标形式，则"和力的坐标＝微力坐标的代数和"，这样就可以用积分计算了.

设所求 $\boldsymbol{F} = \{F_x, F_y, F_z\}$，$d\boldsymbol{F} = \{dF_x, dF_y, dF_z\}$，显然

$$F_x = \iiint_\Omega dF_x, \quad F_y = \iiint_\Omega dF_y, \quad F_z = \iiint_\Omega dF_z$$

由于

$$d\boldsymbol{F} = \overrightarrow{QP} \frac{|d\boldsymbol{F}|}{|\overrightarrow{QP}|} = \{x-0, \ y-0, \ z-a\} \frac{Gm\rho dv}{(\sqrt{x^2+y^2+(z-a)^2})^3}$$

所以

$$F_x = \iiint_\Omega \frac{x Gm\rho dv}{(x^2+y^2+(z-a)^2)^{3/2}}, \quad F_y = \iiint_\Omega \frac{y Gm\rho dv}{(x^2+y^2+(z-a)^2)^{3/2}}$$

$$F_z = \iiint_\Omega \frac{(z-a) Gm\rho dv}{(x^2+y^2+(z-a)^2)^{3/2}}$$

因为 Ω：$x^2 + y^2 \leqslant R^2$，$-H \leqslant z \leqslant 0$，关于 $x = 0$，$y = 0$ 对称，xy 关于 x、y 是奇函数，所以 $F_x = 0$，$F_y = 0$（这一结论也可由直观直接得出）.

$$F_z \xrightarrow{\text{柱坐标}} \int_0^{2\pi} d\theta \int_{r=0}^{r=R} r dr \int_{z=-H}^{z=0} \frac{(z-a)G m\rho dz}{(r^2+(z-a)^2)^{3/2}}$$

$$= 2\pi G m\rho \int_0^R r \left(\frac{1}{2}\right)(r^2+(z-a)^2)^{-\frac{1}{2}}(-2)\Big|_{z=-H}^{z=0} dr$$

$$= 2\pi G m\rho \int_0^R r[(r^2+(H+a)^2)^{-\frac{1}{2}} - (r^2+a^2)^{-\frac{1}{2}}] dr$$

$$= 2\pi G m\rho \left[\sqrt{r^2+(H+a)^2} - \sqrt{r^2+a^2}\right]_0^R$$

$$= 2\pi G m\rho \left[\sqrt{R^2+(H+a)^2} - \sqrt{R^2+a^2} - |H+a| + |a|\right]$$

注：a 可以小于 0，即质点在上底的下面.

【例 8-41】（A 类） 设半径为 R 的球体的体密度 $\rho = r^2$，分别在下列条件下求球体的质量 M.

(1) r 是球内任一点到球心的距离.

(2) r 是球内任一点到球的一定直径的距离.

(3) r 是球内任一点到过球心的一个定平面的距离.

分析：解法 1 是用重积分计算球的质量 $M = \iiint_\Omega \mathrm{d}M = \iiint_\Omega \rho \mathrm{d}v = \iiint_\Omega r^2 \mathrm{d}v.$ 解法 2 是用一元微元法，即按不同的方式微分球体，然后用定积分表示球的质量. 这种用一元微元法解多元积分问题的方法，常可简化多元积分的计算，同时也对多元积分的积分方式具有指导意义，因此这种方法值得认真学习.

解 1 设 Ω 为球体：$x^2 + y^2 + z^2 \leqslant R^2$，故

$$M = \iiint_\Omega \rho \mathrm{d}v = \iiint_\Omega r^2 \mathrm{d}v$$

(1) 显然 $r = \sqrt{x^2 + y^2 + z^2}$，故

$$M = \iiint_\Omega (\sqrt{x^2 + y^2 + z^2})^2 \mathrm{d}v = \int_0^{2\pi} \mathrm{d}\theta \int_0^\pi \mathrm{d}\varphi \int_0^R r^2 \cdot r^2 \sin\varphi \mathrm{d}r$$

$$= 2\pi \int_0^\pi \sin\varphi \mathrm{d}\varphi \int_0^R r^4 \mathrm{d}r = 2\pi \cdot 2 \cdot \frac{1}{5} R^5 = \frac{4\pi}{5} R^5$$

(2) 令定直径为 z 轴，则 $r = \sqrt{x^2 + y^2}$，故

$$M = \iiint_\Omega (\sqrt{x^2 + y^2})^2 \mathrm{d}v = \int_0^{2\pi} \mathrm{d}\theta \int_0^\pi \mathrm{d}\varphi \int_0^R r^2 \sin^2\varphi \cdot r^2 \sin\varphi \mathrm{d}r$$

$$= 2\pi 2 \int_0^{\pi/2} \sin^3\varphi \mathrm{d}\varphi \int_0^R r^4 \mathrm{d}r = 4\pi \cdot \frac{2}{3} \cdot 1 \cdot \frac{1}{5} R^5 = \frac{8\pi}{15} R^5$$

(3) 令定平面为 $z = 0$，则 $r = \sqrt{z^2} = |z|$，故

$$M = \iiint_\Omega (\sqrt{z^2})^2 \mathrm{d}v = \int_0^{2\pi} \mathrm{d}\theta \int_0^\pi \mathrm{d}\varphi \int_0^R r^2 \cos^2\varphi \cdot r^2 \sin\varphi \mathrm{d}r$$

$$= 2\pi \int_0^\pi \cos^2\varphi \sin\varphi \mathrm{d}\varphi \int_0^R r^4 \mathrm{d}r = 2\pi \left[-\frac{1}{3} \cos^3\varphi \right]_0^\pi \cdot \frac{1}{5} R^5 = \frac{4\pi}{15} R^5$$

解 2 (1) 因为距球心同距离的点密度相同，所以将球微分成一层一层套在一起的同心球壳，则半径在 $[x, x+\mathrm{d}x]$ 内的球壳（如图 8-44(a) 阴影所示为球壳被过心平面所截的截口）的质量为

$$\mathrm{d}M = 密度 \times 球壳的体积 = 密度 \times 球壳的表面积 \times 球壳的厚度$$
$$= x^2 \cdot 4\pi x^2 \mathrm{d}x$$

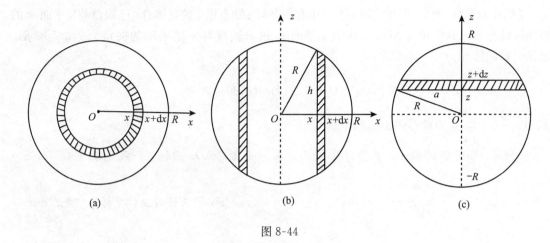

图 8-44

所以

$$M = \int_0^R dM = \int_0^R x^2 \cdot 4\pi x^2 \, dx = \frac{4\pi}{5} R^5$$

（2）因为距直径（如图 8-44(b) 的 z 轴）同距离的点密度相同，所以将球微分成一个套一个的圆柱壳，则半径在 $[x, x+dx]$ 内的圆柱壳（如图 8-44(b) 阴影所示为圆柱壳被过直径的平面所截的截口）的质量为

$$dM = 密度 \times 圆柱壳的体积 = 密度 \times 圆柱壳表面积 \times 圆柱壳厚度$$
$$= x^2 \cdot (2\pi x \cdot 2h) \cdot dx = x^2 \cdot 2\pi x \cdot 2\sqrt{R^2 - x^2} \, dx$$

所以

$$M = \int_0^R dM = \int_0^R 4\pi x^3 \sqrt{R^2 - x^2} \, dx \xrightarrow{\ \ \diamondsuit\, x = R\sin t\ \ } 4\pi R^5 \int_0^{\pi/2} \sin^3 t \cos^2 t \, dt$$
$$= -4\pi R^5 \int_0^{\pi/2} (1 - \cos^2 t) \cos^2 t \, d(\cos t) \xrightarrow{\ \ \diamondsuit\, u = \cos t\ \ } -4\pi R^5 \int_1^0 (1 - u^2) u^2 \, du$$
$$= 4\pi R^5 \left(\frac{1}{3} - \frac{1}{5} \right) = \frac{8\pi}{15} R^5$$

（3）因为距过球心的定平面同距离的点密度相同，所以用平行于定平面的平面将球切成（或微分成）一片一片的，则与定平面距离在 $[z, z+dz]$ 内的一个微片（如图 8-44(c) 阴影所示为微片被过球心且垂直于定平面的平面所截的截口）的质量为

$$dM = 密度 \times 微片的体积 = 密度 \times 微片的面积 \times 微片的厚度$$
$$= |z|^2 \cdot (\pi a^2) dz = z^2 \cdot \pi (\sqrt{R^2 - z^2})^2 \, dz$$

所以

$$M = \int_{-R}^R dM = \int_{-R}^R z^2 \cdot \pi (R^2 - z^2) \, dz = 2\pi \left(R^2 \cdot \frac{R^3}{3} - \frac{R^5}{5} \right) = \frac{4\pi}{15} R^5$$

【例 8-42】（C 类）　设在空间坐标系中有一个与 z 轴不相交的立体 Ω，已知 Ω 与半平面 π_θ 的截面区域为 S_θ，其面积为 $S(\theta)$，其中半平面 π_θ 过 z 轴且与 x 正半轴的夹角为 θ（$\alpha \leqslant \theta \leqslant \beta$）。试证：$\Omega$ 的体积为

$$V = \int_\alpha^\beta S(\theta) r_0(\theta) \mathrm{d}\theta$$

其中，$r_0(\theta)$ 为 S_θ 的重心到 z 轴的距离。

> **分析：** 如图 8-45 所示，为了计算 $r_0(\theta)$，在 π_θ 面上建立 rz 坐标系，则 S_θ 的重心 $(\bar{r}, \bar{z})$ 中 $\bar{r} = r_0(\theta) = \dfrac{\left(\iint\limits_{S_\theta} r\mathrm{d}r\mathrm{d}z\right)}{S(\theta)}$，故所证右边 $= \int_\alpha^\beta \left[\iint\limits_{S_\theta} r\mathrm{d}r\mathrm{d}z\right]\mathrm{d}\theta$ 正好对应柱坐标的"先2($\mathrm{d}r\mathrm{d}z$) 后1($\mathrm{d}\theta$)积分算法"。

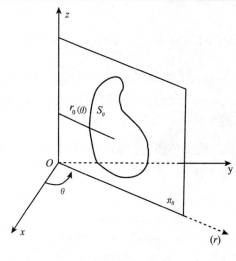

图 8-45

证　利用柱坐标变换．

$$V = \iiint\limits_\Omega 1\mathrm{d}v \xlongequal{\text{柱}} \iiint\limits_{\Omega'} r\mathrm{d}r\mathrm{d}\theta\mathrm{d}z \xlongequal{\text{先2后1}} \int_\alpha^\beta \mathrm{d}\theta \iint\limits_{S_\theta} r\mathrm{d}r\mathrm{d}z \qquad (\text{☆})$$

又在 π_θ 上建立 rz 坐标系，则 S_θ 的重心 $(\bar{r}, \bar{z})$ 满足

$$\bar{r} = r_0(\theta) = \frac{\left(\iint\limits_{S_\theta} r\mathrm{d}r\mathrm{d}z\right)}{S(\theta)}$$

所以 $\iint\limits_{S_\theta} r\mathrm{d}r\mathrm{d}z = S(\theta) r_0(\theta)$ 代入（☆）式得

$$V = \int_\alpha^\beta S(\theta) r_0(\theta) \mathrm{d}\theta$$

注：当 Ω 是旋转体时，得 $V = \int_0^{2\pi} S_0 r_0 \mathrm{d}\theta = 2\pi S_0 r_0$. 称为古尔丁（Guldin）定理.

【例 8-43】（C 类）　求被曲面 $(x^2+y^2+z^2)^2 = xyz$ 所围立体 Ω 的体积 V.

分析：因为方程中含 $x^2+y^2+z^2$，所以可用球坐标变换.

解　因为 $xyz = (x^2+y^2+z^2)^2$，所以 $xyz \geqslant 0$，且除原点 $(0,0,0)$ 外，$xyz > 0$. 故 Ω 只在第一 $(++ +)$、三 $(--+)$、六 $(-+-)$、八 $(+--)$ 卦限（分别记为 Ω_1, Ω_3, Ω_6, Ω_8）且每一个卦限内的物体都是独立的（因为 Ω 除原点外不与坐标面接触）. 又由 Ω 的对称性知，Ω 在各卦限内的体积是相同的. 作变换 $X=-x$, $Y=-y$, $Z=z$ 可得

$$\iiint_{\Omega_3(x,y,z)} \mathrm{d}x\mathrm{d}y\mathrm{d}z = \iiint_{\Omega_1(X,Y,Z)} \mathrm{d}X\mathrm{d}Y\mathrm{d}Z = \iiint_{\Omega_1(x,y,z)} \mathrm{d}x\mathrm{d}y\mathrm{d}z$$

所以

$$V = 4\iiint_{\Omega_1} \mathrm{d}x\mathrm{d}y\mathrm{d}z$$

再用球坐标变换求解（详见例 8-20），求出曲面的球坐标方程为

$$r = \sin^2\varphi\cos\varphi\cos\theta\sin\theta$$

下面说明 Ω_1 在单位球面上的投影是 $D_{\theta\varphi}$：$0 < \theta < \pi/2$, $0 < \varphi < \pi/2$. 因为 $\forall(\theta,\varphi) \in D_{\theta\varphi}$，存在唯一的 $r = \sin^2\varphi\cos\varphi\cos\theta\sin\theta > 0$ 与之对应. 这说明从原点发出的射线与 Ω_1 的边界相交且仅交于一点，再注意原点也在 Ω_1 中. 故

$$V = 4\iiint_{\Omega_1} \mathrm{d}x\mathrm{d}y\mathrm{d}z = 4\int_0^{\frac{\pi}{2}} \mathrm{d}\theta \int_0^{\frac{\pi}{2}} \mathrm{d}\varphi \int_{r=0}^{r=\sin^2\varphi\cos\varphi\cos\theta\sin\theta} r^2\sin\varphi \,\mathrm{d}r$$

$$= 4\int_0^{\frac{\pi}{2}} \mathrm{d}\theta \int_0^{\frac{\pi}{2}} (\sin\varphi)\frac{1}{3}(\sin^2\varphi\cos\varphi\cos\theta\sin\theta)^3 \,\mathrm{d}\varphi$$

$$= \frac{3}{4}\int_0^{\frac{\pi}{2}} \frac{1}{2^3}\sin^3 2\theta \cdot \frac{1}{2}\mathrm{d}2\theta \int_0^{\frac{\pi}{2}} (\sin\varphi)^7(1-\sin^2\varphi)\mathrm{d}\sin\varphi$$

$$= \frac{1}{3}\cdot\frac{1}{4}\int_0^{\pi} \sin^3\alpha \,\mathrm{d}\alpha \int_0^1 x^7(1-x^2)\mathrm{d}x = \frac{1}{12}\cdot 2\cdot\frac{2}{3}\cdot 1\cdot\left(\frac{1}{8}-\frac{1}{10}\right) = \frac{1}{360}$$

注：计算积分时碰到不会画图的方程，不要慌，应仔细分析其代数和几何特征. 因为计算只需定性分析，所以只需了解其大致图形. 一般常用的思想是描点思想：计算几个点的位置，推测其大致图形.

8.3 本 章 测 验

1. （8分）改变二次积分 $\int_0^2 \mathrm{d}y \int_{2y}^{y^2} f(x,y)\mathrm{d}x$ 的积分次序.

2. （8分）计算 $I = \int_0^{\mathrm{e}} \mathrm{d}y \int_1^2 \dfrac{\ln x}{\mathrm{e}^x}\mathrm{d}x + \int_{\mathrm{e}}^{\mathrm{e}^2} \mathrm{d}y \int_{\ln y}^2 \dfrac{\ln x}{\mathrm{e}^x}\mathrm{d}x.$

3. （9分）计算 $I = \iint_D \dfrac{x+y}{x^2+y^2}\mathrm{d}\sigma$，其中 D: $x^2+y^2 \leqslant 1$，$x+y \geqslant 1$.

4. （9分）计算 $\iint_D (ax+by+c)^2 \mathrm{d}\sigma$，其中 D：$|x|+|y| \leqslant 1$；a,b,c 是常数.

5. （9分）把 $I = \int_{-1}^0 \mathrm{d}x \int_0^{\sqrt{1-x^2}} \mathrm{d}y \int_0^{x^2+y^2} f(x,y,z)\mathrm{d}z$ 化为柱坐标及球坐标下的三次积分.

6. （9分）计算 $\iiint_\Omega f(x,y,z)\mathrm{d}v$，其中 Ω: $x^2+y^2+z^2 \leqslant 1$，

$$f(x,y,z) = \begin{cases} x^2+y^2+z^2, & z<0 \\ x^2+y^2, & 0 \leqslant z \leqslant \sqrt{x^2+y^2} \\ 0, & \sqrt{x^2+y^2} < z \end{cases}$$

7. （9分）计算 Ω 的体积，其中 Ω 是以曲面 $x^2+y^2-z^2=-a^2$ 及锥面 $z^2=2x^2+2y^2$ 的上半部分为边界的空间区域.

8. （10分）计算 $\iiint_\Omega (y+\sqrt{x^2+z^2})\mathrm{d}v$，其中 Ω：$1 \leqslant x^2+y^2+z^2 \leqslant 4$，$y \geqslant \sqrt{x^2+z^2}$.

9. （10分）设一均匀物体所占空间区域 Ω 位于第一卦限内且由曲面 $y=z^2$，$y=x^2$ 及平面 $y=1$，$x=0$，$z=0$ 所围成，求它的重心.

10. （10分）设 $f(x) \in C[a,b]$ 且 $f(x)>0$，又已知 $\int_a^b f(x)^4 \mathrm{d}x = A$，求由平面图形 $a \leqslant x \leqslant b$，$0 \leqslant y \leqslant f(x)$ 绕 x 轴旋转一周所生成的立体(密度 $\mu=1$)对 x 轴的转动惯量 I_x.

11. （10分）设 $f(x,y)$ 连续，且 $F(t) = \iint_{D(t)} f(x,y)\,\mathrm{d}x\mathrm{d}y$，其中 $D(t)$：$x^2+y^2 \leqslant t^2$，求极限 $\lim_{t \to 0} \dfrac{F'(t)}{t}$.

8.4 本章测验参考答案

1. $-\int_0^4 dx \int_{\frac{x}{2}}^{\sqrt{x}} f(x, y) dy$ 或 $\int_0^4 dx \int_{\sqrt{x}}^{\frac{x}{2}} f(x, y) dy$. 因为 $0 \leqslant y \leqslant 2$ 时，$2y \geqslant y^2$，所以原式 $=$ $-\iint_D f(x, y) d\sigma$.

2. $2\ln 2 - 1$. 原式 $= \int_1^2 dx \int_0^{e^x} \frac{\ln x}{e^x} dy = \int_1^2 \ln x dx$.

3. $2 - \frac{\pi}{2}$. 提示：用极坐标 $I = \int_0^{\frac{\pi}{2}} d\theta \int_{\frac{1}{\cos\theta+\sin\theta}}^1 [\cos\theta + \sin\theta] dr$.

4. $\frac{1}{3}(a^2 + b^2) + 2c^2$. 提示：用对称性，参考例 8-24.

5. $\int_{\frac{\pi}{2}}^{\pi} d\theta \int_0^1 dr \int_0^{r^2} f(r\cos\theta, r\sin\theta, z) r dz$, $\int_{\frac{\pi}{2}}^{\pi} d\theta \int_{\frac{\pi}{4}}^{\frac{\pi}{2}} d\varphi \int_{\cot\varphi\csc\varphi}^{\csc\varphi} f(r\sin\varphi\cos\theta, r\sin\varphi\sin\theta,$ $r\cos\varphi) r^2 \sin\varphi dr$

6. $\frac{\pi}{16}(\pi + 10)$. 原式 $= \iiint_{\Omega_1} (x^2 + y^2 + z^2) dv + \iiint_{\Omega_2} (x^2 + y^2) dv + \iiint_{\Omega_3} 0 dv =$ $\int_0^{2\pi} d\theta \int_{\frac{\pi}{2}}^{\pi} d\varphi \int_0^1 r^2 \cdot r^2 \sin\varphi dr + \int_0^{2\pi} d\theta \int_{\frac{\pi}{4}}^{\frac{\pi}{2}} d\varphi \int_0^1 r^2 \sin^2\varphi \cdot r^2 \sin\varphi dr$

7. $\frac{2\sqrt{2}\pi}{3} a^3$. 原式 $= \iint_{x^2+y^2 \leqslant a^2} dx dy \int_{\sqrt{2(x^2+y^2)}}^{\sqrt{x^2+y^2+a^2}} 1 dz = \int_0^{2\pi} d\theta \int_0^a dr \int_{\sqrt{2r^2}}^{\sqrt{r^2+a^2}} r dz$

8. $\frac{15}{16}\pi$. 原式 $= \int_0^{2\pi} d\theta \int_0^{\frac{\pi}{4}} d\varphi \int_1^2 (r\cos\varphi + r\sin\varphi) \cdot r^2 \sin\varphi dr$，用的是轮换后的球变换.

9. $\left(\frac{2}{5}, \frac{2}{3}, \frac{2}{5}\right)$. 利用重心公式. 因为均匀，所以 $\rho = 1$. $\iiint_\Omega dv = \int_0^1 dx \int_{x^2}^1 dy \int_0^{\sqrt{y}} dz = \frac{1}{2}$, $\iiint_\Omega x dv = \iiint_\Omega z dv = \frac{1}{5}$, $\iiint_\Omega y dv = \frac{1}{3}$.

10. $\frac{\pi}{2} A$. 因为

$$I_x = \iiint_\Omega (y^2 + z^2) \mu dv = \int_a^b dx \iint_{D_x} (y^2 + z^2) dy dz$$
$$= \int_a^b \left[\iint_{y^2+z^2 \leqslant f(x)^2} (y^2 + z^2) dy dz \right] dx$$

其中"围 D_x 的曲线方程就是把 x 看成常数后围 Ω 的曲面方程"，而围 Ω 的曲面方程是 $\pm\sqrt{y^2+z^2} = f(x) \Longleftrightarrow y^2 + z^2 = f(x)^2$，是根据口诀"绕 x 不换 x，根号里面没

有 x", 把 xOy 面上的曲线 $y=f(x)$ 的 y 换为 $\pm\sqrt{y^2+z^2}$.

11. $F'(t)=\left\{\int_0^t\left[r\int_0^{2\pi}f(r\cos\theta,\ r\sin\theta)\mathrm{d}\theta\right]\mathrm{d}r\right\}'_t$

$$=t\int_0^{2\pi}f(t\cos\theta,\ t\sin\theta)\mathrm{d}\theta=t[f(t\cos\xi,\ t\sin\xi)\cdot 2\pi],\ \xi\in[0,\ 2\pi]$$

用的是定积分的中值定理, 所以

$$\lim_{t\to 0}\frac{F'(t)}{t}=\lim_{t\to 0}f(t\cos\xi,\ t\sin\xi)\cdot 2\pi$$

$$\xrightarrow{\ \diamondsuit(x,\ y)=(t\cos\xi,\ t\sin\xi)\ }\lim_{(x,\ y)\to(0,\ 0)}f(x,\ y)\cdot 2\pi=f(0,\ 0)\cdot 2\pi$$

8.5 本章练习

8-1 累次积分 $\displaystyle\int_0^{\pi/2}\mathrm{d}\theta\int_0^{\cos\theta}f(r\cos\theta,\ r\sin\theta)r\mathrm{d}r$ 可写成 (　　).

A. $\displaystyle\int_0^1\mathrm{d}y\int_0^{\sqrt{1-y^2}}f(x,\ y)\mathrm{d}x$ 　　　　　 B. $\displaystyle\int_0^1\mathrm{d}y\int_0^{\sqrt{y-y^2}}f(x,\ y)\mathrm{d}x$

C. $\displaystyle\int_0^1\mathrm{d}x\int_0^1 f(x,\ y)\mathrm{d}y$ 　　　　　 D. $\displaystyle\int_0^1\mathrm{d}x\int_0^{\sqrt{x-x^2}}f(x,\ y)\mathrm{d}y$

8-2 设 Ω: $x^2+y^2+z^2\leqslant R^2$, $z\geqslant 0$; Ω_1 是 Ω 在第一卦限的部分, 则 (　　).

A. $\displaystyle\iiint_\Omega x\mathrm{d}v=4\iiint_{\Omega_1}x\mathrm{d}v$ 　　　　　 B. $\displaystyle\iiint_\Omega y\mathrm{d}v=4\iiint_{\Omega_1}y\mathrm{d}v$

C. $\displaystyle\iiint_\Omega z\mathrm{d}v=4\iiint_{\Omega_1}z\mathrm{d}v$ 　　　　　 D. $\displaystyle\iiint_\Omega xyz\mathrm{d}v=4\iiint_{\Omega_1}xyz\mathrm{d}v$

8-3 由半球面 $z=1+\sqrt{1-x^2-y^2}$ 与锥面 $z=\sqrt{x^2+y^2}$ 所围立体的体积等于 (　　).

A. $\displaystyle 4\int_0^{\pi/2}\mathrm{d}\theta\int_0^1 r\mathrm{d}r\int_r^2\mathrm{d}z$ 　　　　　 B. $\displaystyle 4\int_0^{\pi/2}\mathrm{d}\theta\int_0^1 r\mathrm{d}r\int_r^{1+\sqrt{1-r^2}}\mathrm{d}z$

C. $\displaystyle 4\int_0^{\pi/2}\mathrm{d}\theta\int_0^{\pi/4}\mathrm{d}\varphi\int_0^{2\cos\varphi}r\mathrm{d}r$ 　　　　 D. $\displaystyle 4\int_0^{\pi/2}\mathrm{d}\theta\int_0^{\pi/4}\mathrm{d}\varphi\int_r^{2\cos\varphi}r^2\sin\varphi\mathrm{d}r$

8-4 设 D 是以 xOy 平面上的点 $(1,\ 1)$, $(-1,\ 1)$ 和 $(-1,\ -1)$ 为顶点的三角形区域, D_1 是 D 在第一象限的部分, 则 $\displaystyle\iint_D\sin y^3(\sin x^3+\cos x^3)\mathrm{d}\sigma$ 等于 (　　).

A. $\displaystyle 2\iint_{D_1}\sin y^3\cos x^3\mathrm{d}\sigma$ 　　　　　 B. $\displaystyle 2\iint_{D_1}\sin y^3\sin x^3\mathrm{d}\sigma$

C. $\displaystyle 4\iint_{D_1}\sin y^3(\sin x^3+\cos x^3)\mathrm{d}\sigma$ 　　　　 D. 0

8-5 设平面区域 D 由 $x^2+y^2=2x$，$x=0$，$y=1$ 围成，试将二重积分 $\iint_D f(x，y)\,dxdy$ 化为：（1）先对 y 后对 x 的二次积分；（2）先对 x 后对 y 的二次积分；（3）极坐标下的二次积分.

8-6 计算 $\displaystyle\int_0^1 dx \int_x^1 x\sin y^3\,dy$.

8-7 计算下列积分的值.

(1) $\displaystyle\iiint_\Omega [e^{z^3}\tan(x^2 y^3)+3]\,dv$，$\Omega$：$0\leqslant z\leqslant 1$，$x^2+y^2\leqslant 1$

(2) $\displaystyle\iiint_\Omega [e^{y^2}\sin x^3+2]\,dv$，$\Omega$：$-1\leqslant x\leqslant 1$，$0\leqslant y\leqslant 1$，$0\leqslant z\leqslant 1$

(3) $\displaystyle\iiint_\Omega \frac{z\ln(x^2+y^2+z^2+1)}{x^2+y^2+z^2+1}\,dv$，$\Omega$：$x^2+y^2+z^2\leqslant 1$

(4) $\displaystyle\iint_D \sin(x^3+y^3)\,dxdy$，$D$ 由 $(x^2+y^2)^2=2a^2 xy(a>0)$ 所围.

8-8 计算 $\displaystyle\iint_D y\,dxdy$，其中 D 由 x 轴、y 轴和曲线 $\sqrt{\dfrac{x}{a}}+\sqrt{\dfrac{y}{b}}=1$ 所围成的区域（$a>0$，$b>0$）.

8-9 计算 $\displaystyle\iint_D (\sqrt{x^2-2xy+y^2}+2)\,dxdy$，其中 D 是 $x^2+y^2\leqslant 1$ 在第一象限的部分.

8-10 计算 $\displaystyle\iint_D |y-x^2|\,dxdy$，$D$：$|x|\leqslant 1$，$0\leqslant y\leqslant 2$.

8-11 计算 $\displaystyle\int_{-\infty}^{+\infty}\int_{-\infty}^{+\infty} \min\{x，y\}e^{-(x^2+y^2)}\,dxdy$.

8-12 计算 $\displaystyle\iint_D y^2\,dxdy$，其中 D 由 x 轴和摆线的第一拱 $x=a(t-\sin t)$，$y=a(1-\cos t)$，$0\leqslant t\leqslant 2\pi$ 所围成.

8-13 证明

$$2\pi(\sqrt{17}-4)\leqslant \iint_{x^2+y^2\leqslant 1}\frac{dxdy}{\sqrt{16+\sin^2 x+\sin^2 y}}\leqslant \frac{\pi}{4}$$

8-14 设在闭区间 $[a，b]$ 上 $\varphi(x)$ 连续且 $\varphi(x)>0$，证明

$$\int_a^b \varphi(x)\,dx \int_a^b \frac{1}{\varphi(x)}\,dx \geqslant (b-a)^2$$

8-15 计算 $\displaystyle\int_0^\pi dx \int_0^x \frac{xy\sin x\sin y}{(1+\cos^2 x)(1+\cos^2 y)}\,dy$.

8-16 设 $f(x)$ 连续，常数 $a>0$，D：$|x|\leqslant \dfrac{a}{2}$，$|y|\leqslant \dfrac{a}{2}$，证明

$$\iint_D f(x-y)\mathrm{d}x\mathrm{d}y = \int_{-a}^{a} f(t)(a-|t|)\mathrm{d}t$$

8-17　设 $f'(x)$ 连续，$a>0$，证明

$$\int_0^a \mathrm{d}x \int_0^x \frac{f'(y)}{\sqrt{(a-x)(x-y)}}\mathrm{d}y = \pi[f(a)-f(0)]$$

8-18　设 $f(x, y) = F''_{xy}(x, y)$ 连续，计算 $\int_a^A \mathrm{d}x \int_b^B f(x, y)\mathrm{d}y$.

8-19　计算 $\iiint_\Omega y\cos(x+z)\mathrm{d}v$，其中 Ω 由 $y=\sqrt{x}$，$x+z=\dfrac{\pi}{2}$，$y=0$，$z=0$ 围成.

8-20　由抛物柱面 $y=\sqrt{x}$，$y=2\sqrt{x}$ 及平面 $z=0$，$x+z=6$ 所围成的物体，它的密度 $\mu=y$，求此物体的质量.

8-21　求旋转抛物面 $x=\sqrt{y-z^2}$，抛物柱面 $\dfrac{1}{2}\sqrt{y}=x$ 及平面 $y=1$ 所围立体的体积.

8-22　计算 $\iiint_\Omega z^2\mathrm{d}v$，其中 Ω：$x^2+y^2+z^2\leqslant R^2$，$x^2+y^2+z^2\leqslant 2Rz$.

8-23　试将三次积分 $\int_0^1 \mathrm{d}x \int_0^{1-x} \mathrm{d}y \int_0^{x+y} f(x, y, z)\mathrm{d}z$ 改为先对 y、再对 x 最后对 z 的三次积分.

8-24　试将三次积分 $\int_0^1 \mathrm{d}x \int_0^x \mathrm{d}y \int_0^{xy} f(x, y, z)\mathrm{d}z$ 换成依次对变量 x，z 和 y 的三次积分.

8-25　将三重积分 $\iiint_\Omega f(x, y, z)\mathrm{d}v$ 分别用直角坐标、柱面坐标和球面坐标化为累次积分，其中 Ω：$x^2+y^2+z^2\leqslant 4$，$z\geqslant\sqrt{3(x^2+y^2)}$.

8-26　计算 $\iiint_\Omega xyz\,\mathrm{d}v$，$\Omega$ 由 $x=a(a>0)$，$y=x$，$z=y$，$z=0$ 围成.

8-27　求 Ω 的体积，Ω 由 $z=6-x^2-2y^2$，$z=2x^2+y^2$ 围成.

8-28　计算 $\int_{-1}^1 \mathrm{d}x \int_{-\sqrt{1-x^2}}^{\sqrt{1-x^2}} \mathrm{d}y \int_{(x^2+y^2)^2}^1 x^2\mathrm{d}z$.

8-29　计算 $\iiint_\Omega z\sqrt{x^2+y^2}\,\mathrm{d}v$，$\Omega$：$0\leqslant x\leqslant\sqrt{2y-y^2}$，$0\leqslant z\leqslant a$.

8-30　计算 $\iiint_\Omega (ax+by+cz+e)^2\mathrm{d}v$，$\Omega$：$x^2+y^2+z^2\leqslant R^2$　$(R>0)$.

8-31　计算 $\iiint_\Omega \sqrt{x^2+y^2}\,\mathrm{d}v$，$\Omega$ 由曲面 S、平面 $z=2$ 和 $z=8$ 围成，其中 S 是由曲线 $\begin{cases} y^2=2z \\ x=0 \end{cases}$ 绕 z 轴旋转所生成的旋转面.

8-32　计算 $\iiint_\Omega \mathrm{e}^{|z|}\mathrm{d}v$，$\Omega$：$x^2+y^2+z^2\leqslant 1$.

8-33 计算 $\iiint\limits_{\Omega} x\,\mathrm{d}v$，$\Omega:\dfrac{x^2}{a^2}+\dfrac{y^2}{b^2}+\dfrac{z^2}{c^2}\leqslant 2$，$\dfrac{y^2}{b^2}+\dfrac{z^2}{c^2}\leqslant\dfrac{x}{a}$ （$a,b,c>0$）.

8-34 求柱面 $x^2+y^2=a^2$（$a>0$）被平面 $x+z=0$，$x-z=0$ 所截，在 $x\geqslant 0$，$y\geqslant 0$ 那部分的面积.

8-35 证明：由平面图形 $a\leqslant x\leqslant b$，$0\leqslant y\leqslant f(x)$ 绕 x 轴旋转一周所生成的立体（密度 $\mu=1$）对 x 轴的转动惯量 $I_x=\dfrac{\pi}{2}\displaystyle\int_a^b f^4(x)\,\mathrm{d}x$.

8-36 计算 $\iiint\limits_{\Omega}(x+y+z+\sqrt{x^2+z^2})\,\mathrm{d}v$，$\Omega:y\geqslant\sqrt{x^2+z^2}$，$a^2\leqslant x^2+y^2+z^2\leqslant 4a^2$（$a>0$）.

8-37 设 $f(u)$ 连续可导，且 $f(0)=0$，试求
$$\lim_{t\to 0^+}\frac{1}{\pi t^4}\iiint\limits_{x^2+y^2+z^2\leqslant t^2}f(\sqrt{x^2+y^2+z^2})\,\mathrm{d}v$$

8-38 设 $f(t)$ 连续，证明
$$\int_0^x\mathrm{d}v\int_0^v\mathrm{d}u\int_0^u f(t)\,\mathrm{d}t=\frac{1}{2}\int_0^x(x-t)^2 f(t)\,\mathrm{d}t$$

8-39 设 $f(x)$ 在 $[0,1]$ 连续，证明
$$\int_0^1\mathrm{d}x\int_x^1\mathrm{d}y\int_x^y f(x)f(y)f(z)\,\mathrm{d}z=\frac{1}{6}\left(\int_0^1 f(t)\,\mathrm{d}t\right)^3$$

8-40 求 Ω 的体积，Ω 由 $x^2+y^2=a^2$（$a>0$），$y^2+z^2=a^2$，$z^2+x^2=a^2$ 所围成（包含原点部分）.

8-41 求 Ω 的体积，Ω 由 $az=a^2-x^2-y^2$，$z=a-x-y$，$x=0$，$y=0$，$z=0$（$a>0$）所围成.

8-42 *（难题）计算 $\displaystyle\lim_{x\to+\infty}\dfrac{x^4\displaystyle\int_0^x\mathrm{d}u\int_0^{x-u}e^{u^3+v^3}\,\mathrm{d}v}{e^{x^3}}$.

8.6　本章练习参考答案

8-1　D

8-2　C

8-3　B

8-4　A

8-5　(1) $\displaystyle\int_0^1\mathrm{d}x\int_{\sqrt{2x-x^2}}^1 f(x,y)\,\mathrm{d}y$　　(2) $\displaystyle\int_0^1\mathrm{d}y\int_0^{1-\sqrt{1-y^2}}f(x,y)\,\mathrm{d}x$

(3) $\int_{\frac{\pi}{4}}^{\frac{\pi}{2}} d\theta \int_{2\cos\theta}^{\frac{1}{\sin\theta}} f(r\cos\theta,\ r\sin\theta)\ rdr$.

8-6　$\dfrac{1}{6}(1-\cos 1)$．交换积分次序．

8-7　(1) 3π　(2) 4　(3) 0　(4) 0.

8-8　$\dfrac{1}{30}ab^2$．用描点法作图．

8-9　$\dfrac{\pi}{2}(\ln 2-\dfrac{1}{2})$

8-10　$\dfrac{46}{15}$

8-11　$-\sqrt{\dfrac{\pi}{2}}$

8-12　$3\pi a^2$．设摆线方程为 $y=y(x)$，则原式 $=\int_0^{2\pi a} dx \int_{y=0}^{y=y(x)} y^2 dy=\int_0^{2\pi a} \dfrac{1}{3} y(x)^3 dx$．再换元 $t=t(x)$，则原式 $=\int_0^{2\pi} \dfrac{1}{3} a^3(1-\cos t)^3 d[a(t-\sin t)]$

8-13　提示：$0\leqslant\sin^2 x+\sin^2 y\leqslant x^2+y^2$．

8-14　提示：模仿例 8-25，并用 $a+b\geqslant 2\sqrt{ab}$．

8-15　提示：利用例 8-23 和 $\int_0^{\pi} xf(\sin x)dx=\dfrac{\pi}{2}\int_0^{\pi} f(\sin x)dx$．

8-16　提示：原式 $=\int_0^{\frac{a}{2}} \left[\int_0^{\frac{a}{2}} f(x-y)dy\right]dx$，把 x 看作常数，作一元换元 $x-y=t$，原式 $=\int_0^{\frac{a}{2}} \left[\int_x^{x-\frac{a}{2}} f(t)(-1)dt\right]dx$，因为 $y=x-\dfrac{a}{2}<y=x$，所以原式 $=\int_0^{\frac{a}{2}} dx \int_{x-\frac{a}{2}}^{x} f(t)dt$，再交换积分次序可证．

8-17　提示：左 $=\int_0^a f'(y)\left[\iint \dfrac{1}{\sqrt{(a-x)(x-y)}}dx\right]_{x=y}^{x=a}dy$，对其中的"$[\ ]$"换元 $u=\sqrt{a-x}$，则 $[\ ]=\int \dfrac{-2udu}{u\sqrt{(a-y)-u^2}}=-2\arcsin\dfrac{\sqrt{a-x}}{\sqrt{a-y}}$．

8-18　$F(A,\ B)-F(a,\ B)-F(A,\ b)+F(a,\ b)$

8-19　$\dfrac{1}{16}\ (\pi^2-8)$

8-20　54

8-21　$\dfrac{\pi}{6}-\dfrac{\sqrt{3}}{8}$．提示：$V=\iint_D dydz \int_{x=\frac{\sqrt{y}}{2}}^{x=\sqrt{y-z^2}} 1dx$，其中围 D 线（无 x）$y=1$，（消 x）$4(y-z^2)=y$．

8-22 $\dfrac{59}{480}\pi R^5$

8-23 $\displaystyle\int_0^1 dz\int_z^1 dx\int_0^{1-x} f dy+\int_0^1 dz\int_0^z dx\int_{z-x}^{1-x} f dy$

8-24 $\displaystyle\int_0^1 dy\int_0^{y^2} dz\int_y^1 f dx+\int_0^1 dy\int_{y^2}^y dz\int_{\frac{x}{y}}^1 f dx$

8-25 $\displaystyle\int_{-1}^1 dx\int_{-\sqrt{1-x^2}}^{\sqrt{1-x^2}} dy\int_{\sqrt{3(x^2+y^2)}}^{\sqrt{4-x^2-y^2}} f(x,\ y,\ z)dz,\ \int_0^{2\pi} d\theta\int_0^1 rdr\int_{\sqrt{3}r}^{\sqrt{4-r^2}} f(r\cos\theta,\ r\sin\theta,\ z)dz,$

$\displaystyle\int_0^{2\pi} d\theta\int_0^{\frac{\pi}{6}} d\varphi\int_0^2 f(r\sin\varphi\cos\theta,r\sin\varphi\sin\theta,r\cos\varphi)r^2\sin\varphi dr$

8-26 $\dfrac{1}{48}a^6$

8-27 $\dfrac{\pi}{6}$. 用柱坐标

8-28 $\dfrac{\pi}{8}$. 用柱坐标

8-29 $\dfrac{8}{9}a^2$

8-30 $\dfrac{4}{15}(a^2+b^2+c^2)\pi R^3+\dfrac{4}{3}\mathrm{e}^2\pi R^3$. 用两种对称性.

8-31 336π. 用"先 2 后 1 法".

8-32 2π. 用奇偶对称性和柱坐标.

8-33 $\dfrac{7}{12}\pi a^2 bc$. 用"先 2(yz) 后 1(x) 法". $I=\displaystyle\int_0^a x\pi\left(b\sqrt{\dfrac{x}{a}}\right)\left(c\sqrt{\dfrac{x}{a}}\right)dx+$

$\displaystyle\int_0^{\sqrt{2}a} x\pi(b\sqrt{2})(c\sqrt{2})dx$

8-34 $2a^2$. 用一元微元法, 柱面竖向切条在 $[\theta,\theta+d\theta]$ 内的那一条面积为 $dA=hdl=$

$2a\cos\theta(ad\theta)$, $A=\displaystyle\int_{\theta=0}^{\theta=\frac{\pi}{2}} dA=2a^2$.

8-35 见本章测验第 10 题.

8-36 $\dfrac{15}{16}\pi a^4$. 见本章测验第 8 题.

8-37 $f'(0)$. 参见例 8-32.

8-38 令例 8-36 中的 $n=2$.

8-39 参见例 8-30.

8-40 见例 8-35 后的练习题 8-5.

8-41 $\dfrac{a^2}{2}\left(\dfrac{\pi}{4}-\dfrac{1}{3}\right)$. Ω 是第一卦限内平面 $x+y+z=a$ 之上, 曲面 (形如口向下的碗)

$z=a-\dfrac{x^2}{a}-\dfrac{y^2}{a}$ 之下的区域，平面与曲面在三轴上的截距均为 a，故 $V=V_1-V_2=$

$\displaystyle\int_0^a (D_z\text{ 的面积})\mathrm{d}z-(\text{三棱锥的体积})=\int_0^a \pi a(a-z)\mathrm{d}z-\dfrac{1}{3}\cdot\dfrac{1}{2}a^2\cdot a.$

8-42　$\dfrac{2}{9}$．提示：重积分换元 $s=u+v$，$t=u-v$，则

$$I=\int_0^x \mathrm{d}u\int_0^{x-u}\mathrm{e}^{u^3+v^3}\,\mathrm{d}v=\iint_D \mathrm{e}^{u^3+v^3}\,\mathrm{d}u\mathrm{d}v=\iint_{D'}\mathrm{e}^{\left(\frac{s+t}{2}\right)^3+\left(\frac{s-t}{2}\right)^3}\left|\dfrac{\partial(u,v)}{\partial(s,t)}\right|\mathrm{d}s\mathrm{d}t$$

其中 D 由 $u=0$，$v=0$，$u+v=x$ 所围，故 D' 由 $t=-s$，$t=s$，$s=x$ 所围．

$$\dfrac{\partial(u,v)}{\partial(s,t)}=\begin{vmatrix}u'_s & u'_t\\ v'_s & v'_t\end{vmatrix}=-\dfrac{1}{2}$$

所以

$$I=\int_0^x\left[\int_{-s}^s \mathrm{e}^{\frac{1}{8}(2s^3+6st^2)}\left|-\dfrac{1}{2}\right|\mathrm{d}t\right]\mathrm{d}s$$

$$\text{原式}=\lim_{x\to+\infty}\dfrac{I}{\mathrm{e}^{x^3}x^{-4}}=\lim_{x\to+\infty}\dfrac{I'_x}{\mathrm{e}^{x^3}3x^{-2}+\mathrm{e}^{x^3}(-4x^{-5})}=\lim_{x\to+\infty}\dfrac{I'_x}{3x^{-2}\mathrm{e}^{x^3}}$$

其中

$$I'_x=\int_{-x}^x \mathrm{e}^{\frac{1}{4}(x^3+3x^2)}\dfrac{1}{2}\,\mathrm{d}t=\mathrm{e}^{\frac{1}{4}x^3}\left[\int_0^x \mathrm{e}^{\left(t\sqrt{\frac{3}{4}x}\right)^2}\mathrm{d}\left(t\sqrt{\dfrac{3}{4}x}\right)\right]\left(\sqrt{\dfrac{3}{4}x}\right)^{-1}$$

$$=\left(\sqrt{\dfrac{3}{4}x}\,\mathrm{e}^{-\frac{1}{4}x^3}\right)^{-1}\int_0^{x\sqrt{\frac{3}{4}x}}\mathrm{e}^{w^2}\,\mathrm{d}w$$

最后

$$\text{原式}=\lim_{x\to+\infty}\dfrac{\displaystyle\int_0^{x\sqrt{\frac{3}{4}x}}\mathrm{e}^{w^2}\,\mathrm{d}w}{\sqrt{\dfrac{3}{4}x}\,\mathrm{e}^{-\frac{1}{4}x^3}3x^{-2}\mathrm{e}^{x^3}}$$

再用一次洛比达法则即可．

第**9**章

曲线积分与曲面积分

9.1 基 本 内 容

1. 理解两类曲线积分的概念，了解曲线积分的性质，了解两类曲线积分的关系

1）两类曲线积分的概念

（1）数量值函数的曲线积分（第一类曲线积分）.

$$\int_L f(x，y)\mathrm{d}s = \lim_{\lambda \to 0} \sum_{i=1}^{n} f(\xi_i，\eta_i)\Delta s_i$$

（2）向量值函数的曲线积分（第二类曲线积分）.

$$\int_L P(x，y)\mathrm{d}x + Q(x，y)\mathrm{d}y = \int_L (\boldsymbol{F}(x，y) \cdot \boldsymbol{\tau}^0(x，y))\mathrm{d}s$$

其中，$\boldsymbol{F}(x，y) = P(x，y)\boldsymbol{i} + Q(x，y)\boldsymbol{j}$，$\boldsymbol{\tau}^0(x，y)$ 是定向曲线弧 L 上点 $(x，y)$ 处的单位切向量.

（3）两类曲线积分中被积函数均定义在曲线 L 上，且当其在 L 上连续时，曲线积分必存在.

（4）$\int_L f(x，y)\mathrm{d}s$ 在物理上可表示密度为 $\mu = f(x，y)$ 的平面曲线弧 L 的质量；

$\int_L P(x，y)\mathrm{d}x + Q(x，y)\mathrm{d}y$ 在物理上可表示变力 $\boldsymbol{F} = (P(x，y)，Q(x，y))$ 沿定向曲线弧 L 所做的功.

2）两类曲线积分的性质及其关系

（1）两类曲线积分关于积分曲线 L 均具有可加性，即若 $L = L_1 + L_2$，则

$$\int_L = \int_{L_1} + \int_{L_2}$$

（2）第一类曲线积分与积分曲线 L 的方向无关，而第二类曲线积分与 L 的方向有关，即

$$\int_{\widehat{AB}} f(x,\ y)\mathrm{d}s = \int_{\widehat{BA}} f(x,\ y)\mathrm{d}s$$

$$\int_{\widehat{AB}} P\mathrm{d}x + Q\mathrm{d}y = -\int_{\widehat{BA}} P\mathrm{d}x + Q\mathrm{d}y$$

（3）两类曲线积分的关系

$$\int_L P\mathrm{d}x + Q\mathrm{d}y = \int_L (P\cos\alpha + Q\cos\beta)\mathrm{d}s$$

其中，$\cos\alpha$，$\cos\beta$ 为定向曲线 L 上点 $(x,\ y)$ 处的切向量的方向余弦.

（4）两类曲线积分均可推广到空间中去.

2. 掌握两类曲线积分的计算，对曲线的不同表示式，能将弧长微分 $\mathrm{d}s$ 准确地表达出来；掌握将曲线积分化为定积分的定限方法及两类曲线积分的计算方法

两类曲线积分的被积函数中，变量 x，y 之间受曲线 L 的制约，满足曲线 L 的方程，被积函数可通过 L 的方程转化为一元函数，从而曲线积分可化为一元函数的定积分来计算.

1）第一类曲线积分的计算

（1）设 L 的方程为 $x=x(t)$，$y=y(t)$，$\alpha \leqslant t \leqslant \beta$，则

$$\int_L f(x,\ y)\mathrm{d}s = \int_\alpha^\beta f(x(t),\ y(t))\sqrt{x'^2(t)+y'^2(t)}\,\mathrm{d}t \quad (\alpha < \beta)$$

（2）设 L 的方程为 $y=y(x)$，$a \leqslant x \leqslant b$，则

$$\int_L f(x,\ y)\mathrm{d}s = \int_a^b f(x,\ y(x))\sqrt{1+y'^2(x)}\,\mathrm{d}x$$

（3）设 L 的方程为 $x=x(y)$，$a \leqslant y \leqslant b$，则

$$\int_L f(x,\ y)\mathrm{d}s = \int_a^b f(x(y),\ y)\sqrt{1+x'^2(y)}\,\mathrm{d}y$$

（4）设 L 的极坐标方程为 $r=r(\theta)$，$\alpha \leqslant \theta \leqslant \beta$，则

$$\int_L f(x,\ y)\mathrm{d}s = \int_\alpha^\beta f(r\cos\theta,\ r\sin\theta)\sqrt{r^2(\theta)+r'^2(\theta)}\,\mathrm{d}\theta$$

（5）设空间曲线 L 的参数方程 $x=x(t)$，$y=y(t)$，$z=z(t)$，$\alpha \leqslant t \leqslant \beta$，则

$$\int_L f(x,\ y,\ z)\mathrm{d}s = \int_\alpha^\beta f[x(t),\ y(t),\ z(t)]\sqrt{x'^2(t)+y'^2(t)+z'^2(t)}\,\mathrm{d}t$$

2）第二类曲线积分的计算

（1）设曲线 L_{AB} 的方程为 $\begin{cases} x=\varphi(t) \\ y=\psi(t) \end{cases}$，起点 A 对应参数值 $t=\alpha$，终点 B 对应参数值

$t = \beta$，则

$$\int_{L_{AB}} P\mathrm{d}x + Q\mathrm{d}y = \int_{\alpha}^{\beta} [P(\varphi(t), \psi(t))\varphi'(t) + Q(\varphi(t), \psi(t))\psi'(t)]\mathrm{d}t \quad (\beta\text{不一定小于}\alpha)$$

（2）设曲线 L_{AB} 的方程为 $y = y(x)$，其中 a，b 分别为 A、B 两点的横坐标值，则

$$\int_{L_{AB}} P\mathrm{d}x + Q\mathrm{d}y = \int_{a}^{b} [P(x, y(x)) + Q(x, y(x))y'(x)]\mathrm{d}x$$

（3）若空间有向光滑曲线弧 $\overset{\frown}{AB}$ 由参数方程 $x = x(t)$，$y = y(t)$，$z = z(t)$，$\alpha \leqslant t \leqslant \beta$ 给出，则

$$\int_{\overset{\frown}{AB}} P\mathrm{d}x + Q\mathrm{d}y + R\mathrm{d}z$$
$$= \int_{\alpha}^{\beta} [P(x(t), y(t), z(t))x'(t) + Q(x(t), y(t), z(t))y'(t) +$$
$$R(x(t), y(t), z(t))z'(t)]\mathrm{d}t$$

3. 会使用格林公式，能较灵活地使用平面曲线积分与路径无关的条件，会求全微分的原函数

1）格林公式

设 D 是 xOy 面上的有界闭区域，其边界曲线 ∂D 由有限条光滑或分段光滑的曲线所围成，函数 $P(x, y)$ 和 $Q(x, y)$ 在 D 上具有一阶连续偏导数，则有格林公式

$$\iint_{D} \left(\frac{\partial Q}{\partial x} - \frac{\partial P}{\partial y} \right) \mathrm{d}x\mathrm{d}y = \int_{\partial D^{+}} P(x, y)\mathrm{d}x + Q(x, y)\mathrm{d}y$$

其中，∂D^{+} 是 D 取正向的边界曲线（记忆正向边界的口诀："沿着边界走，区域在左手"）.

2）在复连域上平面曲线积分与路径无关的条件

设 D 是一个平面区域（可以是复连域），$P(x, y)$、$Q(x, y)$ 在 D 上连续，则以下 3 个命题互相等价：

（1）$\int_{L} P\mathrm{d}x + Q\mathrm{d}y$ 在 D 内积分与路径无关；

（2）$\oint_{L} P\mathrm{d}x + Q\mathrm{d}y = 0$，$L$ 为 D 内任意闭曲线；

（3）在 D 内存在一个可微函数 $u(x, y)$，使 $\mathrm{d}u = P\mathrm{d}x + Q\mathrm{d}y$，且有

$$u(x, y) = \int_{(x_0, y_0)}^{(x, y)} P\mathrm{d}x + Q\mathrm{d}y$$
$$= \int_{x_0}^{x} P(x, y_0)\mathrm{d}x + \int_{y_0}^{y} Q(x, y)\mathrm{d}y$$
$$= \int_{y_0}^{y} Q(x_0, y)\mathrm{d}y + \int_{x_0}^{x} P(x, y)\mathrm{d}x, \quad (x_0, y_0) \in D$$

3) 在单连域上曲线积分与路径无关的充要条件

设 D 是一个平面单连通域，$P(x, y)$，$Q(x, y)$ 在 D 上具有一阶连续偏导数，则以下四个命题互相等价：

(1)、(2)、(3) 同上面 "2)" 中的 (1)、(2)、(3).

(4) 对 D 内任意点 (x, y)，有 $\dfrac{\partial P}{\partial y} = \dfrac{\partial Q}{\partial x}$.

4) 平面上的牛顿-莱布尼兹公式

如果在平面区域 D 中（D 可以是复连域）$P\mathrm{d}x + Q\mathrm{d}y = \mathrm{d}u(x, y)$，则

$$\int_{(x_1, y_1)}^{(x_2, y_2)} P\mathrm{d}x + Q\mathrm{d}y = \int_{(x_1, y_1)}^{(x_2, y_2)} \mathrm{d}u(x, y) = u(x_2, y_2) - u(x_1, y_1)$$

5) "凑微分" 公式

设 u、v 是任意的多元函数，则有

$$\mathrm{d}u \pm \mathrm{d}v = \mathrm{d}(u \pm v), \quad u\mathrm{d}v + v\mathrm{d}u = \mathrm{d}(uv), \quad \frac{v\mathrm{d}u - u\mathrm{d}v}{v^2} = \mathrm{d}\left(\frac{u}{v}\right)$$

$$f(u)\mathrm{d}u = \mathrm{d}\left[\int f(u)\mathrm{d}u\right] = \mathrm{d}\left[\int_a^u f(t)\mathrm{d}t\right]$$

6) 推广的格林公式

设 $P(x, y)$，$Q(x, y)$ 在复连通域 D 上的一阶偏导数连续且 $\dfrac{\partial P}{\partial y} = \dfrac{\partial Q}{\partial x}$，$L$ 与 l 取逆时针方向，如图 9-1 所示，则有

$$\oint_L P\mathrm{d}x + Q\mathrm{d}y = \oint_l P\mathrm{d}x + Q\mathrm{d}y$$

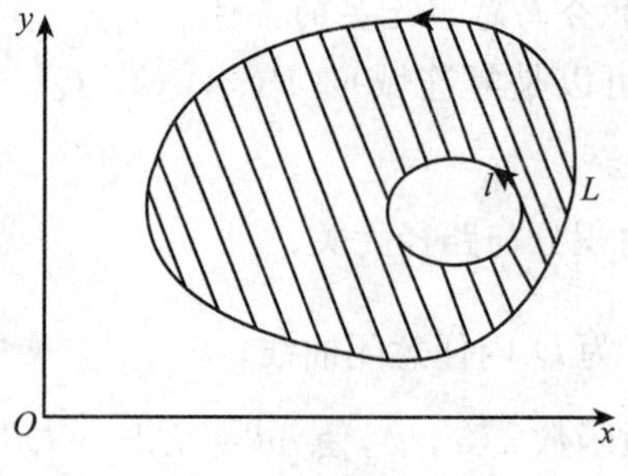

图 9-1

4. 理解两类曲面积分的概念，掌握曲面积分的计算方法

1) 两类曲面积分的概念

(1) 数量值函数的曲面积分（第一类曲面积分）

设 $f(x, y, z)$ 在分片光滑的曲面 Σ 上有界，把 Σ 任意划分成 n 个小块 ΔS_i（其面积仍记为 ΔS_i，$i=1, 2, \cdots, n$）．(ξ_i, η_i, ζ_i) 是 ΔS_i 上任意取定的一点，作乘积 $f(\xi_i, \eta_i, \zeta_i)\Delta S_i(i=1, 2, \cdots, n)$，并作和 $\sum\limits_{i=1}^{n} f(\xi_i, \eta_i, \zeta_i)\Delta S_i$，如果当各小块曲面直径的最大值 $\lambda \to 0$ 时，极限 $\lim\limits_{\lambda \to 0} \sum\limits_{i=1}^{n} f(\xi_i, \eta_i, \zeta_i)\Delta S_i$ 总存在，则称此极限为数量值函数 $f(x, y, z)$ 在曲面 Σ 上的曲面积分，记为

$$\iint_{\Sigma} f(x, y, z)\mathrm{d}S = \lim_{\lambda \to 0} \sum_{i=1}^{n} f(\xi_i, \eta_i, \zeta_i)\Delta S_i$$

数量值函数的曲面积分也称为第一类曲面积分或对面积的曲面积分．

（2）向量值函数在定向曲面上的积分（第二类曲面积分）

设 Σ 是一片光滑的定向曲面，向量值函数 $\boldsymbol{F}(x, y, z) = P(x, y, z)\boldsymbol{i} + Q(x, y, z)\boldsymbol{j} + R(x, y, z)\boldsymbol{k}$ 在 Σ 上有界，$\boldsymbol{n}^0 = \boldsymbol{n}^0(x, y, z)$ 是定向曲面 Σ 上点 (x, y, z) 处的单位法向量，如果积分 $\iint_{\Sigma} \left[\boldsymbol{F}(x, y, z) \cdot \boldsymbol{n}^0(x, y, z)\right]\mathrm{d}S$ 存在，则称此积分为向量值函数 $\boldsymbol{F}(x, y, z)$ 在定向曲面 Σ 上的积分，记为

$$\iint_{\Sigma} \boldsymbol{F}(x, y, z) \cdot \mathrm{d}S = \iint_{\Sigma} \left[\boldsymbol{F}(x, y, z) \cdot \boldsymbol{n}^0(x, y, z)\right]\mathrm{d}S$$

向量值函数在定向曲面上的积分也称为第二类曲面积分或对坐标的曲面积分．

第二类曲面积分常用的表达形式为

$$\iint_{\Sigma} \boldsymbol{F}(x, y, z) \cdot \mathrm{d}S = \iint_{\Sigma} P(x, y, z)\mathrm{d}y\mathrm{d}z + Q(x, y, z)\mathrm{d}z\mathrm{d}x + R(x, y, z)\mathrm{d}x\mathrm{d}y$$

两类曲面积分的不同之处就在于第二类曲面积分中的曲面 Σ 有向．所谓有向，是指曲面的法向量是取定的，亦即该积分曲面的侧是选定了的．由于 Σ 是双侧的，到底在哪一侧上进行积分，则由所需计算的题目明确指出．这是第二类曲面积分的重要特征．

2）两类曲面积分的性质及其关系

（1）两类曲面积分关于积分曲面 Σ 均具有可加性，即若 $\Sigma = \Sigma_1 + \Sigma_2$，则

$$\iint_{\Sigma} = \iint_{\Sigma_1} + \iint_{\Sigma_2}$$

（2）第一类曲面积分与积分曲面 Σ 的侧无关，而第二类曲面积分与 Σ 的侧有关，即

$$\iint_{\Sigma} P(x, y, z)\mathrm{d}y\mathrm{d}z = -\iint_{-\Sigma} P(x, y, z)\mathrm{d}y\mathrm{d}z$$

其中，Σ 是定向曲面，$-\Sigma$ 为与 Σ 相反侧的定向曲面．

（3）两类曲面积分的关系．

$$\iint_{\Sigma} P\mathrm{d}y\mathrm{d}z + Q\mathrm{d}z\mathrm{d}x + R\mathrm{d}x\mathrm{d}y = \iint_{\Sigma} (P\cos\alpha + Q\cos\beta + R\cos\gamma)\mathrm{d}S$$

其中，$\cos\alpha$，$\cos\beta$，$\cos\gamma$ 是有向曲面 Σ 上点 (x, y, z) 处的法向量的方向余弦.

    3）两类曲面积分的计算方法

    （1）第一类曲面积分的计算方法

    ① 若曲面 Σ 的方程为 $z = z(x, y)$，Σ 在 xOy 面上的投影区域为 D_{xy}，则

$$\iint_{\Sigma} f(x, y, z)\mathrm{d}S = \iint_{D_{xy}} f[x, y, z(x, y)]\sqrt{1 + z_x^2 + z_y^2}\,\mathrm{d}x\mathrm{d}y$$

    ② 若曲面 Σ 的方程为 $x = x(y, z)$，Σ 在 yOz 面上的投影区域为 D_{yz}，则

$$\iint_{\Sigma} f(x, y, z)\mathrm{d}S = \iint_{D_{yz}} f[x(y, z), y, z]\sqrt{1 + x_y^2 + x_z^2}\,\mathrm{d}y\mathrm{d}z$$

    ③ 若曲面 Σ 的方程为 $y = y(z, x)$，Σ 在 zOx 平面上的投影区域为 D_{zx}，则

$$\iint_{\Sigma} f(x, y, z)\mathrm{d}S = \iint_{D_{zx}} f[x, y(z, x), z]\sqrt{1 + y_z^2 + y_x^2}\,\mathrm{d}z\mathrm{d}x$$

    （2）第二类曲面积分的计算方法

    ① 若曲面 Σ 的方程为 $z = z(x, y)$，Σ 在 xOy 面上的投影区域为 D_{xy}（如 Σ 的方程中不含 z，则 D_{xy} 是一条线，故下述积分 $=0$），则

$$\iint_{\Sigma} R(x, y, z)\mathrm{d}x\mathrm{d}y = {}^{\pm\{\text{上侧}\}}_{-\{\text{下侧}\}} \iint_{D_{xy}} R[x, y, z(x, y)]\mathrm{d}x\mathrm{d}y$$

其中，等号右边的 $\mathrm{d}x\mathrm{d}y = \mathrm{d}\sigma_{xy}$ 是 xOy 面上二重积分的面积元素.

    ② 若曲面 Σ 的方程为 $x = x(y, z)$，Σ 在 yOz 面上的投影区域为 D_{yz}（如 Σ 的方程中不含 x，则 D_{yz} 是一条线，故下述积分 $=0$），则

$$\iint_{\Sigma} P(x, y, z)\mathrm{d}y\mathrm{d}z = {}^{\pm\{\text{前侧}\}}_{-\{\text{后侧}\}} \iint_{D_{yz}} P[x(y, z), y, z]\mathrm{d}y\mathrm{d}z$$

其中，等号右边的 $\mathrm{d}y\mathrm{d}z = \mathrm{d}\sigma_{yz}$ 是 yOz 面上二重积分的面积元素.

    ③ 若曲面 Σ 的方程为 $y = y(z, x)$，Σ 在 zOx 面上的投影区域为 D_{zx}（如 Σ 的方程中不含 y，则 D_{zx} 是一条线，故下述积分 $=0$），则

$$\iint_{\Sigma} Q(x, y, z)\mathrm{d}z\mathrm{d}x = {}^{\pm\{\text{右侧}\}}_{-\{\text{左侧}\}} \iint_{D_{zx}} Q(x, y(z, x), z)\mathrm{d}z\mathrm{d}x$$

其中，等号右边的 $\mathrm{d}z\mathrm{d}x = \mathrm{d}\sigma_{zx}$ 是 zOx 面上二重积分的面积元素.

由两类曲面积分之间的关系可推出如下公式.

    ④ 若曲面 Σ 的方程为 $z = z(x, y)$，则

$$\iint_{\Sigma} P\mathrm{d}y\mathrm{d}z + Q\mathrm{d}z\mathrm{d}x + R\mathrm{d}x\mathrm{d}y = \iint_{\Sigma} [P(-z_x) + Q(-z_y) + R]\mathrm{d}x\mathrm{d}y$$

⑤ 若曲面 Σ 的方程为 $x = x(y,\ z)$，则

$$\iint_{\Sigma} P\mathrm{d}y\mathrm{d}z + Q\mathrm{d}z\mathrm{d}x + R\mathrm{d}x\mathrm{d}y = \iint_{\Sigma} [PQ(-x_y) + R(-x_z)]\mathrm{d}y\mathrm{d}z$$

⑥ 若曲面 Σ 的方程为 $y = y(z,\ x)$，则

$$\iint_{\Sigma} P\mathrm{d}y\mathrm{d}z + Q\mathrm{d}z\mathrm{d}x + R\mathrm{d}x\mathrm{d}y = \iint_{\Sigma} [P(-y_x) + Q + R(-y_z)]\mathrm{d}z\mathrm{d}x$$

4) 曲面（包括曲线）积分的对称性

（1）第一类曲线、曲面积分的奇偶对称性与重积分类似，即如果积分域关于 $x = 0$ 对称，被积函数关于 x 奇（或偶），则该积分等于 0（或等于 2 倍在半区域的积分，半区域＝区域 $\cap \{x \geqslant 0\}$ 或半区域＝区域 $\cap \{x \leqslant 0\}$）.

（2）曲线、曲面积分的轮换对称性与重积分的轮换对称性类似，即如果积分域（第二类曲线积分要考虑曲线的方向，第二类曲面积分要考虑曲面的侧）关于 x，y，z 轮换不变，则该积分等于在同一积分区域上的另一积分，而这个另一积分就是把原被积表达式中的 x，y，z 轮换为 y，z，x（注意轮换 x，y，z 时，$\mathrm{d}s$，$\mathrm{d}S$ 不变）.

（3）第二类曲面积分的奇偶对称性. 这种对称性只能将积分 $\iint_{\Sigma} P\mathrm{d}y\mathrm{d}z + Q\mathrm{d}z\mathrm{d}x + R\mathrm{d}x\mathrm{d}y$ 分成三个后，分别谈奇偶对称性. 下面以 $\iint_{\Sigma} R\mathrm{d}x\mathrm{d}y$ 为例叙述这种对称性.

如果 Σ（包括侧）关于 $z = 0$ 对称，则

$$\iint_{\Sigma} R(x,\ y,\ z)\mathrm{d}x\mathrm{d}y = \begin{cases} 0, & R \text{ 关于 } z \text{ 是偶函数} \\ 2\iint_{\Sigma_{\text{半}}} R\mathrm{d}x\mathrm{d}y, & R \text{ 关于 } z \text{ 是奇函数} \end{cases}$$

其中，$\Sigma_{\text{半}} = \Sigma \cap \{z \geqslant 0\}$ 或 $\Sigma_{\text{半}} = \Sigma \cap \{z \leqslant 0\}$.

5. 掌握高斯公式，知道斯托克斯公式

1) 高斯（Guass）公式

设空间闭区域 Ω 是由分片光滑的闭曲面 $\partial\Omega$ 所围成，函数 $P(x,\ y,\ z)$，$Q(x,\ y,\ z)$，$R(x,\ y,\ z)$ 在 Ω 上具有一阶连续偏导数，则有

$$\iint_{\partial\Omega^+} P\mathrm{d}y\mathrm{d}z + Q\mathrm{d}z\mathrm{d}x + R\mathrm{d}x\mathrm{d}y$$

$$= \iint_{\partial\Omega} (P\cos\alpha + Q\cos\beta + R\cos\gamma)\mathrm{d}S$$

$$= \iiint_\Omega \left(\frac{\partial P}{\partial x} + \frac{\partial Q}{\partial y} + \frac{\partial R}{\partial z} \right) \mathrm{d}V$$

其中，$\partial \Omega^+$ 是 Ω 整个边界曲面的外侧，$\cos \alpha$，$\cos \beta$，$\cos \gamma$ 是 $\partial \Omega^+$ 上点 (x, y, z) 处的法向量的方向余弦.

2）斯托克斯（Stokes）公式

设 Σ 是一张光滑或分片光滑的定向曲面，Σ 的正向边界 $\partial \Sigma^+$ 为光滑或分段光滑的闭曲线，函数 $P(x, y, z)$，$Q(x, y, z)$，$R(x, y, z)$ 在曲面 Σ 上具有一阶连续偏导数，则有

$$\oint_{\partial \Sigma^+} P\mathrm{d}x + Q\mathrm{d}y + R\mathrm{d}z$$

$$= \iint_\Sigma \begin{vmatrix} \mathrm{d}y\mathrm{d}z & \mathrm{d}z\mathrm{d}x & \mathrm{d}x\mathrm{d}y \\ \dfrac{\partial}{\partial x} & \dfrac{\partial}{\partial y} & \dfrac{\partial}{\partial z} \\ P & Q & R \end{vmatrix} = \iint_\Sigma \begin{vmatrix} \cos \alpha & \cos \beta & \cos \gamma \\ \dfrac{\partial}{\partial x} & \dfrac{\partial}{\partial y} & \dfrac{\partial}{\partial z} \\ P & Q & R \end{vmatrix} \mathrm{d}S$$

其中，$\cos \alpha$，$\cos \beta$，$\cos \gamma$ 为定向曲面 Σ 在点 (x, y, z) 处的单位法向量.

3）空间曲线积分与路径无关的条件

略.

6. 了解通量与散度、环流量与旋度的计算

设向量场 $\boldsymbol{A}(x, y, z) = P(x, y, z)\boldsymbol{i} + Q(x, y, z)\boldsymbol{j} + R(x, y, z)\boldsymbol{k}$，则通量（或流量）

$$\Phi = \iint_\Sigma \boldsymbol{A} \cdot \boldsymbol{n}\mathrm{d}S$$

（此处 $\boldsymbol{n} = (\cos \alpha, \cos \beta, \cos \gamma)$ 为 Σ 上点 (x, y, z) 处的单位法向量.）

散度为

$$\mathrm{div}\, \boldsymbol{A} = \frac{\partial P}{\partial x} + \frac{\partial Q}{\partial y} + \frac{\partial R}{\partial z}$$

旋度为

$$\mathrm{rot}\, \boldsymbol{A} = \begin{vmatrix} \boldsymbol{i} & \boldsymbol{j} & \boldsymbol{k} \\ \dfrac{\partial}{\partial x} & \dfrac{\partial}{\partial y} & \dfrac{\partial}{\partial z} \\ P & Q & R \end{vmatrix}$$

环流量　向量场 $\boldsymbol{A}$ 沿有向闭曲线 Γ 的环流量为

$$\oint_\Gamma P\mathrm{d}x + Q\mathrm{d}y + R\mathrm{d}z = \oint_\Gamma \boldsymbol{A} \cdot \boldsymbol{t}\mathrm{d}s$$

其中，$\boldsymbol{t}$ 为有向闭曲线 Γ 上点 (x, y, z) 处的单位切向量.

9.2　典型例题

例题及相关内容概述

例 9-1、例 9-2　利用第一类曲线积分化为对参数的定积分计算

例 9-3　利用第一类曲线积分的对称性计算

例 9-4　利用曲线的表达式化简被积函数，然后再求之

例 9-5　利用轮换对称性计算；题后附有第一类曲线积分计算方法的小结

例 9-6　第一类曲线积分在几何上的应用，计算柱面面积

例 9-7　第一类曲线积分在物理上的应用，求曲线形构件的重心

例 9-8　用几种不同方法求第二类曲线积分，包括曲线 L 用不同方程表示时，直接化为对参数的定积分，用格林公式计算及用曲线积分与路径无关的条件计算

例 9-9 至例 9-11　利用格林公式计算第二类曲线积分

例 9-12　关于空间曲线上对坐标的曲线积分转化为对参数的定积分

例 9-13　关于在曲线积分与路径无关条件下，适当选择积分路径，简化计算

例 9-14　利用积分曲线的表达式简化被积函数，然后再利用曲线积分与路径无关的条件简化计算

例 9-15　在 $\dfrac{\partial P}{\partial y} = \dfrac{\partial Q}{\partial x}$ 条件下，P，Q 有奇点时，选择恰当的路径简化计算

例 9-16　已知 $P\mathrm{d}x + Q\mathrm{d}y$ 为某一二元函数 $u(x, y)$ 的全微分，求式中待定参数，并求 $u(x, y)$

例 9-17　利用复连通域上的格林公式计算；题后附有计算第二类曲线积分的小结

例 9-18　有关第二类曲线积分与路径无关的条件及第二类曲线积分的计算

例 9-19　考查格林公式，第二类曲线积分化为定积分及二重积分中对称性的运用

例 9-20　利用积分与路径无关的条件，证明沿封闭曲线的积分为 0

例 9-21　利用两类曲线积分的关系及格林公式证明等式

例 9-22（1）利用第一类曲面积分的计算方法——化为投影区域上的二重积分计算；例 9-22（2）利用第一类曲面积分的对称性计算

例 9-23　利用轮换对称性计算

例 9-24　此题是所学知识综合运用的典型题，主要考查第一类曲面积分的计算、曲面的切平面方程及点到平面的距离公式

例 9-25　利用第二类曲面积分的计算方法——化为投影区域上的二重积分计算；同时也给出了用高斯公式计算的解法

例 9-26　有关第二类曲面积分的计算方法和技巧，并熟悉高斯公式条件，在解 2 中介绍了利用对称性计算第二类曲面积分的方法

例 9-27 利用高斯公式计算

例 9-28 化组合的积分为某一种积分计算，在解 2 中介绍了当积分曲面不封闭时，通过添加曲面成封闭曲面，再用高斯公式计算

例 9-29（1） 利用积分曲面方程化简被积函数后，再用高斯公式计算；例 9-29（2）Σ 封闭、$\dfrac{\partial P}{\partial x}+\dfrac{\partial Q}{\partial y}+\dfrac{\partial R}{\partial z}=0$，但在 Σ 所围区域内有奇点的积分的计算方法；题后附有第二类曲面积分的计算小结

例 9-30 Σ 不封闭，$\dfrac{\partial P}{\partial x}+\dfrac{\partial Q}{\partial y}+\dfrac{\partial R}{\partial z}=0$，但有奇点的积分的计算

例 9-31 第二类曲面积分的应用，求单位时间内流体流向曲面 Σ 一侧的质量，即流量

例 9-32 利用第二类曲面积分化成二重积分及对称性计算

例 9-33、例 9-34 有关曲面积分的证明题

例 9-35 利用斯托克斯公式计算曲线积分，题后附有利用斯托克斯公式计算曲线积分的适用范围

例 9-36 第二类曲线积分的应用——计算环流量

例 9-37 求数量场的梯度场及梯度场的散度场

【例 9-1】（A 类） 计算 $\displaystyle\int_L \mathrm{e}^{\sqrt{x^2+y^2}}\,\mathrm{d}s$，其中 L 为由圆周 $x^2+y^2=a^2$，直线 $y=x$ 及 x 轴在第一象限中所围图形的边界.

分析：曲线 L 分段光滑，如图 9-2 所示，故应分段计算.

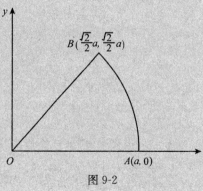

图 9-2

解

$$\int_L \mathrm{e}^{\sqrt{x^2+y^2}}\,\mathrm{d}s = \int_{\overline{OA}+\overparen{AB}+\overline{BO}} \mathrm{e}^{\sqrt{x^2+y^2}}\,\mathrm{d}s$$

$$= \int_{\overline{OA}} e^{\sqrt{x^2+y^2}} ds + \int_{\overparen{AB}} e^{\sqrt{x^2+y^2}} ds + \int_{\overline{BO}} e^{\sqrt{x^2+y^2}} ds$$

因为 $\overline{OA}: y = 0, \quad 0 \leqslant x \leqslant a, ds = dx$，所以

$$\int_{\overline{OA}} e^{\sqrt{x^2+y^2}} ds = \int_0^a e^x dx = e^a - 1$$

又因为 $\overparen{AB}$：圆弧 $\begin{cases} x = a\cos t \\ y = a\sin t \end{cases}, \quad 0 \leqslant t \leqslant \frac{\pi}{4}, \quad ds = a dt$，所以

$$\int_{\overparen{AB}} e^{\sqrt{x^2+y^2}} dx = \int_0^{\frac{\pi}{4}} a e^a dt = \frac{\pi}{4} a e^a$$

又因为 $\overline{BO}$：$y = x, \quad 0 \leqslant x \leqslant \frac{\sqrt{2}}{2} a, \quad ds = \sqrt{2} dx$，所以

$$\int_{\overline{BO}} e^{\sqrt{x^2+y^2}} ds = \int_0^{\frac{\sqrt{2}}{2}a} e^{\sqrt{2}x} \sqrt{2} dx = e^a - 1$$

故

$$\int_L e^{\sqrt{x^2+y^2}} ds = 2(e^a - 1) + \frac{\pi}{4} a e^a$$

练习题 9-1　计算 $\int_L x ds$，其中 L 为连接点 $O(0, 0)$，$A(1, 0)$，$B(1, 1)$ 的三角形回路.

答案：$\frac{1}{2}(3 + \sqrt{2})$

【例 9-2】（B 类）　计算 $\oint_L \sqrt{x^2 + y^2} ds$，其中 L 为曲线 $x^2 + y^2 = -2y$.

　　分析：积分曲线为圆，如图 9-3 所示，宜将曲线 L 化为参数方程或极坐标方程，其化法不同，所得方程形式不同，参数的变化范围也不同．下面给出三种解法.

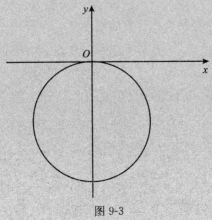

图 9-3

解 1 曲线 L 的极坐标方程为 $r=-2\sin\theta$，根据直角坐标和极坐标的关系可得曲线 L 的参数方程为

$$\begin{cases} x=r\cos\theta=-2\sin\theta\cos\theta \\ y=r\sin\theta=-2\sin^2\theta \end{cases}$$

此时 θ 的变化范围 $-\pi\leqslant\theta\leqslant0$（或 $\pi\leqslant\theta\leqslant2\pi$），$\mathrm{d}s=2\mathrm{d}\theta$. 故

$$\int_L \sqrt{x^2+y^2}\,\mathrm{d}s=\int_{-\pi}^0 \sqrt{4\sin^2\theta\cos^2\theta+4\sin^4\theta}\cdot2\mathrm{d}\theta$$

$$\overset{*}{=}\int_{-\pi}^0 2\mid\sin\theta\mid\cdot2\mathrm{d}\theta=\int_{-\pi}^0 -2\sin\theta\cdot2\mathrm{d}\theta=8$$

注意：在"$*$"处去掉"$\sqrt{}$"时不要忘记加绝对值.

解 2 曲线 L 的参数方程也可表示为

$$\begin{cases} x=\cos\theta \\ y=-1+\sin\theta \end{cases}$$

此时 θ 的变化范围是 $0\leqslant\theta\leqslant2\pi$，$\mathrm{d}s=\mathrm{d}\theta$. 故

$$\int_L \sqrt{x^2+y^2}\,\mathrm{d}s=\int_0^{2\pi} \sqrt{\cos^2\theta+(-1+\sin\theta)^2}\,\mathrm{d}\theta=8$$

解 3 直接利用极坐标计算. 因为

$$L: r=-2\sin\theta,\ -\pi\leqslant\theta\leqslant0\ (\text{或}\ \pi\leqslant\theta\leqslant2\pi)$$

$$\mathrm{d}s=\sqrt{r^2+r'^2}\,\mathrm{d}\theta=2\mathrm{d}\theta$$

故

$$\int_L \sqrt{x^2+y^2}\,\mathrm{d}s=\int_{-\pi}^0 -2\sin\theta\cdot2\mathrm{d}\theta=8$$

比较上述三种解法，显然用极坐标计算简便.

练习题 9-2 计算 $\int_L (x+y+1)\mathrm{d}s$，其中 L 是半圆周 $x=\sqrt{4-y^2}$ 上由点 $A(0,2)$ 到点 $B(0,-2)$ 之间的一段弧.

答案：$2(\pi-4)$.

【例 9-3】（B 类） 计算下列第一类曲线积分.

(1) $\oint_L \mid y\mid\,\mathrm{d}s$，$L$ 是曲线 $(x^2+y^2)^2=a^2(x^2-y^2)(a>0)$；

(2) $\oint_L \sin x\sin y\mathrm{d}s$，$L$ 是正方形 $\mid x\mid+\mid y\mid=a$ 的边界 $(a>0)$.

分析: (1) 由 L 的表达式可知用极坐标简便,由于 L 关于 x 轴及 y 轴均对称,如图 9-4 所示,被积函数既是 x 的偶函数,又是 y 的偶函数,所以 $\oint_L |y| \, ds = 4\int_{L_1} |y| \, ds$($L_1$ 是第一象限部分).

(2) L 的方程含有绝对值,应先把绝对值去掉,把 L 分成四段,如图 9-5 所示,再逐段计算,但注意到 L 具有对称性,故可用对称性考虑.

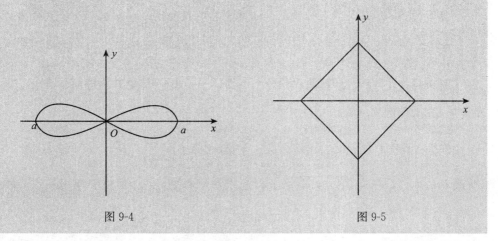

图 9-4　　　　　　　　　　　　　　　　　图 9-5

解　(1) 将 L 的方程转化为极坐标形式,即为 $r^2 = a^2 \cos 2\theta \Rightarrow r = a\sqrt{\cos 2\theta}$(且在第一象限 $\theta \in \left[0, \dfrac{\pi}{2}\right]$ 内,只有 $\theta \in \left[0, \dfrac{\pi}{4}\right]$ 时,r 才有定义),那么 L 以 θ 为参数的参数方程为

$$\begin{cases} x = r\cos\theta = a\sqrt{\cos 2\theta}\cos\theta \\ y = r\sin\theta = a\sqrt{\cos 2\theta}\sin\theta \end{cases}$$

所以

$$ds = \sqrt{r^2(\theta) + r'^2(\theta)} \, d\theta = \frac{a \, d\theta}{\sqrt{\cos 2\theta}}$$

故

$$\int_L |y| \, ds = 4\int_{L_1} |y| \, ds$$

$$= 4\int_0^{\frac{\pi}{4}} a\sqrt{\cos 2\theta}\sin\theta \frac{a}{\sqrt{\cos 2\theta}} \, d\theta = 2a^2(2 - \sqrt{2})$$

(2) 因为 L 关于 x 轴对称,被积函数 $f(x, y) = \sin x \sin y$ 是 y 的奇函数,所以

$$\int_L \sin x\sin y ds = 0$$

练习题 9-3 计算 $\int_L |xy| ds$，其中 L 是椭圆 $\dfrac{x^2}{a^2}+\dfrac{y^2}{b^2}=1$.

答案： $\dfrac{4}{3}ab\dfrac{a^2+ab+b^2}{a+b}$.

练习题 9-4 计算 $\oint_L (mx+ny)ds$，其中 L 是双纽线 $r^2=a^2\cos 2\theta (a>0)$ 右边的一半.

答案： $\sqrt{2}a^2m$

【例 9-4】（B 类） 计算曲线积分 $\int_\Gamma \sqrt{2y^2+z^2}ds$，其中 Γ 为球面 $x^2+y^2+z^2=a^2$ 与平面 $x=y$ 相交的圆周（$a>0$）.

分析： 曲线 Γ 的方程 $\begin{cases} x^2+y^2+z^2=a^2 \\ x=y \end{cases}$ 可化为 $\begin{cases} 2y^2+z^2=a^2 \\ x=y \end{cases}$，被积函数 $\sqrt{2y^2+z^2}$ 满足曲线 Γ 的方程，即有 $\sqrt{2y^2+z^2}=a$，故所求曲线积分为积分曲线 Γ 圆周长的 a 倍.

解 1
$$\int_\Gamma \sqrt{2y^2+z^2}ds = \int_\Gamma a ds = 2\pi a^2$$

注： $\int_\Gamma ds$ 表示 Γ 的弧长，而 Γ 是球面 $x^2+y^2+z^2=a^2$ 与平面 $x=y$ 相交的大圆，故 $\int_\Gamma ds = 2\pi a$.

解 2 将 Γ 的方程化为参数方程. 由
$$\begin{cases} x^2+y^2+z^2=a^2 \\ x=y \end{cases}$$

消去 x 得 $2y^2+z^2=a^2$，即
$$\frac{z^2}{a^2}+\frac{y^2}{\left(\dfrac{a}{\sqrt{2}}\right)^2}=1$$

所以相交圆的方程为
$$\begin{cases} x=\dfrac{a}{\sqrt{2}}\sin t \\ y=\dfrac{a}{\sqrt{2}}\sin t \qquad (0\leqslant t\leqslant 2\pi) \\ z=a\cos t \end{cases}$$

弧微分为

$$ds = \sqrt{x'^2(t) + y'^2(t) + z'^2(t)}\,dt = a\,dt$$

$$\oint_\Gamma \sqrt{2y^2 + z^2}\,ds = \int_0^{2\pi} a^2\,dt = 2\pi a^2$$

练习题 9-5 计算 $\oint_\Gamma (x^2 + y^2 + z^2)\,ds$,其中 Γ 为球面 $x^2 + y^2 + z^2 = \dfrac{9}{2}$ 与平面 $x + z = 1$ 的交线.

答案:18π.

提示:Γ 是半径为 2 的圆周.

【例 9-5】(B 类) 计算曲线积分 $\oint_\Gamma (x + z^2)\,ds$,$\Gamma$ 为球面 $x^2 + y^2 + z^2 = a^2$ 与平面 $x + y + z = 0$ 的交线.

分析:曲线 Γ 为关于 x,y,z 具有轮换对称性的空间圆周,故有

$$\int_\Gamma x^2\,ds = \int_\Gamma y^2\,ds = \int_\Gamma z^2\,ds, \int_\Gamma x\,ds = \int_\Gamma y\,ds = \int_\Gamma z\,ds$$

解

$$\oint_\Gamma (x + z^2)\,ds = \oint_\Gamma x\,ds + \oint_\Gamma z^2\,ds$$

$$= \frac{1}{3}\oint_\Gamma (x + y + z)\,ds + \frac{1}{3}\oint_\Gamma (x^2 + y^2 + z^2)\,ds$$

$$= 0 + \frac{1}{3}\oint_\Gamma a^2\,ds = \frac{2}{3}\pi a^3$$

注:此题若用 Γ 的参数方程计算比较困难.

练习题 9-6 计算曲线积分 $\oint_\Gamma (x^2 + y^2)\,ds$,其中 Γ 为 $x^2 + y^2 + z^2 = 1$ 与 $x + y + z = 1$ 的交线.

答案:$\dfrac{4}{3}\pi$.

提示:用轮换对称性.

第一类曲线积分计算方法小结

(1) 利用第一类曲线积分化为定积分的计算方法,包括曲线方程的几种不同形式,如例 9-1、例 9-2.

（2）利用第一类曲线积分的对称性计算，如例 9-3，以及轮换对称性计算如例 9-5.

（3）利用曲线方程简化被积函数，然后再求之，如例 9-4.

【例 9-6】（B 类）   求柱面 $x^{\frac{2}{3}}+y^{\frac{2}{3}}=1$ 在球面 $x^2+y^2+z^2=1$ 内的侧面积.

分析： 由对称性，柱面在球面内的侧面积为第一卦限侧面积（如图 9-6）的 8 倍.

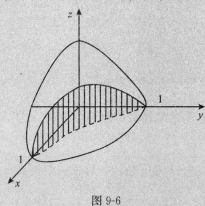

图 9-6

解   先计算第一卦限的侧面积 S_1.

$$S_1 = \int_L z \mathrm{d}s = \int_L \sqrt{1-x^2-y^2}\,\mathrm{d}s$$

$$L: x^{\frac{2}{3}}+y^{\frac{2}{3}}=1$$

其参数形式为

$$\begin{cases} x = \cos^3 t \\ y = \sin^3 t \end{cases} \left(0 \leqslant t \leqslant \frac{\pi}{2}\right)$$

$$\mathrm{d}s = \sqrt{x'^2+y'^2}\,\mathrm{d}t = 3\mid \sin t\cos t\mid \mathrm{d}t$$

$$S_1 = 3\int_0^{\frac{\pi}{2}} \sqrt{1-\cos^6 t-\sin^6 t}\mid \sin t\cos t\mid \mathrm{d}t$$

$$= 3\int_0^{\frac{\pi}{2}} \sqrt{1-\left[(\sin^2 t)^3+(\cos^2 t)^3\right]}\sin t\cos t\mathrm{d}t$$

$$= 3\int_0^{\frac{\pi}{2}} \sqrt{1-(\sin^4 t-\sin^2 t\cos^2 t+\cos^4 t)}\sin t\cos t\mathrm{d}t$$

$$= 3\int_0^{\frac{\pi}{2}} \sqrt{1-\left[(\sin^2 t+\cos^2 t)^2-3\sin^2 t\cos^2 t\right]}\sin t\cos t\mathrm{d}t$$

$$= 3\sqrt{3}\int_0^{\frac{\pi}{2}} \sin^2 t\cos^2 t\,\mathrm{d}t$$

$$= 3\sqrt{3}\int_0^{\frac{\pi}{2}}(\sin^2 t - \sin^4 t)\mathrm{d}t$$

$$= 3\sqrt{3}\left(\frac{1}{2}\cdot\frac{\pi}{2} - \frac{3}{4}\cdot\frac{1}{2}\cdot\frac{\pi}{2}\right) = \frac{3}{16}\sqrt{3}\pi$$

所求侧面积为

$$S = 8S_1 = 8\cdot\frac{3\sqrt{3}}{16}\pi = \frac{3\sqrt{3}}{2}\pi$$

【例 9-7】（B 类）　设匀质曲线 Γ 的线密度 $\mu=1$，Γ 为球面 $x^2+y^2+z^2=R^2$ 在第一卦限部分的边界曲线，求 Γ 的重心.

分析： 求曲线形构件的质量问题，需利用对弧长的曲线积分来解决，且由曲线关于 x，y，z 的对称性可知重心坐标 $\overline{x}=\overline{y}=\overline{z}$.

解　如图 9-7 所示，设 Γ 在三个坐标面内的弧段分别为 L_1，L_2，L_3.

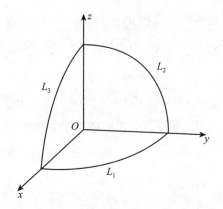

图 9-7

$$L_1:\begin{cases}x^2+y^2=R^2\\z=0\end{cases}\Rightarrow\begin{cases}x=R\cos\theta,\\y=R\sin\theta,\\z=0,\end{cases}\quad \mathrm{d}s=R\mathrm{d}\theta$$

$$L_2:\begin{cases}y^2+z^2=R^2\\x=0\end{cases}\Rightarrow\begin{cases}x=0,\\y=R\cos\theta,\\z=R\sin\theta,\end{cases}\quad \mathrm{d}s=R\mathrm{d}\theta$$

$$L_3:\begin{cases}x^2+z^2=R^2\\y=0\end{cases}\Rightarrow\begin{cases}x=R\sin\theta,\\y=0,\\z=R\cos\theta,\end{cases}\quad \mathrm{d}s=R\mathrm{d}\theta$$

曲线形构件的质量为

$$m = \int_I \mu ds = \int_{L_1+L_2+L_3} ds = 3 \cdot \frac{2\pi R}{4} = \frac{3\pi R}{2}$$

由对称性可知 $\bar{x} = \bar{y} = \bar{z}$，而

$$
\begin{aligned}
\bar{x} &= \frac{1}{m}\int_\Gamma x\mu ds = \frac{1}{m}\int_{L_1+L_2+L_3} x ds \\
&= \frac{1}{m}\left(\int_{L_1} x ds + \int_{L_2} x ds + \int_{L_3} x ds\right) \\
&= \frac{1}{m}\left(\int_0^{\frac{\pi}{2}} R\cos\theta \cdot R d\theta + 0 + \int_0^{\frac{\pi}{2}} R\sin\theta \cdot R d\theta\right) \\
&= \frac{2R^2}{m} = \frac{4R}{3\pi}
\end{aligned}
$$

故此曲线形构件的重心为 $\left(\dfrac{4R}{3\pi}, \dfrac{4R}{3\pi}, \dfrac{4R}{3\pi}\right)$.

【例 9-8】 计算下列对坐标的曲线积分.

(1)（A类） $\displaystyle\int_L (xy+x)dx + \frac{x^2}{2}dy$，$L$ 是 $x^2+y^2=R^2$ 的第一象限由 $(0, R)$ 到 $(R, 0)$ 的部分，如图 9-8 所示.

(2)（B类） $\displaystyle\int_{\overset{\frown}{AOB}} (12xy + e^y)dx - (\cos y - xe^y)dy$，其中 $\overset{\frown}{AOB}$ 为由点 $A(-1, 1)$ 沿曲线 $y=x^2$ 到点 $O(0, 0)$，再沿直线 $y=0$ 至点 $B(2, 0)$ 的路径.

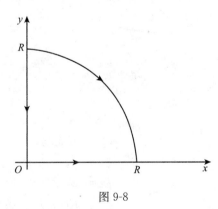

图 9-8

(1) **解 1** 用直角坐标计算. 把 L 的方程表示为 $y = \sqrt{R^2-x^2}$，起点 $(0, R)$ 对应的 x 为 0，终点 $(R, 0)$ 对应的 x 为 R，则

$$\int_L (xy+x)dx + \frac{x^2}{2}dy$$

$$= \int_0^R (x\sqrt{R^2-x^2}+x)\mathrm{d}x + \int_0^R \frac{x^2}{2}\frac{-x}{\sqrt{R^2-x^2}}\mathrm{d}x = \frac{1}{2}R^2$$

解 2　因积分曲线 L 是圆弧的一部分，因此还可采用参数方程计算. L 的参数方程 $x=R\cos t$，$y=R\sin t$，起点 $(0，R)$ 对应 $t=\frac{\pi}{2}$，终点 $(R，0)$ 对应 $t=0$，于是

$$\int_L (xy+x)\mathrm{d}x + \frac{x^2}{2}\mathrm{d}y$$
$$= \int_{\frac{\pi}{2}}^0 (R\cos t R\sin t + R\cos t)R(-\sin t)\mathrm{d}t + \int_{\frac{\pi}{2}}^0 \frac{1}{2}R^2\cos^2 t R\cos t\mathrm{d}t$$
$$= \frac{1}{2}R^2$$

解 3　利用曲线积分与路径无关的条件计算.

$$P=xy+x，\qquad Q=\frac{x^2}{2} \Rightarrow \frac{\partial P}{\partial y}=x=\frac{\partial Q}{\partial x}$$

在 xOy 面（单连域）上恒成立，故该积分与路径无关. 于是可改换积分路径，沿折线 $(0，R)\rightarrow(0，0)\rightarrow(R，0)$ 积分，如图 9-8.

$$\int_L (xy+x)\mathrm{d}x + \frac{x^2}{2}\mathrm{d}y = \int_R^0 0\mathrm{d}y + \int_0^R x\mathrm{d}x = \frac{1}{2}R^2$$

注：本题也可用格林公式. 首先补上一段路径 L，使 $L+L_1$ 构成闭路，但由于 $\oint_{L_1+L}=0$，所以实质上还要计算所补路径的积分，也就是改变路径.

解 4　分项组合，求 $u(x，y)$.

$$\int_L (xy+x)\mathrm{d}x + \frac{x^2}{2}\mathrm{d}y = \int_L \left(xy\mathrm{d}x + \frac{x^2}{2}\mathrm{d}y\right) + \int_L x\mathrm{d}x$$
$$= \int_{(0，R)}^{(R，0)} \mathrm{d}\left(\frac{x^2}{2}y\right) + \int_{(0，R)}^{(R，0)} \mathrm{d}\frac{x^2}{2}$$
$$= \left(\frac{1}{2}x^2 y + \frac{1}{2}x^2\right)\Big|_{(0，R)}^{(R，0)} = \frac{1}{2}R^2$$

（2）**解 1**　直接计算.

$$\int_{\overset{\frown}{AOB}} (12xy + e^y)\mathrm{d}x - (\cos y - xe^y)\mathrm{d}y$$
$$= \int_{\overset{\frown}{AO}} (12xy + e^y)\mathrm{d}x - (\cos y - xe^y)\mathrm{d}y +$$
$$\int_{\overline{OB}} (12xy + e^y)\mathrm{d}x - (\cos y - xe^y)\mathrm{d}y$$

$$= \int_{-1}^0 (12xx^2 + \mathrm{e}^{x^2}) \mathrm{d}x - \int_1^0 (\cos y + \sqrt{y}\mathrm{e}^y) \mathrm{d}y + \int_0^2 \mathrm{e}^0 \mathrm{d}x$$

（这里第一项用方程 $y = x^2$，第二项用方程 $x = -\sqrt{y}$，第三项用方程 $y = 0$.）

$$= -3 + \int_{-1}^0 \mathrm{e}^{x^2} \mathrm{d}x + \sin 1 - \int_1^0 \sqrt{y}\mathrm{e}^y \mathrm{d}y + 2$$

$$= \sin 1 - 1 + \int_{-1}^0 \mathrm{e}^{x^2} \mathrm{d}x - \int_1^0 \sqrt{y}\mathrm{e}^y \mathrm{d}y$$

$$= \sin 1 + \mathrm{e} - 1$$

注：$\displaystyle\int_1^0 \sqrt{y}\mathrm{e}^y \mathrm{d}y = \int_1^0 \sqrt{y}\mathrm{d}\mathrm{e}^y = \sqrt{y}\mathrm{e}^y \Big|_1^0 - \int_1^0 \mathrm{e}^y \mathrm{d}\sqrt{y}$

$$= -\mathrm{e} + \int_0^1 \mathrm{e}^y \mathrm{d}\sqrt{y} \xlongequal{\ \diamondsuit\sqrt{y} = -t\ } -\mathrm{e} - \int_0^{-1} \mathrm{e}^{t^2} \mathrm{d}t$$

说明：对第二类曲线积分解法之一——直接化为对参数的定积求解.

适宜范围：当被积函数 P，Q 的形式较为简单，且将积分曲线 L 的方程代入积分式作定积分较容易时，可直接计算.

此题的解法 1 显然不好，下面给出另外两种解法.

解 2 显然

$$\int_{\overset{\frown}{AOB}} = \int_{\overset{\frown}{AO}} + \int_{\overline{OB}}$$

且后一积分容易计算. 因为 $\overline{OB}$：$y = 0$，x 从 0 到 2，所以

$$\int_{\overline{OB}} (12xy + \mathrm{e}^y) \mathrm{d}x - (\cos y - x\mathrm{e}^y) \mathrm{d}y$$

$$= \int_0^2 \mathrm{d}x = 2$$

下面用格林公式计算 $\displaystyle\int_{\overset{\frown}{AO}}$.

$$\frac{\partial Q}{\partial x} - \frac{\partial P}{\partial y} = \mathrm{e}^y - 12x - \mathrm{e}^y = -12x$$

因为 $\overset{\frown}{AO}$ 为非封闭曲线，所以连 $\overline{OC}$，$\overline{CA}$（如图 9-9 所示），使 $\overset{\frown}{AO} + \overline{OC} + \overline{CA}$ 为封闭曲线，从而有

$$\int_{\overset{\frown}{AO}} = \oint_{\overset{\frown}{AO} + \overline{OC} + \overline{CA}} - \int_{\overline{OC}} - \int_{\overline{CA}}$$

$$\oint_{\overset{\frown}{AO} + \overline{OC} + \overline{CA}} = \iint_D (-12x) \mathrm{d}x\mathrm{d}y = \int_{-1}^0 \mathrm{d}x \int_{x^2}^1 (-12x) \mathrm{d}y$$

$$=-12\int_{-1}^{0}x(1-x^2)\mathrm{d}x=3$$

$$\overline{OC}:x=0,\quad y:0\to 1$$

$$\overline{CA}:y=1,\quad x:0\to -1$$

$$\int_{\overline{OC}}(12xy+\mathrm{e}^y)\mathrm{d}x-(\cos y-x\mathrm{e}^y)\mathrm{d}y$$

$$=\int_{0}^{1}-\cos y\mathrm{d}y=-\sin 1$$

$$\int_{\overline{CA}}(12xy+\mathrm{e}^y)\mathrm{d}x-(\cos y-x\mathrm{e}^y)\mathrm{d}y$$

$$=\int_{0}^{-1}(12x+\mathrm{e})\mathrm{d}x=6-\mathrm{e}$$

$$\int_{\widehat{AO}}=\oint_{\widehat{AO}+\overline{OC}+\overline{CA}}-\int_{\overline{OC}}-\int_{\overline{CA}}$$

$$=3-(-\sin 1)-6+\mathrm{e}=-3+\sin 1+\mathrm{e}$$

所以

$$\int_{\widehat{AOB}}=\int_{\widehat{AO}}+\int_{\overline{OB}}=-3+\sin 1+\mathrm{e}+2=\mathrm{e}+\sin 1-1$$

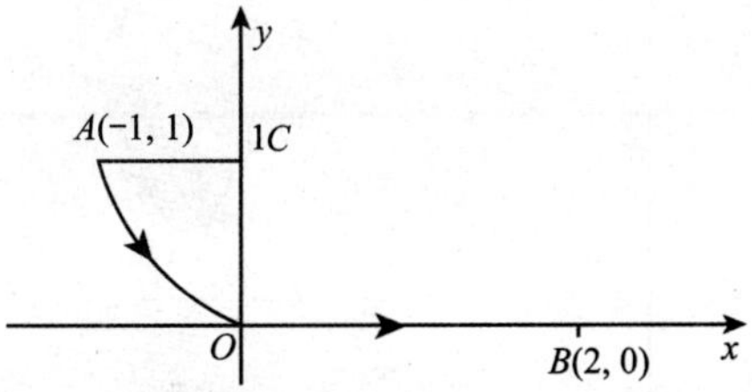

图 9-9

解 3　因为

$$P\mathrm{d}x+Q\mathrm{d}y=12xy\mathrm{d}x+\mathrm{e}^y\mathrm{d}x-\cos y\mathrm{d}y+x\mathrm{e}^y\mathrm{d}y$$

$$=12xy\mathrm{d}x+(\mathrm{e}^y\mathrm{d}x+x\mathrm{e}^y\mathrm{d}y)-\mathrm{d}\sin y$$

$$=12xy\mathrm{d}x+\mathrm{d}(x\mathrm{e}^y-\sin y)$$

$$\int_{\widehat{AO}}(12xy+\mathrm{e}^y)\mathrm{d}x-(\cos y-x\mathrm{e}^y)\mathrm{d}y$$

$$=\int_{\widehat{AO}}12xy\mathrm{d}x+\int_{\widehat{AO}}\mathrm{d}(x\mathrm{e}^y-\sin y)$$

$$=-3+(x\mathrm{e}^y-\sin y)\Big|_{(-1,1)}^{(0,0)}=-3+\sin 1+\mathrm{e}$$

又因为

$$\int_{\overline{OB}} (12xy + e^y)\,dx - (\cos y - xe^y)\,dy = 2$$

故

$$\int_{\widehat{AOB}} (12xy + e^y)\,dx - (\cos y - xe^y)\,dy$$

$$= \int_{\widehat{AO}} + \int_{\overline{OB}} = \sin 1 + e - 1$$

【例 9-9】（B 类）　计算曲线积分

$$\int_L (e^x \sin y - b(x+y))\,dx + (e^x \cos y - ax)\,dy$$

其中，a，b 为正常数，L 为从 A（$2a$，0）沿曲线 $y = \sqrt{2ax - x^2}$ 到点 O（0，0）的有向弧.

分析： 先计算 $\dfrac{\partial Q}{\partial x} - \dfrac{\partial P}{\partial y} = -a + b$，因此可用格林公式. 如图 9-10 所示，$L$ 是从 A 到 O 的半圆，不封闭，所以补 $\overline{OA}$，使 $L + \overline{OA}$ 成封闭曲线.

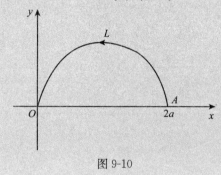

图 9-10

解　　　　$P = e^x \sin y - b(x+y)$，　$Q = e^x \cos y - ax$

$$\frac{\partial Q}{\partial x} - \frac{\partial P}{\partial y} = e^x \cos y - a - e^x \cos y + b = -a + b$$

$$\int_L = \oint_{L+\overline{OA}} - \int_{\overline{OA}} = \iint_D (b-a)\,d\sigma - \int_{\overline{OA}}$$

$$= (b-a)\,\frac{\pi a^2}{2} - \int_{\overline{OA}}$$

又因为 $\overline{OA}$：$y = 0$，x 从 0 到 $2a$，所以

$$\int_{\overline{OA}} = \int_0^{2a} -bx\,dx = -2a^2 b$$

所以

$$\int_L (e^x \sin y - b(x+y))\mathrm{d}x + (e^x \cos y - ax)\mathrm{d}y$$

$$= \frac{1}{2}\pi a^2(b-a) + 2a^2 b$$

练习题 9-7　计算 $\displaystyle\int_L \sqrt{x^2+y^2}\mathrm{d}x + y[xy + \ln(x+\sqrt{x^2+y^2})]\mathrm{d}y$，其中 L 为曲线 $y = \sin x\,(\pi \leqslant x \leqslant 2\pi)$ 按 x 增长的方向.

　　答案： $\dfrac{3}{2}\pi^2 - \dfrac{4}{9}$.

【例 9-10】（B 类）　计算曲线积分

$$\oint_L \left(1 - \frac{y^2}{x^2}\cos\frac{y}{x}\right)\mathrm{d}x + \left(\sin\frac{y}{x} + \frac{y}{x}\cos\frac{y}{x} + x^2\right)\mathrm{d}y$$

其中，L 是曲线 $x^2+y^2=2y$，$x^2+y^2=4y$，$x-\sqrt{3}y=0$ 及 $y-\sqrt{3}x=0$ 所围成的区域的边界，按逆时针方向.

　　分析： 积分曲线 L 是由四条曲线组成的封闭曲线，如图 9-11 所示，又 $\dfrac{\partial Q}{\partial x} - \dfrac{\partial P}{\partial y} = 2x$，故用格林公式较方便.

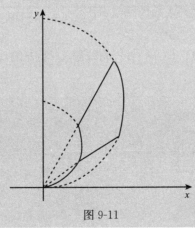

图 9-11

　　解

$$P = 1 - \frac{y^2}{x^2}\cos\frac{y}{x}$$

$$Q = \sin\frac{y}{x} + \frac{y}{x}\cos\frac{y}{x} + x^2$$

$$\frac{\partial Q}{\partial x} = -\frac{2y}{x^2}\cos\frac{y}{x} + \frac{y^2}{x^3}\sin\frac{y}{x} + 2x$$

$$\frac{\partial P}{\partial y} = -\frac{2y}{x^2}\cos\frac{y}{x} + \frac{y^2}{x^3}\sin\frac{y}{x}$$

$$\frac{\partial Q}{\partial x} - \frac{\partial P}{\partial y} = 2x$$

$$\oint_L \left(1 - \frac{y^2}{x^2}\cos\frac{y}{x}\right)\mathrm{d}x + \left(\sin\frac{y}{x} + \frac{y}{x}\cos\frac{y}{x} + x^2\right)\mathrm{d}y$$

$$= \iint_D 2x\,\mathrm{d}x\mathrm{d}y = \int_{\frac{\pi}{6}}^{\frac{\pi}{3}}\mathrm{d}\theta\int_{2\sin\theta}^{4\sin\theta}2r\cos\theta \cdot r\mathrm{d}r = \frac{112}{3}\int_{\frac{\pi}{6}}^{\frac{\pi}{3}}\sin^3\theta\cos\theta\mathrm{d}\theta$$

$$= \frac{14}{3}$$

（采用极坐标，曲线方程为 $r = 2\sin\theta$，$r = 4\sin\theta$，$\theta = \frac{\pi}{6}$，$\theta = \frac{\pi}{3}$．）

练习题 9-8　计算 $\int_L y\mathrm{d}x + (\sqrt[3]{\sin y} - x)\mathrm{d}y$，$L$ 是依次连接 $A(-1,0)$，$B(2,1)$，$C(1,0)$ 的折线段．

　　答案：2.

【例 9-11】（C 类）　计算曲线积分

$$I = \int_{\widehat{AMB}}[\varphi(y)\cos x - \pi y]\mathrm{d}x + [\varphi'(y)\sin x - \pi]\mathrm{d}y$$

其中，$\widehat{AMB}$ 为连接点 $A(\pi,2)$、$B(3\pi,4)$ 的线段 $\overline{AB}$ 下方的任意曲线段，且该曲线与线段 $\overline{AB}$ 所围图形的面积为 2.

　　分析：积分曲线如图 9-12 所示，$\dfrac{\partial Q}{\partial x} - \dfrac{\partial P}{\partial y} = \pi \neq 0$，又 $\widehat{AMB}$ 不封闭，故添加线段 $\overline{BA}$，使曲线封闭，然后利用格林公式.

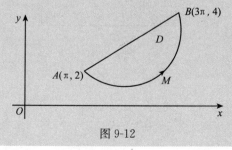

图 9-12

　　解　因为

$$P = \varphi(y)\cos x - \pi y, \quad Q = \varphi'(y)\sin x - \pi$$

$$\frac{\partial P}{\partial y} = \varphi'(y)\cos x - \pi, \quad \frac{\partial Q}{\partial x} = \varphi'(y)\cos x, \quad \frac{\partial Q}{\partial x} - \frac{\partial P}{\partial y} = \pi$$

于是

$$\int_{\overarc{AMB}} = \oint_{\overarc{AMB}+\overline{BA}} - \int_{\overline{BA}} = \iint_D \pi \mathrm{d}x\mathrm{d}y - \int_{\overline{BA}} = 2\pi - \int_{\overline{BA}}$$

又因为 $\overline{BA}$：$y = \dfrac{x}{\pi} + 1$，x 由 3π 到 π，所以

$$\int_{\overline{BA}} = \int_{3\pi}^{\pi} \left\{ \left[\varphi\left(\frac{x}{\pi} + 1 \right)\cos x - \pi\left(\frac{x}{\pi} + 1 \right) \right] + \left[\varphi'\left(\frac{x}{\pi} + 1 \right)\sin x - \pi \right]\frac{1}{\pi} \right\}\mathrm{d}x$$

$$= \int_{3\pi}^{\pi} \varphi\left(\frac{x}{\pi} + 1 \right)\cos x \mathrm{d}x + \int_{3\pi}^{\pi} \frac{1}{\pi}\varphi'\left(\frac{x}{\pi} + 1 \right)\sin x \mathrm{d}x - \int_{3\pi}^{\pi} (\pi + 1 + x)\mathrm{d}x$$

$$= \int_{3\pi}^{\pi} \varphi\left(\frac{x}{\pi} + 1 \right)\cos x \mathrm{d}x + \left[\varphi\left(\frac{x}{\pi} + 1 \right)\sin x \right]_{3\pi}^{\pi} - \int_{3\pi}^{\pi} \varphi\left(\frac{x}{\pi} + 1 \right)\cos x \mathrm{d}x -$$

$$\left[(\pi + 1)x + \frac{1}{2}x^2 \right]\Big|_{3\pi}^{\pi} = 2\pi(1 + 3\pi)$$

故

$$I = 2\pi - 2\pi\,(1 + 3\pi)\ = -6\pi^2$$

练习题 9-9　计算 $\displaystyle\int_{\overarc{AMB}} (e^x\sin y + 8y)\mathrm{d}x + (e^x\cos y - 7x)\mathrm{d}y$，其中 $\overarc{AMB}$ 是上半圆周，A，B 的坐标分别为 $(1,0)$ 和 $(7,0)$．

答案：$\dfrac{135}{2}\pi$．

【例 9-12】（B 类）　计算

$$\int_{\Gamma} (y - z)\mathrm{d}x + (z - x)\mathrm{d}y + (x - y)\mathrm{d}z$$

其中，Γ 为椭圆 $x^2 + y^2 = 1$，$x + z = 1$，且从 x 轴正向看去，Γ 的方向是顺时针．

分析：此题是空间曲线上对坐标的曲线积分．一般应将积分曲线 Γ 化为参数方程，进而将曲线积分化为对参数的定积分．

解　曲线 Γ 的参数方程 $x = \cos\theta, y = \sin\theta, z = 1 - \cos\theta$，且 θ 从 2π 到 0，从而有

$$\int_{\Gamma} (y - z)\mathrm{d}x + (z - x)\mathrm{d}y + (x - y)\mathrm{d}z$$

$$= \int_{2\pi}^{0} \left[(\sin\theta - 1 + \cos\theta)(-\sin\theta) + (1 - 2\cos\theta)\cos\theta + (\cos\theta - \sin\theta)\sin\theta \right]\mathrm{d}\theta$$

$$= \int_{2\pi}^{0} (\sin\theta + \cos\theta - 2)\mathrm{d}\theta = 4\pi$$

练习题 9-10 计算曲线积分 $\oint_{\Gamma} (z-y)\mathrm{d}x + (x-z)\mathrm{d}y + (x-y)\mathrm{d}z$，其中 Γ 是曲线

$$\begin{cases} x^2 + y^2 = 1 \\ x - y + z = 2 \end{cases}$$

从 z 轴正向往 z 轴负向看 Γ 的方向是顺时针方向.

答案： -2π.

【例 9-13】（B 类）　计算

$$\int_{(0,0)}^{(1,2)} (\mathrm{e}^y + x)\mathrm{d}x + (x\mathrm{e}^y - 2y)\mathrm{d}y$$

其中，积分路径为过三点 $O(0,0)$，$C(0,1)$，$B(1,2)$ 的圆弧段.

分析： 此题若直接化为对参数的定积分，就需要写出积分曲线的参数方程，而求过三点的圆的参数方程相当烦琐，故直接积分不可取. 按计算积分 $\int_L P\mathrm{d}x + Q\mathrm{d}y$ 的步骤，应考察 $\dfrac{\partial P}{\partial y}$ 与 $\dfrac{\partial Q}{\partial x}$ 是否相等，若相等，便可利用积分与路径无关的条件来求解，使问题简化，此题满足 $\dfrac{\partial P}{\partial y} = \dfrac{\partial Q}{\partial x}$.

解 1 因为

$$P = \mathrm{e}^y + x, \quad Q = x\mathrm{e}^y - 2y \Rightarrow \frac{\partial P}{\partial y} = \mathrm{e}^y = \frac{\partial Q}{\partial x}$$

此积分与路径无关，故可选择折线路径 OAB（如图 9-13）积分.

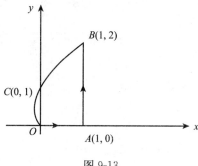

图 9-13

$$\int_{(0,0)}^{(1,2)} (e^y+x)dx+(xe^y-2y)dy=\int_{\overline{OA}}+\int_{\overline{AB}}$$

$$=\int_0^1 (1+x)dx+\int_0^2 (e^y-2y)dy=e^2-\frac{7}{2}$$

解2　求 $u(x,y)$.

$$\int_{(0,0)}^{(1,2)} (e^y+x)dx+(xe^y-2y)dy=\int_{(0,0)}^{(1,2)} d(xe^y+\frac{x^2}{2}-y^2)$$

$$=(xe^y+\frac{x^2}{2}-y^2)\ \bigg|_{(0,0)}^{(1,2)}=e^2-\frac{7}{2}$$

练习题 9-11　计算曲线积分 $\int_L e^x dy+ye^x dx$，式中 L 是由参数方程 $\begin{cases} x=\cos t+t\sin t \\ y=\sin t-t\cos t \end{cases}$ 所表示的曲线从 $t=0$ 到 $t=2\pi$ 的一段.

　　答案： $-2\pi e$.

【例 9-14】（B 类）　计算 $\oint_L \dfrac{2xy dx+x^2 dy}{|x|+|y|}$，其中 L 为闭合回路 $ABCD$，点 A，B，C，D 的坐标分别为 $(1,0)$，$(0,1)$，$(-1,0)$，$(0,1)$.

　　分析： 积分曲线 L 是分段光滑，可以分段计算，但这样计算比较烦琐．因为曲线 L 的方程可表示为 $|x|+|y|=1$，所以可先将被积表达式化简，以简化计算.

　　解　L 的方程可表示为 $|x|+|y|=1$，因为被积函数定义在 L 上，所以

$$\oint_L \frac{2xy dx+x^2 dy}{|x|+|y|}=\oint_L 2xy dx+x^2 dy$$

这里

$$P=2xy,\ Q=x^2 \Rightarrow \frac{\partial P}{\partial y}=2x=\frac{\partial Q}{\partial x}$$

故沿 xOy 面内的任意闭曲线的积分为零，从而

$$\oint_L \frac{2xy dx+x^2 dy}{|x|+|y|}=\oint_L 2xy dx+x^2 dy=0$$

【例 9-15】（B 类）　计算曲线积分

$$\int_L \frac{(x+y)dx-(x-y)dy}{x^2+y^2}$$

其中，L 是沿 $y=\pi\cos x$ 由 $A(-\pi,-\pi)$ 到 $B(\pi,-\pi)$ 的曲线弧.

分析：因为当$(x, y) \neq (0, 0)$时$\dfrac{\partial P}{\partial y} = \dfrac{x^2 - 2xy - y^2}{(x^2 + y^2)^2} = \dfrac{\partial Q}{\partial x}$，所以该曲线积分在不包含原点的单连域内与路径无关，故可以改变积分路径．可选的路径很多，但因P，Q有奇点$O(0, 0)$，所以要明确：① 所选路径应不通过原点$O(0, 0)$，且原点也不在所选路径与L所围的区域内（保证区域为单连域）；② 计算要比较简单可行．

由以上分析可知，所选路径如图 9-14 所示，不能为直线段AB，也不能为x轴下方以A，B为端点的任何曲线．

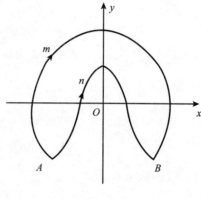

图 9-14

解 1　因为P，Q的分母中含有$x^2 + y^2$，而L的两端点在圆周$x^2 + y^2 = 2\pi^2$上，故选取积分路径为圆周$x^2 + y^2 = 2\pi^2$（曲线L上方）上从$A(-\pi, -\pi)$到$B(\pi, -\pi)$的圆弧段，如图 9-14 所示，于是用圆的参数方程

$$\overset{\frown}{AmB} : \begin{cases} x = \sqrt{2}\pi\cos t \\ y = \sqrt{2}\pi\sin t \end{cases}$$

起点A对应$t = \dfrac{5\pi}{4}$，终点B对应$t = -\dfrac{\pi}{4}$．

$$
\begin{aligned}
\int_{L(\overset{\frown}{AnB})} &= \int_{L'(\overset{\frown}{AmB})} \\
&= \int_{\frac{5\pi}{4}}^{-\frac{\pi}{4}} \frac{\sqrt{2}\pi(\cos t + \sin t)(-\sqrt{2}\pi\sin t) - \sqrt{2}\pi(\cos t - \sin t)\sqrt{2}\pi\cos t}{(\sqrt{2}\pi\cos t)^2 + (\sqrt{2}\pi\sin t)^2} \mathrm{d}t \\
&= \int_{\frac{5\pi}{4}}^{-\frac{\pi}{4}} (-\sin t\cos t - \sin^2 t - \cos^2 t + \sin t\cos t)\mathrm{d}t \\
&= \frac{3}{2}\pi
\end{aligned}
$$

解 2　取折线路径 $A \rightarrow C \rightarrow D \rightarrow B$，如图 9-15 所示.

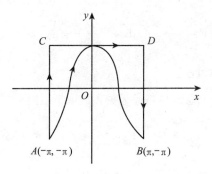

图 9-15

$$\int_L = \int_{\overline{AC}} + \int_{\overline{CD}} + \int_{\overline{DB}} = \frac{3}{2}\pi$$

比较两种解法可知，在曲线积分 $\int_A^B P\mathrm{d}x + Q\mathrm{d}y$ 与路径无关的情况下，当 P 和 Q 的分母中含有 $x^2 + y^2$ 且 A，B 两点在圆 $x^2 + y^2 = R^2$（R 为某一正常数）上时，选择圆 $x^2 + y^2 = R^2$ 作为积分路径计算较简便.

> **练习题 9-12**　计算曲线积分 $\displaystyle\int_L \frac{(x-y)\mathrm{d}x + (x+y)\mathrm{d}y}{x^2+y^2}$，其中 L 是从点 $A(-a, 0)$ 经上半椭圆 $\dfrac{x^2}{a^2} + \dfrac{y^2}{b^2} = 1$（$y \geqslant 0$）到点 $B(a, 0)$ 的弧段.
>
> **答案**：$-\pi$.

【例 9-16】（B 类）　在 $x > 0$ 的区域内，选取 a，b，使 $\dfrac{ax+y}{x^2+y^2}\mathrm{d}x - \dfrac{x-y+b}{x^2+y^2}\mathrm{d}y$ 为函数 $u(x, y)$ 的全微分，并求原函数 $u(x, y)$.

> **分析**：依题意，应由 $\dfrac{\partial Q}{\partial x} = \dfrac{\partial P}{\partial y}$ 来确定 a，b，然后再求 $u(x, y)$.

解　因为

$$P = \frac{ax+y}{x^2+y^2}, \quad Q = -\frac{x-y+b}{x^2+y^2}$$

分别求导得

$$\frac{\partial P}{\partial y} = \frac{x^2 - 2axy - y^2}{(x^2+y^2)^2} \qquad \frac{\partial Q}{\partial x} = \frac{x^2 - y^2 - 2xy + 2bx}{(x^2+y^2)^2}$$

由 $\dfrac{\partial Q}{\partial x}=\dfrac{\partial P}{\partial y}$ $(x^2+y^2\neq 0)$，即 $x^2-y^2-2xy+2bx=x^2-2axy-y^2$ 得 $a=1$，$b=0$，所以

$$Pdx+Qdy=\frac{x+y}{x^2+y^2}dx-\frac{x-y}{x^2+y^2}dy \quad (x^2+y^2\neq 0)$$

是某一函数 $u(x,y)$ 的全微分.

由于曲线积分 $\displaystyle\int_{(1,0)}^{(x,y)}Pdx+Qdy$ 与路径无关，故取折线路径 $(1,0)\rightarrow(x,0)\rightarrow(x,y)$，则

$$
\begin{aligned}
u(x,y)&=\int_{(1,0)}^{(x,y)}\frac{(x+y)dx-(x-y)dy}{x^2+y^2}+C\\
&=\int_1^x\frac{1}{x}dx-\int_0^y\frac{x-y}{x^2+y^2}dy+C\\
&=\frac{1}{2}\ln(x^2+y^2)-\arctan\frac{y}{x}+C
\end{aligned}
$$

注：也可取路径 $(1,0)\rightarrow(1,y)\rightarrow(x,y)$ 计算. 当被积表达式比较简单时，也可用分项凑微分的方法求 $u(x,y)$.

练习题 9-13 选取 a，b，使表达式.
$$[(x+y+1)e^x+ae^y]dx+[be^x-(x+y+1)e^y]dy$$
为某一函数的全微分，并求这个函数 $u(x,y)$.
答案：$a=-1$，$b=1$，$u(x,y)=(x+y)(e^x-e^y)+C$

【例 9-17】 计算曲线积分 $\displaystyle\oint_L\frac{ydx-(x-1)dy}{(x-1)^2+y^2}$，其中

(1)（A 类）L 为圆周 $x^2+y^2-2y=0$ 的正向；

(2)（B 类）L 为椭圆 $4x^2+y^2=8x$ 的正向.

分析：本题虽是封闭曲线，但能否用格林公式一定要三思. 因为 P，Q 有奇点 $(1,0)$，所以一定要判定 $(1,0)$ 是否在 L 所围的区域内.

解 因为

$$P=\frac{y}{(x-1)^2+y^2},\quad Q=\frac{-(x-1)}{(x-1)^2+y^2}$$

$$\frac{\partial P}{\partial y}=\frac{(x-1)^2-y^2}{[(x-1)^2+y^2]^2}=\frac{\partial Q}{\partial x}$$

在全平面上除点 $(1,0)$ 外的复连通域内成立.

(1) 如图 9-16 所示，点 $(1,0)$ 不在 L 所围区域内，故用格林公式得

$$\oint_L \frac{y\mathrm{d}x-(x-1)\mathrm{d}y}{(x-1)^2+y^2}=\iint_D 0\mathrm{d}x\mathrm{d}y=0$$

（2）点 $(1,0)$ 在 L 所围区域内，如图 9-17 所示，需在 L 所围的区域内作 l 包围 $(1,0)$. 由于被积表达式的分母为 $(x-1)^2+y^2$，所以作 $l:(x-1)^2+y^2=r^2$，方向与 L 相同，则

$$\oint_L \frac{y\mathrm{d}x-(x-1)\mathrm{d}y}{(x-1)^2+y^2}=\oint_l \frac{y\mathrm{d}x-(x-1)\mathrm{d}y}{(x-1)^2+y^2}$$

$$=\int_0^{2\pi} \frac{r\sin\theta(-r\sin\theta)-r\cos\theta\cdot r\cos\theta}{r^2}\mathrm{d}\theta=-2\pi$$

其中，l 的参数方程为 $x=1+r\cos\theta,y=r\sin\theta,\theta$ 从 0 到 2π.

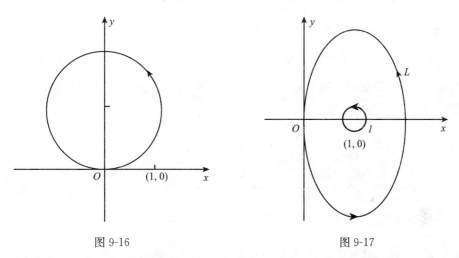

图 9-16   图 9-17

练习题 9-14 计算曲线积分 $\oint_L \dfrac{x\mathrm{d}y-y\mathrm{d}x}{4x^2+y^2}$，其中 L 是以点 $(1,0)$ 为中心，以 R 为半径的圆周 $(R>1)$ 取逆时针方向.

答案：π.

提示：因为 $\dfrac{\partial P}{\partial y}=\dfrac{\partial Q}{\partial x}$，所以作 $l:4x^2+y^2=r^2$（r 足够小，使 l 全含在 L 内）取逆时针方向，得 $\oint_L=\oint_l$.

平面第二类曲线积分 $\displaystyle\int_L P\mathrm{d}x+Q\mathrm{d}y$ 计算小结

（1）先计算 $\dfrac{\partial Q}{\partial x}-\dfrac{\partial P}{\partial y}$ 的值，然后根据 $\dfrac{\partial Q}{\partial x}-\dfrac{\partial P}{\partial y}$ 的情况按下列顺序选择计算方法.

① L 是封闭的, $\dfrac{\partial Q}{\partial x}-\dfrac{\partial P}{\partial y}$ 比较简单, 且 $\dfrac{\partial Q}{\partial x}$, $\dfrac{\partial P}{\partial y}$ 在 L 所围成的区域内连续, 则可直接使用格林公式得到结果.

② L 是封闭的, $\dfrac{\partial Q}{\partial x}-\dfrac{\partial P}{\partial y}=0$, 但 $\dfrac{\partial Q}{\partial x}$, $\dfrac{\partial P}{\partial y}$ 在 L 所围成区域 D 内有间断点 (称奇点), 则在 D 内取一个小的闭曲线 l 包住奇点. 注意 l 的取法要使 $\displaystyle\int_l$ 可算出结果, 如常取使被积表达式的分母为常数对应的方程 (如例 9-17 (2)), 选取或改变 L 与 l 的方向, 使 $L+l$ 围成的区域 D_1 内 $\dfrac{\partial Q}{\partial x}$, $\dfrac{\partial P}{\partial y}$ 无奇点, 则利用格林公式 $\displaystyle\int_L=\oint_{L+l}-\int_l=0-\int_l$ 算出结果.

③ $\dfrac{\partial Q}{\partial x}-\dfrac{\partial P}{\partial y}=0$ 或比较简单, 但 L 不封闭, 则加上一些线段 L_1, 使 $L+L_1$ 封闭. 注意, 为了方便计算, L_1 常取平行于坐标轴的直线段 (或折线) 或使被积表达式分母为常数的曲线 (如例 9-15), 则 $\displaystyle\int_L=\oint_{L+L_1}-\int_{L_1}$, 将 $\displaystyle\oint_{L+L_1}$ 按 ①、② 的方法处理, 而 $\displaystyle\int_{L_1}$ 是设计好可算出结果的.

(2) 求 $u(x, y)$, 使 $\mathrm{d}u=P\mathrm{d}x+Q\mathrm{d}y$, 则

$$\int_L P\mathrm{d}x+Q\mathrm{d}y=\int_{(x_1, y_1)}^{(x_2, y_2)}\mathrm{d}u=u(x_2, y_2)-u(x_1, y_1)$$

(3) 利用第二类曲线积分化为对参数的定积分直接计算 (要注意将曲线积分 $\displaystyle\int_L$ 化为定积分 $\displaystyle\int_\alpha^\beta$ 时, 下限 α 对应于 L 的起点, 上限 β 对应于 L 的终点, 不一定有 $\alpha<\beta$).

(4) 利用对称性计算、利用积分曲线的表达式化简被积函数简化计算 (如例 9-14).

【例 9-18】(B 类) 设函数 $f(x)$ 在 $(-\infty, +\infty)$ 内具有一阶连续导数, L 是上半平面 $(y>0)$ 内的有向分段光滑曲线, 其起点为 (a, b), 终点为 (c, d). 记

$$I=\int_L \frac{1}{y}[1+y^2 f(xy)]\mathrm{d}x+\frac{x}{y^2}[y^2 f(xy)-1]\mathrm{d}y$$

(1) 证明: 在 $y>0$ 内, 曲线积分 I 与路径 L 无关;

(2) 当 $ab=cd$ 时, 求 I 的值.

(1) **证** $P=\dfrac{1}{y}[1+y^2 f(xy)]$, $Q=\dfrac{x}{y^2}[y^2 f(xy)-1]$

因为

$$\frac{\partial P}{\partial y} = f(xy) - \frac{1}{y^2} + xyf'(xy) = \frac{\partial Q}{\partial x}$$

在上半平面内处处成立，所以在上半平面内曲线积分 I 与路径无关.

(2) **解1** 由于 I 与路径无关，故可取积分路径 L 为由点 (a, b) 到点 (c, b) 再到 (c, d) 的折线段，所以

$$I = \int_a^c \frac{1}{b}[1 + b^2 f(bx)]\mathrm{d}x + \int_b^d \frac{c}{y^2}[y^2 f(cy) - 1]\mathrm{d}y$$

$$= \frac{c-a}{b} + \int_a^c bf(bx)\mathrm{d}x + \int_b^d cf(cy)\mathrm{d}y + \frac{c}{d} - \frac{c}{b}$$

$$= \frac{c}{d} - \frac{a}{b} + \int_{ab}^{bx} f(t)\mathrm{d}t + \int_{bx}^{cd} f(t)\mathrm{d}t \quad (\text{经换元可得})$$

$$= \frac{c}{d} - \frac{a}{b} + \int_{ab}^{cd} f(t)\mathrm{d}t$$

当 $ab = cd$ 时，$\int_{ab}^{cd} f(t)\mathrm{d}t = 0$，由此得

$$I = \frac{c}{d} - \frac{a}{b}$$

解2

$$I = \int_L \frac{\mathrm{d}x}{y} - \frac{x\mathrm{d}y}{y^2} + \int_L yf(xy)\mathrm{d}x + xf(xy)\mathrm{d}y$$

$$\int_L \frac{\mathrm{d}x}{y} - \frac{x\mathrm{d}y}{y^2} = \int_L \mathrm{d}\frac{x}{y} = \int_{(a,b)}^{(c,d)} \mathrm{d}\frac{x}{y} = \frac{x}{y}\Big|_{(a,b)}^{(c,d)} = \frac{c}{d} - \frac{a}{b}$$

设 $F(x)$ 是 $f(x)$ 的一个原函数，则

$$\int_L yf(xy)\mathrm{d}x + xf(xy)\mathrm{d}y = \int_L f(xy)(x\mathrm{d}y + y\mathrm{d}x) = \int_L f(xy)\mathrm{d}(xy)$$

$$= \int_{(a,b)}^{(c,d)} \mathrm{d}F(xy) = F(cd) - F(ab)$$

所以当 $ab = cd$ 时，$F(cd) - F(ab) = 0$，由此得

$$I = \frac{c}{d} - \frac{a}{b}$$

【例 9-19】（C 类） 已知平面区域 $D = \{(x, y) \mid 0 \leqslant x \leqslant \pi, \ 0 \leqslant y \leqslant \pi\}$，$L$ 为 D 的正向边界，试证：

(1) $\oint_L x\mathrm{e}^{\sin y}\mathrm{d}y - y\mathrm{e}^{-\sin x}\mathrm{d}x = \oint_L x\mathrm{e}^{-\sin y}\mathrm{d}y - y\mathrm{e}^{\sin x}\mathrm{d}x$

(2) $\oint_L x\mathrm{e}^{\sin y}\mathrm{d}y - y\mathrm{e}^{-\sin x}\mathrm{d}x \geqslant 2\pi^2$

分析: (1) 是要证明同一条闭曲线上两个第二类曲线积分相等,一般有两种方法:一种是将等式两边线积分都化为定积分,证明所得的两个定积分相等;另一种是将等式两边闭曲线上的线积分用格林公式化为二重积分,证明所得的两个二重积分相等. (2) 是要证明一个闭曲线上的第二类曲线积分大于一个常数,应先用格林公式将闭曲线上的第二类曲线积分化为二重积分,然后证明所得二重积分大于右端常数.

证 (1) **证 1**

$$左 = \int_0^\pi \pi e^{\sin y} \mathrm{d}y - \int_\pi^0 \pi e^{-\sin x} \mathrm{d}x$$

$$= \pi \int_0^\pi (e^{\sin x} + e^{-\sin x}) \mathrm{d}x$$

$$右 = \int_0^\pi \pi e^{-\sin y} \mathrm{d}y - \int_\pi^0 \pi e^{\sin x} \mathrm{d}x$$

$$= \pi \int_0^\pi (e^{\sin x} + e^{-\sin x}) \mathrm{d}x$$

所以

$$\oint_L x e^{\sin y} \mathrm{d}y - y e^{-\sin x} \mathrm{d}x = \oint_L x e^{-\sin y} \mathrm{d}y - y e^{\sin x} \mathrm{d}x$$

证 2 由格林公式得

$$\oint_L x e^{\sin y} \mathrm{d}y - y e^{-\sin x} \mathrm{d}x = \iint_D (e^{\sin y} + e^{-\sin x}) \mathrm{d}\sigma$$

$$\oint_L x e^{-\sin y} \mathrm{d}y - y e^{\sin x} \mathrm{d}x = \iint_D (e^{-\sin y} + e^{\sin x}) \mathrm{d}\sigma$$

因为 D 关于 $y = x$ 对称,所以

$$\iint_D (e^{\sin y} + e^{-\sin x}) \mathrm{d}\sigma = \iint_D (e^{-\sin y} + e^{\sin x}) \mathrm{d}\sigma$$

(2) 由 (1) 知

$$\oint_L x e^{\sin y} \mathrm{d}y - y e^{-\sin x} \mathrm{d}x$$

$$= \iint_D (e^{\sin y} + e^{-\sin x}) \mathrm{d}\sigma$$

$$= \iint_D (e^{\sin x} + e^{-\sin x}) \mathrm{d}\sigma$$

$$\geqslant \iint_D 2 \mathrm{d}\sigma \quad (\text{这里利用了 } a^2 + b^2 \geqslant 2ab)$$

$$= 2\pi^2$$

【例 9-20】（C 类）　设在上半平面 $D=\{(x, y) \mid y>0\}$ 内，函数 $f(x, y)$ 具有连续偏导数，且对任意 $t>0$ 都有 $f(tx, ty)=t^{-2}f(x, y)$，证明：对 D 内任意分段光滑的有向简单闭曲线 L，都有

$$\oint_L yf(x,y)\mathrm{d}x - xf(x,y)\mathrm{d}y = 0$$

分析：欲证明沿封闭曲线的积分为零，只需证 $\dfrac{\partial P}{\partial y}=\dfrac{\partial Q}{\partial x}$.

证　把 $f(tx, ty)=t^{-2}f(x, y)$ 两边对 t 求导，得

$$xf'_1(tx, ty)+yf'_2(tx, ty)=-2t^{-3}f(x, y)$$

令 $t=1$，得

$$xf'_x(x, y)+yf'_y(x, y)=-2f(x, y)$$

再令 $P=yf(x, y)$　$Q=-xf(x, y)$，求导得

$$\frac{\partial P}{\partial y}=f(x, y)+yf'_y(x, y),\ \frac{\partial Q}{\partial x}=-f(x, y)-xf'_x(x, y)$$

要证 $\dfrac{\partial P}{\partial y}=\dfrac{\partial Q}{\partial x}$ 成立，只要证 $xf'_x(x, y)+yf'_y(x, y)=-2f(x, y)$. 前面已证得

$$\frac{\partial P}{\partial y}=\frac{\partial Q}{\partial x}$$

所以

$$\oint_L yf(x, y)\mathrm{d}x - xf(x, y)\mathrm{d}y=0$$

练习题 9-15　证明：若 $f(u)$ 为连续函数，且 L 为逐段光滑的闭曲线，则

$$\oint_L f(\sqrt{x^2+y^2})(x\mathrm{d}x+y\mathrm{d}y)=0$$

提示：此题无法用条件 $\dfrac{\partial P}{\partial y}=\dfrac{\partial Q}{\partial x}$ 来证明，因为 $f(u)$ 仅是连续函数，所以采用 $\oint_L P\mathrm{d}x+Q\mathrm{d}y=0$ 的另一等价条件：存在 $u(x, y)$，使 $\mathrm{d}u=P\mathrm{d}x+Q\mathrm{d}y$.

$$f(\sqrt{x^2+y^2})(x\mathrm{d}x+y\mathrm{d}y)=\frac{1}{2}f(\sqrt{x^2+y^2})\mathrm{d}(x^2+y^2)$$

$$=\mathrm{d}\left[\frac{1}{2}\int_0^{x^2+y^2}f(\sqrt{t})\mathrm{d}t\right]$$

【例 9-21】（C 类）　设 C 是单连通域中的一条有连续变动切线的简单曲线，n 表示 C 的右（或外）法线方向，即当 C 的正单位切向量为 $\tau = (\cos \alpha, \cos \beta)$ 时，$[n, \tau]$ 成右手系，证明：

(1) $\displaystyle \int_C P \mathrm{d}x + Q \mathrm{d}y = \int_C (P\cos \alpha + Q\cos \beta)\mathrm{d}s = \int_C [Q\cos(\widehat{n, x}) - P\cos(\widehat{n, y})]\mathrm{d}s$

(2) 证明：当 $u = u(x, y)$ 连续可微，C 为正向简单闭曲线且 C 所围区域为 D 时，

$$\oint_C \frac{\partial u}{\partial n}\mathrm{d}s = \oint_C \frac{\partial u}{\partial x}\mathrm{d}y - \frac{\partial u}{\partial y}\mathrm{d}x = \iint_D \left(\frac{\partial^2 u}{\partial x^2} + \frac{\partial^2 u}{\partial y^2} \right) \mathrm{d}x\mathrm{d}y$$

其中，$\dfrac{\partial u}{\partial n}$ 是函数 $u = u(x, y)$ 在点 $p(x, y)$ 处沿方向 n 的方向导数.

分析：(1) 由两类曲线积分的关系 $\displaystyle \int_C P\mathrm{d}x + Q\mathrm{d}y = \int_C (P\cos \alpha + Q\cos \beta)\mathrm{d}s$ 知，只要找到 $\cos(\widehat{n, x})$ $\cos(\widehat{n, y})$ 与 $\cos \alpha$、$\cos \beta$ 的关系即可. (2) 将 $\displaystyle \oint_C \frac{\partial u}{\partial n}\mathrm{d}s$ 化为第二类曲线积分，从而能用格林公式.

解　(1) 如图 9-18 所示.

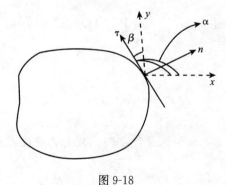

图 9-18

$$\cos(\widehat{n, x}) = \cos \beta, \quad \cos(\widehat{n, y}) = \cos\left(\frac{\pi}{2} - \beta \right)$$

$$= \sin \beta = \sin\left(\alpha - \frac{\pi}{2} \right) = -\cos \alpha$$

其他情形也可类似证得.

$$\cos(\widehat{n, x}) = \cos \beta, \quad \cos(\widehat{n, y}) = -\cos \alpha$$

于是

$$\int_C (P\mathrm{d}x + Q\mathrm{d}y) = \int_C (P\cos\alpha + Q\cos\beta)\mathrm{d}s$$

$$= \int_C \big[Q\cos(\widehat{\boldsymbol{n},\boldsymbol{x}}) - P\cos(\widehat{\boldsymbol{n},\boldsymbol{y}})\big]\mathrm{d}s$$

(2) $\displaystyle\oint_C \frac{\partial u}{\partial n}\mathrm{d}s = \oint_C \left[\frac{\partial u}{\partial x}\cos(\widehat{\boldsymbol{n},\boldsymbol{x}}) + \frac{\partial u}{\partial y}\cos(\widehat{\boldsymbol{n},\boldsymbol{y}})\right]\mathrm{d}s$

$$\xlongequal{\text{由 (1)}} \oint_C \left(\frac{\partial u}{\partial x}\cos\beta - \frac{\partial u}{\partial y}\cos\alpha\right)\mathrm{d}s$$

$$= \oint_C \frac{\partial u}{\partial x}\mathrm{d}y - \frac{\partial u}{\partial y}\mathrm{d}x$$

$$= \iint_D \left(\frac{\partial^2 u}{\partial x^2} + \frac{\partial^2 u}{\partial y^2}\right)\mathrm{d}x\mathrm{d}y$$

【例 9-22】　计算下列第一类曲面积分.

(1)（A 类）　$\displaystyle\oiint_\Sigma (x^2 + y^2 + z^2)\mathrm{d}s$，其中 Σ 为 $x=0$，$y=0$ 和 $x^2+y^2+z^2=R^2$ 所围立体在第一、五卦限部分的表面.

(2)（B 类）　$\displaystyle\iint_\Sigma |xyz|\mathrm{d}S$，其中 Σ 为曲面 $z=x^2+y^2$ 介于平面 $z=0$ 和 $z=1$ 之间的部分.

　　分析：（1）曲面 Σ 为分片光滑的，如图 9-19 所示，它是由两块平面 Σ_1，Σ_2 及一块球面 Σ_3 组成，故应分片计算.（2）需要用第一类曲面积分的对称性计算.

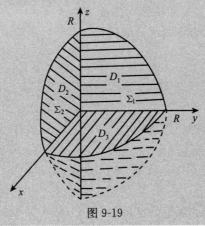

图 9-19

解　（1）由曲面积分的性质得

$$\oiint_\Sigma (x^2 + y^2 + z^2)\mathrm{d}S = \iint_{\Sigma_1} + \iint_{\Sigma_2} + \iint_{\Sigma_3}$$

Σ_1 的方程：$x=0(y^2+z^2\leqslant R^2(y\geqslant 0))$，为计算此积分应将曲面 Σ_1 投影到 yOz 面上，Σ_1 的投影区域即是自身，即 $D_1=\Sigma_1$.

$$曲面的面积微元 \mathrm{d}S = \sqrt{1+x_y'^2+x_z'^2}\mathrm{d}y\mathrm{d}z$$
$$= \sqrt{1+0+0}\mathrm{d}y\mathrm{d}z = \mathrm{d}y\mathrm{d}z$$

于是

$$\iint_{\Sigma_1}(x^2+y^2+z^2)\mathrm{d}S \overset{*}{=\!=\!=} \iint_{D_1}(0+y^2+z^2)\mathrm{d}y\mathrm{d}z$$
$$\overset{**}{=\!=\!=} \int_{-\frac{\pi}{2}}^{\frac{\pi}{2}}\mathrm{d}\theta\int_0^R r^3\mathrm{d}r = \frac{1}{4}\pi R^4$$

注意：这里"$*$"是将曲面积分化成二重积分，应将曲面方程 $x=0$ 代入被积函数，而"$**$"是化直角坐标系下的二重积分成极坐标系下的二重积分，应代入关系式 $x=r\cos\theta$，$y=r\sin\theta$，而不能将边界曲线 $y^2+z^2=R^2$ 代入，即 $\iint_{D_1}(y^2+z^2)\mathrm{d}y\mathrm{d}z = \iint_{D_1}R^2\mathrm{d}y\mathrm{d}z$ 是错误的.

同理，$\iint_{\Sigma_2}(x^2+y^2+z^2)\mathrm{d}S = \iint_{D_2}(x^2+z^2)\mathrm{d}z\mathrm{d}x = \frac{1}{4}\pi R^2$

$\iint_{\Sigma_3}(x^2+y^2+z^2)\mathrm{d}S$，$\Sigma_3$ 是球面的一部分，方程为 $x^2+y^2+z^2=R^2$，在化成二重积分时，可向不同的坐标面投影，故可有不同的计算方法，下面给出三种不同的方法.

解 1 若将曲面 Σ_3 向 xOy 平面投影，曲面方程为 $z=\pm\sqrt{R^2-x^2-y^2}$ 是双值函数，为使曲面方程表达成单值函数，应将曲面分成两片，即

$$\Sigma_{3上}:z = \sqrt{R^2-x^2-y^2}$$
$$\Sigma_{3下}:z = -\sqrt{R^2-x^2-y^2}$$

分片进行计算，它们的投影区域均为 $D:x^2+y^2\leqslant R^2$，$x\geqslant 0$，$y\geqslant 0$. 由于 $z_x'=-\dfrac{x}{z}$，$z_y'=-\dfrac{y}{z}$. 此时

$$\mathrm{d}S'=\sqrt{1+z_x'^2+z_y'^2}\mathrm{d}x\mathrm{d}y=\sqrt{1+\left(-\frac{x}{z}\right)^2+\left(-\frac{y}{z}\right)^2}\mathrm{d}x\mathrm{d}y=\frac{R}{|z|}\mathrm{d}x\mathrm{d}y$$

于是

$$\iint_{\Sigma_3}(x^2+y^2+z^2)\mathrm{d}S = \left(\iint_{\Sigma_{3上}}+\iint_{\Sigma_{3下}}\right)(x^2+y^2+z^2)\mathrm{d}S$$

$$\begin{aligned}
&= \iint_D R^2 \cdot \frac{R}{\sqrt{R^2 - x^2 - y^2}} \mathrm{d}x\mathrm{d}y + \iint_D R^2 \cdot \left(-\frac{R}{-\sqrt{R^2 - x^2 - y^2}}\right)\mathrm{d}x\mathrm{d}y \\
&= 2R^3 \iint_D \frac{1}{\sqrt{R^2 - x^2 - y^2}} \mathrm{d}x\mathrm{d}y \\
&= 2R^3 \int_0^{\frac{\pi}{2}} \mathrm{d}\theta \int_0^R \frac{1}{\sqrt{a^2 - r^2}} r\mathrm{d}r = \pi R^4
\end{aligned}$$

注： 因 $\Sigma_{3上}$ 与 $\Sigma_{3下}$ 关于 xOy 面对称，且被积函数 $f(x, y, z) = x^2 + y^2 + z^2$ 是 z 的偶函数，故由对称性得

$$\iint_{\Sigma_3} (x^2 + y^2 + z^2)\mathrm{d}S = 2\iint_{\Sigma_{3上}} (x^2 + y^2 + z^2)\mathrm{d}S$$

解 2 若将 Σ_3 向 yOz 平面投影，则曲面方程为 $x = \sqrt{R^2 - y^2 - z^2}$（是单值函数），投影区域 D_1：$y^2 + z^2 \leqslant R^2 (y \geqslant 0)$，此时 $\mathrm{d}S = \sqrt{1 + x_y'^2 + x_z'^2}\mathrm{d}y\mathrm{d}z \doteq \frac{a}{x}\mathrm{d}y\mathrm{d}z$. 于是

$$\begin{aligned}
\iint_{\Sigma_3} (x^2 + y^2 + z^2)\mathrm{d}S &= \iint_{D_1} R^2 \cdot \frac{R}{x}\mathrm{d}y\mathrm{d}z \\
&= R^3 \iint_{D_1} \frac{1}{\sqrt{R^2 - y^2 - z^2}}\mathrm{d}y\mathrm{d}z \\
&= R^3 \int_{-\frac{\pi}{2}}^{\frac{\pi}{2}} \mathrm{d}\theta \int_0^R \frac{1}{\sqrt{R^2 - r^2}} r\mathrm{d}r = \pi R^4
\end{aligned}$$

同理，也可用投影到 xOz 平面来计算. 显然解法 2 比解法 1 稍简单些，它避免了曲面的分块.

解 3 $\displaystyle\iint_{\Sigma_3} (x^2 + y^2 + z^2)\mathrm{d}S$，$\Sigma_3$ 是球面 $x^2 + y^2 + z^2 = R^2$ 的一部分，而被积函数定义在 Σ_3 上，故有 $f(x, y, z) = x^2 + y^2 + z^2 = R^2$，则

$$\begin{aligned}
\iint_{\Sigma_3} (x^2 + y^2 + z^2)\mathrm{d}S &= \iint_{\Sigma_3} R^2 \mathrm{d}S = R^2 \iint_{\Sigma_3} \mathrm{d}S \\
&= R^2 \frac{1}{4} \cdot 4\pi R^2 = \pi R^4
\end{aligned}$$

（这里，用了 $\displaystyle\iint_{\Sigma_3} \mathrm{d}S =$ 曲面 Σ_3 的面积，且知球面的面积为 $4\pi R^2$）.

显然解法 3 是最简单的.

最后得

$$\iint_{\Sigma} (x^2 + y^2 + z^2)\mathrm{d}S = \left(\iint_{\Sigma_1} + \iint_{\Sigma_2} + \iint_{\Sigma_3}\right)(x^2 + y^2 + z^2)\mathrm{d}S$$

$$= \frac{\pi}{4} R^4 + \frac{\pi}{4} R^4 + \pi R^4 = \frac{3}{2} \pi R^4$$

（2）由对称性有

$$\iint_{\Sigma} | \, xyz \, | \, \mathrm{d}S = 4 \iint_{\Sigma_1} xyz \, \mathrm{d}S$$

其中，Σ_1 为 Σ 在第一卦限部分．Σ_1 在 xOy 面上的投影 D_{xy}：$x^2 + y^2 \leqslant 1$　（$x \geqslant 0$，$y \geqslant 0$）．

$$z = x^2 + y^2, \ z'_x = 2x, \ z'_y = 2y$$
$$\mathrm{d}S = \sqrt{1 + z_x'^2 + z_y'^2} \, \mathrm{d}x\mathrm{d}y = \sqrt{1 + 4x^2 + 4y^2} \, \mathrm{d}x\mathrm{d}y$$

于是

$$\iint_{\Sigma} | \, xyz \, | \, \mathrm{d}S = 4 \iint_{D_{xy}} xy(x^2 + y^2) \sqrt{1 + 4x^2 + 4y^2} \, \mathrm{d}x\mathrm{d}y$$
$$= 4 \int_0^{\frac{\pi}{2}} \mathrm{d}\theta \int_0^1 r^2 \sin\theta\cos\theta \cdot r^2 \cdot \sqrt{1 + 4r^2} \, r\mathrm{d}r$$
$$= 4 \int_0^{\frac{\pi}{2}} \sin\theta\cos\theta\mathrm{d}\theta \int_0^1 r^5 \sqrt{1 + 4r^2} \, \mathrm{d}r$$
$$= \frac{125\sqrt{5} - 1}{420}$$

注：此题若不利用对称性，就应通过分片将被积函数中的绝对值去掉后再计算．例如

$$\iint_{\Sigma} | \, xyz \, | \, \mathrm{d}S = \iint_{\Sigma_1} xyz \, \mathrm{d}S + \iint_{\Sigma_2} (-xyz) \, \mathrm{d}S +$$
$$\iint_{\Sigma_3} (-x)(-y)z \, \mathrm{d}S + \iint_{\Sigma_4} x(-y)z \, \mathrm{d}S$$

其中 $\Sigma_i (i = 1, 2, 3, 4)$ 分别是 Σ 在第 $i (i = 1, 2, 3, 4)$ 卦限的部分．逐个计算上述 4 个曲面积分比较麻烦．

【例 9-23】（B 类）　计算下列第一类曲面积分．

（1）$\iint_{\Sigma} x^2 \mathrm{d}S$，其中 Σ 为柱面 $x^2 + y^2 = a^2$，$0 \leqslant z \leqslant 6$；

（2）$I = \oiint_{\Sigma} (ax + by + cz + d)^2 \mathrm{d}S$，其中 Σ 为球面 $x^2 + y^2 + z^2 = R^2$．

（3）$\iint_{\Sigma} (x\cos\alpha + y\cos\beta + z\cos\gamma) \mathrm{d}S$，其中 Σ 同（1），$\boldsymbol{n}^0 = (\cos\alpha, \cos\beta, \cos\gamma)$ 是 Σ 向外的单位法向量．

分析：这组题目若直接利用第一类曲面积分的计算方法——转化为投影区域上的二重积分，会比较麻烦，可考虑用对称性计算．

解 （1）Σ 关于变量 x，y 具有轮换对称性，所以

$$\iint_{\Sigma} x^2 \mathrm{d}S = \iint_{\Sigma} y^2 \mathrm{d}S = \frac{1}{2}\iint_{\Sigma}(x^2+y^2)\mathrm{d}S$$

$$= \frac{1}{2}\iint_{\Sigma} a^2 \mathrm{d}S = \frac{1}{2}a^2 2\pi a \cdot 6 = 6\pi a^3$$

注：此题若直接计算，可把 Σ 投影到 yOz 面或 zOx 面，投影区域均为矩形区域，读者不妨试试．

（2）由于 Σ 关于 x，y，z 具有轮换对称性，故可考虑用对称性计算．

$$I = \oiint_{\Sigma}(ax+by+cz+d)^2 \mathrm{d}S$$

$$= \oiint_{\Sigma}(a^2 x^2 + b^2 y^2 + c^2 z^2)\mathrm{d}S + \oiint_{\Sigma}(2abxy + 2acxz + 2bcyz)\mathrm{d}S +$$

$$\oiint_{\Sigma}(2ad x + 2bd y + 2cd z)\mathrm{d}S + \oiint_{\Sigma} d^2 \mathrm{d}S$$

$$= I_1 + I_2 + I_3 + I_4$$

由于 Σ 具有轮换对称性，故

$$\oiint_{\Sigma} x^2 \mathrm{d}S = \oiint_{\Sigma} y^2 \mathrm{d}S = \oiint_{\Sigma} z^2 \mathrm{d}S = \frac{1}{3}\oiint_{\Sigma}(x^2+y^2+z^2)\mathrm{d}S$$

于是

$$I_1 = (a^2+b^2+c^2) \cdot \frac{1}{3}\oiint_{\Sigma}(x^2+y^2+z^2)\mathrm{d}S$$

$$= \frac{1}{3}(a^2+b^2+c^2)R^2 \oiint_{\Sigma} \mathrm{d}S = \frac{4}{3}\pi R^4(a^2+b^2+c^2)$$

又因为 Σ 关于三坐标面均对称，所以被积函数只要是某变量的奇函数，故积分为 0，因此 $I_2 = I_3 = 0$．

$$I_4 = \oiint_{\Sigma} d^2 \mathrm{d}S = d^2 \oiint_{\Sigma} \mathrm{d}S = 4\pi R^2 d^2$$

故

$$I = I_1 + I_2 + I_3 + I_4$$

$$= \frac{4}{3}\pi R^4(a^2+b^2+c^2) + 0 + 0 + 4\pi R^2 d^2$$

$$= 4\pi R^2\left[\frac{1}{3}R^2(a^2+b^2+c^2)+d^2\right]$$

（3）由已知 $\boldsymbol{n}$ 是 Σ 上点 $P(x,y,z)$ 处的外法向量，所以 $\boldsymbol{n}$ 与 $\overrightarrow{QP}$ 同向，$Q=(0,0,z)$，

所以

$$\boldsymbol{n}^0 = (\cos\alpha,\ \cos\beta,\ \cos\gamma) = \frac{\overrightarrow{QP}}{|\overrightarrow{QP}|} = \frac{1}{a}(x,\ y,\ 0)$$

于是

$$\iint_\Sigma (x\cos\alpha + y\cos\beta + z\cos\gamma)\mathrm{d}S$$

$$= \iint_\Sigma \left(x\cdot\frac{x}{a} + y\cdot\frac{y}{a} + z\cdot 0\right)\mathrm{d}S = \frac{1}{a}\iint_\Sigma (x^2+y^2)\mathrm{d}S$$

$$\xlongequal{\text{由}(1)} \frac{1}{a}\cdot 12\pi a^3 = 12\pi a^2$$

练习题 9-16 计算 $\displaystyle\iint_\Sigma \left(x^2 + \frac{1}{2}y^2 + \frac{1}{4}z^2\right)\mathrm{d}S$，$\Sigma$ 是半球面 $x^2+y^2+z^2=a^2\,(z\geqslant 0)$

答案： $\dfrac{7}{6}\pi a^4$.

提示： 设 Σ' 为全球面 $x^2+y^2+z^2=a^2$

$$\iint_\Sigma \left(x^2+\frac{1}{2}y^2+\frac{1}{4}z^2\right)\mathrm{d}S = \frac{1}{2}\iint_{\Sigma'}\left(x^2+\frac{1}{2}y^2+\frac{1}{4}z^2\right)\mathrm{d}S$$

$$= \frac{1}{2}\left(1+\frac{1}{2}+\frac{1}{4}\right)\oiint_{\Sigma'} x^2\mathrm{d}S = \frac{7}{8}\cdot\frac{1}{3}\oiint_{\Sigma'}(x^2+y^2+z^2)\mathrm{d}S$$

第一类曲面积分计算方法小结

(1) 利用第一类曲面积分化为投影区域上的二重积分的计算方法，包括曲面 Σ 向三个不同坐标面投影，曲面微元 $\mathrm{d}S$ 的三种形式，如例 9-22（1）.

(2) 利用曲面方程简化被积函数，再利用第一类曲面积分的几何意义计算，如例 9-22（1）的解法 3.

(3) 利用第一类曲面积分的对称性计算，如例 9-22（2）及利用轮换对称性计算，如例 9-23.

【例 9-24】（B 类） 设 Σ 为椭圆面 $\dfrac{x^2}{2}+\dfrac{y^2}{2}+z^2=1$ 的上半部分，点 $P(x,\ y,\ z)\in\Sigma$，Π 为 Σ 在点 P 处的切平面，$\rho(x,\ y,\ z)$ 为点 $O(0,\ 0,\ 0)$ 到平面 Π 的距离，求

$$\iint_\Sigma \frac{z}{\rho(x,\ y,\ z)}\mathrm{d}S$$

分析：首先应写出 $\rho(x,y,z)$，然后代入积分进行计算.

解　设 (X,Y,Z) 是 Σ 在点 $P(x,y,z)$ 处的切平面 Π 上的任意一点，则切平面 Π 的方程为

$$x(X-x)+y(Y-y)+2z(Z-z)=0$$

即

$$xX+yY+2zZ-(x^2+y^2+2z^2)=0$$

因为 $P(x,y,z)\in\Sigma$，所以 $x^2+y^2+2z^2=2.$ 故切平面 Π 的方程为

$$\frac{xX}{2}+\frac{yY}{2}+zZ=1$$

从而 $O(0,0,0)$ 到平面 Π 的距离为

$$\rho(x,y,z)=\frac{1}{\sqrt{\dfrac{x^2}{4}+\dfrac{y^2}{4}+z^2}}$$

由

$$z=\sqrt{1-\left(\frac{x^2}{2}+\frac{y^2}{2}\right)}$$

$$\mathrm{d}S=\sqrt{1+\left(\frac{\partial z}{\partial x}\right)^2+\left(\frac{\partial z}{\partial y}\right)^2}\,\mathrm{d}x\mathrm{d}y=\frac{\sqrt{4-x^2-y^2}}{2\sqrt{1-\left(\dfrac{x^2}{2}+\dfrac{y^2}{2}\right)}}\,\mathrm{d}x\mathrm{d}y$$

Σ 在 xOy 面上的投影区域 D_{xy}：$x^2+y^2\leqslant2$，所以

$$\iint_{\Sigma}\frac{z\mathrm{d}S}{\rho(x,y,z)}$$

$$=\frac{1}{4}\iint_{D_{xy}}(4-x^2-y^2)\mathrm{d}x\mathrm{d}y$$

$$=\frac{1}{4}\int_0^{2\pi}\mathrm{d}\theta\int_0^{\sqrt{2}}(4-r^2)r\mathrm{d}r=\frac{3}{2}\pi$$

【例 9-25】（B 类）　计算

$$\oiint_{\Sigma}yz\mathrm{d}x\mathrm{d}y+zx\mathrm{d}y\mathrm{d}z+xy\mathrm{d}z\mathrm{d}x$$

其中，Σ 是圆柱面 $x^2+y^2=R^2$（$x\geqslant0$，$y\geqslant0$），平面 $x+2y=R$，$z=H$，$z=0$ 和 $x=0$ 所构成的闭曲面的外侧表面.

分析: Σ 是由多块曲面组成的闭曲面, 故应分块进行计算. 本题共有 5 块曲面, 且是三个积分的组合曲面积分, 故应计算 15 个积分.

解 1 各曲面的法向量和其在各坐标面上投影域的记号如图 9-20 所示, 则

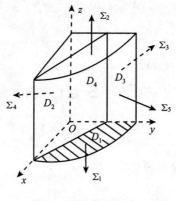

图 9-20

$$\oiint_{\Sigma} = \iint_{\Sigma_1} + \iint_{\Sigma_2} + \iint_{\Sigma_3} + \iint_{\Sigma_4} + \iint_{\Sigma_5}$$

现逐片分别计算.

Σ_1: $z=0$, $\mathrm{d}x\mathrm{d}y=-\mathrm{d}\sigma_{xy}$, 投影域 D_1, $\mathrm{d}y\mathrm{d}z=\mathrm{d}z\mathrm{d}x=0$, 且

$$\iint_{\Sigma_1} yz\,\mathrm{d}x\mathrm{d}y + zx\,\mathrm{d}y\mathrm{d}z + xy\,\mathrm{d}z\mathrm{d}x = 0$$

Σ_2: $z=H$, $\mathrm{d}x\mathrm{d}y=\mathrm{d}\sigma_{xy}$, 投影域为

$$D_1: \begin{cases} 0 \leqslant x \leqslant R \\ \dfrac{1}{2}(R-x) \leqslant y \leqslant \sqrt{R^2-x^2} \end{cases}$$

$$\mathrm{d}y\mathrm{d}z=\mathrm{d}z\mathrm{d}x=0$$

$$\iint_{\Sigma_2} yz\,\mathrm{d}x\mathrm{d}y + zx\,\mathrm{d}y\mathrm{d}z + xy\,\mathrm{d}z\mathrm{d}x$$

$$= \iint_{D_1} y \cdot H \mathrm{d}\sigma_{xy} + 0 + 0$$

$$= \int_0^R \mathrm{d}x \int_{\frac{1}{2}(R-x)}^{\sqrt{R^2-x^2}} Hy\,\mathrm{d}y$$

$$= \frac{H}{2}\int_0^R \left[R^2 - x^2 - \frac{1}{4}(R^2 - 2Rx + x^2) \right]\mathrm{d}x$$

$$= \frac{H}{2}\left(\frac{3}{4}R^3 + R\frac{R^2}{4} - \frac{5}{4} \cdot \frac{1}{3}R^3\right) = \frac{7}{24}HR^3$$

Σ_3：$x=0$，$\mathrm{d}y\mathrm{d}z=-\mathrm{d}\sigma_{yz}$，投影区域 D_3，$\mathrm{d}x\mathrm{d}y=\mathrm{d}z\mathrm{d}x=0$，且

$$\iint_{\Sigma_3} yz\,\mathrm{d}x\mathrm{d}y + zx\,\mathrm{d}y\mathrm{d}z + xy\,\mathrm{d}z\mathrm{d}x$$

$$= 0 - \iint_{D_3} z \cdot 0\,\mathrm{d}\sigma_{yz} + 0 = 0$$

Σ_4：$x+2y=R$

$$\mathrm{d}z\mathrm{d}x=-\mathrm{d}\sigma_{zx}，投影域 D_2：\begin{cases} 0\leqslant x\leqslant R \\ 0\leqslant z\leqslant H \end{cases}$$

$$\mathrm{d}y\mathrm{d}z=-\mathrm{d}\sigma_{yz}，投影域 D_4：\begin{cases} 0\leqslant y\leqslant \dfrac{R}{2} \\ 0\leqslant z\leqslant H \end{cases}$$

$$\mathrm{d}x\mathrm{d}y=0$$

$$\iint_{\Sigma_4} yz\,\mathrm{d}x\mathrm{d}y + zx\,\mathrm{d}y\mathrm{d}z + xy\,\mathrm{d}z\mathrm{d}x$$

$$= 0 - \iint_{D_4} z(R-2y)\,\mathrm{d}\sigma_{yz} - \iint_{D_2} x \cdot \frac{1}{2}(R-x)\,\mathrm{d}\sigma_{zx}$$

$$= -\int_0^{\frac{R}{2}} \mathrm{d}y \int_0^H z(R-2y)\,\mathrm{d}z - \int_0^R \mathrm{d}x \int_0^H \frac{1}{2}x(R-x)\,\mathrm{d}z$$

$$= -\frac{H^2}{2}\left[R \cdot \frac{R}{2} - \left(\frac{R}{2}\right)^2\right] - \frac{H}{2}\left(R \cdot \frac{R^2}{2} - \frac{R^3}{3}\right)$$

$$= -\frac{H^2R^2}{8} - \frac{HR^3}{12}$$

Σ_5：$x^2+y^2=R^2$

$$\mathrm{d}y\mathrm{d}z=\mathrm{d}\sigma_{yz}，投影域 D_3+D_4：\begin{cases} 0\leqslant y\leqslant R \\ 0\leqslant z\leqslant H \end{cases}$$

$$\mathrm{d}z\mathrm{d}x=\mathrm{d}\sigma_{zx}，投影域 D_2：\begin{cases} 0\leqslant x\leqslant R \\ 0\leqslant z\leqslant H \end{cases}$$

$$\mathrm{d}x\mathrm{d}y=0$$

$$\iint_{\Sigma_5} yz\,\mathrm{d}x\mathrm{d}y + zx\,\mathrm{d}y\mathrm{d}z + xy\,\mathrm{d}z\mathrm{d}x$$

$$= 0 + \iint_{D_3+D_4} z\sqrt{R^2-y^2}\,\mathrm{d}\sigma_{yz} + \iint_{D_2} x\sqrt{R^2-x^2}\,\mathrm{d}\sigma_{zx}$$

$$= \int_0^H z\mathrm{d}z \int_0^R \sqrt{R^2-y^2}\,\mathrm{d}y + \int_0^H \mathrm{d}z \int_0^R x\sqrt{R^2-x^2}\,\mathrm{d}x$$

$$= \frac{H^2}{2} \cdot \frac{\pi}{4} R^2 + H\left(-\frac{1}{2}\right) \frac{2}{3} (R^2 - x^2)^{\frac{3}{2}} \Big|_0^R$$

$$= \frac{\pi}{8} H^2 R^2 + \frac{1}{3} HR^3$$

故

$$\oiint_\Sigma = 0 + \frac{7}{24} HR^3 + 0 - \frac{H^2 R^2}{8} - \frac{HR^3}{12} + \frac{\pi}{8} H^2 R^2 + \frac{1}{3} HR^3$$

$$= \frac{(\pi - 1)}{8} H^2 R^2 + \frac{13}{24} HR^3$$

解 2 因为本题的积分曲面是封闭的，故可考虑用高斯公式.

$$\oiint_\Sigma yz\,\mathrm{d}x\mathrm{d}y + zx\,\mathrm{d}y\mathrm{d}z + xy\,\mathrm{d}z\mathrm{d}x$$

$$= \iiint_\Omega (y + z + x)\,\mathrm{d}v$$

$$= \int_0^R \mathrm{d}x \int_{\frac{1}{2}(R-x)}^{\sqrt{R^2-x^2}} \mathrm{d}y \int_0^H (y + z + x)\,\mathrm{d}z$$

$$= \cdots = \frac{(\pi - 1)}{8} H^2 R^2 + \frac{13}{24} HR^3$$

练习题 9-17 计算 $\iint_\Sigma (x + 2)\mathrm{d}y\mathrm{d}z + z\mathrm{d}x\mathrm{d}y$，$\Sigma$ 是以 $A(1, 0, 0)$，$B(0, 1, 0)$，$C(0, 0, 1)$ 为顶点的三角形平面的上侧.

答案：$\frac{4}{3}$.

【例 9-26】（B类） 计算曲面积分

$$\oiint_\Sigma \frac{x\mathrm{d}y\mathrm{d}z + z^2\mathrm{d}x\mathrm{d}y}{x^2 + y^2 + z^2}$$

其中 Σ 是由曲面 $x^2 + y^2 = R^2$ 及两平面 $z = R$，$z = -R(R > 0)$ 所围成立体表面的外侧.

分析：Σ 是一个包含原点的封闭曲面，由于被积函数 $P(x, y, z) = \dfrac{x}{x^2 + y^2 + z^2}$，$R(x, y, z) = \dfrac{z^2}{x^2 + y^2 + z^2}$ 在原点处不具有一阶连续偏导数，因此不能用高斯公式.

解 1 设 Σ_1，Σ_2，Σ_3 依次为 Σ 的上底、下底和圆柱面部分，则

$$\iint_{\Sigma_1} \frac{x\mathrm{d}y\mathrm{d}z}{x^2 + y^2 + z^2} = \iint_{\Sigma_2} \frac{x\mathrm{d}y\mathrm{d}z}{x^2 + y^2 + z^2} = 0$$

Σ_1，Σ_2 在 xOy 面上的投影区域为 D_{xy}：$x^2+y^2\leqslant R^2$，故有

$$\iint_{\Sigma_1+\Sigma_2}\frac{z^2\mathrm{d}x\mathrm{d}y}{x^2+y^2+z^2}=\iint_{D_{xy}}\frac{R^2\mathrm{d}x\mathrm{d}y}{x^2+y^2+R^2}-\iint_{D_{xy}}\frac{(-R)^2\mathrm{d}x\mathrm{d}y}{x^2+y^2+(-R)^2}=0$$

在 Σ_3 上

$$\iint_{\Sigma_3}\frac{z^2\mathrm{d}x\mathrm{d}y}{x^2+y^2+z^2}=0$$

Σ_3 在 yOz 平面上的投影区域为

$$D_{yz}:\begin{cases}-R\leqslant y\leqslant R\\-R\leqslant z\leqslant R\end{cases}$$

从而有

$$\iint_{\Sigma_3}\frac{x\mathrm{d}y\mathrm{d}z}{x^2+y^2+z^2}=\iint_{D_{yz}}\frac{\sqrt{R^2-y^2}\mathrm{d}y\mathrm{d}z}{R^2+z^2}-\iint_{D_{yz}}\frac{-\sqrt{R^2-y^2}\mathrm{d}y\mathrm{d}z}{R^2+z^2}$$

$$=2\iint_{D_{yz}}\frac{\sqrt{R^2-y^2}}{R^2+z^2}\mathrm{d}y\mathrm{d}z=2\int_{-R}^{R}\sqrt{R^2-y^2}\mathrm{d}y\int_{-R}^{R}\frac{\mathrm{d}z}{R^2+z^2}=\frac{\pi^2}{2}R$$

所以

$$\oiint_{\Sigma}\frac{x\mathrm{d}y\mathrm{d}z+z^2\mathrm{d}x\mathrm{d}y}{x^2+y^2+z^2}=\frac{1}{2}\pi^2R$$

解 2　利用对称性计算. 因为 Σ（包括侧）关于 $z=0$ 对称，$\dfrac{z^2}{x^2+y^2+z^2}$ 关于变量 z 为偶函数，所以

$$\iint_{\Sigma}\frac{z^2\mathrm{d}x\mathrm{d}y}{x^2+y^2+z^2}=0$$

故

$$\iint_{\Sigma}\frac{x\mathrm{d}y\mathrm{d}z+z^2\mathrm{d}x\mathrm{d}y}{x^2+y^2+z^2}=\iint_{\Sigma}\frac{x\mathrm{d}y\mathrm{d}z}{x^2+y^2+z^2}$$

$$=\left(\iint_{\Sigma_1}+\iint_{\Sigma_2}+\iint_{\Sigma_3}\right)\frac{x\mathrm{d}y\mathrm{d}z}{x^2+y^2+z^2}$$

（Σ_1，Σ_2，Σ_3 表示的曲面，同解 1）

$$=0+0+\iint_{\Sigma_3}\frac{x\mathrm{d}y\mathrm{d}z}{x^2+y^2+z^2}\text{（因为 }\Sigma_3\text{ 关于 }x=0\text{ 对称，}\frac{x}{x^2+y^2+z^2}\text{是}$$

x 的奇函数）

$$= 2 \iint\limits_{\Sigma_{3\#}} \frac{x\mathrm{d}y\mathrm{d}z}{x^2+y^2+z^2} \quad (\Sigma_{3\#}=\Sigma_3 \bigcap \{x \geqslant 0\})$$

$$= \frac{\pi^2}{2}R \quad (\text{计算同解 }1)$$

【例 9-27】（B 类）　计算曲面积分

$$\iint\limits_{\Sigma} x^3 \mathrm{d}y\mathrm{d}z + [zf(y^2+z^2)+y^3]\mathrm{d}z\mathrm{d}x - [yf(y^2+z^2)-z^3]\mathrm{d}x\mathrm{d}y$$

其中，$f(u)$ 连续可导，Σ 为锥面 $x=\sqrt{y^2+z^2}$ 与两球面 $x^2+y^2+z^2=1$，$x^2+y^2+z^2=4$ 所围立体的表面，取外侧.

> **分析**：积分曲面 Σ 封闭，P，Q，R 在 Σ 所围区成 Ω 内无奇点，故可考虑用高斯公式.

解　考虑用高斯公式.

$$P=x^3, Q=zf(y^2+z^2)+y^3, R=-yf(y^2+z^2)+z^3$$

$$\frac{\partial P}{\partial x}+\frac{\partial Q}{\partial y}+\frac{\partial R}{\partial z} = 3x^2+zf' \cdot 2y+3y^2-yf' \cdot 2z+3z^2$$

$$= 3(x^2+y^2+z^2)$$

根据曲面 Σ 的方程，应使用改变方向（x，y，z 换为 z，x，y）的球坐标.

$$\oiint\limits_{\Sigma} x^3 \mathrm{d}y\mathrm{d}z + [zf(y^2+z^2)+y^3]\mathrm{d}z\mathrm{d}x - [yf(y^2+z^2)-z^3]\mathrm{d}x\mathrm{d}y$$

$$= \iiint\limits_{\Omega} 3(x^2+y^2+z^2)\mathrm{d}V$$

$$= 3\int_0^{2\pi}\mathrm{d}\theta\int_0^{\frac{\pi}{4}}\mathrm{d}\varphi\int_1^2 r^2 \cdot r^2 \sin\varphi\mathrm{d}r = \frac{93}{5}\pi(2-\sqrt{2})$$

练习题 9-18　计算曲面积分

$$\oiint\limits_{\Sigma} xz^2\mathrm{d}y\mathrm{d}z + (x^2y-z^3)\mathrm{d}z\mathrm{d}x + (2xy+y^2z)\mathrm{d}x\mathrm{d}y$$

其中，Σ 为上半球体 $x^2+y^2 \leqslant a^2$，$0 \leqslant z \leqslant \sqrt{a^2-x^2-y^2}$ 的表面内侧.

答案：$-\dfrac{2\pi}{5}a^5$.

提示：$\oiint\limits_{\Sigma} = -\iiint\limits_{\Omega}$

【例 9-28】（B 类）　计算曲面积分

$$\iint_\Sigma (2x+z)\mathrm{d}y\mathrm{d}z + z\mathrm{d}x\mathrm{d}y$$

其中，Σ 为有向曲面 $z=x^2+y^2 (0\leqslant z\leqslant 1)$，其法向量与 z 轴正向的夹角为锐角.

分析：曲面 Σ 的方程为 $z=x^2+y^2$，$z'_x=2x$，$z'_y=2y$，故可考虑把原来组合的积分化为对坐标 x，y 的积分；另外，曲面 Σ 虽不封闭，可补 Σ_1：$z=1 (x^2+y^2\leqslant 1)$，使 $\Sigma+\Sigma_1$ 为封闭曲面，然后用高斯公式．下面给出两种解法．

解 1　由于 Σ 的法向量 $\boldsymbol{n}$ 与 z 轴成锐角，如图 9-21 所示，所以 Σ 是上侧，取 $\boldsymbol{n}=(-2x, -2y, 1)$，从而有

$$\iint_\Sigma (2x+z)\mathrm{d}y\mathrm{d}z + z\mathrm{d}x\mathrm{d}y$$

$$=\iint_\Sigma \left[(2x+z)(-2x)+z\right]\mathrm{d}x\mathrm{d}y$$

$$=\iint_{x^2+y^2\leqslant 1} \left[-4x^2-2x(x^2+y^2)+(x^2+y^2)\right]\mathrm{d}x\mathrm{d}y$$

$$=\iint_{x^2+y^2\leqslant 1} \left[-4x^2+(x^2+y^2)\right]\mathrm{d}x\mathrm{d}y$$

$$\left(\text{因为} \iint_{x^2+y^2\leqslant 1} -2x(x^2+y^2)\mathrm{d}x\mathrm{d}y = 0\right)$$

$$=-\iint_{x^2+y^2\leqslant 1} (x^2+y^2)\mathrm{d}x\mathrm{d}y$$

$$\left(\text{轮换对称性} \iint_{x^2+y^2\leqslant 1} x^2\mathrm{d}x\mathrm{d}y = \iint_{x^2+y^2\leqslant 1} y^2\mathrm{d}x\mathrm{d}y\right)$$

$$=-\int_0^{2\pi}\mathrm{d}\theta\int_0^1 r^3\mathrm{d}r = -\frac{\pi}{2}$$

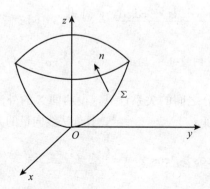

图 9-21

解 2　补 Σ_1：$z=1 (x^2+y^2\leqslant 1)$，下侧

$$\iint_{\Sigma} (2x+z)\,\mathrm{d}y\mathrm{d}z + z\,\mathrm{d}x\mathrm{d}y = \oiint_{\Sigma+\Sigma_1} - \iint_{\Sigma_1}$$

$$= -\iiint_{\Omega} (2+0+1)\,\mathrm{d}V - \left(-\iint_{x^2+y^2\leqslant 1} \mathrm{d}x\mathrm{d}y\right)$$

$$= -3\int_0^{2\pi} \mathrm{d}\theta \int_0^1 r\,\mathrm{d}r \int_{r^2}^1 \mathrm{d}z + \pi$$

$$= -\frac{3}{2}\pi + \pi = -\frac{\pi}{2}$$

练习题 9-19 计算曲面积分 $\iint_{\Sigma} (z^2+x)\,\mathrm{d}y\mathrm{d}z - z\,\mathrm{d}x\mathrm{d}y$，其中 Σ 是旋转抛物面 $z = \frac{1}{2}(x^2+y^2)$ 介于 $z=0$ 及 $z=2$ 之间部分的下侧.

答案： 8π.

【例 9-29】 计算

$$\oiint_{\Sigma} \frac{x\,\mathrm{d}y\mathrm{d}z + y\,\mathrm{d}z\mathrm{d}x + z\,\mathrm{d}x\mathrm{d}y}{(x^2+y^2+z^2)^{\frac{3}{2}}} \text{ 其中}$$

(1)（B 类）Σ 是球面 $x^2+y^2+z^2=a^2$ 的外侧表面.

(2)（C 类）Σ 是不经过原点的任意闭曲面的外侧.

分析： (1) 因为 P，Q，R 在 Σ 所围区域内有奇点 $(0,0,0)$，故不能直接用高斯公式. (2) 应分 Σ 包围原点和不包围原点两种情况讨论.

(1) **解 1** 因为被积函数定义在 Σ 上，所以 $x^2+y^2+z^2=a^2$，于是

$$\oiint_{\Sigma} \frac{x\,\mathrm{d}y\mathrm{d}z + y\,\mathrm{d}z\mathrm{d}x + z\,\mathrm{d}x\mathrm{d}y}{(x^2+y^2+z^2)^{\frac{3}{2}}} = \frac{1}{a^3} \oiint_{\Sigma} x\,\mathrm{d}y\mathrm{d}z + y\,\mathrm{d}z\mathrm{d}x + z\,\mathrm{d}x\mathrm{d}y$$

$$\xrightarrow{\text{高斯公式}} \frac{1}{a^3} \iiint_{\Omega} (1+1+1)\,\mathrm{d}V = \frac{3}{a^3} \cdot \frac{4}{3}\pi a^3 = 4\pi$$

解 2 利用两类曲面积分之间的关系计算，设曲面 Σ 的外法线向量的方向余弦为 $\cos\alpha$，$\cos\beta$，$\cos\gamma$，由于曲面为球面 $x^2+y^2+z^2=a^2$，其外法线向量的方向余弦恰为

$$(\cos\alpha,\ \cos\beta,\ \cos\gamma) = \frac{(x,\ y,\ z)}{\sqrt{x^2+y^2+z^2}} = \left(\frac{x}{a},\ \frac{y}{a},\ \frac{z}{a}\right)$$

由两类曲面积分间的关系，得

$$\oiint_{\Sigma} \frac{x\,\mathrm{d}y\mathrm{d}z + y\,\mathrm{d}z\mathrm{d}x + z\,\mathrm{d}x\mathrm{d}y}{(x^2+y^2+z^2)^{\frac{3}{2}}} = \frac{1}{a^3} \oiint_{\Sigma} (x\cos\alpha + y\cos\beta + z\cos\gamma)\,\mathrm{d}S$$

$$= \frac{1}{a^2} \oiint_{\Sigma} \left(\frac{x}{a} \cos \alpha + \frac{y}{a} \cos \beta + \frac{z}{a} \cos \gamma \right) \mathrm{d}S$$

$$= \frac{1}{a^2} \oiint_{\Sigma} (\cos^2 \alpha + \cos^2 \beta + \cos^2 \gamma) \mathrm{d}S$$

$$= \frac{1}{a^2} \oiint_{\Sigma} \mathrm{d}S = \frac{1}{a^2} \cdot 4\pi a^2 = 4\pi$$

（2）因为

$$\frac{\partial P}{\partial x} + \frac{\partial Q}{\partial y} + \frac{\partial R}{\partial z} = \frac{2(x^2 + y^2 + z^2) - 2(x^2 + y^2 + z^2)}{(x^2 + y^2 + z^2)^{\frac{5}{2}}} = 0$$

在 $(x, y, z) \neq (0, 0, 0)$ 时成立，故分以下两种情况讨论.

① Σ 是不包围原点的任意闭曲面. 此时，$\dfrac{\partial P}{\partial x} + \dfrac{\partial Q}{\partial y} + \dfrac{\partial R}{\partial z} = 0$ 在 Σ 所围的区域 Ω 上恒成立，故由高斯公式得

$$\oiint_{\Sigma} \frac{x\mathrm{d}y\mathrm{d}z + y\mathrm{d}z\mathrm{d}x + z\mathrm{d}x\mathrm{d}y}{(x^2 + y^2 + z^2)^{\frac{3}{2}}} = \iiint_{\Omega} \mathrm{d}V = 0$$

② Σ 是包围原点的任意闭曲面. 此时，$\dfrac{\partial P}{\partial x}$，$\dfrac{\partial Q}{\partial y}$，$\dfrac{\partial R}{\partial z}$ 在 Σ 所围的区域内有不连续点 $(0, 0, 0)$，故不能直接用高斯公式. 因为被积表达式中含有 $x^2 + y^2 + z^2$，故在 Σ 所围区域内作球面 Σ_1：$x^2 + y^2 + z^2 = r^2$（外侧，r 要充分小），使球面 Σ_1 全部包围在 Σ 内. 设 Σ 与 Σ_1 所围的空心区域为 Ω_1，则

$$\oiint_{\Sigma} = \oiint_{\Sigma - \Sigma_1} + \oiint_{\Sigma_1} = \iiint_{\Omega_1} 0\mathrm{d}V + \oiint_{\Sigma_1}$$

$$= 0 + \oiint_{\Sigma_1} \frac{x\mathrm{d}y\mathrm{d}z + y\mathrm{d}z\mathrm{d}x + z\mathrm{d}x\mathrm{d}y}{(x^2 + y^2 + z^2)^{\frac{3}{2}}}$$

$$= 4\pi \quad \text{（由（1）的计算结果得）}$$

第二类曲面积分 $\iint_{\Sigma} P\mathrm{d}y\mathrm{d}z + Q\mathrm{d}z\mathrm{d}x + R\mathrm{d}x\mathrm{d}y$ 的计算步骤

（1）先计算 $\dfrac{\partial P}{\partial x} + \dfrac{\partial Q}{\partial y} + \dfrac{\partial R}{\partial z}$，如果等于零或比较简单，则可考虑用高斯公式，分以下 3 种情况.

① Σ 封闭且 $\dfrac{\partial P}{\partial x} + \dfrac{\partial Q}{\partial y} + \dfrac{\partial R}{\partial z}$ 在 Σ 所围区域内连续，则可用高斯公式，如例 9-25 和例 9-27.

② Σ 封闭，$\dfrac{\partial P}{\partial x} + \dfrac{\partial Q}{\partial y} + \dfrac{\partial R}{\partial z} = 0$，但 $\dfrac{\partial P}{\partial x} + \dfrac{\partial Q}{\partial y} + \dfrac{\partial R}{\partial z}$ 在 Σ 所围区域内有奇点，则在

Ω 内取一个小的闭曲面 Σ_1 包住奇点．注意 Σ_1 的取法要使 $\iint_{\Sigma_1}$ 可算出结果，通常取使被

积表达式分母为常数对应的方程．适当选取 Σ 与 Σ_1 的侧，使 $\Sigma+\Sigma_1$ 所围区域内 $\dfrac{\partial P}{\partial x}+$

$\dfrac{\partial Q}{\partial y}+\dfrac{\partial R}{\partial z}=0$ 且无奇点，则利用高斯公式 $\iint_{\Sigma}=\oiint_{\Sigma+\Sigma_1}-\iint_{\Sigma_1}=0-\iint_{\Sigma_1}$ 可算出结果，如例

9-29（2）．

③ Σ 不封闭，则补上曲面 Σ_1，使 $\Sigma+\Sigma_1$ 封闭．注意，为了方便计算，Σ_1 常取平行
于坐标面的平面，（如例 9-28 的解 2）或使被积式分母为常数，则

$$\iint_{\Sigma}=\oiint_{\Sigma+\Sigma_1}-\iint_{\Sigma_1}$$

（2）利用第二类曲面积分的计算方法化为投影区域的二重积分、如例 9-25、例
9-26．

（3）化三项组合的积分为某一种积分，如例 9-28 的解 1．

（4）利用对称性，如例 9-26 解 2．

（5）利用积分域的表达式化简被积函数，如例 9-29(1)解法 1．

（6）利用两类曲面积分的关系化为第一类曲面积分，如例 9-29(1)解法 2．

【例 9-30】（C 类） 计算曲面积分．

$$\iint_{\Sigma}\frac{x\mathrm{d}y\mathrm{d}z+y\mathrm{d}z\mathrm{d}x+z\mathrm{d}x\mathrm{d}y}{(x^2+y^2+z^2)^{\frac{3}{2}}}$$

其中，Σ 为曲面

$$1-\frac{z}{5}=\frac{(x-2)^2}{16}+\frac{(y-1)^2}{9}(z\geqslant 0)$$

的上侧．

分析：此题不能直接计算，故可考虑用高斯公式．Σ 是非封闭曲面，一般情况补上曲
面 $\Sigma_1(z=0)$ 就可以了，但由于 $\dfrac{\partial P}{\partial x}+\dfrac{\partial Q}{\partial y}+\dfrac{\partial R}{\partial z}=0$，当 $(x, y, z)\neq(0, 0, 0)$ 时成
立，而点 $(0, 0, 0)$ 恰在 Σ_1 上，故需在 Σ_1 与 Σ 所围区域内另作一曲面 Σ_2，把点 $(0,
0, 0)$ 圈起来．由例 9-29（1）知，当 Σ 为球面 $x^2+y^2+z^2=a^2$ 时，所给曲面积分容易计
算，从而取 Σ_2 为球面 $x^2+y^2+z^2=a^2$．这样，在 Σ_1、Σ_2 及 Σ 所围的区域 Ω 上，$\dfrac{\partial P}{\partial x}+$

$\dfrac{\partial Q}{\partial y}+\dfrac{\partial R}{\partial z}=0$ 恒成立，于是可用高斯公式．

解　由于 $\dfrac{\partial P}{\partial x}+\dfrac{\partial Q}{\partial y}+\dfrac{\partial R}{\partial z}=0$，当 $(x,\,y,\,z)\neq(0,\,0,\,0)$ 时成立，故补上曲面 Σ_1：$z=0\left(\dfrac{(x-2)^2}{16}+\dfrac{(y-1)^2}{9}\leqslant1,\ x^2+y^2\geqslant a^2\right)$ 上侧及球面 Σ_2：$x^2+y^2+z^2\leqslant a^2$（a 要比较小，使 Σ_2 所围区域包在 Σ 所围区域内，$z\geqslant0$）上侧，如图 9-22 所示. 设由 Σ，Σ_1 及 Σ_2 所围区域为 Ω，则

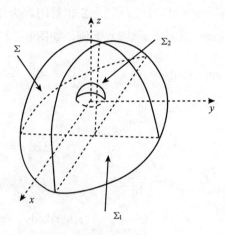

图 9-22

$$\iint_{\Sigma}\frac{x\mathrm{d}y\mathrm{d}z+y\mathrm{d}z\mathrm{d}x+z\mathrm{d}x\mathrm{d}y}{(x^2+y^2+z^2)^{\frac32}}=\oiint_{\Sigma-\Sigma_1-\Sigma_2}+\iint_{\Sigma_1}+\iint_{\Sigma_2}$$
$$=I_1+I_2+I_3$$

由高斯公式，得

$$I_1=\iiint_{\Omega}0\mathrm{d}V=0$$

$\Sigma_1:z=0,I_2=0$

$$I_3=\iint_{\Sigma_2}\frac{x\mathrm{d}y\mathrm{d}z+y\mathrm{d}z\mathrm{d}x+z\mathrm{d}x\mathrm{d}y}{(x^2+y^2+z^2)^{\frac32}}$$
$$=2\pi\ \text{（类似于例 9-29(1)，多补一个 } z=0\text{ 计算）}$$

综上得

$$\iint_{\Sigma}\frac{x\mathrm{d}y\mathrm{d}z+y\mathrm{d}z\mathrm{d}x+z\mathrm{d}x\mathrm{d}y}{(x^2+y^2+z^2)^{\frac32}}=0+0+2\pi=2\pi$$

【例 9-31】（B 类）　设密度为 1 的流体的流速为 $\mathbf{V}=xz^2\mathbf{i}+\sin x\mathbf{k}$，曲面 Σ 是由曲线

$$\begin{cases}y=\sqrt{1+z^2}\\x=0\end{cases}\quad(1\leqslant z\leqslant2)$$

绕 z 轴旋转而成的旋转面，其法向量与 z 轴正向的夹角为锐角，求单位时间内流体流向曲面 Σ 正侧的质量，即流量.

分析：流量为曲面 Σ 上的第二类曲面积分，$\boldsymbol{V} = (P、Q、R)$，流量为 $\iint_{\Sigma} P\mathrm{d}y\mathrm{d}z + Q\mathrm{d}z\mathrm{d}x + R\mathrm{d}x\mathrm{d}y.$

解   旋转曲面 Σ：$x^2 + y^2 - z^2 = 1$，$1 \leqslant z \leqslant 2$. Σ 非封闭，为使用高斯公式计算，补 Σ_1：$z = 2(x^2 + y^2 \leqslant 5)$ 下侧，Σ_2：$z = 1(x^2 + y^2 \leqslant 2)$ 上侧，如图 9-23 所示，则

$$\iint_{\Sigma} xz^2 \mathrm{d}y\mathrm{d}z + \sin x\mathrm{d}x\mathrm{d}y = \oiint_{\Sigma + \Sigma_1 + \Sigma_2} - \iint_{\Sigma_1} - \iint_{\Sigma_2} = I_1 + I_2 + I_3$$

$$I_1 = -\iiint_{\Omega} z^2 \mathrm{d}v$$

$$= -\int_1^2 z^2 \mathrm{d}z \iint_{x^2+y^2 \leqslant 1+z^2} \mathrm{d}x\mathrm{d}y = -\int_1^2 z^2 \pi(1 + z^2)\mathrm{d}z$$

$$= -\frac{128}{15}\pi$$

$$I_2 = -\left(-\iint_{x^2+y^2 \leqslant 5} \sin x\mathrm{d}x\mathrm{d}y\right) = 0$$

$$I_3 = -\iint_{x^2+y^2 \leqslant 2} \sin x\mathrm{d}x\mathrm{d}y = 0$$

综上得

$$\iint_{\Sigma} xz^2 \mathrm{d}y\mathrm{d}z + \sin x\mathrm{d}x\mathrm{d}y = I_1 + I_2 + I_3 = -\frac{128}{15}\pi + 0 + 0 = -\frac{128}{15}\pi$$

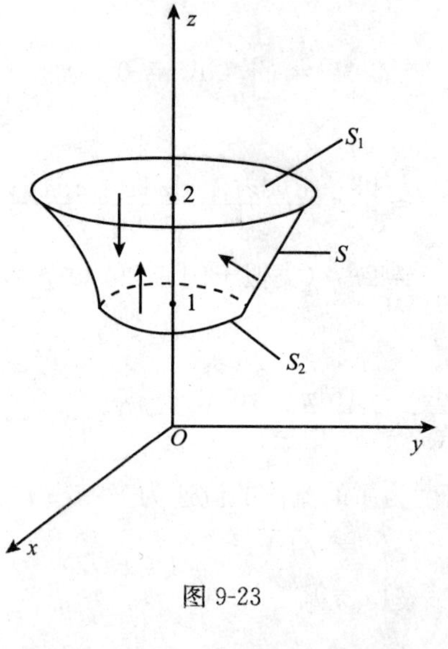

图 9-23

练习题 9-20 设稳定流动的不可压缩流体（假设密度为 1）的速度场由 $\boldsymbol{V}=(y^2-2)\boldsymbol{i}+(z^2-x)\boldsymbol{j}+(x^2-y)\boldsymbol{k}$ 给出，锥面 $z=\sqrt{x^2+y^2}\,(0\leqslant z\leqslant h)$ 是速度场中一片有向曲面，求在单位时间内流向曲面 Σ 外侧的流体的质量.

答案： $-\dfrac{\pi}{4}h^4$，负号应解释为在单位时间内流入曲面 Σ 的流体的质量为 $\dfrac{\pi}{4}h^4$.

【例 9-32】（C 类） 计算曲面积分

$$I=\oiint_{\Sigma}\left(\frac{\mathrm{d}y\mathrm{d}z}{x}+\frac{\mathrm{d}z\mathrm{d}x}{y}+\frac{\mathrm{d}x\mathrm{d}y}{z}\right)$$

其中，Σ 为椭球 $\dfrac{x^2}{a^2}+\dfrac{y^2}{b^2}+\dfrac{z^2}{c^2}=1$ 的外侧表面.

分析： 由于 $P=\dfrac{1}{x}$，$Q=\dfrac{1}{y}$，$R=\dfrac{1}{z}$ 在点 $(0,0,0)$ 不连续，因此 P,Q,R 在 Σ 所围区域内一阶偏导不连续，故不能用高斯公式.

解

$$\oiint_{\Sigma}\frac{\mathrm{d}x\mathrm{d}y}{z}=\frac{2}{c}\iint_{\frac{x^2}{a^2}+\frac{y^2}{b^2}\leqslant1}\frac{\mathrm{d}x\mathrm{d}y}{\sqrt{1-\dfrac{x^2}{a^2}-\dfrac{y^2}{b^2}}}$$

$$=\frac{2}{c}ab\int_0^{2\pi}\mathrm{d}\theta\int_0^1\frac{r\mathrm{d}r}{\sqrt{1-r^2}}=\frac{4\pi abc}{c^2}$$

由对称性，得

$$I=4\pi abc\left(\frac{1}{a^2}+\frac{1}{b^2}+\frac{1}{c^2}\right)$$

【例 9-33】（C 类） 设 Σ 是光滑曲面，V 是 Σ 所围立体 Ω 的体积，$\boldsymbol{r}=(x,y,z)$ 是点 (x,y,z) 的向径，θ 是 Σ 的外法线 $\boldsymbol{n}$ 与 $\boldsymbol{r}$ 的夹角，证明

$$V=\frac{1}{3}\oiint_{\Sigma}|\boldsymbol{r}|\cos\theta\mathrm{d}S$$

分析： 根据三重积分的几何意义 $V=\iiint_{\Omega}\mathrm{d}V$ 知，要证的结论为

$$\iiint_{\Omega}\mathrm{d}V=\frac{1}{3}\oiint_{\Sigma}|\boldsymbol{r}|\cos\theta\mathrm{d}S$$

这是三重积分与曲面积分的关系，故想到用高斯公式. 关键是把 $|\boldsymbol{r}|\cos\theta\mathrm{d}S$ 写成 $(P\cos\alpha+Q\cos\beta+R\cos\gamma)\mathrm{d}S$.

证 设 $\boldsymbol{n}^0 = (\cos\alpha,\ \cos\beta,\ \cos\gamma)$ 是 Σ 上点 $(x,\ y,\ z)$ 处的外单位法向量，则

$$\cos\theta = \frac{\boldsymbol{r}\cdot\boldsymbol{n}^0}{|\boldsymbol{r}|\ |\boldsymbol{n}^0|} = \frac{x\cos\alpha + y\cos\beta + z\cos\gamma}{|\boldsymbol{r}|}$$

于是

$$\frac{1}{3}\oiint_\Sigma |\boldsymbol{r}|\cos\theta\mathrm{d}S = \frac{1}{3}\oiint_\Sigma (x\cos\alpha + y\cos\beta + z\cos\gamma)\mathrm{d}S$$

$$= \frac{1}{3}\iiint_\Omega (1+1+1)\mathrm{d}v = V$$

练习题 9-21 证明：若 Σ 为封闭的简单曲面，$\boldsymbol{n}$ 为 Σ 的外法向量，$\boldsymbol{\tau}$ 为任意的固定方向，则

$$\oiint_\Sigma \cos(\boldsymbol{n},\ \boldsymbol{\tau})\mathrm{d}S = 0$$

提示： 设 $\alpha,\ \beta,\ \gamma$ 是 $\boldsymbol{n}$ 的方向角

$$\boldsymbol{n}^0 = \frac{\boldsymbol{n}}{|\boldsymbol{n}|} = (\cos\alpha,\ \cos\beta,\ \cos\gamma)$$

$$\boldsymbol{\tau}^0 = \frac{\boldsymbol{\tau}}{|\boldsymbol{\tau}|} = (\cos(\boldsymbol{\tau},\ \boldsymbol{i}),\ \cos(\boldsymbol{\tau},\ \boldsymbol{j}),\ \cos(\boldsymbol{\tau},\ \boldsymbol{k}))$$

$$\cos(\boldsymbol{n},\ \boldsymbol{\tau}) = \frac{\boldsymbol{n}\cdot\boldsymbol{\tau}}{|\boldsymbol{n}|\ |\boldsymbol{\tau}|} = \frac{\boldsymbol{n}}{|\boldsymbol{n}|}\cdot\frac{\boldsymbol{\tau}}{|\boldsymbol{\tau}|}$$

$$= \cos(\boldsymbol{\tau},\ \boldsymbol{i})\cos\alpha + \cos(\boldsymbol{\tau},\ \boldsymbol{j})\cos\beta + \cos(\boldsymbol{\tau},\ \boldsymbol{k})\cos\gamma$$

$$\oiint_\Sigma \cos(\boldsymbol{n},\boldsymbol{\tau})\mathrm{d}S$$

$$= \oiint_\Sigma \cos(\boldsymbol{\tau},\ \boldsymbol{i})\mathrm{d}y\mathrm{d}z + \cos(\boldsymbol{\tau},\ \boldsymbol{j})\mathrm{d}z\mathrm{d}x + \cos(\boldsymbol{\tau},\ \boldsymbol{k})\mathrm{d}x\mathrm{d}y$$

因为 $\boldsymbol{\tau}$ 为任意的固定方向，所以 $\boldsymbol{\tau}$ 与各坐标轴的夹角为常数. 再利用高斯公式可证得.

【例 9-34】（C 类） 设 Σ 是球面 $(x-a)^2 + (y-a)^2 + (z-a)^2 = 2a^2$，$a > 0$. 证明

$$I = \oiint_\Sigma (x + y + z - \sqrt{3}a)\mathrm{d}S \leqslant 12\pi a^3$$

分析： 此题的证明方法就是通过将左式的曲面积分求出证得.

证 1 由对称性知

$$\oiint_\Sigma (x + y + z)\mathrm{d}S = 3\oiint_\Sigma z\mathrm{d}S$$

由于曲面 Σ 形心的 z 坐标为

$$\bar{z} = \frac{\oiint_{\Sigma} z\,dS}{\oiint_{\Sigma} dS} = \frac{\oiint_{\Sigma} z\,dS}{8\pi a^2} = a$$

故得

$$\oiint_{\Sigma} z\,dS = 8\pi a^3$$

所以

$$I = \oiint_{\Sigma}(x + y + z - \sqrt{3}a)\,dS = 3\oiint_{\Sigma} z\,dS - \sqrt{3}a\oiint_{\Sigma} dS$$

$$= 3 \cdot 8\pi a^3 - \sqrt{3}a \cdot 8\pi a^2 = 8(3 - \sqrt{3})\pi a^3$$

$$= \frac{4}{3 + \sqrt{3}} \cdot 12\pi a^3 \leqslant 12\pi a^3$$

证 2 Σ 上任一点 (x, y, z) 处向外的单位法向量为

$$\boldsymbol{n}^0 = \frac{\boldsymbol{n}}{|\boldsymbol{n}|} = (\cos\alpha, \cos\beta, \cos\gamma)$$

$$= \frac{1}{\sqrt{(x-a)^2 + (y-a)^2 + (z-a)^2}}(x-a, y-a, z-a)$$

$$= \frac{1}{\sqrt{2}a}(x-a, y-a, z-a)$$

故

$$I = \oiint_{\Sigma}((x-a) + (y-a) + (z-a) + (3-\sqrt{3})a)\,dS$$

$$= \sqrt{2}a\oiint_{\Sigma}(\cos\alpha + \cos\beta + \cos\gamma)\,dS + (3-\sqrt{3})a\oiint_{\Sigma} dS$$

$$= \sqrt{2}a\oiint_{\Sigma} dy\,dz + dz\,dx + dx\,dy + (3-\sqrt{3})a \cdot 8\pi a^2$$

$$= 8(3-\sqrt{3})\pi a^3 \quad (\text{上式右端第一项第二类曲面积分为 } 0,\text{可用高斯公式})$$

以下同证 1.

证 3 此题也可利用坐标轴平移来证.

令 $u = x - a$, $v = y - a$, $w = z - a$，由曲面积分的物理意义有

$$I = \oiint_{u^2 + v^2 + w^2 = 2a^2}(u + v + w + 3a - \sqrt{3}a)\,dS$$

$$= \oiint_{\Sigma}(3 - \sqrt{3})a\,dS$$

$$= (3 - \sqrt{3})a \cdot 4\pi(\sqrt{2}a)^2 \leqslant 12\pi a^3$$

【例 9-35】（B 类）　计算曲线积分 $\oint_\Gamma y\mathrm{d}x + z\mathrm{d}y + x\mathrm{d}z$，其中 Γ 为圆周 $x^2 + y^2 + z^2 = a^2$，$x + y + z = 0$，若从 Ox 轴的正向看去，该圆周是依逆时针方向.

> **分析**：积分曲线为空间圆周，求解方法：一是写出 Γ 的参数方程，直接化为对参数的定积分，本题写参数方程比较麻烦；二是利用斯托克斯公式，将空间中的曲线积分转化为此封闭曲线所张开的平面 $x + y + z = 0$ 上的曲面积分，这是比较方便的.

解　平面 Σ：$x + y + z = 0$ 的法线方向余弦为

$$\cos \alpha = \cos \beta = \cos \gamma = \frac{1}{\sqrt{3}}$$

曲线 Γ 是逆时针方向，Σ 与 Γ 成右手系，故曲面 Σ 取上侧，由斯托克斯公式有

$$\oint_\Gamma y\mathrm{d}x + z\mathrm{d}y + x\mathrm{d}z = \iint_\Sigma \begin{vmatrix} \cos \alpha & \cos \beta & \cos \gamma \\ \dfrac{\partial}{\partial x} & \dfrac{\partial}{\partial y} & \dfrac{\partial}{\partial z} \\ y & z & x \end{vmatrix} \mathrm{d}S$$

$$= -\iint_\Sigma (\cos \alpha + \cos \beta + \cos \gamma)\mathrm{d}S$$

$$= -\frac{3}{\sqrt{3}}\iint_\Sigma \mathrm{d}S = -\sqrt{3}\pi a^2$$

> **小结**：对在空间封闭曲线 Γ 上的曲线积分 $\oint_\Gamma P\mathrm{d}x + Q\mathrm{d}y + R\mathrm{d}z$，当写出 Γ 的参数方程较困难或直接代入 Γ 的参数式计算很复杂时，常可用斯托克斯公式将其化为在 Σ 上的曲面积分计算.

> **练习题 9-22**　计算 $\oint_\Gamma (y^2 - z^2)\mathrm{d}x + (2z^2 - x^2)\mathrm{d}y + (3x^2 - y^2)\mathrm{d}z$，其中 Γ 是平面 $x + y + z = 2$ 与柱面 $|x| + |y| = 1$ 的交线，从 z 轴正向看去，Γ 为逆时针方向.
>
> **答案**：-24.
>
> **提示**：原积分 $= -\dfrac{2}{\sqrt{3}}\iint_\Sigma (4x + 2y + 3z)\mathrm{d}S$
>
> $$= -2\iint_D (x - y + 6)\mathrm{d}x\mathrm{d}y = -12\iint_D \mathrm{d}x\mathrm{d}y = -24$$

【例 9-36】（B 类）　液体在空间流动，流体的密度 ρ 处处相同（设 $\rho = 1$）. 已知流速函

数为

$$V = (y-z)\boldsymbol{i} + (z-x)\boldsymbol{j} + (x-y)\boldsymbol{k}$$

求流体沿曲线 Γ：$x^2 + y^2 = a^2$，$\dfrac{x}{a} + \dfrac{z}{h} = 1$（$a > 0$，$h > 0$）的环流量（从 x 轴正向看去，曲线是逆时针方向）.

分析： 环流量为空间曲线 Γ 上的第二类曲线积分，$V = (P, Q, R)$，环流量为

$$\oint_{\Gamma} P\,\mathrm{d}x + Q\,\mathrm{d}y + R\,\mathrm{d}z$$

解 1　化为参数的定积分计算.

令 $x = a\cos t$，$y = a\sin t$，则

$$z = h\left(1 - \frac{x}{a}\right) = h\left(1 - \frac{a\cos t}{a}\right) = h\,(1 - \cos t)$$

于是

$$\oint_{\Gamma} (y-z)\mathrm{d}x + (z-x)\mathrm{d}y + (x-y)\mathrm{d}z$$

$$= \int_0^{2\pi} \Big\{ [a\sin t - h(1-\cos t)] \cdot (-a\sin t) + [h(1-\cos t) - a\cos t] \cdot$$

$$a\cos t + (a\cos t - a\sin t) \cdot h\sin t \Big\}\mathrm{d}t = -2\pi a(a+h)$$

解 2

$$\oint_{\Gamma} (y-z)\mathrm{d}x + (z-x)\mathrm{d}y + (x-y)\mathrm{d}z$$

$$= \iint_{\Sigma} \begin{vmatrix} \mathrm{d}y\mathrm{d}z & \mathrm{d}z\mathrm{d}x & \mathrm{d}x\mathrm{d}y \\ \dfrac{\partial}{\partial x} & \dfrac{\partial}{\partial y} & \dfrac{\partial}{\partial z} \\ y-z & z-x & x-y \end{vmatrix} = -2\iint_{\Sigma} \mathrm{d}y\mathrm{d}z + \mathrm{d}z\mathrm{d}x + \mathrm{d}x\mathrm{d}y$$

$$= -2\iint_{D_{xy}} \left(1 \cdot \frac{h}{a} + 1 \cdot 0 + 1 \cdot 1\right)\mathrm{d}x\mathrm{d}y$$

$$= -2\iint_{D_{xy}} \left(\frac{h}{a} + 1\right)\mathrm{d}x\mathrm{d}y = -2\pi a(h+a)$$

【例 9-37】（B 类）　设数量场 $u = \ln\sqrt{x^2 + y^2 + z^2}$，求 div（**grad**$u$）.

解

$$\mathbf{grad}u = \left(\frac{\partial u}{\partial x}, \frac{\partial u}{\partial y}, \frac{\partial u}{\partial z}\right) = \frac{1}{x^2 + y^2 + z^2}(x, y, z)$$

$$\mathrm{div}(\mathbf{grad}u) = \frac{\partial P}{\partial x} + \frac{\partial Q}{\partial y} + \frac{\partial R}{\partial z}$$

$$= \frac{y^2 + z^2 - x^2 + (x^2 + z^2 - y^2) + (x^2 + y^2 - z^2)}{(x^2 + y^2 + z^2)^2}$$

$$= \frac{1}{x^2 + y^2 + z^2}$$

9.3 本章测验

1. 填空题（20 分，每小题 5 分）

(1) 设平面曲线 L 为下半圆周 $y = -\sqrt{1-x^2}$，则曲线积分 $\int_L (x^2 + y^2)\mathrm{d}s = $ _____.

(2) 设 L 是椭圆 $\dfrac{x^2}{4} + \dfrac{y^2}{3} = 1$，其周长记为 a，则 $\oint_L (2xy + 3x^2 + 4y^2)\mathrm{d}s = $ _____.

(3) 设 L 为取正向的圆周 $x^2 + y^2 = 9$，则曲线积分 $\oint_L (2xy - 2y)\mathrm{d}x + (x^2 - 4x)\mathrm{d}y$ 的值是

_____.

(4) 设空间区域 Ω 由曲面 $z = a^2 - x^2 - y^2$ 与平面 $z = 0$ 围成，其中 a 为正的常数，记 Ω 的表面外侧为 Σ，Ω 的体积为 V，则 $\oiint_\Sigma x^2 y z^2 \mathrm{d}y\mathrm{d}z - xy^2 z^2 \mathrm{d}z\mathrm{d}x + z(1 + xyz)\mathrm{d}x\mathrm{d}y = $

_____.

2. (15 分) 质点 p 沿着以 AB 为直径的圆周，从点 $A(1，2)$ 运动到点 $B(3，4)$ 的过程中受变力 $\mathbf{F}$ 作用（如图 9-24），$\mathbf{F}$ 的大小等于点 p 到原点 O 之间的距离，其方向重直于线段 Op 且与 y 轴正向的夹角小于 $\dfrac{\pi}{2}$，求变力 $\mathbf{F}$ 对质点 p 所作的功.

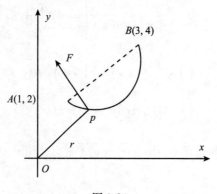

图 9-24

3. （15 分）设曲线积分 $\int_L xy^2 \mathrm{d}x + y\varphi(x)\mathrm{d}y$ 与路径无关，其中 $\varphi(x)$ 具有连续导数，且 $\varphi(0)=0$，计算 $\int_{(0,0)}^{(1,1)} xy^2 \mathrm{d}x + y\varphi(x)\mathrm{d}y$ 的值.

4. （20 分）计算曲面积分

$$\iint_{\Sigma} (x^3 + az^2)\mathrm{d}y\mathrm{d}z + (y^3 + ax^2)\mathrm{d}z\mathrm{d}x + (z^3 + ay^2)\mathrm{d}x\mathrm{d}y$$

其中，Σ 为上半球面 $z=\sqrt{a^2-x^2-y^2}$ 的上侧.

5. （15 分）确定常数 λ，使在右半平面 $x>0$ 上的向量 $\boldsymbol{A}(x,y)=2xy(x^4+y^2)^\lambda \boldsymbol{i} - x^2(x^4+y^2)^\lambda \boldsymbol{j}$ 为某二元函数 $u(x,y)$ 的梯度，求 $u(x,y)$.

6. （15 分）计算

$$\iint_{\Sigma} \frac{ax\mathrm{d}y\mathrm{d}z + (z+a)^2\mathrm{d}x\mathrm{d}y}{(x^2+y^2+z^2)^{\frac{1}{2}}}$$

其中，Σ 为下半球面 $z=-\sqrt{a^2-x^2-y^2}$ 的上侧，a 为大于零的常数.

9.4 本章测验参考答案

1. （1）π　（2）$12a$　（3）-18π　（4）V

2. $2(\pi-1)$. 提示：由题设 $\boldsymbol{F}=-y\boldsymbol{i}+x\boldsymbol{j}$，圆弧 $\overset{\frown}{AB}$ 的参数方程是

$$\begin{cases} x=2+\sqrt{2}\cos t \\ y=3+\sqrt{2}\sin t \end{cases} \left(-\frac{3}{4}\pi \leqslant t \leqslant \frac{\pi}{4}\right), \quad W=\int_{\overset{\frown}{AB}} -y\mathrm{d}x + x\mathrm{d}y$$

3. $\dfrac{1}{2}$. 提示：利用 $\dfrac{\partial P}{\partial y}=\dfrac{\partial Q}{\partial x}$，求出 $\varphi(x)=x^2$.

4. $\dfrac{29}{20}\pi a^5$

5. $u(x,y)=-\arctan\dfrac{y}{x^2}+C$. 提示：利用 $\dfrac{\partial P}{\partial y}=\dfrac{\partial Q}{\partial x}$，求得 $\lambda=-1$，取

$$u(x,y)=\int_{(1,0)}^{(x,y)} \frac{2xy\mathrm{d}x - x^2\mathrm{d}y}{x^4+y^2} + C$$

6. $-\dfrac{\pi}{2}a^3$. 提示：原积分 $=\dfrac{1}{a}\iint_{\Sigma} ax\mathrm{d}y\mathrm{d}z+(z+a)^2\mathrm{d}x\mathrm{d}y$，补面用高斯公式或直接计算均可.

9.5 本章练习

9-1 计算下列对弧长的曲线积分.

(1) $\displaystyle\int_L y^2 \mathrm{d}s$，$L$ 是摆线 $x=a(t-\sin t)$，$y=a(1-\cos t)(0\leqslant t\leqslant 2\pi)$ 的一拱；

(2) $\displaystyle\oint_\Gamma (2yz+2zx+2xy)\mathrm{d}s$，$\Gamma$ 是空间圆周

$$\begin{cases} x^2+y^2+z^2=a^2 \\ x+y+z=\dfrac{3}{2}a \end{cases}$$

9-2 计算下列对坐标的曲线积分.

(1) $\displaystyle\int_L (x+2y)\mathrm{d}x+x\mathrm{d}y$，$L$ 是从点 $(0，1)$ 沿曲线 $x^{\frac{2}{3}}+y^{\frac{2}{3}}=1(x\geqslant 0)$ 到点 $(1，0)$；

(2) $\displaystyle\int_L (x^2+y^2)\mathrm{d}y$，$L$ 是从点 $O(0，0)$ 沿曲线 $L: x=\begin{cases} \sqrt{y}，& 0\leqslant y\leqslant 1 \\ 2-y，& 1<y\leqslant 2 \end{cases}$ 到点 $B(0，2)$.

9-3 计算曲线积分

$$\int_L x\mathrm{d}y-y\mathrm{d}x$$

其中，L 为曲线 $y=|\sin x|$ 从 $B(2\pi，0)$ 到 $O(0，1)$.

9-4 计算 $\displaystyle\oint_\Gamma xyz\mathrm{d}z$，其中 Γ 为圆周 $x^2+y^2+z^2=1$，$z=y$，从 z 轴正向看去，Γ 的方向依逆时针方向.

9-5 计算 $\displaystyle\int_L (x+y)\mathrm{d}x+(x-y)\mathrm{d}y$，其中 L 是沿高斯曲线 $y=\mathrm{e}^{-x^2}$ 从点 $A(0，1)$ 到 $B(1，\dfrac{1}{\mathrm{e}})$ 的一段.

9-6 设 $f(x)$ 在 $(-\infty，+\infty)$ 有连续导数，求

$$\int_L \frac{1+y^2 f(xy)}{y}\mathrm{d}x+\frac{x}{y^2}[y^2 f(xy)-1]\mathrm{d}y$$

其中，L 是从点 $A\left(3，\dfrac{2}{3}\right)$ 到点 $B(1，2)$ 的直线.

9-7 计算

$$\int_L [\cos(x+y^2)+2y]\mathrm{d}x+[2y\cos(x+y^2)+3x]\mathrm{d}y$$

其中，L 为正弦曲线 $y=\sin x$ 上自 $x=0$ 到 $x=\pi$ 的弧段.

9-8 计算曲线积分

$$\oint_L \frac{x\,\mathrm{d}y - y\,\mathrm{d}x}{4x^2 + y^2}$$

其中，L 是以点 $C(1,0)$ 为中心，以 R 为半径的圆周($R\neq 1$)，取逆时针方向.

9-9 设有平面力场

$$\boldsymbol{F}=(2xy^3 - y^2\cos x)\boldsymbol{i}+(1-2y\sin x+3x^2y^2)\boldsymbol{j}$$

求一质点沿曲线 L：$2x=\pi y^2$ 从点 $O(0,0)$ 运动到点 $A\left(\dfrac{\pi}{2},1\right)$ 时场力 $\boldsymbol{F}$ 所作的功.

9-10 计算下列第一类曲面积分.

(1) $\iint_\Sigma (x^2+y^2)\mathrm{d}S$，其中 Σ 是锥面 $z^2=3(x^2+y^2)$ 被平面 $z=0$，$z=3$ 所截得的部分；

(2) $\iint_\Sigma (x^2+y^2+z^2)\mathrm{d}S$，其中 Σ 为由曲面 $x^2+y^2+z^2=R^2$ 及曲面 $x^2+y^2+z^2=2Rz$ 所围的曲面.

9-11 计算

$$\iint_\Sigma y^3 z^2\,\mathrm{d}y\mathrm{d}z + z\sqrt{x^2+y^2}\,\mathrm{d}x\mathrm{d}y$$

其中，Σ 是下半球面 $z=-\sqrt{a^2-x^2-y^2}$ 的下侧.

9-12 计算

$$\iint_\Sigma (8y+1)x\,\mathrm{d}y\mathrm{d}z + 2(1-y^2)\mathrm{d}z\mathrm{d}x - 4yz\,\mathrm{d}x\mathrm{d}y$$

其中，Σ 是由曲线 $\begin{cases} z=\sqrt{y-1} \\ x=0 \end{cases}$ $(1\leqslant y\leqslant 3)$ 绕 y 轴旋转一周所生成的曲面，它的法向量与 y 轴正向的夹角大于 $\dfrac{\pi}{2}$.

9-13 计算

$$\iint_\Sigma \frac{z}{a^2}(lx+my+nz)\mathrm{d}S$$

其中，Σ 为上半球面 $x^2+y^2+z^2=a^2(z\geqslant 0)$，$l,m,n$ 为球面的外法线的方向余弦.

9-14 计算

$$\iint_\Sigma f(x)\mathrm{d}y\mathrm{d}z + g(y)\mathrm{d}z\mathrm{d}x + h(z)\mathrm{d}x\mathrm{d}y$$

其中，$f(x)$，$g(y)$，$h(z)$ 为连续函数，Σ 为长方体 $0 \leqslant x \leqslant a$，$0 \leqslant y \leqslant b$，$0 \leqslant z \leqslant c$ 的外表面.

9-15 设两个球的半径分别为 b 和 $a(b > a)$，且小球的球心在大球的球面上，求小球在大球内的那部分曲面的面积.

9-16 设函数 $u(x, y, z)$ 具有连续的二阶偏导数，Σ 是有界闭区域 Ω 的光滑边界曲面，且在 Ω 内有

$$\Delta u = \frac{\partial^2 u}{\partial x^2} + \frac{\partial^2 u}{\partial y^2} + \frac{\partial^2 z}{\partial z^2} = 0$$

试证明：若函数 u 在 Σ 上取零值，则 $u = 0$ 在 Ω 内成立.

9-17 设 $P(x, y, z)$，$Q(x, y, z)$，$R(x, y, z)$ 均为连续函数，Σ 是一片光滑曲面，面积记为 S，M 是 $\sqrt{P^2 + Q^2 + R^2}$ 在 Σ 上的最大值，试证

$$\left| \iint_\Sigma P \mathrm{d}y \mathrm{d}z + Q \mathrm{d}z \mathrm{d}x + R \mathrm{d}x \mathrm{d}y \right| \leqslant MS$$

9-18 设 Γ 是平面 $x \cos \alpha + y \cos \beta + z \cos \gamma = p$ 上的一条简单闭曲线，对着平面的单位法向量 $\boldsymbol{n} = (\cos \alpha, \cos \beta, \cos \gamma)$ 看 Γ 成逆时针方向. Γ 在 Σ 上所围的面积记为 S，求证

$$S = \frac{1}{2} \oint_\Gamma \begin{vmatrix} \mathrm{d}x & \mathrm{d}y & \mathrm{d}z \\ \cos \alpha & \cos \beta & \cos \gamma \\ x & y & z \end{vmatrix}$$

9-19 求曲面 $2az = x^2 - y^2$ 被柱面 $x^2 + y^2 = a^2$ 截下部分的质量，已知曲面上任一点 (x, y, z) 处的面密度为 $k|z|$ $(a > 0)$.

9.6   本章练习参考答案

9-1 (1) $\dfrac{256}{15} a^3$

提示：$\mathrm{d}s = \sqrt{2} a \sqrt{1 - \cos t} \mathrm{d}t$，$\displaystyle\int_L y^2 \mathrm{d}s = \cdots = 8a^3 \int_0^{2\pi} \left| \sin \frac{t}{2} \right|^5 \mathrm{d}t = 8a^3 \int_0^{2\pi} \sin \frac{t}{2} \mathrm{d}t = 16a^3 \int_0^\pi \sin^5 u \mathrm{d}u = 32a^3 \int_0^{\frac{\pi}{2}} \sin^5 u \mathrm{d}u$

利用公式

$$\int_0^{\frac{\pi}{2}} \sin^n x \mathrm{d}x = \begin{cases} \dfrac{n-1}{n} \cdot \dfrac{n-3}{n-2} \cdot \cdots \cdot \dfrac{2}{3}, & n \text{ 为奇数} \\ \dfrac{n-1}{n} \cdot \dfrac{n-3}{n-2} \cdot \cdots \cdot \dfrac{1}{2} \cdot \dfrac{\pi}{2}, & n \text{ 为偶数} \end{cases}$$

(2) $\dfrac{5\pi a^3}{4}$

提示：法 1　由点 $(0,0,0)$ 到平面 $x+y+z=\dfrac{\sqrt{3}}{2}a$ 的距离为 $\dfrac{3}{2}a$，所以圆 Γ 的半

径为 $r=\sqrt{a^2-\dfrac{3}{4}a^2}=\dfrac{a}{2}$，圆 Γ 的周长为 $l=2\pi\cdot\dfrac{a}{2}=\pi a$. 在 Γ 上，

$$
\begin{aligned}
2yz+2zx+2xy &=2yz+2zx+2xy+x^2+y^2+z^2-a^2\\
&=(x+y+z)^2-a^2\\
&=\frac{9}{4}a^2-a^2\\
&=\frac{5}{4}a^2
\end{aligned}
$$

故

$$
\oint_{\Gamma}(2yz+2zx+2xy)\,\mathrm{d}s=\oint_{\Gamma}\frac{5}{4}a^2\,\mathrm{d}s=\frac{5}{4}a^2\cdot\pi a
$$

法 2　利用斯托克斯公式计算.

9-2　(1) $\dfrac{1}{2}+\dfrac{3}{32}\pi$　(2) $\dfrac{7}{2}$

9-3　8

9-4　$\dfrac{\pi}{8\sqrt{2}}$

9-5　$1+\dfrac{1}{e}-\dfrac{1}{2e^2}$

9-6　-4

9-7　-2

9-8　当 $R<1$ 时，$\oint_L=0$；当 $R>1$ 时，取 $r<R-1$，作 l_1：$x=\dfrac{r}{2}\cos t$，$y=r\sin t$，$0\leqslant t\leqslant 2\pi$，

取逆时针，则 $\oint_L=\oint_{l_1}=\pi$.

9-9　$\dfrac{\pi^2}{4}$

9-10　(1) 9π　(2) $\dfrac{3}{2}\pi R^4$

9-11　$\dfrac{1}{8}\pi^2 a^4$

9-12　34π

9-13 πa^2. 提示：原积分 $=\displaystyle\iint_\Sigma \frac{zx}{a^2}\mathrm{d}y\mathrm{d}z+\frac{zy}{a^2}\mathrm{d}z\mathrm{d}x+\frac{z^2}{a^2}\mathrm{d}x\mathrm{d}y$

9-14 $\left[\dfrac{f(a)-f(0)}{a}+\dfrac{g(b)-g(0)}{b}+\dfrac{h(c)-h(0)}{c}\right]abc$. 提示：直接计算.

9-15 $\left(1-\dfrac{a}{2b}\right)2\pi a^2$. 提示：选取过两球球心铅直向上的直线为 z 轴，大球的球心在坐标原点，分别建立两球面的方程.

9-16 提示：对 $\displaystyle\oiint_\Sigma u\frac{\partial u}{\partial n}\mathrm{d}S$（其中 $\dfrac{\partial u}{\partial n}$ 为函数 $u(x,y,z)$ 在 Σ 上点 (x,y,z) 处沿该点法向量的方向导数）用高斯公式.

9-17 提示：

$$\left|\iint_\Sigma P\mathrm{d}y\mathrm{d}z+Q\mathrm{d}z\mathrm{d}x+R\mathrm{d}x\mathrm{d}y\right|$$

$$=\left|\iint_\Sigma(P\cos\alpha+Q\cos\beta+R\cos\gamma)\mathrm{d}S\right|$$

$$\leqslant\iint_\Sigma|P\cos\alpha+Q\cos\beta+R\cos\gamma|\mathrm{d}S$$

$$\overset{(*)}{\leqslant}\iint_\Sigma\sqrt{R^2+Q^2+R^2}\mathrm{d}S\leqslant M\iint_\Sigma\mathrm{d}S=MS$$

$*$：记 $\boldsymbol{A}=(P,Q,R)$，$\boldsymbol{n}^0=(\cos\alpha,\cos\beta,\cos\gamma)$，则

$$|P\cos\alpha+Q\cos\beta+R\cos\gamma|=|\boldsymbol{A}\cdot\boldsymbol{n}^0|$$
$$=||\boldsymbol{A}||\boldsymbol{n}^0|\cos(\boldsymbol{A},\boldsymbol{n}^0)|\leqslant|A|$$
$$=\sqrt{P^2+Q^2+R^2}$$

9-18 提示：

$$\frac{1}{2}\oint_\Gamma\begin{vmatrix}\mathrm{d}x & \mathrm{d}y & \mathrm{d}z\\\cos\alpha & \cos\beta & \cos\gamma\\x & y & z\end{vmatrix}=$$

$$\frac{1}{2}\oint_\Gamma(z\cos\beta-y\cos\gamma)\mathrm{d}x+(x\cos\gamma-z\cos\alpha)\mathrm{d}y+(y\cos\alpha-x\cos\beta)\mathrm{d}z$$

$$\xupoint{\text{斯托克斯公式}}\iint_\Sigma\cos\alpha\mathrm{d}y\mathrm{d}z+\cos\beta\mathrm{d}z\mathrm{d}x+\cos\gamma\mathrm{d}x\mathrm{d}y$$

$$=\iint_\Sigma(\cos^2\alpha+\cos^2\beta+\cos^2\gamma)\mathrm{d}S$$

$$=\iint_\Sigma\mathrm{d}S=S$$

9-19　$\dfrac{4}{15}ka^3(1+\sqrt{2})$. 提示：在 Σ：$z=\dfrac{x^2-y^2}{2a}$ 上，有

$$dS=\frac{1}{a}\sqrt{a^2+x^2+y^2}\,dxdy$$

记 D：$x^2+y^2\leqslant a^2$，则

$$M=\iint_{\Sigma}k\mid z\mid dS=\frac{k}{2a^2}\iint_D\mid x^2-y^2\mid\sqrt{a^2+x^2+y^2}\,dxdy$$

$$=\frac{4k}{a^2}\int_0^{\frac{\pi}{4}}d\theta\int_0^a r^3\sqrt{a^2+r^2}\cos 2\theta\,dr$$

第 *10* 章

无穷级数

10.1 基础内容

1. 理解无穷级数收敛、发散及和的概念，了解无穷级数收敛的必要条件，知道无穷级数的基本性质

1)数项级数的概念

设有数列 $\{u_n\}$，$n=1,2,3,\cdots$，则 $u_1+u_2+\cdots+u_n+\cdots=\sum\limits_{n=1}^{\infty}u_n$ 称为以 u_1 为首项、以 u_n 为通项的无穷级数.

2)级数的收敛、发散及和的概念

$$u_1+u_2+\cdots+u_n=\sum_{k=1}^{n}u_k=s_n$$

称 s_n 为无穷级数 $\sum\limits_{n=1}^{\infty}u_n$ 的前 n 项的部分和. 若 $\lim\limits_{n\to\infty}s_n=s$，则称级数 $\sum\limits_{n=1}^{\infty}u_n$ 收敛于 s，s 称为无穷级数 $\sum\limits_{n=1}^{\infty}u_n$ 的和，即 $\sum\limits_{n=1}^{\infty}u_n=s$；若 $\lim\limits_{n\to\infty}s_n$ 不存在，则称级数 $\sum\limits_{n=1}^{\infty}u_n$ 发散，即 $\sum\limits_{n=1}^{\infty}u_n$ 的和不存在. 数列 $\{u_n\}$ 称为一般项数列，$\{s_n\}$ 称为部分和数列，它们之间的关系为

$$s_n=u_1+u_2+\cdots+u_n,\ u_n=s_n-s_{n-1}$$

当级数收敛时

$$r_n=s-s_n=u_{n+1}+u_{n+2}+\cdots$$

称为级数的余项.

3)数项级数的性质

(1) $\sum\limits_{n=1}^{\infty}u_n$ 收敛的必要条件是 $\lim\limits_{n\to\infty}u_n=0$；当 $\lim\limits_{n\to\infty}u_n\neq0$ 或不存在时，级数 $\sum\limits_{n=1}^{\infty}u_n$ 发散.

(2) $c\neq 0$ 为常数，$m\geqslant 1$ 为整数，则级数 $\sum\limits_{n=m}^{\infty} cu_n$ 与 $\sum\limits_{n=1}^{\infty} u_n$ 有相同的敛散性.

(3) 加上或去掉或改变有限项，不改变级数的敛散性.

(4) 若 $\sum\limits_{n=1}^{\infty} u_n = s_1$，$\sum\limits_{n=1}^{\infty} v_n = s_2$，则 $\sum\limits_{n=1}^{\infty} (u_n \pm v_n)$ 也收敛，且 $\sum\limits_{n=1}^{\infty} (u_n \pm v_n) = \sum\limits_{n=1}^{\infty} u_n \pm \sum\limits_{n=1}^{\infty} v_n = s_1 \pm s_2$.

注: 若 $\sum\limits_{n=1}^{\infty} u_n$ 与 $\sum\limits_{n=1}^{\infty} v_n$ 中有一个收敛、一个发散时，则 $\sum\limits_{n=1}^{\infty} (u_n \pm v_n)$ 一定发散；而当两个级数都发散时，则 $\sum\limits_{n=1}^{\infty} (u_n \pm v_n)$ 可能收敛，也可能发散.

(5) 收敛级数任意加括号后所得的级数收敛，且其和不变.

注: 级数加括号后收敛，原级数则可能收敛，也可能发散.

2. 熟悉等比级数和 p 级数的收敛性

(1) 等比级数 $\sum\limits_{n=0}^{\infty} aq^n$：当 $|q| < 1$ 时收敛，其和为 $\dfrac{a}{1-q}$；当 $|q| \geqslant 1$ 时发散.

(2) p 级数 $\sum\limits_{n=1}^{\infty} \dfrac{1}{n^p}$：当 $p > 1$ 时收敛，当 $p \leqslant 1$ 时发散.

3. 熟练掌握正项级数的比较判别法和比值判别法，会用柯西根值判别法，了解柯西积分法

1) 比较判别法

(1) 比较判别法的不等式形式：设当 $n > N$ 时，$0 \leqslant u_n \leqslant v_n$，则当 $\sum\limits_{n=1}^{\infty} v_n$ 收敛时，$\sum\limits_{n=1}^{\infty} u_n$ 也收敛；反之当 $\sum\limits_{n=1}^{\infty} u_n$ 发散时，$\sum\limits_{n=1}^{\infty} v_n$ 也发散.

(2) 比较判别法的极限形式：若 $\lim\limits_{n\to\infty} \dfrac{u_n}{v_n} = l$，则当 $0 < l < +\infty$ 时，$\sum\limits_{n=1}^{\infty} u_n$ 与 $\sum\limits_{n=1}^{\infty} v_n$ 同收敛或同发散；当 $l = 0$ 时，若 $\sum\limits_{n=1}^{\infty} v_n$ 收敛，$\sum\limits_{n=1}^{\infty} u_n$ 也收敛；当 $l = +\infty$ 时，若 $\sum\limits_{n=1}^{\infty} v_n$ 发散，$\sum\limits_{n=1}^{\infty} u_n$ 也发散.

2) 比值判别法

若 $\lim\limits_{n\to\infty} \dfrac{u_{n+1}}{u_n} = \rho$，当 $\rho < 1$ 时，$\sum\limits_{n=1}^{\infty} u_n$ 收敛；当 $\rho > 1$ 时，$\sum\limits_{n=1}^{\infty} u_n$ 发散（此时 $\lim\limits_{n\to\infty} u_n \neq 0$）；当 $\rho =$

1 时，此判别法失效.

3）根值判别法

若 $\lim\limits_{n\to\infty}\sqrt[n]{u_n}=\rho$，当 $\rho<1$ 时，$\sum\limits_{n=1}^{\infty} u_n$ 收敛；当 $\rho>1$ 时，$\sum\limits_{n=1}^{\infty} u_n$ 发散（此时 $\lim\limits_{n\to\infty}u_n\neq0$）；当 $\rho=$ 1 时，此判别法失效.

4）积分判别法

设当 $x\geqslant1$ 时，$f(x)$ 为单调减的非负连续函数，且 $u_n=f(n)$，则级数 $\sum\limits_{n=1}^{\infty} u_n$ 与反常积分 $\int_1^{+\infty} f(x)\mathrm{d}x$ 同收敛或同发散.

注： 用积分判别法可判定级数 $\sum\limits_{n=2}^{\infty}\dfrac{1}{n(\ln n)^p}$ 当 $p>1$ 时收敛，当 $p\leqslant1$ 时发散.

4. 掌握交错级数的莱布尼兹定理，了解交错级数截断误差的估计，掌握任意项级数的绝对收敛和条件收敛

1）绝对收敛与条件收敛

若级数 $\sum\limits_{n=1}^{\infty}|u_n|$ 收敛，必有级数 $\sum\limits_{n=1}^{\infty} u_n$ 收敛，则称此级数 $\sum\limits_{n=1}^{\infty} u_n$ 为绝对收敛；若级数 $\sum\limits_{n=1}^{\infty}|u_n|$ 发散，但级数 $\sum\limits_{n=1}^{\infty} u_n$ 收敛，则称此级数 $\sum\limits_{n=1}^{\infty} u_n$ 为条件收敛.

2）交错级数的莱布尼兹定理

设交错级数 $\sum\limits_{n=1}^{\infty}(-1)^{n-1}u_n(u_n>0)$ 满足以下两个条件：

(1) $u_n\geqslant u_{n+1}$，$n=1,2,3\cdots$

(2) $\lim\limits_{n\to\infty}u_n=0$.

则级数 $\sum\limits_{n=1}^{\infty}(-1)^{n-1}u_n$ 收敛，且其和小于首项 u_1，余项 $|r_n|<u_{n+1}$.

5. 了解函数项级数的收敛域与和函数的概念

1）收敛域的概念

设 $u_1(x),u_2(x),\cdots,u_n(x),\cdots$ 定义在 D 上，称 $\sum\limits_{n=1}^{\infty} u_n(x)$ 为函数项级数. 若 $x_0\in D$，使级数 $\sum\limits_{n=1}^{\infty} u_n(x_0)$ 收敛（或发散），则称 x_0 为 $\sum\limits_{n=1}^{\infty} u_n(x)$ 的收敛点（或发散点）.

所有收敛点（或发散点）的集合称为收敛域（或发散域）.

2）和函数的概念

函数项级数在其收敛域内有和，其值与收敛点 x 有关，记为 $s(x)$，称为 $\sum\limits_{n=1}^{\infty} u_n(x)$ 的

和函数，即当 x 属于收敛域时，$\sum\limits_{n=1}^{\infty} u_n(x) = s(x)$.

6. 熟练掌握幂级数收敛半径、收敛区间、收敛域的求法，了解幂级数在其收敛区间内的一些基本性质，会对幂级数进行逐项求导和逐项积分，会求一些简单幂级数的和函数

1）幂级数的概念

形如 $\sum\limits_{n=0}^{\infty} a_n(x-x_0)^n$ 称为 $(x-x_0)$ 的幂级数（或在 x_0 处的幂级数）. 特别地，当

$x_0 = 0$ 时，$\sum\limits_{n=0}^{\infty} a_n x^n$ 称为 x 的幂级数（或 $x_0 = 0$ 处的幂级数）.

2）阿贝尔定理

如果级数 $\sum\limits_{n=0}^{\infty} a_n x^n$ 在 $x = x_0$（$x_0 \neq 0$）时收敛，则当 $|x| < |x_0|$ 时，级数 $\sum\limits_{n=0}^{\infty} a_n x^n$ 绝对

收敛；如果级数 $\sum\limits_{n=0}^{\infty} a_n x^n$ 在 $x = x_0$ 时发散，则当 $|x| > |x_0|$ 时，级数 $\sum\limits_{n=0}^{\infty} a_n x^n$ 也发散.

3）收敛半径、收敛区间、收敛域的概念

由阿贝尔定理知，存在常数 $R > 0$，当 $|x| < R$ 时，$\sum\limits_{n=0}^{\infty} a_n x^n$ 绝对收敛；当 $|x| > R$ 时，

$\sum\limits_{n=0}^{\infty} a_n x^n$ 发散，称 R 为 $\sum\limits_{n=0}^{\infty} a_n x^n$ 的收敛半径，$(-R, R)$ 为收敛区间. $x = R$ 或 $x = -R$ 时，

级数可能收敛，也可能发散，$(-R, R)$ 加上收敛的端点称为收敛域.

4）收敛半径的求法

幂级数 $\sum\limits_{n=0}^{\infty} a_n x^n$，如果 $\lim\limits_{n \to \infty} \left| \dfrac{a_{n+1}}{a_n} \right| = \rho$（或 $\lim\limits_{n \to \infty} \sqrt[n]{|a_n|} = \rho$），则收敛半径为

$$R = \begin{cases} \dfrac{1}{\rho}, & \text{当 } 0 < \rho < +\infty \\ 0, & \text{当 } \rho = +\infty \\ +\infty, & \text{当 } \rho = 0 \end{cases}$$

5）幂级数在其收敛区间内的性质

设 $\sum\limits_{n=0}^{\infty} a_n x^n = s(x)$，$s(x)$ 为和函数，定义在收敛域上，收敛半径为 R.

(1) 若 $\sum\limits_{n=0}^{\infty} b_n x^n = g(x)$，收敛半径为 R_1，则

$$\sum_{n=0}^{\infty} a_n x^n \pm \sum_{n=0}^{\infty} b_n x^n = \sum_{n=0}^{\infty} (a_n \pm b_n) x^n = s(x) \pm g(x), \quad R = \min\{R, R_1\}$$

$$\left(\sum_{n=0}^{\infty} a_n x^n \right) \cdot \left(\sum_{n=0}^{\infty} b_n x^n \right) = \sum_{n=0}^{\infty} c_n x^n = s(x)g(x), \quad R = \min\{R, R_1\}$$

其中

$$c_n = a_0 b_n + a_1 b_{n-1} + \cdots + a_n b_0$$

(2) $s(x)$ 在 $(-R, R)$ 内连续．如果 $\sum\limits_{n=0}^{\infty} a_n x^n$ 在 $x = R$（或 $x = -R$）处也收敛，则 $s(x)$ 在 $x = R$（或 $x = -R$）处左（或右）连续．

(3) $s(x)$ 在 $(-R, R)$ 内可导，且有逐项求导公式

$$s'(x) = \left(\sum_{n=0}^{\infty} a_n x^n \right)' = \sum_{n=0}^{\infty} n a_n x^{n-1}$$

求导后的幂级数的收敛半径仍为 R.

(4) $s(x)$ 在 $(-R, R)$ 内可积，且有逐项积分公式

$$\int_0^x s(t)\,\mathrm{d}t = \int_0^x \left(\sum_{n=0}^{\infty} a_n t^n \right) \mathrm{d}t = \sum_{n=0}^{\infty} \frac{a_n}{n+1} x^{n+1}$$

积分后的幂级数的收敛半径仍为 R.

7. 了解函数展开为泰勒级数的充要条件，熟记 e^x，$\sin x$，$\cos x$，$\ln(1+x)$，$(1+x)^m$ 的麦克劳林展开式，并能利用这些展开式将一些简单的函数展成幂级数

1）泰勒级数的概念

设 $f(x)$ 在 x_0 的邻域内具有任意阶导数，则级数 $\sum\limits_{n=0}^{\infty} \dfrac{f^{(n)}(x_0)}{n!} (x - x_0)^n$ 称为 $f(x)$ 在 $x = x_0$ 处的泰勒级数．特别地，当 $x_0 = 0$ 时，称级数 $\sum\limits_{n=0}^{\infty} \dfrac{f^{(n)}(0)}{n!} x^n$ 为麦克劳林级数．

2）函数展开为泰勒级数的充要条件

$f(x)$ 的泰勒级数 $\sum\limits_{n=0}^{\infty} \dfrac{f^{(n)}(x_0)}{n!} (x - x_0)^n$ 收敛于 $f(x) \Leftrightarrow f(x)$ 的泰勒公式中的余项 $R_n(x) \to 0 (n \to \infty)$，这时称 $f(x)$ 在 x_0 处能展成 $(x - x_0)$ 的幂级数．

3）常见函数的麦克劳林展开式

(1) $\mathrm{e}^x = 1 + x + \dfrac{x^2}{2!} + \cdots + \dfrac{x^n}{n!} + \cdots = \sum\limits_{n=0}^{\infty} \dfrac{x^n}{n!}$, $\qquad x \in (-\infty, +\infty)$

(2) $\sin x = x - \dfrac{x^3}{3!} + \dfrac{x^5}{5!} - \cdots + \dfrac{(-1)^n x^{2n+1}}{(2n+1)!} + \cdots = \sum\limits_{n=0}^{\infty} \dfrac{(-1)^n x^{2n+1}}{(2n+1)!}$, $\quad x \in (-\infty, +\infty)$

(3) $\cos x = 1 - \dfrac{x^2}{2!} + \dfrac{x^4}{4!} - \cdots + \dfrac{(-1)^n x^{2n}}{(2n)!} + \cdots = \sum\limits_{n=0}^{\infty} \dfrac{(-1)^n x^{2n}}{(2n)!}$, $\qquad x \in (-\infty,\ +\infty)$

(4) $\ln(1+x) = x - \dfrac{x^2}{2} + \dfrac{x^3}{3} - \cdots + \dfrac{(-1)^n x^{n+1}}{n+1} + \cdots$

$\qquad\qquad = \sum\limits_{n=0}^{\infty} \dfrac{(-1)^n x^{n+1}}{n+1}$, $\qquad\qquad\qquad\qquad x \in (-1,\ 1]$

(5) $(1+x)^m = 1 + mx + \dfrac{m(m-1)}{2!} x^2 + \cdots + \dfrac{m(m-1)\cdots(m-n+1)}{n!} x^n + \cdots$

$\qquad\qquad = \sum\limits_{n=0}^{\infty} \dfrac{m(m-1)\cdots(m-n+1)}{n!} x^n$, $\qquad\qquad x \in (-1,\ 1)$

上式端点处是否收敛随 m 而定.

(6) $\dfrac{1}{1+x} = 1 - x + x^2 - x^3 + \cdots + (-1)^n x^n + \cdots = \sum\limits_{n=0}^{\infty} (-1)^n x^n$, $x \in (-1,\ 1)$

8. 掌握傅里叶级数的收敛定理，会把定义在$[-\pi,\ \pi]$（或$[-l,\ l]$）上的函数展成傅里叶级数，把定义在$[0,\ \pi]$（或 $[0,\ l]$）上的函数展成正弦级数或余弦级数

1) 三角函数系的正交性

$1,\ \cos x,\ \sin x,\ \cos 2x,\ \sin 2x,\ \cdots,\ \cos nx,\ \sin nx,\ \cdots$ 中任何两个不同函数的乘积在$[-\pi,\ \pi]$（或 $[0,\ 2\pi]$）上积分为 0，即

$$\int_{-\pi}^{\pi} \cos nx\,\mathrm{d}x = \int_{-\pi}^{\pi} \sin nx\,\mathrm{d}x = 0, \quad n = 1,\ 2,\ \cdots$$

$$\int_{-\pi}^{\pi} \sin mx \cos nx\,\mathrm{d}x = 0, \quad m,\ n = 1,\ 2,\ \cdots$$

$$\int_{-\pi}^{\pi} \cos mx \cos nx\,\mathrm{d}x = \int_{-\pi}^{\pi} \sin mx \sin nx\,\mathrm{d}x = 0, \quad m,\ n = 1,\ 2,\ \cdots,\ m \neq n$$

且任何两个相同函数乘积的积分不为 0，即

$$\int_{-\pi}^{\pi} 1^2\,\mathrm{d}x = 2\pi,\ \int_{-\pi}^{\pi} \cos^2 nx\,\mathrm{d}x = \int_{-\pi}^{\pi} \sin^2 nx = \pi,\ n = 1,\ 2,\ \cdots$$

2) 傅里叶级数的概念

三角级数$\dfrac{a_0}{2} + \sum\limits_{n=1}^{\infty} (a_n \cos nx + b_n \sin nx)$，若系数由下式确定

$$a_n = \dfrac{1}{\pi} \int_{-\pi}^{\pi} f(x) \cos nx\,\mathrm{d}x,\ n = 0,\ 1,\ 2,\ \cdots$$

$$b_n = \dfrac{1}{\pi} \int_{-\pi}^{\pi} f(x) \sin nx\,\mathrm{d}x,\ n = 1,\ 2,\ \cdots$$

则称为 $f(x)$ 的傅里叶级数，a_n，b_n 称为 $f(x)$ 的傅里叶系数.

3）收敛性定理（狄利克雷充分条件）

设 $f(x)$ 以 2π 为周期，$f(x)$ 在 $[-\pi, \pi]$ 上逐段单调，且除有限个第一类间断点外是连续的，则 $f(x)$ 的傅里叶级数收敛. 设其和函数为 $s(x)$，则

$$\frac{a_0}{2} + \sum_{n=1}^{\infty} (a_n \cos nx + b_n \sin nx) = s(x)$$

$$= \begin{cases} f(x), & x \text{ 是 } f(x) \text{ 的连续点} \\ \frac{1}{2}(f(x_0^-) + f(x_0^+)), & x \text{ 是 } f(x) \text{ 的间断点} \end{cases}$$

4）正弦级数和余弦级数

（1）当 $f(x)$ 为奇函数时，其傅里叶系数为 $a_n = 0$，$b_n = \frac{2}{\pi}\int_0^\pi f(x)\sin nx \, dx$，傅里叶级数只含正弦项：$\sum_{n=1}^{\infty} b_n \sin nx$，称其为正弦级数.

（2）当 $f(x)$ 为偶函数时，其傅里叶系数为 $b_n = 0$，$a_n = \frac{2}{\pi}\int_0^\pi f(x)\cos nx \, dx$，傅里叶级数只含余弦项：$\frac{a_0}{2} + \sum_{n=1}^{\infty} a_n \cos nx$，称其为余弦级数.

5）延拓

（1）**周期延拓** 将定义在 $(-\pi, \pi]$ 上的函数 $f(x)$ 以 2π 为周期延拓为函数 $F(x)$（$F(x)$ 是 2π 为周期的函数，且当 $x \in (-\pi, \pi]$ 时，$F(x) = f(x)$），则 $F(x)$ 的傅里叶级数展开式限制在 $(-\pi, \pi]$ 上，便可得到 $f(x)$ 在 $(-\pi, \pi]$ 上的展开式.

（2）**奇延拓** 设 $f(x)$ 只定义在 $[0, \pi]$ 上，令

$$F(x) = \begin{cases} f(x), & 0 \leq x \leq \pi \\ -f(-x), & -\pi \leq x < 0 \end{cases}$$

则 $F(x)$ 除 $x = 0$ 外为 $[-\pi, \pi]$ 上的奇函数，则其傅里叶级数为正弦级数. 限制在 $[0, \pi]$ 上，便可得到 $f(x)$ 的正弦级数展开式.

（3）**偶延拓** 设 $f(x)$ 定义在 $[0, \pi]$ 上，令

$$F(x) = \begin{cases} f(x), & 0 \leq x \leq \pi \\ f(-x), & -\pi \leq x < 0 \end{cases}$$

则 $F(x)$ 在 $[-\pi, \pi]$ 上为偶函数，则其傅里叶级数为余弦级数. 限制在 $[0, \pi]$ 上，便可得到 $f(x)$ 的余弦级数展开式.

类似地有 $f(x)$ 在 $[-l, l]$ 上展为傅里叶级数，以及在 $[0, l]$ 上展为正弦级数或余弦级数. 例如，

$$a_n = \frac{1}{l} \int_{-l}^{l} f(x) \cos n \frac{\pi}{l} x \, \mathrm{d}x, \quad b_n = \frac{1}{l} \int_{-l}^{l} f(x) \sin n \frac{\pi}{l} x \, \mathrm{d}x$$

称为 $f(x)$ 的傅里叶系数；$\dfrac{a_0}{2} + \displaystyle\sum_{n=1}^{\infty} \left(a_n \cos n \frac{\pi}{l} x + b_n \sin n \frac{\pi}{l} x \right)$ 称为 $f(x)$ 的傅里叶级数.

10.2　典型例题

例题及相关内容概述

例 10-1　可以求出部分和 s_n，利用 $\lim\limits_{n \to \infty} s_n = s$ 求数项级数的和

例 10-2、例 10-3　判定正项级数的敛散性，例 10-3 之后有判定正项级数敛散性的步骤小结

例 10-4　判定任意项级数的敛散性，之后有步骤小结

例 10-5　含有参数的任意项级数敛散性的讨论

例 10-6　通项为积分形式的正项级数敛散性的判定

例 10-7 至例 10-12　级数证明题，例 10-12 后有级数证明题的思路小结

例 10-13　利用级数关系求级数的和

例 10-14　利用级数收敛的必要条件求极限

例 10-15　求函数项级数的收敛域

例 10-16　利用阿贝尔定理讨论幂级数的收敛域

例 10-17 至例 10-19　求幂级数的收敛域

例 10-20　利用逐项积分（或求导）后不改变收敛半径求收敛区间的例题

例 10-21、例 10-23　利用逐项积分（或求导）将幂级数化为已知和函数的级数（如等比级数等）形式，求幂级数的和函数的例题；例 10-21 之后有解题步骤小结

例 10-22、例 10-24　构造恰当的幂级数，并求其和函数从而求数项级数的和；例 10-22 之后有数项级数求和方法小结

例 10-25、例 10-26　利用 e^x，$\sin x$，$\cos x$，$\ln(1+x)$，$(1+x)^m$，$\dfrac{1}{1+x}$ 的展开式将函数间接展开成幂级数

例 10-27　将函数展开成幂级数，从而求数项级数的和

例 10-28　将函数展开成幂级数，从而求 $f^{(n)}(0)$

【例 10-1】（B类） 求下列级数的和.

$(1)\ \displaystyle\sum_{n=1}^{\infty}\frac{1}{n\,(n+1)\,(n+2)}$ $(2)\ \displaystyle\sum_{n=1}^{\infty}\frac{1}{\sqrt{n(n+1)}(\sqrt{n+1}+\sqrt{n})}$

分析：因为 $\lim\limits_{n\to\infty}s_n=s$，所以要求 s，关键是求部分和 s_n.（1）利用有理函数化部分分式的思想拆项求和；（2）通过有理化分母拆项求和.

解 （1）因为

$$\frac{1}{n(n+1)(n+2)}=\frac{n+2-n}{2n(n+1)(n+2)}=\frac{1}{2}\left(\frac{1}{n(n+1)}-\frac{1}{(n+1)(n+2)}\right)$$

所以

$$s_n=\frac{1}{2}\left(\frac{1}{1\cdot2}-\frac{1}{2\cdot3}\right)+\frac{1}{2}\left(\frac{1}{2\cdot3}-\frac{1}{3\cdot4}\right)+\cdots+\frac{1}{2}\left(\frac{1}{n(n+1)}-\frac{1}{(n+1)(n+2)}\right)$$

$$=\frac{1}{2}\left(\frac{1}{2}-\frac{1}{(n+1)(n+2)}\right)\to\frac{1}{4}\ (n\to\infty)$$

故

$$\sum_{n=1}^{\infty}\frac{1}{n(n+1)(n+2)}=\frac{1}{4}.$$

（2）

$$\frac{1}{\sqrt{n(n+1)}(\sqrt{n+1}+\sqrt{n})}=\frac{\sqrt{n+1}-\sqrt{n}}{\sqrt{n(n+1)}}=\frac{1}{\sqrt{n}}-\frac{1}{\sqrt{n+1}}$$

则

$$s_n = \left(\frac{1}{\sqrt{1}} - \frac{1}{\sqrt{2}}\right) + \left(\frac{1}{\sqrt{2}} - \frac{1}{\sqrt{3}}\right) + \cdots + \left(\frac{1}{\sqrt{n}} - \frac{1}{\sqrt{n+1}}\right)$$

$$= 1 - \frac{1}{\sqrt{n+1}} \to 1 \, (n \to \infty)$$

所以

$$\sum_{n=1}^{\infty} \frac{1}{\sqrt{n(n+1)}\,(\sqrt{n+1}+\sqrt{n})} = 1$$

练习题 10-1　设数列 $x_n = 1 + \frac{1}{1+1} + \frac{1}{1+2} + \cdots + \frac{1}{1+2+\cdots+n}$，求 $\lim_{n \to \infty} x_n$.

答案：$\frac{5}{2}$.

提示：因为

$$\frac{1}{1+2+\cdots+n} = \frac{2}{n(n+1)} = \frac{2}{n} - \frac{2}{n+1}$$

则

$$x_n = 1 + \frac{1}{2} + \left(\frac{2}{2} - \frac{2}{3}\right) + \left(\frac{2}{3} - \frac{2}{4}\right) + \cdots + \left(\frac{2}{n} - \frac{2}{n+1}\right) = \frac{5}{2} - \frac{2}{n+1} \to \frac{5}{2} \, (n \to \infty)$$

练习题 10-2　求级数和 $\displaystyle\sum_{n=1}^{\infty} \frac{n+2}{n! + (n+1)! + (n+2)!}$.

答案：$\frac{1}{2}$.

提示：级数的通项为

$$u_n = \frac{n+2}{n!\,[1+n+1+n^2+3n+2]} = \frac{1}{n!\,(n+2)} = \frac{n+1}{(n+2)!} = \frac{1}{(n+1)!} - \frac{1}{(n+2)!}$$

所以级数的前 n 项和为

$$s_n = \left(\frac{1}{2!} - \frac{1}{3!}\right) + \left(\frac{1}{3!} - \frac{1}{4!}\right) + \cdots + \left[\frac{1}{(n+1)!} - \frac{1}{(n+2)!}\right] = \frac{1}{2!} - \frac{1}{(n+2)!} \to \frac{1}{2} \, (n \to \infty)$$

【例 10-2】（B 类）　判定下列级数的敛散性.

(1) $\displaystyle\sum_{n=2}^{\infty} \frac{1}{\sqrt[n]{\ln n}}$

(2) $\displaystyle\sum_{n=1}^{\infty} \frac{2^n n!}{n^n}$

(3) $\displaystyle\sum_{n=1}^{\infty} \ln\left(1 + \frac{1}{n^2+1}\right)$

(4) $\displaystyle\sum_{n=1}^{\infty} \frac{(\ln n)^{10}}{n^{\frac{8}{7}}}$

分析：利用正项级数的判别法判定.

解（1）**解法1** 因为

$$1<\sqrt[n]{\ln n}<\sqrt[n]{n} \quad (n>3)$$

且

$$\lim_{n\to\infty}\sqrt[n]{n}=1$$

所以

$$\lim_{n\to\infty}\sqrt[n]{\ln n}=1$$

则

$$\lim_{n\to\infty}\frac{1}{\sqrt[n]{\ln n}}=1\neq 0$$

故原级数发散.

解法2 因为

$$\frac{1}{\sqrt[n]{\ln n}}\geqslant\frac{1}{\ln n}\geqslant\frac{1}{n}$$

而级数 $\sum\limits_{n=2}^{\infty}\dfrac{1}{n}$ 发散，则 $\sum\limits_{n=2}^{\infty}\dfrac{1}{\sqrt[n]{\ln n}}$ 也发散.

（2）用比值法

$$\lim_{n\to\infty}\frac{u_{n+1}}{u_n}=\lim_{n\to\infty}\frac{\dfrac{2^{n+1}(n+1)!}{(n+1)^{n+1}}}{\dfrac{2^n n!}{n^n}}=\lim_{n\to\infty}\frac{2}{\left(1+\dfrac{1}{n}\right)^n}=\frac{2}{e}<1$$

所以原级数收敛.

（3）由于 $\ln(1+x)\sim x(x\to 0)$，用比较法. 因为

$$\lim_{n\to\infty}\frac{\ln\left(1+\dfrac{1}{n^2+1}\right)}{\dfrac{1}{n^2}}=1$$

而 p 级数 $\sum\limits_{n=1}^{\infty}\dfrac{1}{n^2}$ 收敛，故原级数收敛.

（4）由于 $\lim\limits_{x\to+\infty}\dfrac{(\ln x)^m}{x^a}=0(m,\ a>0)$，用比较法. 因为

$$\lim_{n\to\infty}\frac{\dfrac{(\ln n)^{10}}{n^{\frac{8}{7}}}}{\dfrac{1}{n^{\frac{15}{14}}}}=\lim_{n\to\infty}\frac{(\ln n)^{10}}{n^{\frac{1}{14}}}=0$$

而 p 级数 $\displaystyle\sum_{n=2}^{\infty}\frac{1}{n^{\frac{15}{14}}}$ 收敛，故原级数收敛.

【**例 10-3**】（B 类） 判定下列级数的敛散性.

(1) $\displaystyle\sum_{n=1}^{\infty}\left(\arcsin\frac{\pi}{\sqrt{n}}\right)^{n}$

(2) $\displaystyle\sum_{n=1}^{\infty}\frac{4^{n}}{3^{n}-2^{n}}$

(3) $\displaystyle\sum_{n=1}^{\infty}\left(\frac{n}{3n-1}\right)^{2n-1}$

(4) $\displaystyle\sum_{n=2}^{\infty}\frac{1}{\ln(n!)}$

分析：用正项级数的判别法判定.

解 （1）用根值法. 因为

$$\lim_{n\to\infty}\sqrt[n]{u_n}=\lim_{n\to\infty}\arcsin\frac{\pi}{\sqrt{n}}=0<1$$

故原级数收敛.

（2）用比值法. 因为

$$\lim_{n\to\infty}\frac{u_{n+1}}{u_n}=\lim_{n\to\infty}\frac{\dfrac{4^{n+1}}{3^{n+1}-2^{n+1}}}{\dfrac{4^{n}}{3^{n}-2^{n}}}=\lim_{n\to\infty}\frac{4\left[1-\left(\dfrac{2}{3}\right)^{n}\right]}{3-2\left(\dfrac{2}{3}\right)^{n}}=\frac{4}{3}>1$$

故原级数发散.

（3）用根值法. 因为

$$\lim_{n\to\infty}\sqrt[n]{u_n}=\lim_{n\to\infty}\left(\frac{n}{3n-1}\right)^{\frac{2n-1}{n}}$$

$$=\lim_{n\to\infty}\left(\frac{1}{3-\dfrac{1}{n}}\right)^{2}\left(3-\frac{1}{n}\right)^{\frac{1}{n}}=\frac{1}{9}<1$$

故原级数收敛.

（4）因为

$$\frac{1}{\ln(n!)}=\frac{1}{\ln 1+\ln 2+\cdots+\ln n}>\frac{1}{n\ln n}$$

而反常积分 $\int_2^{+\infty} \dfrac{1}{x\ln x}\mathrm{d}x$ 发散，由积分判别法知 $\sum\limits_{n=2}^{\infty} \dfrac{1}{n\ln n}$ 发散，再由比较判别法知，原级数发散．

判定正项级数敛散性步骤小结

（1）由级数收敛的必要条件判定．若 $\lim\limits_{n\to\infty} u_n \neq 0$，则级数 $\sum\limits_{n=1}^{\infty} u_n$ 发散；若 $\lim\limits_{n\to\infty} u_n = 0$（或不易求出极限），则根据一般项的特点选择判别法．

（2）一般项中含有 $n!$ 或是 n 个因子乘积形式，多用比值法；含有 n 次方可考虑用根值法．

（3）一般项中含有 n^p，可用比值法．比较法的实质是比较无穷小的阶，用于比较的对象是 p 级数、等比级数等．

（4）利用级数的性质判定．

（5）利用定义判定，即考虑 $\lim\limits_{n\to\infty} s_n$ 是否存在．

（6）利用正项级数收敛的充要条件判定，即考虑 s_n 是否有界．

【例 10-4】（B 类）　　判定下列级数是绝对收敛，条件收敛，还是发散？

（1）$\sum\limits_{n=1}^{\infty} \dfrac{n^2 \sin\frac{n\pi}{4}}{2^n}$

（2）$\sum\limits_{n=1}^{\infty} (-1)^{n+1}(\mathrm{e}^{\frac{1}{n}} - 1)$

（3）$\sum\limits_{n=1}^{\infty} (-1)^{n+1} \dfrac{2^{n^2}}{n!}$

（4）$\sum\limits_{n=2}^{\infty} \dfrac{(-1)^n}{\sqrt{n}+(-1)^n}$

分析：这是任意项级数敛散性的判定．

解　（1）因为

$$|u_n| = \left| \frac{n^2 \sin\frac{n\pi}{4}}{2^n} \right| \leqslant \frac{n^2}{2^n} = v_n$$

而

$$\frac{v_{n+1}}{v_n} = \frac{\dfrac{(n+1)^2}{2^{n+1}}}{\dfrac{n^2}{2^n}} = \frac{1}{2}\left(1 + \frac{1}{n}\right)^2 \to \frac{1}{2} < 1 \quad (n\to\infty)$$

所以 $\sum\limits_{n=1}^{\infty} v_n$ 收敛．由比值判别法知 $\sum\limits_{n=1}^{\infty} |u_n|$ 收敛，故原级数绝对收敛．

（2）因为 $|u_n| = \mathrm{e}^{\frac{1}{n}} - 1$，而

$$\lim_{n\to\infty}\frac{\mathrm{e}^{\frac{1}{n}}-1}{\frac{1}{n}}=1$$

由 $\displaystyle\sum_{n=1}^{\infty}\frac{1}{n}$ 发散知，$\displaystyle\sum_{n=1}^{\infty}|u_n|$ 发散，所以原级数不是绝对收敛的．但原级数为交错级数，且

$$\lim_{n\to\infty}(\mathrm{e}^{\frac{1}{n}}-1)=0,\quad \mathrm{e}^{\frac{1}{n}}-1>\mathrm{e}^{\frac{1}{n+1}}-1$$

故由莱布尼兹判别法知原级数是条件收敛的．

（3）因为

$$|u_n|=\frac{2^{n^2}}{n!},$$

$$\left|\frac{u_{n+1}}{u_n}\right|=\frac{\dfrac{2^{(n+1)^2}}{(n+1)!}}{\dfrac{2^{n^2}}{n!}}=2\cdot\frac{4^n}{n+1}>2$$

即 $|u_{n+1}|>2|u_n|$，$\displaystyle\lim_{n\to\infty}u_n\neq0$，故由级数收敛的必要条件知原级数发散．

（4）因为

$$|u_n|=\frac{1}{\sqrt{n}+(-1)^n}>\frac{1}{n}$$

由 $\displaystyle\sum_{n=1}^{\infty}\frac{1}{n}$ 发散知 $\displaystyle\sum_{n=1}^{\infty}|u_n|$ 发散，所以原级数不是绝对收敛．虽然原级数为交错级数，且

$$\lim_{n\to\infty}u_n=\lim_{n\to\infty}\frac{1}{\sqrt{n}+(-1)^n}=0$$

但 $\dfrac{1}{\sqrt{n}+(-1)^n}$ 不单调，所以不能用莱布尼兹判别法．将分母有理化拆项

$$\begin{aligned}u_n&=\frac{(-1)^n}{\sqrt{n}+(-1)^n}=\frac{(-1)^n\,(\sqrt{n}-(-1)^n)}{n-1}\\&=\frac{(-1)^n\sqrt{n}}{n-1}-\frac{1}{n-1}\end{aligned}$$

级数 $\displaystyle\sum_{n=2}^{\infty}\frac{(-1)^n\sqrt{n}}{n-1}$ 收敛（满足莱布尼兹定理的条件），而级数 $\displaystyle\sum_{n=2}^{\infty}\frac{1}{n-1}$ 发散，故原级数发散．

判定任意项级数敛散性步骤小结

（1）若 $\lim\limits_{n\to\infty}u_n\neq0$，则级数发散.

（2）判别 $\sum\limits_{n=1}^{\infty}|u_n|$ 是否收敛，若收敛，则原级数绝对收敛；若发散，则看级数是否为交错级数.

（3）若是交错级数，一般用莱布尼兹判别法判定，若判定原级数收敛而 $\sum\limits_{n=1}^{\infty}|u_n|$ 发散，则级数为条件收敛.

（4）若是交错级数，但不能用莱布尼兹判别法判定，或不是交错级数，则用级数的性质或定义判定.

注：一般地，当判定 $\sum\limits_{n=1}^{\infty}|u_n|$ 发散时，不能得出 $\sum\limits_{n=1}^{\infty}u_n$ 发散的结论，但以下方法正确：

当 $\lim\limits_{n\to\infty}\left|\dfrac{u_{n+1}}{u_n}\right|=\rho>1$（或 $\lim\limits_{n\to\infty}\sqrt[n]{|u_n|}=\rho>1$）时，则 $\sum\limits_{n=1}^{\infty}|u_n|$ 发散，且 $\sum\limits_{n=1}^{\infty}u_n$ 也发散（因为这时 $\lim\limits_{n\to\infty}u_n\neq0$）.

【例 10-5】（B 类）　判定下列级数是绝对收敛. 条件收敛，还是发散？

（1）$\sum\limits_{n=1}^{\infty}a^{\ln\frac{1}{n}}\ (a>0)$　　　　　　　（2）$\sum\limits_{n=1}^{\infty}(-1)^{n-1}\dfrac{a^n}{n}\ (a\neq0)$

（3）$\sum\limits_{n=1}^{\infty}\dfrac{(-1)^n a}{n(1+a^n)}\ (a>0)$　　　（4）$\sum\limits_{n=1}^{\infty}\dfrac{1}{a^n n^p}\ (a\neq0)$

分析：这是含参数的任意项级数的讨论.

解　（1）因为

$$0<a^{\ln\frac{1}{n}}=a^{-\ln n}=\frac{1}{a^{\ln n}}=\frac{1}{n^{\ln a}}$$

为 p 级数，$p=\ln a$，所以当 $\ln a>1$ 时，即 $a>\mathrm{e}$ 时，级数收敛；当 $\ln a\leqslant1$ 时，即 $0<a\leqslant\mathrm{e}$ 时，级数发散.

（2）因为

$$\lim_{n\to\infty}\left|\frac{u_{n+1}}{u_n}\right|=\lim_{n\to\infty}\frac{n}{n+1}|a|=|a|$$

所以当 $|a|<1$ 时，级数绝对收敛；当 $|a|>1$ 时，级数发散；当 $a=1$ 时，原级数为

$\sum\limits_{n=1}^{\infty}(-1)^{n-1}\dfrac{1}{n}$，是条件收敛的；当 $a=-1$ 时，原级数为 $\sum\limits_{n=1}^{\infty}\dfrac{-1}{n}$，是发散的．

（3）因为

$$|u_n|=\frac{a}{n(1+a^n)}$$

当 $a>1$ 时

$$\frac{a}{n(1+a^n)}<\frac{a}{a^n}=\left(\frac{1}{a}\right)^{n-1}$$

级数 $\sum\limits_{n=1}^{\infty}\left(\dfrac{1}{a}\right)^{n-1}$ 为公比小于 1 的等比级数，收敛，故原级数绝对收敛．

当 $0<a\leqslant1$ 时

$$\frac{a}{n(1+a^n)}\geqslant\frac{a}{2n}$$

级数 $\sum\limits_{n=1}^{\infty}\dfrac{a}{2n}$ 发散，故原级数不是绝对收敛．但级数为交错级数，且 $\lim\limits_{n\to\infty}\dfrac{a}{n(1+a^n)}=0$，为了证明 $|u_n|$ 递减，令

$$f(x)=x(1+a^x),$$
$$f'(x)=1+a^x+xa^x\ln a>0\quad(x\text{ 充分大后})$$

（因为当 $a\geqslant1$ 时，显然有 $f'(x)>0$，当 $a<1$ 时，$\lim\limits_{x\to+\infty}f'(x)=1>0$，所以对充分大的 x，有 $f'(x)>0$．）

所以 $f(x)$ 单调增，故对充分大的 n，$\dfrac{a}{n(1+a^n)}$ 单调减，由莱布尼兹定理知原级数条件收敛．

（4）因为

$$\lim_{n\to\infty}\left|\frac{u_{n+1}}{u_n}\right|=\lim_{n\to\infty}\left|\frac{a^n n^p}{a^{n+1}(n+1)^p}\right|=\frac{1}{|a|}$$

当 $|a|>1$ 时，$\dfrac{1}{|a|}<1$，原级数绝对收敛；当 $0<|a|<1$ 时，$\dfrac{1}{|a|}>1$，原级数发散；

当 $a=1$ 时，原级数为正项级数 $\sum\limits_{n=1}^{\infty}\dfrac{1}{n^p}$，则 $p>1$ 时收敛，$p\leqslant1$ 时发散；

当 $a=-1$ 时，原级数为交错级数 $\sum\limits_{n=1}^{\infty}\dfrac{(-1)^n}{n^p}$，当 $p>1$ 时绝对收敛，当 $0<p\leqslant1$ 时，满足莱布尼兹定理的条件，条件收敛，当 $p\leqslant0$ 时，通项不趋于 0，发散．

注：用莱布尼兹定理判别交错级数是否收敛时，要比较 u_n 是否大于 u_{n+1}，常用下列三种方法．

(1) 比值法：看 $\dfrac{u_{n+1}}{u_n}$ 是否小于 1．

(2) 差值法：看 $u_n - u_{n+1}$ 是否大于 0．

(3) 由 u_n 找出一个可导函数 $f(x)$，使 $u_n = f(n)$，看 $f'(x)$ 是否小于 0．

练习题 10-3　设正项数列 $\{a_n\}$ 单调减少趋于零，证明：级数 $\displaystyle\sum_{n=1}^{\infty} (-1)^{n-1}\sqrt{a_n \cdot a_{n+1}}$ 收敛．

提示：由 $\{a_n\}$ 单调减少知 $\sqrt{a_n \cdot a_{n+1}}$ 也单调减少，且 $0 < \sqrt{a_n \cdot a_{n+1}} \leqslant \dfrac{a_n + a_{n+1}}{2}$，由夹逼定理有，$\lim\limits_{n\to\infty}\sqrt{a_n \cdot a_{n+1}} = 0$，再由交错级数判别法便可得结论．

练习题 10-4　讨论级数 $\displaystyle\sum_{n=0}^{\infty} a^n \mathrm{e}^{-na}$ 的敛散性．

答案：当 $a > a_0$ 时，级数绝对收敛；当 $a \leqslant a_0$ 时，级数发散．其中 $a_0 < 0$ 是方程 $\mathrm{e}^a = -a$ 的根．

提示：级数的通项 $u_n = \left(\dfrac{a}{\mathrm{e}^a}\right)^n$，所以级数为公比 $q = \dfrac{a}{\mathrm{e}^a}$ 的等比级数，从而当 $\dfrac{|a|}{\mathrm{e}^a} < 1$ 时，即 $a > a_0$ 时，级数绝对收敛．

【例 10-6】（B 类）　判别正项级数 $\displaystyle\sum_{n=1}^{\infty} \int_0^{\frac{1}{n}} \dfrac{\sin \pi x}{\sqrt{1+x^3}}\,\mathrm{d}x$ 的敛散性．

分析：含有积分的正项级数，可利用积分性质对一般项进行放缩估值，再用比较法判别．

解　因为

$$0 \leqslant u_n = \int_0^{\frac{1}{n}} \frac{\sin \pi x}{\sqrt{1+x^3}}\,\mathrm{d}x \leqslant \int_0^{\frac{1}{n}} \sin \pi x\,\mathrm{d}x = \frac{1}{\pi}\left(1 - \cos\frac{\pi}{n}\right)$$

当 $x \to 0$ 时，$1 - \cos x \sim \dfrac{1}{2}x^2$，所以

$$\lim_{n\to\infty} \frac{\dfrac{1}{\pi}\left(1 - \cos\dfrac{\pi}{n}\right)}{\dfrac{1}{n^2}} = \lim_{n\to\infty} \frac{n^2}{\pi} \cdot \frac{1}{2}\left(\frac{\pi}{n}\right)^2 = \frac{\pi}{2}$$

由 $\displaystyle\sum_{n=1}^{\infty} \dfrac{1}{n^2}$ 收敛可得 $\displaystyle\sum_{n=1}^{\infty} \dfrac{1}{\pi}\left(1 - \cos\dfrac{\pi}{n}\right)$ 收敛，再由比较判别法知原级数收敛．

【例 10-7】（C 类）　　若级数 $\sum\limits_{n=1}^{\infty} a_n(a_n > 0)$ 收敛，证明下列级数收敛.

(1) $\sum\limits_{n=1}^{\infty} a_n^2$　　　　　　　　(2) $\sum\limits_{n=1}^{\infty} \sqrt{\dfrac{a_n}{n^2+3}}$

(3) $\sum\limits_{n=1}^{\infty} \dfrac{a_n}{1+a_n}$　　　　　　(4) $\sum\limits_{n=1}^{\infty} \left(n\tan\dfrac{2}{n} \right) a_{2n}$

分析：涉及证明的题，一般不用比值法和根值法，而用比较判别法.

证　　(1) 因为 $\sum\limits_{n=1}^{\infty} a_n$ 收敛，所以 $\lim\limits_{n\to\infty} a_n = 0$，故存在正整数 N，当 $n > N$ 时，$0 < a_n < 1$，则

$$a_n^2 = a_n \cdot a_n < a_n \quad (n > N)$$

而 $\sum\limits_{n=1}^{\infty} a_n$ 收敛，由比较判别法知 $\sum\limits_{n=1}^{\infty} a_n^2$ 收敛.

(2) 由初等公式 $ab \leqslant \dfrac{1}{2}(a^2 + b^2)$ 有

$$\sqrt{\dfrac{a_n}{n^2+3}} \leqslant \dfrac{1}{2}\left(a_n + \dfrac{1}{n^2+3} \right)$$

因为级数 $\sum\limits_{n=1}^{\infty} a_n$ 与 $\sum\limits_{n=1}^{\infty} \dfrac{1}{n^2+3}$ 均收敛，故级数 $\sum\limits_{n=1}^{\infty} \sqrt{\dfrac{a_n}{n^2+3}}$ 收敛.

(3) 因为 $a_n > 0$，所以 $\dfrac{a_n}{1+a_n} < a_n$，级数 $\sum\limits_{n=1}^{\infty} a_n$ 收敛，所以 $\sum\limits_{n=1}^{\infty} \dfrac{a_n}{1+a_n}$ 收敛.

(4) 因为

$$\lim_{n\to\infty} \dfrac{\left(n\tan\dfrac{2}{n} \right) a_{2n}}{a_{2n}} = \lim_{n\to\infty} \dfrac{2\tan\dfrac{2}{n}}{\dfrac{2}{n}} = 2$$

因为 $\sum\limits_{n=1}^{\infty} a_n$ 收敛，所以 $\sum\limits_{n=1}^{\infty} a_{2n}$ 也收敛，故 $\sum\limits_{n=1}^{\infty} \left(n\tan\dfrac{2}{n} \right) a_{2n}$ 收敛.

【例 10-8】（B 类）　　设数列 $\{a_n\}$ 单调减，$a_n > 0 (n = 1, 2, \cdots)$，且级数 $\sum\limits_{n=1}^{\infty} (-1)^n a_n$ 发散，证明级数 $\sum\limits_{n=1}^{\infty} \left(\dfrac{1}{a_n+1} \right)^n$ 收敛.

分析：数列 $\{a_n\}$ 单调减有下界（$a_n > 0$），所以 $\lim\limits_{n\to\infty} a_n = a \geqslant 0$，且 $a_n \geqslant a$，所以可以用根值法或比较法来证明.

证 由题设 $a_n > a_{n+1}$，$a_n > 0$，因为单调有界数列必有极限，所以 $\lim\limits_{n\to\infty} a_n$ 存在，设其为 a，则 $\lim\limits_{n\to\infty} a_n = a \geqslant 0$，且 $a_n \geqslant a$，但 $a \neq 0$，否则由莱布尼兹定理必有交错级数 $\sum\limits_{n=1}^{\infty} (-1)^n a_n$ 收敛，与题设矛盾. 以下用两种方法继续证明.

证法 1 由根值判别法

$$\lim_{n\to\infty} \sqrt[n]{\left(\frac{1}{a_n+1}\right)^n} = \lim_{n\to\infty} \frac{1}{a_n+1} = \frac{1}{a+1} < 1$$

故所证级数收敛.

证法 2 由比较判别法

$$\left(\frac{1}{a_n+1}\right)^n \leqslant \left(\frac{1}{a+1}\right)^n \quad (a_n \geqslant a)$$

而级数 $\sum\limits_{n=1}^{\infty} \left(\frac{1}{a+1}\right)^n$ 为公比 $\frac{1}{a+1} < 1$ 的等比级数，收敛，从而所证级数收敛.

【例 10-9】（C 类） 设 $a_1 = 1$，$a_2 = 2$，当 $n \geqslant 3$ 时，$a_n = a_{n-2} + a_{n-1}$，判别 $\sum\limits_{n=1}^{\infty} \frac{1}{a_n}$ 的敛散性.

分析： 由题设等式可导出 $\frac{1}{a_n} < \left(\frac{2}{3}\right) \frac{1}{a_{n-1}}$ 的不等式，利用比较判别法可得结论.

解 因为 $a_1 = 1$，$a_2 = 2$，$a_n = a_{n-2} + a_{n-1}$，所以 $\{a_n\}$ 为递增数列，则

$$a_n = a_{n-2} + a_{n-1} < a_{n-1} + a_{n-1} = 2a_{n-1} \Rightarrow a_{n-1} > \frac{1}{2} a_n$$

也有 $a_{n-2} > \frac{1}{2} a_{n-1}$，所以

$$a_n = a_{n-2} + a_{n-1} > \frac{3}{2} a_{n-1} \Rightarrow \frac{1}{a_n} < \left(\frac{2}{3}\right) \frac{1}{a_{n-1}}$$

按此递推不等式，便有

$$\frac{1}{a_n} < \left(\frac{2}{3}\right) \frac{1}{a_{n-1}} < \left(\frac{2}{3}\right)^2 \frac{1}{a_{n-2}} < \cdots < \left(\frac{2}{3}\right)^{n-1} \frac{1}{a_1} = \left(\frac{2}{3}\right)^{n-1}$$

而等比级数 $\sum\limits_{n=1}^{\infty} \left(\frac{2}{3}\right)^{n-1}$ 收敛，故 $\sum\limits_{n=1}^{\infty} \frac{1}{a_n}$ 收敛.

【例 10-10】（C 类） 设级数 $\sum\limits_{n=1}^{\infty} (a_n - a_{n-1})$ 收敛，$\sum\limits_{n=1}^{\infty} b_n$ 绝对收敛，证明 $\sum\limits_{n=1}^{\infty} a_n b_n$ 绝对

收敛.

分析：级数 $\sum\limits_{n=1}^{\infty}(a_n-a_{n-1})$ 收敛当且仅当数列 $\{a_n\}$ 收敛，则 $\{a_n\}$ 有界，利用比较判别可证明结论.

证　设级数 $\sum\limits_{n=1}^{\infty}(a_n-a_{n-1})=s$，其前 n 项和为 s_n，则 $\lim\limits_{n\to\infty}s_n=s$，又

$$s_n=(a_1-a_0)+(a_2-a_1)+\cdots+(a_n-a_{n-1})=a_n-a_0$$

所以

$$a_n=s_n+a_0$$
$$\lim_{n\to\infty}a_n=s+a_0$$

故 $\{a_n\}$ 为有界数列，则存在 $M>0$，使对一切 n，有 $|a_n|\leqslant M$，又因为 $|a_nb_n|\leqslant M|b_n|$，由 $\sum\limits_{n=1}^{\infty}b_n$ 绝对收敛及比较判别法知，$\sum\limits_{n=1}^{\infty}|a_nb_n|$ 收敛，即 $\sum\limits_{n=1}^{\infty}a_nb_n$ 绝对收敛.

【例 10-11】（C 类）　设 $\lim\limits_{n\to\infty}nu_n=A\neq 0$，证明级数 $\sum\limits_{n=1}^{\infty}u_n$ 发散.

分析：由所给极限有 $\lim\limits_{n\to\infty}\dfrac{u_n}{\dfrac{1}{n}}=A$，若 $\sum\limits_{n=1}^{\infty}u_n$ 为正项级数，则由比较判别法可得结论.

证　先设 $A>0$，由 $\lim\limits_{n\to\infty}nu_n=\lim\limits_{n\to\infty}\dfrac{u_n}{\dfrac{1}{n}}=A$ 及极限的保号性知，存在正整数 N，当 $n>N$

时，有 $u_n>0$，于是 $\sum\limits_{n=N+1}^{\infty}u_n$ 为正项级数，且 $\sum\limits_{n=1}^{\infty}\dfrac{1}{n}$ 发散，所以 $\sum\limits_{n=1}^{\infty}u_n$ 发散.

再设 $A<0$，则 $\lim\limits_{n\to\infty}n(-u_n)=-A>0$，由上述证明知级数 $\sum\limits_{n=1}^{\infty}(-u_n)$ 发散，故 $\sum\limits_{n=1}^{\infty}u_n$ 发散.

【例 10-12】（C 类）　设 $f(x)$ 在点 $x=0$ 的邻域内具有二阶连续导数，且 $\lim\limits_{x\to 0}\dfrac{f(x)}{x}=0$，证明级数 $\sum\limits_{n=1}^{\infty}f\left(\dfrac{1}{n}\right)$ 绝对收敛.

分析：由所给的极限易知 $f(0)=f'(0)=0$，再由 $f(x)$ 在 $x=0$ 处的一阶泰勒公式知 $f(x)$ 至少是 x^2 的同阶无穷小 $(x\to 0)$.

证　由 $\lim\limits_{x\to 0}\dfrac{f(x)}{x}=0$ 及 $f(x)$ 在 $x=0$ 的邻域内有二阶连续导数，必有 $f(0)=0$，$f'(0)=0$，将

$f(x)$ 在 $x=0$ 的邻域内展成一阶泰勒公式，即

$$f(x)=f(0)+f'(0)x+\frac{f''(\xi)}{2!}x^2=\frac{f''(\xi)}{2}x^2 \quad (\xi 在 0 与 x 之间)$$

又 $f''(x)$ 在含 $x=0$ 的小闭区间内连续，因而在此小区间上有界，所以存在 $M>0$，使 $|f''(x)|\leqslant M$，由上式便得

$$|f(x)|\leqslant\frac{M}{2}x^2$$

则

$$\left|f\left(\frac{1}{n}\right)\right|\leqslant\frac{M}{2}\cdot\frac{1}{n^2} \quad (对充分大的 n)$$

由于 $\sum\limits_{n=1}^{\infty}\frac{1}{n^2}$ 收敛，$\sum\limits_{n=1}^{\infty}\left|f\left(\frac{1}{n}\right)\right|$ 收敛，故 $\sum\limits_{n=1}^{\infty}f\left(\frac{1}{n}\right)$ 绝对收敛.

级数证明题的思路小结

级数的证明题，一般用比较判别法证明：（1）当已知某级数收敛，要证明另一级数收敛，通常将要证级数的一般项与已知级数的一般项进行比较，如例 10-7；（2）当已知某数列有极限或有界或单调，要证明级数收敛，通常利用数列所具有的性质对数列的一般项作估值，导出比较的不等式（如例 10-8 到例 10-12）.

练习题 10-5 已知数列 x_n 满足 $|x_{n+1}-x_n|\leqslant k|x_n-x_{n-1}|$ $(n=2,3,4,\cdots)$，其中 $0<k<1$，证明：（1）级数 $\sum\limits_{n=1}^{\infty}|x_{n+1}-x_n|$ 收敛；（2）$\lim\limits_{n\to\infty}x_n$ 存在.

提示：（1）$|x_{n+1}-x_n|\leqslant k|x_n-x_{n-1}|\leqslant k^2|x_{n-1}-x_{n-2}|\leqslant\cdots\leqslant k^{n-1}|x_2-x_1|$ 级数 $\sum\limits_{n=1}^{\infty}k^{n-1}|x_2-x_1|$ 为公比 $q=k<1$ 的等比级数，所以收敛. 由比较判别法知，级数 $\sum\limits_{n=1}^{\infty}|x_{n+1}-x_n|$ 收敛.

（2）由（1）知，级数 $\sum\limits_{n=1}^{\infty}(x_{n+1}-x_n)$ 也收敛，所以其部分和 $s_n=(x_2-x_1)+(x_3-x_2)+\cdots+(x_{n+1}-x_n)=x_{n+1}-x_1$ 收敛，故 $\lim\limits_{n\to\infty}x_n$ 存在.

【例 10-13】（A 类） 已知级数 $\sum\limits_{n=1}^{\infty}(-1)^{n-1}a_n=3$，$\sum\limits_{n=1}^{\infty}a_{2n-1}=4$，求级数 $\sum\limits_{n=1}^{\infty}a_n$ 的和.

分析：利用所求级数与已知级数的关系.

解 因为

$$\sum_{n=1}^{\infty}(-1)^{n-1}a_n=a_1-a_2+a_3-a_4+a_5-a_6+\cdots$$

$$\sum_{n=1}^{\infty}a_{2n-1}=a_1+a_3+a_5+a_7+\cdots$$

$$\sum_{n=1}^{\infty}a_n=a_1+a_2+a_3+a_4+\cdots$$

所以

$$\sum_{n=1}^{\infty}a_n=\left(\sum_{n=1}^{\infty}a_{2n-1}-\sum_{n=1}^{\infty}(-1)^{n-1}a_n\right)+\sum_{n=1}^{\infty}a_{2n-1}=(4-3)+4=5$$

【**例 10-14**】（A 类） 求极限 $\lim\limits_{n\to\infty}\dfrac{n!}{(an)^n}\left(a>\dfrac{1}{e}\right)$.

分析：利用级数收敛的必要条件求极限.

解 令 $u_n=\dfrac{n!}{(an)^n}$，因为

$$\frac{u_{n+1}}{u_n}=\frac{\dfrac{(n+1)!}{a^{n+1}(n+1)^{n+1}}}{\dfrac{n!}{a^nn^n}}=\frac{1}{a\left(1+\dfrac{1}{n}\right)^n}\to\frac{1}{ea}<1 \quad (n\to\infty)$$

所以级数 $\sum\limits_{n=1}^{\infty}\dfrac{n!}{(an)^n}$ 收敛，故 $\lim\limits_{n\to\infty}\dfrac{n!}{(an)^n}=0$.

【**例 10-15**】（B 类） 求下列函数项级数的收敛域.

(1) $\sum\limits_{n=1}^{\infty}\dfrac{1}{n(n+1)}(x^2+x+1)^n$ (2) $\sum\limits_{n=1}^{\infty}\dfrac{x}{n^x}$

分析：与讨论含参数（这里参数为 x）的级数的收敛问题一样.

解 (1) 因为

$$\lim_{n\to\infty}\sqrt[n]{|u_n(x)|}=\lim_{n\to\infty}\frac{1}{\sqrt[n]{n(n+1)}}(x^2+x+1)=x^2+x+1(\text{注意：}x^2+x+1>0)$$

由根值判别法，当 $x^2+x+1<1$，即 $x(x+1)<0\Rightarrow-1<x<0$ 时，$\sum\limits_{n=1}^{\infty}u_n(x)$ 收敛；当 $x^2+x+1>1$ 时，即 $x<-1$ 或 $x>0$ 时，$\sum\limits_{n=1}^{\infty}u_n(x)$ 发散；当 $x=0$ 或 $x=-1$ 时，原级数为 $\sum\limits_{n=1}^{\infty}\dfrac{1}{n(n+1)}$ 收敛，故所求级数的收敛域为 $[-1,0]$.

（2）因为

$$\sum_{n=1}^{\infty}\frac{x}{n^x}=x\sum_{n=1}^{\infty}\frac{1}{n^x}$$

而 $\sum_{n=1}^{\infty}\frac{1}{n^x}$ 为 p 级数，所以当 $x>1$ 时，$\sum_{n=1}^{\infty}\frac{1}{n^x}$ 收敛，故 $\sum_{n=1}^{\infty}\frac{x}{n^x}$ 收敛；当 $x\leqslant1$ 时，$\sum_{n=1}^{\infty}\frac{1}{n^x}$ 发散，则只要 $x\neq0$，$\sum_{n=1}^{\infty}\frac{x}{n^x}$ 也发散，当 $x=0$ 时，原级数为 $\sum_{n=1}^{\infty}0$，收敛，故所求级数的收敛域为 $x=0$ 及 $(1,+\infty)$.

练习 10-6 讨论函数项级数 $\sum_{n=1}^{\infty}\frac{(-1)^{n-1}}{(n^2+2n+3)^x}$ 的收敛域.

答案： 当 $x\leqslant0$ 时，级数发散；当 $0<x\leqslant\frac{1}{2}$ 时，级数条件收敛；当 $x>\frac{1}{2}$ 时，级数绝对收敛.

提示： 当 $x\leqslant0$ 时，级数通项不趋于 0，所以发散，当 $x>0$ 时，由于

$$\lim_{n\to\infty}\left|\frac{\frac{(-1)^n}{(n^2+2n+3)^x}}{\frac{1}{n^{2x}}}\right|=1$$

故当 $x>\frac{1}{2}$ 时，因为 $\sum_{n=1}^{\infty}\frac{1}{n^{2x}}$ 收敛，所以原级数绝对收敛，当 $0<x\leqslant\frac{1}{2}$ 时，因为 $\sum_{n=1}^{\infty}\frac{1}{n^{2x}}$ 发散，所以原级数不绝对收敛，但此时满足交错级数判别定理的条件，从而原级数条件收敛.

【例 10-16】（A 类）   设幂级数 $\sum_{n=1}^{\infty}a_n(x-1)^n$ 在 $x=4$ 发散，在 $x=-2$ 收敛，求幂级数 $\sum_{n=1}^{\infty}a_n(x+5)^n$ 的收敛域.

分析： 两级数有相同的收敛半径 R，所以先由阿贝尔定理求出 R.

解   令 $t=x-1$，由题设条件，级数 $\sum_{n=1}^{\infty}a_nt^n$ 在 $t=3$（$x=4$ 时）点发散，所以收敛半径 $R\leqslant3$，而 $\sum_{n=1}^{\infty}a_nt^n$ 在 $t=-3$（$x=-2$ 时）点收敛，所以 $R\geqslant3$，故 $R=3$.

再由 $\sum_{n=1}^{\infty}a_nt^n$ 的收敛域为 $[-3,3)$ 知级数 $\sum_{n=1}^{\infty}a_n(x+5)^n$ 的收敛域为 $-3\leqslant x+5<3$，即 $-8\leqslant x<-2$.

【例 10-17】（B 类）　求幂级数 $\sum\limits_{n=1}^{\infty}\dfrac{3^n+(-2)^n}{n}x^n$ 的收敛域.

分析：先求收敛半径，再讨论端点的收敛情况.

解　$\rho=\lim\limits_{n\to\infty}\left|\dfrac{a_{n+1}}{a_n}\right|=\lim\limits_{n\to\infty}\dfrac{\dfrac{3^{n+1}+(-2)^{n+1}}{n+1}}{\dfrac{3^n+(-2)^n}{n}}$

$=\lim\limits_{n\to\infty}\dfrac{n}{n+1}\cdot\dfrac{1+(-\dfrac{2}{3})^{n+1}}{1+(-\dfrac{2}{3})^n}\cdot 3=3$

所以

$$R=\dfrac{1}{\rho}=\dfrac{1}{3}$$

当 $x=\dfrac{1}{3}$ 时，级数为

$$\sum_{n=1}^{\infty}\dfrac{3^n+(-2)^n}{n}\left(\dfrac{1}{3}\right)^n=\sum_{n=1}^{\infty}\left(\dfrac{1}{n}+\dfrac{(-2)^n}{n\cdot 3^n}\right)$$

而级数 $\sum\limits_{n=1}^{\infty}\dfrac{1}{n}$ 发散，级数 $\sum\limits_{n=1}^{\infty}\dfrac{(-2)^n}{n\cdot 3^n}$ 绝对收敛，故 $\sum\limits_{n=1}^{\infty}\dfrac{3^n+(-2)^n}{n}\left(\dfrac{1}{3}\right)^n$ 发散.

当 $x=-\dfrac{1}{3}$ 时，级数为

$$\sum_{n=1}^{\infty}\dfrac{3^n+(-2)^n}{n}\left(-\dfrac{1}{3}\right)^n=\sum_{n=1}^{\infty}\left(\dfrac{(-1)^n}{n}+\dfrac{2^n}{n\cdot 3^n}\right)$$

级数 $\sum\limits_{n=1}^{\infty}\dfrac{(-1)^n}{n}$ 与 $\sum\limits_{n=1}^{\infty}\dfrac{2^n}{n\cdot 3^n}$ 均收敛，故 $\sum\limits_{n=1}^{\infty}\dfrac{3^n+(-2)^n}{n}\left(-\dfrac{1}{3}\right)^n$ 收敛.

所以所求级数的收敛域为 $\left[-\dfrac{1}{3},\ \dfrac{1}{3}\right)$.

【例 10-18】（B 类）　求下列级数的收敛域.

(1) $\sum\limits_{n=1}^{\infty}\dfrac{\ln(n+1)}{n^2}(3x-2)^n$ 　　　　(2) $\sum\limits_{n=1}^{\infty}\dfrac{(-1)^{n-1}}{3^n(2n-1)}x^{2n-1}$

(3) $\sum\limits_{n=1}^{\infty}\dfrac{x^{n^3}}{2^n}$

分析：不是形如 $\sum\limits_{n=0}^{\infty} a_n x^n (a_n \neq 0)$ 的幂级数，不能套用求收敛半径的公式时，有两种

处理方式：一是作变量代换化为 $\sum\limits_{n=0}^{\infty} a_n x^n (a_n \neq 0)$；二是直接用求函数项级数收敛域的方

法．

解 （1）令 $t=3x-2$，级数化为 $\sum\limits_{n=1}^{\infty} \dfrac{\ln (n+1)}{n^2} t^n$. 因为

$$\rho = \lim_{n \to \infty} \left| \frac{a_{n+1}}{a_n} \right| = \lim_{n \to \infty} \frac{\dfrac{\ln (n+2)}{(n+1)^2}}{\dfrac{\ln (n+1)}{n^2}} = 1$$

所以 $R=1$. 当 $t=1$ 时，级数为 $\sum\limits_{n=1}^{\infty} \dfrac{\ln (n+1)}{n^2}$，收敛；当 $t=-1$ 时，级数为 $\sum\limits_{n=1}^{\infty} (-1)^n \dfrac{\ln (n+1)}{n^2}$，

绝对收敛．故当 $-1 \leqslant t \leqslant 1$，即 $-1 \leqslant 3x-2 \leqslant 1 \Rightarrow \dfrac{1}{3} \leqslant x \leqslant 1$ 时，原级数收敛，收敛

域为 $\left[\dfrac{1}{3}, 1 \right]$.

（2）这是缺偶数项的级数，直接用比值判别法．因为

$$\lim_{n \to \infty} \left| \frac{u_{n+1}(x)}{u_n(x)} \right| = \lim_{n \to \infty} \left| \frac{\dfrac{(-1)^n x^{2n+1}}{3^{n+1}(2n+1)}}{\dfrac{(-1)^{n-1} x^{2n-1}}{3^n (2n-1)}} \right| = \frac{x^2}{3}$$

当 $\dfrac{x^2}{3} < 1$，即 $|x| < \sqrt{3}$，级数绝对收敛，故收敛半径 $R = \sqrt{3}$. 当 $x = \sqrt{3}$ 时，级数为

$\sum\limits_{n=1}^{\infty} \dfrac{(-1)^{n-1}}{\sqrt{3}(2n-1)}$，条件收敛；当 $x = -\sqrt{3}$ 时，级数为 $\sum\limits_{n=1}^{\infty} \dfrac{(-1)^n}{\sqrt{3}(2n-1)}$，条件收敛．故所求级数

的收敛域为 $[-\sqrt{3}, \sqrt{3}]$.

（3）级数也是缺项级数，一般项中都有 n 次方，所以用根值法．因为

$$\lim_{n \to \infty} \sqrt[n]{|u_n(x)|} = \lim_{n \to \infty} \sqrt[n]{\left| \frac{x^{n^3}}{2^n} \right|} = \lim_{n \to \infty} \left| \frac{x^{n^2}}{2} \right|$$

$$= \begin{cases} 0, & |x| < 1 \\ \dfrac{1}{2}, & |x| = 1 \\ +\infty, & |x| > 1 \end{cases}$$

由根值判别法知，当 $|x| \leqslant 1$ 时，级数绝对收敛；当 $|x| > 1$ 时，级数发散，所以收敛半

径 $R=1$，收敛域为 $[-1,1]$.

【例 10-19】（C 类）　求幂级数 $\sum\limits_{n=1}^{\infty}\dfrac{1}{1+\dfrac{1}{2}+\cdots+\dfrac{1}{n}}x^{n}$ 的收敛域.

分析：级数 $\sum\limits_{n=1}^{\infty}\dfrac{1}{n}$ 为发散的正项级数，所以其部分和 $s_{n}=1+\dfrac{1}{2}+\cdots+\dfrac{1}{n}\to+\infty(n\to\infty)$.

解
$$\rho=\lim_{n\to\infty}\left|\frac{a_{n+1}}{a_{n}}\right|=\lim_{n\to\infty}\frac{1+\dfrac{1}{2}+\cdots+\dfrac{1}{n}+\dfrac{1}{n+1}}{1+\dfrac{1}{2}+\cdots+\dfrac{1}{n}}=1$$

所以 $R=1$. 当 $x=1$ 时，原级数为 $\sum\limits_{n=1}^{\infty}\dfrac{1}{1+\dfrac{1}{2}+\cdots+\dfrac{1}{n}}$，因为

$$\frac{1}{1+\dfrac{1}{2}+\cdots+\dfrac{1}{n}}>\frac{1}{1+1+\cdots+1}=\frac{1}{n}$$

由 $\sum\limits_{n=1}^{\infty}\dfrac{1}{n}$ 发散得 $\sum\limits_{n=1}^{\infty}\dfrac{1}{1+\dfrac{1}{2}+\cdots+\dfrac{1}{n}}$ 发散. 当 $x=-1$ 时，原级数为 $\sum\limits_{n=1}^{\infty}\dfrac{(-1)^{n}}{1+\dfrac{1}{2}+\cdots+\dfrac{1}{n}}$，

满足莱布尼兹定理的条件，所以条件收敛. 故所求级数的收敛域为 $[-1,1)$.

【例 10-20】（B 类）　设幂级数 $\sum\limits_{n=0}^{\infty}a_{n}x^{n}$ 的收敛半径为 5，求幂级数 $\sum\limits_{n=0}^{\infty}(n+1)a_{n}(x-2)^{n+1}$ 的收敛区间.

分析：幂级数逐项积分（或求导）后，收敛半径不变.

解　因为

$$\sum_{n=0}^{\infty}(n+1)a_{n}x^{n}=\left(\sum_{n=0}^{\infty}a_{n}x^{n+1}\right)'$$

而 $\sum\limits_{n=0}^{\infty}a_{n}x^{n+1}=x\sum\limits_{n=0}^{\infty}a_{n}x^{n}$ 与 $\sum\limits_{n=0}^{\infty}a_{n}x^{n}$ 有相同的收敛半径 5，所以 $\sum\limits_{n=0}^{\infty}(n+1)a_{n}x^{n}$ 的收敛半径也为 5，从而 $\sum\limits_{n=0}^{\infty}(n+1)a_{n}x^{n+1}$ 及 $\sum\limits_{n=0}^{\infty}(n+1)a_{n}(x-2)^{n+1}$ 的收敛半径均为 5，则 $\sum\limits_{n=0}^{\infty}(n+1)a_{n}(x-2)^{n+1}$ 的收敛区间为 $-5<x-2<5$，即 $-3<x<7$.

练习题 10-7　求幂级数 $\sum\limits_{n=1}^{\infty}\dfrac{\ln(1+n)}{n}x^{n-1}$ 的收敛域.

答案：$[-1,1)$.

提示：收敛半径 $R = \lim\limits_{n \to \infty} \dfrac{a_n}{a_{n+1}} = \lim\limits_{n \to \infty} \dfrac{\dfrac{\ln(1+n)}{n}}{\dfrac{\ln(2+n)}{n+1}} = 1$，当 $x=1$ 时，级数为 $\sum\limits_{n=1}^{\infty} \dfrac{\ln(1+n)}{n}$.

由于 $\dfrac{\ln(1+n)}{n} > \dfrac{1}{n}$，因 $\sum\limits_{n=1}^{\infty} \dfrac{1}{n}$ 发散，所以 $\sum\limits_{n=1}^{\infty} \dfrac{\ln(1+n)}{n}$ 发散；当 $x=-1$ 时，级数为

$\sum\limits_{n=1}^{\infty} \dfrac{(-1)^{n-1}\ln(1+n)}{n}$，其满足交错级数判别定理的条件，故收敛.

【例 10-21】（B类）　求下列幂级的和函数.

(1) $\sum\limits_{n=1}^{\infty} n(n+1)\, x^n$ 　　　　　(2) $\sum\limits_{n=1}^{\infty} \dfrac{x^{n-1}}{n \cdot 3^n}$

(3) $\sum\limits_{n=0}^{\infty} \dfrac{(n-1)^2}{n+1} x^n$ 　　　(4) $\sum\limits_{n=1}^{\infty} \dfrac{2n-1}{2n} x^{2n-2}$

分析：通过逐项积分或求导，将级数化为已知和函数的级数（常常为等比级数）形式.

解　(1) $\lim\limits_{n \to \infty} \left| \dfrac{a_{n+1}}{a_n} \right| = 1$，且级数在 $x = \pm 1$ 处均发散，所以级数的收敛域为 $(-1, 1)$.

以下用两种方法求和函数.

解法 1　令

$$s(x) = \sum\limits_{n=1}^{\infty} n(n+1)x^n$$

从 0 到 x 逐项积分得

$$s_1(x) = \int_0^x s(x)\mathrm{d}x = \sum\limits_{n=1}^{\infty} \int_0^x n(n+1)\, x^n \mathrm{d}x = \sum\limits_{n=1}^{\infty} nx^{n+1}$$

再令

$$s_2(x) = \sum\limits_{n=1}^{\infty} nx^{n-1}$$

则

$$s_1(x) = x^2 s_2(x)$$

对 $s_2(x)$ 从 0 到 x 逐项积分得

$$s_3(x) = \int_0^x s_2(x)\mathrm{d}x = \sum\limits_{n=1}^{\infty} \int_0^x nx^{n-1}\mathrm{d}x = \sum\limits_{n=1}^{\infty} x^n = \dfrac{x}{1-x}$$

倒推回去，则

$$s_2(x) = s'_3(x) = \left(\frac{x}{1-x}\right)' = \frac{1}{(1-x)^2}$$

$$s_1(x) = x^2 s_2(x) = \frac{x^2}{(1-x^2)}$$

$$s(x) = s'_1(x) = \left(\frac{x^2}{(1-x)^2}\right)' = \frac{2x}{(1-x)^3}, \ x \in (-1, \ 1)$$

解法 2　因为

$$\sum_{n=1}^{\infty} x^{n+1} = \frac{x^2}{1-x}$$

上式两端求两次导数得

$$\sum_{n=1}^{\infty} n(n+1)x^{n-1} = \left(\frac{x^2}{1-x}\right)'' = \frac{2}{(1-x)^3}$$

两端同乘 x 得

$$\sum_{n=1}^{\infty} n(n+1)x^n = \frac{2x}{(1-x)^3}, \ x \in (-1, \ 1)$$

（2）因为

$$\lim_{n\to\infty} \left|\frac{a_{n+1}}{a_n}\right| = \lim_{n\to\infty} \frac{n \cdot 3^n}{(n+1) \ 3^{n+1}} = \frac{1}{3}, \ R=3$$

当 $x=3$ 时，级数发散；当 $x=-3$ 时，级数收敛，则收敛域为 $[-3, \ 3)$，令

$$g(x) = \sum_{n=1}^{\infty} \frac{x^n}{n \cdot 3^n}, \ g(0) = 0$$

$$g'(x) = \sum_{n=1}^{\infty} \left(\frac{x^n}{n \cdot 3^n}\right)' = \sum_{n=1}^{\infty} \frac{x^{n-1}}{3^n}$$

$$= \frac{1}{3} \sum_{n=1}^{\infty} \left(\frac{x}{3}\right)^{n-1} = \frac{1}{3} \frac{1}{1-\frac{x}{3}} = \frac{1}{3-x}$$

所以

$$g(x) = \int_0^x g'(x)\mathrm{d}x = \int_0^x \frac{1}{3-x}\mathrm{d}x = \ln\frac{3}{3-x}$$

当 $x \neq 0$ 时

$$\sum_{n=1}^{\infty} \frac{x^{n-1}}{n \cdot 3^n} = \frac{1}{x}g(x) = \frac{1}{x}\ln\frac{3}{3-x}$$

当 $x=0$ 时

$$\sum_{n=1}^{\infty} \frac{x^{n-1}}{n \cdot 3^n} = \frac{1}{3}$$

故所求和函数为

$$\sum_{n=1}^{\infty} \frac{x^{n-1}}{n \cdot 3^n} = \begin{cases} \dfrac{1}{x} \ln \dfrac{3}{3-x}, & x \in [-3, \ 3) \text{且 } x \neq 0 \\ \dfrac{1}{3}, & x = 0 \end{cases}$$

（3）因为

$$\lim_{n \to \infty} \left| \frac{a_{n+1}}{a_n} \right| = \lim_{n \to \infty} \frac{\dfrac{n^2}{n+2}}{\dfrac{(n-1)^2}{n+1}} = 1$$

且级数在 $x = \pm 1$ 处均发散，所以级数的收敛域为 $(-1, \ 1)$. 设

$$s(x) = \sum_{n=0}^{\infty} \frac{(n-1)^2}{n+1} x^n = \sum_{n=0}^{\infty} \frac{(n+1-2)^2}{n+1} x^n$$

$$= \sum_{n=0}^{\infty} (n+1) x^n - 4 \sum_{n=0}^{\infty} x^n + 4 \sum_{n=0}^{\infty} \frac{x^n}{n+1}$$

令

$$s_1(x) = \sum_{n=0}^{\infty} (n+1) x^n, \quad s_2(x) = \sum_{n=0}^{\infty} x^n, \quad s_3(x) = \sum_{n=0}^{\infty} \frac{x^n}{n+1}$$

则

$$\int_0^x s_1(x) \mathrm{d}x = \sum_{n=0}^{\infty} \int_0^x (n+1) x^n \mathrm{d}x = \sum_{n=0}^{\infty} x^{n+1} = \frac{x}{1-x}$$

$$s_1(x) = \left(\frac{x}{1-x} \right)' = \frac{1}{(1-x)^2}$$

$$s_2(x) = \sum_{n=0}^{\infty} x^n = \frac{1}{1-x}$$

$$(x s_3(x))' = \left(\sum_{n=0}^{\infty} \frac{x^{n+1}}{n+1} \right)' = \sum_{n=0}^{\infty} \left(\frac{x^{n+1}}{n+1} \right)' = \sum_{n=0}^{\infty} x^n = \frac{1}{1-x}$$

$$x s_3(x) = \int_0^x \frac{1}{1-x} \mathrm{d}x = -\ln (1-x)$$

当 $x \neq 0$ 时，$s_3(x) = -\dfrac{\ln (1-x)}{x}$，$x = 0$ 时，$s_3(x) = 1$，故

$$s(x) = s_1(x) - 4 s_2(x) + 4 s_3(x)$$

$$= \begin{cases} \dfrac{1}{(1-x)^2} - \dfrac{4}{1-x} - \dfrac{4\ln(1-x)}{x}, & x \neq 0 \text{ 且 } x \in (-1,1) \\ 1, & x = 0 \end{cases}$$

（4）级数缺奇数项，因为

$$\lim_{n \to \infty} \left| \frac{u_{n+1}(x)}{u_n(x)} \right| = \lim_{n \to \infty} \left| \frac{\dfrac{2n+1}{2^{n+1}} x^{2n}}{\dfrac{2n-1}{2^n} x^{2n-2}} \right| = \frac{x^2}{2}$$

当 $\dfrac{x^2}{2} < 1$，即 $|x| < \sqrt{2}$ 时，级数收敛，且当 $x = \pm\sqrt{2}$ 时，级数发散，所以收敛域为 $(-\sqrt{2}, \sqrt{2})$. 令

$$s(x) = \sum_{n=1}^{\infty} \frac{2n-1}{2^n} x^{2n-2}$$

$$\int_0^x s(x) \, \mathrm{d}x = \sum_{n=1}^{\infty} \int_0^x \frac{2n-1}{2^n} x^{2n-2} \, \mathrm{d}x = \sum_{n=1}^{\infty} \frac{1}{2^n} x^{2n-1}$$

$$= \frac{1}{x} \sum_{n=1}^{\infty} \left(\frac{x^2}{2} \right)^n = \frac{1}{x} \frac{\dfrac{x^2}{2}}{1 - \dfrac{x^2}{2}} = \frac{x}{2-x^2} \quad (x \neq 0)$$

所以

$$s(x) = \left(\frac{x}{2-x^2} \right)' = \frac{2+x^2}{(2-x^2)^2} \quad (x \neq 0 \text{ 且 } x \in (-\sqrt{2}, \sqrt{2}))$$

显然 $s(0) = \dfrac{1}{2}$.

求幂级数和函数解题步骤小结

（1）求出级数的收敛域.

（2）将级数进行适当的分解、组合，变量代换，逐项求导或积分，化为已知和函数的级数（多为等比级数）形式，求出新级数的和函数.

（3）对得到的和函数作相反的分析、运算，便可得到原级数的和函数，并写出收敛域.

练习题 10-8　求级数 $\displaystyle\sum_{n=1}^{\infty} \frac{x^n}{4n-3}$ 的和函数 $(x \geqslant 0)$.

答案：$s(x) = \dfrac{1}{2} x^{\frac{3}{4}} \left(\dfrac{1}{2} \ln \dfrac{1+x^{\frac{1}{4}}}{1-x^{\frac{1}{4}}} \right) + \arctan x^{\frac{1}{4}} \ (0 \leqslant x < 1)$.

> 提示：易知级数的收敛域为 $[0，1)$，令 $x=t^4$，则原级数化为
>
> $$\sum_{n=1}^{\infty}\frac{t^{4n}}{4n-3}=t^3\sum_{n=1}^{\infty}\frac{t^{4n-3}}{4n-3}=t^3\sum_{n=1}^{\infty}\int_0^t y^{4n-4}\,dy=t^3\int_0^t\left(\sum_{n=1}^{\infty}y^{4n-4}\right)dy=t^3\int_0^t\frac{1}{1-y^4}\,dy=$$
>
> $$\frac{t^3}{2}\left[\int_0^t\frac{1}{1-y^2}\,dy+\int_0^t\frac{1}{1+y^2}\,dy\right]=\frac{t^3}{2}\left(\frac{1}{2}\ln\frac{1+t}{1-t}+\arctan t\right)$$
>
> 由此可得原级数的和函数（代入 $t=x^{\frac{1}{4}}$）.

【例 10-22】（B 类）　求下列数项级数的和.

(1) $\displaystyle\sum_{n=1}^{\infty}(-1)^n\frac{3n^2+1}{e^n}$　　　　　　(2) $\displaystyle\sum_{n=1}^{\infty}\frac{(-1)^{n-1}}{3n}\left(\frac{8}{27}\right)^n$

> **分析**：构造恰当的幂级数，求出和函数，再代入恰当的 x 值，是求数项级数和的较好方法.

解　(1) 令

$$s(x)=\sum_{n=1}^{\infty}(3n^2+1)x^n=3\sum_{n=1}^{\infty}n(n-1)x^n+3\sum_{n=1}^{\infty}nx^n+\sum_{n=1}^{\infty}x^n$$

$$=3x^2\sum_{n=2}^{\infty}n(n-1)x^{n-2}+3x\sum_{n=1}^{\infty}nx^{n-1}+\sum_{n=1}^{\infty}x^n$$

$$=3x^2\left(\sum_{n=2}^{\infty}x^n\right)''+3x\left(\sum_{n=1}^{\infty}x^n\right)'+\sum_{n=1}^{\infty}x^n$$

$$=3x^2\left(\frac{x^2}{1-x}\right)''+3x\left(\frac{x}{1-x}\right)'+\frac{x}{1-x}$$

$$=\frac{6x^2}{(1-x)^3}+\frac{3x}{(1-x)^2}+\frac{x}{1-x}=\frac{x(x^2+x+4)}{(1-x)^3}\quad(|x|<1)$$

代入 $x=-\dfrac{1}{e}$，便得所求数项级数的和

$$\sum_{n=1}^{\infty}(-1)^n\frac{3n^2+1}{e^n}=s\left(-\frac{1}{e}\right)=\frac{-4e^2+e-1}{(e+1)^3}$$

(2) 令

$$s(x)=\sum_{n=1}^{\infty}\frac{(-1)^{n-1}}{3n}x^{3n},\ s(0)=0$$

$$s'(x)=\sum_{n=1}^{\infty}(-1)^{n-1}x^{3n-1}=\frac{x^2}{1+x^3},\quad|x|<1$$

$$s(x)=\int_0^x\frac{x^2}{1+x^3}\,dx=\frac{1}{3}\ln|1+x^3|$$

则

$$\sum_{n=1}^{\infty} \frac{(-1)^{n-1}}{3n}\left(\frac{8}{27}\right)^n = s\left(\frac{2}{3}\right) = \frac{1}{3}\ln\left(1+\frac{8}{27}\right) = \ln\frac{\sqrt[3]{35}}{3}$$

数项级数求和方法小结

(1) 求出部分和 s_n 的表达式，再令 $n\to\infty$ 求 s_n 的极限值，可求得级数的和（见例 10-1），但求 s_n 的表达式一般较困难.

(2) 利用幂级数求和函数的方法，然后代入 x 的特殊值而得级数的和（见例 10-22）.

【例 10-23】（B 类）　求幂级数 $\displaystyle\sum_{n=0}^{\infty}(-1)^n\frac{(n+1)}{(2n+1)!}x^{2n+1}$ 的和函数.

分析：因为级数的系数中出现了 $\dfrac{1}{(2n+1)!}$ 形式，可考虑利用 $\sin x$ 或 $\cos x$ 的展开式来求和函数.

解　易求得级数的收敛域为 $(-\infty,\ +\infty)$. 令

$$s(x) = \sum_{n=0}^{\infty}(-1)^n\frac{n+1}{(2n+1)!}x^{2n+1},\ s(0)=0$$

$$\int_0^x s(x)\mathrm{d}x = \sum_{n=0}^{\infty}\int_0^x (-1)^n\frac{n+1}{(2n+1)!}x^{2n+1}\mathrm{d}x$$

$$= \sum_{n=0}^{\infty}(-1)^n\frac{1}{2(2n+1)!}x^{2n+2}$$

$$= \frac{x}{2}\sum_{n=0}^{\infty}\frac{(-1)^n}{(2n+1)!}x^{2n+1} = \frac{x}{2}\sin x$$

所以

$$s(x) = \left(\frac{x}{2}\sin x\right)' = \frac{1}{2}(\sin x + x\cos x),\ x\in(-\infty,\ +\infty)$$

【例 10-24】（C 类）　求下列数项级数的和.

(1) $\displaystyle\sum_{n=1}^{\infty}\frac{n^2}{n!}$　　　　　(2) $\displaystyle\sum_{n=1}^{\infty}\frac{n!+1}{2^n(n-1)!}$

分析：利用幂级数的和函数求数项级数的和，本题用到 e^x 的展开式.

解　(1) 令 $s(x)=\displaystyle\sum_{n=1}^{\infty}\frac{n^2}{n!}x^n$，其收敛域为 $(-\infty,\ +\infty)$，则

$$s(x) = \sum_{n=1}^{\infty}\frac{n}{(n-1)!}x^n = x\sum_{n=1}^{\infty}\frac{nx^{n-1}}{(n-1)!} = x\left(\sum_{n=1}^{\infty}\frac{x^n}{(n-1)!}\right)'$$

$$= x\left(x\sum_{n=1}^{\infty}\frac{x^{n-1}}{(n-1)!}\right)' = x(xe^x)' = xe^x(x+1)$$

故

$$\sum_{n=1}^{\infty}\frac{n^2}{n!} = s(1) = 2e$$

(2) 因为

$$\sum_{n=1}^{\infty}\frac{n!+1}{2^n(n-1)!} = \sum_{n=1}^{\infty}n\left(\frac{1}{2}\right)^n + \sum_{n=1}^{\infty}\frac{1}{(n-1)!}\left(\frac{1}{2}\right)^n$$

令

$$s_1(x) = \sum_{n=1}^{\infty}nx^n = x\sum_{n=1}^{\infty}nx^{n-1} = x\left(\sum_{n=1}^{\infty}x^n\right)'$$

$$= x\left(\frac{x}{1-x}\right)' = \frac{x}{(1-x)^2}, \quad |x|<1$$

$$s_2(x) = \sum_{n=1}^{\infty}\frac{1}{(n-1)!}x^n = x\sum_{n=1}^{\infty}\frac{x^{n-1}}{(n-1)!} = xe^x, \quad x\in(-\infty, +\infty)$$

则

$$\sum_{n=1}^{\infty}\frac{n!+1}{2^n(n-1)!} = s_1\left(\frac{1}{2}\right) + s_2\left(\frac{1}{2}\right) = 2 + \frac{1}{2}e^{\frac{1}{2}}$$

【例 10-25】（B类）   将下列函数展成 x 的幂级数.

(1) $\dfrac{1}{(2-x)^2}$ (2) $\displaystyle\int_0^x te^{t^3}\,dt$ (3) $\dfrac{1}{4}\ln\dfrac{1+x}{1-x} + \dfrac{1}{2}\arctan x - x$

分析：利用常见函数（e^x, $\sin x$, $\cos x$, $\ln(1+x)$, $(1+x)^m$, $\dfrac{1}{1+x}$）的麦克劳林展开式，间接展开函数.

解   (1) 因为 $\left(\dfrac{1}{2-x}\right)' = \dfrac{1}{(2-x)^2}$，所以先展开 $\dfrac{1}{2-x}$.

$$\frac{1}{2-x} = \frac{1}{2}\frac{1}{1-\dfrac{x}{2}} = \frac{1}{2}\sum_{n=0}^{\infty}\left(\frac{x}{2}\right)^n, \left|\frac{x}{2}\right|<1$$

求导得

$$\frac{1}{(2-x)^2} = \left(\frac{1}{2}\sum_{n=0}^{\infty}\left(\frac{x}{2}\right)^n\right)' = \sum_{n=0}^{\infty}\frac{n}{2^{n+1}}x^{n-1}, \quad |x|<2$$

右端级数在 $x=\pm2$ 处发散，故上式展开式成立的区域为 $(-2，2)$.

(2)

$$\int_0^x te^{t^3}\mathrm{d}t=\int_0^x t\left[\sum_{n=0}^{\infty}\frac{(t^3)^n}{n!}\right]\mathrm{d}t$$

$$=\int_0^x\sum_{n=0}^{\infty}\frac{t^{3n+1}}{n!}\mathrm{d}t=\sum_{n=0}^{\infty}\int_0^x\frac{t^{3n+1}}{n!}\mathrm{d}t$$

$$=\sum_{n=0}^{\infty}\frac{x^{3n+2}}{(3n+2)n!},\ x\in(-\infty,\ +\infty)$$

(3) 令

$$f(x)=\frac{1}{4}\ln\frac{1+x}{1-x}+\frac{1}{2}\arctan x-x$$

则 $f(0)=0$，

$$f'(x)=\frac{1}{4}\left(\frac{1}{1+x}+\frac{1}{1-x}\right)+\frac{1}{2}\frac{1}{1+x^2}-1$$

$$=\frac{x^4}{1-x^4}=x^4\sum_{n=0}^{\infty}(x^4)^n=\sum_{n=0}^{\infty}x^{4(n+1)},\ |x|<1$$

故

$$f(x)=\int_0^x f'(x)\mathrm{d}x=\int_0^x\left(\sum_{n=0}^{\infty}x^{4(n+1)}\right)\mathrm{d}x=\sum_{n=0}^{\infty}\int_0^x x^{4(n+1)}\mathrm{d}x$$

$$=\sum_{n=0}^{\infty}\frac{x^{4n+5}}{4n+5},\ |x|<1$$

右端级数在 $x=\pm1$ 处发散，故上式展开式成立的区域为 $(-1，1)$.

【例 10-26】（B 类） 将下列函数在指定点展成幂级数.

(1) $\dfrac{x}{x^2-5x+4}$，在 $x=5$ 处

(2) $\ln(2x^2+x-3)$，在 $x=3$ 处

(3) $\dfrac{\mathrm{d}}{\mathrm{d}x}\left(\dfrac{e^x-e}{x-1}\right)$，在 $x=1$ 处

分析：本题依然要利用常见函数的展开式

解 (1) $\dfrac{x}{x^2-5x+4}=\dfrac{x}{(x-1)(x-4)}=\dfrac{x}{3}\left(\dfrac{1}{x-4}-\dfrac{1}{x-1}\right)$

$$=\frac{x-5+5}{3}\left[\frac{1}{1+(x-5)}-\frac{1}{4+(x-5)}\right]$$

$$= \frac{x-5+5}{3}\left[\frac{1}{1+(x-5)}-\frac{1}{4}\frac{1}{1+\frac{x-5}{4}}\right]$$

$$= \frac{x-5+5}{3}\left[\sum_{n=0}^{\infty}(-1)^n(x-5)^n-\frac{1}{4}\sum_{n=0}^{\infty}(-1)^n\left(\frac{x-5}{4}\right)^n\right]$$

$$= \frac{x-5+5}{3}\sum_{n=0}^{\infty}(-1)^n\left(1-\frac{1}{4^{n+1}}\right)(x-5)^n$$

$$= \sum_{n=0}^{\infty}\frac{(-1)^n}{3}\left(1-\frac{1}{4^{n+1}}\right)(x-5)^{n+1}+\sum_{n=0}^{\infty}\frac{5(-1)^n}{3}\left(1-\frac{1}{4^{n+1}}\right)(x-5)^n$$

由 $|x-5|<1$ 且 $\left|\dfrac{x-5}{4}\right|<1$，推出 $|x-5|<1$，即 $4<x<6$. 当 $x=6$ 时，右端级数为

$$\sum_{n=0}^{\infty}2(-1)^n\left(1-\frac{1}{4^{n+1}}\right)=\sum_{n=0}^{\infty}2(-1)^n-\sum_{n=0}^{\infty}\frac{2(-1)^n}{4^{n+1}}$$

上式右端的第一个级数发散，第二个级数收敛，所以左端级数发散. 同理 $x=4$ 时，级数发散. 故展开式成立的区域为 $(4,6)$.

(2) $\ln(2x^2+x-3)=\ln(2x+3)(x-1)$

$$\qquad\qquad =\ln(2(x-3)+9)+\ln(x-3+2)$$

$$\qquad\qquad =\ln 9\left(1+\frac{2(x-3)}{9}\right)+\ln 2\left(1+\frac{x-3}{2}\right)$$

$$\qquad\qquad =\ln 9+\ln\left(1+\frac{2(x-3)}{9}\right)+\ln 2+\ln\left(1+\frac{x-3}{2}\right)$$

$$\qquad\qquad =\ln 18+\sum_{n=1}^{\infty}\frac{(-1)^{n-1}}{n}\left(\frac{2(x-3)}{9}\right)^n+\sum_{n=1}^{\infty}\frac{(-1)^{n-1}}{n}\left(\frac{x-3}{2}\right)^n$$

$$\qquad\qquad =\ln 18+\sum_{n=1}^{\infty}\frac{(-1)^{n-1}}{n}\left[\left(\frac{2}{9}\right)^n+\left(\frac{1}{2}\right)^n\right](x-3)^n$$

由 $\left|\dfrac{2(x-3)}{9}\right|<1$ 且 $\left|\dfrac{x-3}{2}\right|<1$，推出 $|x-3|<2$，即 $1<x<5$. 易知 $x=5$ 时级数收敛，$x=1$ 时级数发散，故展开式成立的区域为 $(1,5]$.

(3) $\mathrm{e}^x=\mathrm{e}\mathrm{e}^{x-1}=\mathrm{e}\sum_{n=0}^{\infty}\frac{(x-1)^n}{n!}=\mathrm{e}+\mathrm{e}\sum_{n=1}^{\infty}\frac{(x-1)^n}{n!}$

所以

$$\frac{\mathrm{e}^x-\mathrm{e}}{x-1}=\mathrm{e}\sum_{n=1}^{\infty}\frac{(x-1)^{n-1}}{n!}$$

故

$$\frac{\mathrm{d}}{\mathrm{d}x}\left(\frac{\mathrm{e}^x-\mathrm{e}}{x-1}\right)=\frac{\mathrm{d}}{\mathrm{d}x}\left(\mathrm{e}\sum_{n=1}^{\infty}\frac{(x-1)^{n-1}}{n!}\right)=\mathrm{e}\sum_{n=2}^{\infty}\frac{(n-1)}{n!}(x-1)^{n-2},\quad |x|<+\infty$$

注：若先对 $\dfrac{\mathrm{e}^x-\mathrm{e}}{x-1}$ 求导，再展开，会麻烦很多.

【**例 10-27**】（C 类）．设

$$f(x)=\begin{cases}\dfrac{1+x^2}{x}\arctan x, & x\neq0\\[2mm]1, & x=0\end{cases}$$

试将 $f(x)$ 展成 x 的幂级数，并求级数 $\displaystyle\sum_{n=1}^{\infty}\frac{(-1)^n}{1-4n^2}$ 的和.

分析：将函数展开所得的级数，代入特殊值求级数的和.

解　因为

$$\arctan x=\int_0^x\frac{1}{1+x^2}\mathrm{d}x$$

利用 $\dfrac{1}{1+x^2}$ 的展开式有

$$\frac{1}{1+x^2}=\sum_{n=0}^{\infty}(-1)^nx^{2n}$$

所以

$$\arctan x=\int_0^x\sum_{n=0}^{\infty}(-1)^nx^{2n}\mathrm{d}x=\sum_{n=0}^{\infty}\frac{(-1)^n}{2n+1}x^{2n+1},\quad |x|\leqslant1$$

当 $x\neq0$ 时，

$$\begin{aligned}f(x)&=\frac{1+x^2}{x}\arctan x=\frac{1+x^2}{x}\sum_{n=0}^{\infty}\frac{(-1)^n}{2n+1}x^{2n+1}\\&=(1+x^2)\sum_{n=0}^{\infty}\frac{(-1)^n}{2n+1}x^{2n}\\&=\sum_{n=0}^{\infty}\frac{(-1)^n}{2n+1}x^{2n}+\sum_{n=0}^{\infty}\frac{(-1)^n}{2n+1}x^{2n+2}\\&=1+\sum_{n=1}^{\infty}\frac{(-1)^n}{2n+1}x^{2n}+\sum_{n=1}^{\infty}\frac{(-1)^{n-1}}{2n-1}x^{2n}\\&=1+\sum_{n=1}^{\infty}\frac{2(-1)^n}{1-4n^2}x^{2n},\quad |x|\leqslant1,\ x\neq0\end{aligned}$$

当 $x=0$ 时，$f(0)=1$ 恰好是右端级数对应的值，所以

$$f(x)=1+\sum_{n=1}^{\infty}\frac{2(-1)^n}{1-4n^2}x^{2n}, \quad |x|\leqslant 1$$

易看出，所求数项级数的和与 $f(1)$ 有关，故上式令 $x=1$，有

$$f(1)=1+\sum_{n=1}^{\infty}\frac{2(-1)^n}{1-4n^2}$$

于是

$$\sum_{n=1}^{\infty}\frac{(-1)^n}{1-4n^2}=\frac{1}{2}(f(1)-1)=\frac{1}{2}(2\arctan 1-1)=\frac{\pi}{4}-\frac{1}{2}$$

【例 10-28】（C 类） 设

$$f(x)=\begin{cases}\dfrac{\sin x}{x}, & x\neq 0 \\ 1, & x=0\end{cases}$$

求 $f^{(n)}(0)(n=1, 2, \cdots)$。

分析：利用展开式的唯一性，先间接展开 $f(x)$，再与直接展开的标准形式比较同次项的系数，可求得 $f^{(n)}(0)$。

解 因为

$$\sin x=x-\frac{x^3}{3!}+\frac{x^5}{5!}-\cdots+(-1)^n\frac{x^{2n+1}}{(2n+1)!}+\cdots, \quad -\infty<x<+\infty$$

所以

$$\frac{\sin x}{x}=1-\frac{x^2}{3!}+\frac{x^4}{5!}-\cdots+(-1)^n\frac{x^{2n}}{(2n+1)!}+\cdots, \quad x\neq 0$$

又当 $x=0$ 时，上式右端的级数和为 1，故

$$f(x)=1-\frac{x^2}{3!}+\frac{x^4}{5!}-\cdots+(-1)^n\frac{x^{2n}}{(2n+1)!}+\cdots$$

又直接展开 $f(x)$，有标准形式

$$f(x)=f(0)+f'(0)x+\frac{f''(0)}{2!}x^2+\cdots+\frac{f^{(0)}(0)}{n!}x^n+\cdots$$

比较两式中同次项的系数，便有

$$\frac{f^{(2n)}(0)}{(2n)!}=(-1)^n\frac{1}{(2n+1)!} \quad (n=0, 1, 2, \cdots)$$

$$\frac{f^{(2n-1)}(0)}{(2n-1)!}=0 \quad (n=1, 2, \cdots)$$

即

$$f^{(2n)}(0) = \frac{(-1)^n}{2n+1} \quad (n=0,\ 1,\ 2,\ \cdots)$$

$$f^{(2n-1)}(0) = 0 \quad (n=1,\ 2,\ \cdots)$$

【例 10-29】（C 类） 把级数 $\sum\limits_{n=1}^{\infty} \frac{(-1)^{n-1}}{(2n-1)!\ 2^{2n-2}} x^{2n-1}$ 的和函数展成 $x-1$ 的幂级数.

分析：求和函数与展成幂级数的综合问题.

解 因为

$$\sum_{n=1}^{\infty} \frac{(-1)^{n-1}}{(2n-1)!\ 2^{2n-2}} x^{2n-1} = 2\sum_{n=1}^{\infty} \frac{(-1)^{n-1}}{(2n-1)!} \left(\frac{x}{2}\right)^{2n-1} = 2\sin\frac{x}{2}, \quad x \in (-\infty,\ +\infty)$$

又

$$2\sin\frac{x}{2} = 2\sin\frac{(x-1)+1}{2} = 2\sin\frac{1}{2}\cos\frac{x-1}{2} + 2\cos\frac{1}{2}\sin\frac{x-1}{2}$$

$$= 2\sin\frac{1}{2}\sum_{n=0}^{\infty} \frac{(-1)^n}{(2n)!} \left(\frac{x-1}{2}\right)^{2n} + 2\cos\frac{1}{2}\sum_{n=0}^{\infty} \frac{(-1)^{n-1}}{(2n-1)!} \left(\frac{x-1}{2}\right)^{2n-1}$$

$$x \in (-\infty,\ +\infty)$$

函数展成幂级数小结

将函数展成幂级数有两种方法：直接法和间接法.

(1) **直接法** 求 $f^{(n)}(x_0)$ 代入 $\sum\limits_{n=0}^{\infty} \frac{f^{(n)}(x_0)}{n!}(x-x_0)^n$.

(2) **间接法** 利用常见函数 $(e^x,\ \sin x,\ \cos x,\ \ln(1+x),\ (1+x)^m,\ \frac{1}{1+x})$ 的展开式，通过适当的变形、变量代换、四则运算、复合及逐项求导或积分而将函数展成幂级数. 通常采用的是间接展开法，这就要求熟练掌握常见函数的展开式.

练习题 10-9 已知 $f(x) = \frac{2}{\pi}\int_0^{\frac{\pi}{2}} \cos(x\sin t)\mathrm{d}t$，试将 $f(x)$ 展成 x 的幂级数.

答案：$f(x) = \sum\limits_{n=0}^{\infty} (-1)^n \frac{x^{2n}}{(2^n n!)^2} \quad (-\infty < x < +\infty)$

提示：因为

$$\cos(x\sin t) = \sum_{n=0}^{\infty} (-1)^n \frac{(x\sin t)^{2n}}{(2n)!} \quad (-\infty < x\sin t < +\infty)$$

所以

$$f(x) = \frac{2}{\pi} \int_0^{\frac{\pi}{2}} \cos(x\sin t)\,dt$$

$$= \frac{2}{\pi} \int_0^{\frac{\pi}{2}} \left(\sum_{n=0}^{\infty} (-1)^n \frac{x^{2n}\sin^{2n}t}{(2n)!} \right) dt = \frac{2}{\pi} \sum_{n=0}^{\infty} (-1)^n \frac{x^{2n}}{(2n)!} \int_0^{\frac{\pi}{2}} \sin^{2n}t\,dt$$

$$= \frac{2}{\pi} \sum_{n=0}^{\infty} (-1)^n \frac{x^{2n}}{(2n)!} \cdot \frac{2n-1}{2n} \cdot \frac{2n-3}{2n-2} \cdots \frac{1}{2} \cdot \frac{\pi}{2}$$

$$= \sum_{n=0}^{\infty} (-1)^n \frac{x^{2n}}{(2^n n!)^2} \quad (-\infty < x < +\infty)$$

【例 10-30】（A 类）　设 $x^2 = \sum_{n=1}^{\infty} b_n \sin nx (0 \le x < \pi)$，而 $s(x) = \sum_{n=1}^{\infty} b_n \sin nx (-\infty < x < +\infty)$，求 b_2 及 $s\left(\frac{\pi}{2}\right), s(0), s\left(-\frac{\pi}{2}\right), s\left(\frac{11}{4}\pi\right)$.

分析：傅里叶系数及傅里叶级数的和函数问题.

解　由题设知，$\sum_{n=1}^{\infty} b_n \sin nx$ 为 $f(x) = x^2$ 在 $[0, \pi)$ 上的傅里叶正弦级数，所以

$$b_2 = \frac{2}{\pi} \int_0^{\pi} x^2 \sin 2x\,dx = \frac{-1}{\pi} \int_0^{\pi} x^2\,d\cos 2x$$

$$= -\frac{1}{\pi} x^2 \cos 2x \Big|_0^{\pi} + \frac{2}{\pi} \int_0^{\pi} x\cos 2x\,dx$$

$$= -\pi + \frac{1}{\pi} \int_0^{\pi} x\,d\sin 2x = -\pi + \frac{1}{\pi} x\sin 2x \Big|_0^{\pi} - \frac{1}{\pi} \int_0^{\pi} \sin 2x\,dx$$

$$= -\pi + \frac{1}{2\pi} \cos 2x \Big|_0^{\pi} = -\pi$$

又 $s(x)$ 是 $\sum_{n=1}^{\infty} b_n \sin nx$ 的和函数，则 $s(x)$ 是以 2π 为周期的奇函数，由狄里克雷收敛定理有

$$s\left(\frac{\pi}{2}\right) = x^2 \Big|_{x=\frac{\pi}{2}} = \frac{\pi^2}{4}$$

$$s\left(-\frac{\pi}{2}\right) = -s\left(\frac{\pi}{2}\right) = -\frac{\pi^2}{4}$$

$$s(0) = 0$$

$$s\left(\frac{11}{4}\pi\right) = s\left(\frac{12\pi - \pi}{4}\right) = s\left(2\pi + \frac{3}{4}\pi\right) = s\left(\frac{3}{4}\pi\right) = x^2 \Big|_{x=\frac{3\pi}{4}} = \frac{9}{16}\pi^2$$

【例 10-31】（B 类）　设

$$f(x)=\begin{cases} x, & 0\leqslant x<\pi \\ x+2\pi, & -\pi\leqslant x<0 \end{cases}$$

以 2π 为周期，$f(x)$ 的傅里叶级数为 $\dfrac{a_0}{2}+\displaystyle\sum_{n=1}^{\infty}(a_n\cos nx+b_n\sin nx)$.

(1) 求系数 a_0，并证明 $a_n=0$（$n=1,2,\cdots$）；

(2) 求傅里叶级数的和函数 $s(x)$ 在 $[-\pi,\pi]$ 上的表达式，并求 $s(-3\pi)$.

分析：求傅里叶系数及傅里叶级数的和函数问题.

解　(1) $a_0=\dfrac{1}{\pi}\displaystyle\int_{-\pi}^{\pi}f(x)\mathrm{d}x=\dfrac{1}{\pi}\left(\int_{-\pi}^{0}(x+2\pi)\mathrm{d}x+\int_{0}^{\pi}x\mathrm{d}x\right)$

$\qquad\qquad =\dfrac{1}{\pi}\displaystyle\int_{-\pi}^{\pi}x\mathrm{d}x+2\int_{-\pi}^{0}\mathrm{d}x=2\pi$

$\qquad a_n=\dfrac{1}{\pi}\displaystyle\int_{-\pi}^{\pi}f(x)\cos nx\mathrm{d}x=\dfrac{1}{\pi}\left(\int_{-\pi}^{0}(x+2\pi)\cos nx\mathrm{d}x+\int_{0}^{\pi}x\cos nx\mathrm{d}x\right)$

$\qquad\qquad =\dfrac{1}{\pi}\displaystyle\int_{-\pi}^{\pi}x\cos nx\mathrm{d}x+2\int_{-\pi}^{0}\cos nx\mathrm{d}x=0+\dfrac{2\sin nx}{n}\Big|_{-\pi}^{0}=0$

(2) 由狄里克雷收敛定理得

$$s(0)=\dfrac{1}{2}\Big[f(0^+)+f(0^-)\Big]=\dfrac{1}{2}(0+2\pi)=\pi$$

$$s(-\pi)=s(\pi)=\dfrac{1}{2}(f(-\pi^+)+f(\pi^-))=\dfrac{1}{2}(\pi+\pi)=\pi$$

所以

$$s(x)=\begin{cases} x, & 0<x\leqslant\pi \\ \pi, & x=0 \\ x+2\pi, & -\pi\leqslant x<0 \end{cases}$$

$$s(-3\pi)=s(-4\pi+\pi)=s(\pi)=\pi$$

【例 10-32】（B 类）　设 $f(x)$ 是以 2π 为周期的偶函数，且 $f\left(\dfrac{\pi}{2}+x\right)=-f\left(\dfrac{\pi}{2}-x\right)$，

证明：$f(x)$ 的余弦级数展开式中 $a_{2n}=0$（$n=0,1,2,\cdots$）.

分析：利用定积分的变量代换证明.

证　因为

$$a_{2n} = \frac{2}{\pi} \int_0^\pi f(x) \cos 2nx \mathrm{d}x \quad (n=0,\ 1,\ 2,\ \cdots)$$

$$= \frac{2}{\pi} \int_0^{\frac{\pi}{2}} f(x) \cos 2nx \mathrm{d}x + \frac{2}{\pi} \int_{\frac{\pi}{2}}^\pi f(x) \cos 2nx \mathrm{d}x$$

令 $x = \frac{\pi}{2} - t$，则

$$\int_0^{\frac{\pi}{2}} f(x) \cos 2nx \mathrm{d}x = \int_0^{\frac{\pi}{2}} f\left(\frac{\pi}{2} - t\right) \cos(n\pi - 2nt) \mathrm{d}t$$

$$= \int_0^{\frac{\pi}{2}} f\left(\frac{\pi}{2} - t\right) (-1)^n \cos 2nt \mathrm{d}t$$

令 $x = \frac{\pi}{2} + t$，则

$$\int_{\frac{\pi}{2}}^\pi f(x) \cos 2nx \mathrm{d}x = \int_0^{\frac{\pi}{2}} f\left(\frac{\pi}{2} + t\right) \cos(n\pi + 2nt) \mathrm{d}t$$

$$= \int_0^{\frac{\pi}{2}} f\left(\frac{\pi}{2} + t\right) (-1)^n \cos 2nt \mathrm{d}t$$

由题设 $f\left(\frac{\pi}{2} - t\right) = -f\left(\frac{\pi}{2} + t\right)$，故 $a_{2n} = 0 (n=0,\ 1,\ 2,\ \cdots)$．

【例 10-33】（B类）　将 $f(x) = 2\sin \frac{x}{3} (-\pi \leqslant x \leqslant \pi)$ 展成周期为 2π 的傅里叶级数．

分析： 由于 $f(x)$ 为奇函数，其展开式为正弦级数．

解　因为 $f(x)$ 在 $[-\pi, \pi]$ 上为奇函数，所以

$$a_n = 0 (n=0,\ 1,\ 2,\ \cdots)$$

$$b_n = \frac{2}{\pi} \int_0^\pi f(x) \sin nx \mathrm{d}x = \frac{2}{\pi} \int_0^\pi 2\sin \frac{x}{3} \sin nx \mathrm{d}x$$

$$= \frac{2}{\pi} \int_0^\pi \left(\cos\left(\frac{1}{3} - n\right)x - \cos\left(\frac{1}{3} + n\right)x \right) \mathrm{d}x$$

$$= \frac{2}{\pi} \left(\frac{\sin\left(n - \frac{1}{3}\right)x}{n - \frac{1}{3}} - \frac{\sin\left(n + \frac{1}{3}\right)x}{n + \frac{1}{3}} \right) \Bigg|_0^\pi$$

$$= \frac{-6}{\pi} \left(\frac{\frac{\sqrt{3}}{2} \cos n\pi}{3n - 1} + \frac{\frac{\sqrt{3}}{2} \cos n\pi}{3n + 1} \right) = (-1)^{n+1} \frac{18\sqrt{3}}{\pi} \frac{n}{9n^2 - 1} \quad (n=1,\ 2,\ \cdots)$$

故

$$f(x)=2\sin\frac{x}{3}=\frac{18\sqrt{3}}{\pi}\sum_{n=1}^{\infty}(-1)^{n+1}\frac{n}{9n^2-1}\sin nx \quad (-\pi<x<\pi)$$

当 $x=\pm\pi$ 时，该级数收敛于 0.

【例 10-34】（B 类）　将 $f(x)=\sin^4 x$ 在 $[-\pi,\pi]$ 上展成傅里叶级数.

分析：由于 $f(x)$ 为偶函数，其展开式为余弦级数.

解　因为 $f(x)$ 是 $[-\pi,\pi]$ 上的偶函数，所以

$$b_n=0 \quad (n=1,2,\cdots)$$

$$a_0=\frac{2}{\pi}\int_0^{\pi}\sin^4 x\,dx=\frac{2}{\pi}\int_0^{\pi}\frac{3-4\cos 2x+\cos 4x}{8}\,dx=\frac{3}{4}$$

$$a_n=\frac{1}{\pi}\int_{-\pi}^{\pi}\sin^4 x\cos nx\,dx=\frac{1}{8\pi}\int_{-\pi}^{\pi}(3-4\cos 2x+\cos 4x)\cos nx\,dx$$

由于三角函数系的正交性，仅当 $n=2$ 或 $n=4$ 时，$a_n\neq 0$，而

$$a_2=-\frac{1}{2\pi}\int_{-\pi}^{\pi}\cos^2 2x\,dx=-\frac{1}{2}$$

$$a_4=\frac{1}{8\pi}\int_{-\pi}^{\pi}\cos^2 4x\,dx=\frac{1}{8}$$

故 $f(x)$ 展成傅里叶级数为

$$f(x)=\sin^4 x=\frac{3}{8}-\frac{1}{2}\cos 2x+\frac{1}{8}\cos 4x,\ x\in[-\pi,\pi]$$

注：$\sin^4 x$ 的傅里叶级数形式恰好是它的降幂形式.

【例 10-35】（B 类）　将 $f(x)=x(0\leqslant x\leqslant 2\pi)$ 展成以 2π 为周期的傅里叶级数.

分析：利用定积分的性质：设 $f(x)$ 以 T 为周期，$f(x)$ 可积，则对任意 a，都有 $\int_a^{a+T}f(x)\,dx=\int_0^T f(x)\,dx$.

解　将 $f(x)$ 延拓为以 2π 为周期的函数 $F(x)$，使当 $x\in(0,2\pi)$ 时，$F(x)=f(x)$，则

$$a_0=\frac{1}{\pi}\int_{-\pi}^{\pi}F(x)\,dx=\frac{1}{\pi}\int_0^{2\pi}F(x)\,dx=\frac{1}{x}\int_0^{2\pi}x\,dx=2\pi,$$

$$a_n=\frac{1}{\pi}\int_{-\pi}^{\pi}F(x)\cos nx\,dx=\frac{1}{\pi}\int_0^{2\pi}F(x)\cos nx\,dx=\frac{1}{\pi}\int_0^{2\pi}x\cos nx\,dx$$

$$=\frac{1}{n\pi}\left(x\sin nx+\frac{\cos nx}{n}\right)\Big|_0^{2\pi}=0 \quad (n=1,2,\cdots)$$

$$b_n = \frac{1}{\pi} \int_{-\pi}^{\pi} F(x) \sin nx \mathrm{d}x = \frac{1}{\pi} \int_0^{2\pi} F(x) \cos nx \mathrm{d}x = \frac{1}{\pi} \int_0^{2\pi} x \sin nx \mathrm{d}x$$

$$= -\frac{1}{n\pi} \left(x\cos nx - \frac{\sin nx}{n} \right) \Big|_0^{2\pi} = -\frac{2}{n} \quad (n=1,\ 2,\ \cdots)$$

则

$$f(x) = x = \pi - 2 \sum_{n=1}^{\infty} \frac{\sin nx}{n} \quad (0 < x < 2\pi)$$

当 $x=0$ 或 2π 时，傅里叶级数收敛于 $\frac{1}{2} \Big[f(0^+) + f(2\pi^-) \Big] = \pi$.

【例 10-36】（B 类） 将 $f(x) = \mathrm{e}^x (0 \leqslant x \leqslant \pi)$ 分别展成正弦级数和余弦级数.

分析：将函数进行奇偶延拓，再展开.

解 （1）作奇延拓，展成正弦级数，令

$$F(x) = \begin{cases} \mathrm{e}^x, & 0 \leqslant x \leqslant \pi \\ -\mathrm{e}^{-x}, & -\pi < x < 0 \end{cases}$$

则 $F(x)$ 除 $x=0$ 外为 $[-\pi, \pi]$ 上的奇函数，所以 $a_n = 0 \quad (n=0,\ 1,\ 2,\ \cdots)$，且

$$b_n = \frac{2}{\pi} \int_0^{\pi} F(x) \sin nx \mathrm{d}x = \frac{2}{\pi} \int_0^{\pi} \mathrm{e}^x \sin nx \mathrm{d}x$$

$$= \frac{2}{\pi} \left(\mathrm{e}^x \sin nx \Big|_0^{\pi} - n \int_0^{\pi} \mathrm{e}^x \cos nx \mathrm{d}x \right)$$

$$= -\frac{2n}{\pi} \left(\mathrm{e}^x \cos nx \Big|_0^{\pi} + n \int_0^{\pi} \mathrm{e}^x \sin nx \mathrm{d}x \right)$$

$$= -\frac{2n}{\pi} \left(\mathrm{e}^{\pi}(-1)^n - 1 \right) - n^2 b_n$$

所以

$$b_n = \frac{2n(\mathrm{e}^{\pi}(-1)^{n+1} + 1)}{\pi(n^2 + 1)} \quad (n=1,\ 2,\ \cdots)$$

则

$$f(x) = \mathrm{e}^x = \frac{2}{\pi} \sum_{n=1}^{\infty} \frac{n(\mathrm{e}^{\pi}(-1)^{n+1} + 1)}{n^2 + 1} \sin nx, \quad 0 < x < \pi$$

当 $x=0$ 或 π 时，正弦级数收敛于 0.

（2）作偶延拓，展成余弦级数，令

$$F(x) = \begin{cases} \mathrm{e}^x, & 0 \leqslant x \leqslant \pi \\ \mathrm{e}^{-x}, & -\pi < x < 0 \end{cases}$$

则 $F(x)$ 为 $[-\pi, \pi]$ 上的偶函数，所以 $b_n=0$ $(n=1, 2, \cdots)$，且

$$a_0=\frac{2}{\pi}\int_0^\pi e^x dx=\frac{2(e^\pi-1)}{\pi}$$

$$a_n=\frac{2}{\pi}\int_0^\pi e^x\cos nx dx=\frac{2}{\pi}\left(e^x\cos nx\Big|_0^\pi+n\int_0^\pi e^x\sin nx dx\right)$$

$$=\frac{2}{\pi}(e^\pi(-1)^n-1)+\frac{2n}{\pi}\left(e^x\sin nx\Big|_0^\pi-n\int_0^\pi e^x\cos nx dx\right)$$

$$=\frac{2}{\pi}(e^\pi(-1)^n-1)-n^2 a_n$$

所以

$$a_n=\frac{2(e^\pi(-1)^n-1)}{\pi(n^2+1)}\quad(n=1, 2, \cdots)$$

则

$$f(x)=e^x=\frac{e^\pi-1}{\pi}+\frac{2}{\pi}\sum_{n=1}^\infty\frac{e^\pi(-1)^n-1}{n^2+1}\cos nx,\ 0\leqslant x\leqslant\pi$$

【例 10-37】（B类）　将 $f(x)=10-x(5<x\leqslant15)$ 展为周期为 10 的傅里叶级数.

分析：将 $f(x)$ 延拓为周期为 10 的函数 $F(x)$ 后，求傅里叶系数时，在 $[-5, 5]$ 上的积分与在 $[5, 15]$ 上的积分相等（见例 10-34 的分析）.

解　因为周期为 10，所以 $2l=10$，即 $l=5$，则

$$a_0=\frac{1}{5}\int_{-5}^5 F(x)dx=\frac{1}{5}\int_5^{15}(10-x)dx=0$$

$$a_n=\frac{1}{5}\int_{-5}^5 F(x)\cos\frac{n\pi x}{5}dx=\frac{1}{5}\int_5^{15}(10-x)\cos\frac{n\pi x}{5}dx$$

$$=\frac{1}{n\pi}\left((10-x)\sin\frac{n\pi x}{5}\Big|_5^{15}+\int_5^{15}\sin\frac{n\pi x}{5}dx\right)$$

$$=\frac{1}{n\pi}\cdot\frac{5}{n\pi}\left[-\cos\frac{n\pi x}{5}\right]\Big|_5^{15}=0,\ (n=1, 2, \cdots)$$

$$b_n=\frac{1}{5}\int_{-5}^5 F(x)\sin\frac{n\pi x}{5}dx=\frac{1}{5}\int_5^{15}(10-x)\sin\frac{n\pi x}{5}dx$$

$$=-\frac{1}{n\pi}\left((10-x)\cos\frac{n\pi x}{5}\Big|_5^{15}+\int_5^{15}\cos\frac{n\pi x}{5}dx\right)$$

$$=\frac{10(-1)^n}{n\pi}-\frac{5}{n^2\pi^2}\sin\frac{n\pi x}{5}\Big|_5^{15}=\frac{10(-1)^n}{n\pi}\quad(n=1, 2, \cdots)$$

所以

$$f(x) = \frac{10}{\pi} \sum_{n=1}^{\infty} \frac{(-1)^n}{n} \sin \frac{n\pi x}{5} \quad (5 < x < 15)$$

$x=5$ 或 $x=15$ 时，级数收敛于 $\frac{1}{2}\left[f(5^+)+f(15^-)\right] = \frac{1}{2}(5-5) = 0$.

注: 实际上将 $f(x)$ 延拓为周期为 10 的函数 $F(x)$ 后，$F(x)$ 为奇函数，于是 $a_n=0(n=0, 1, 2, \cdots)$，便可不用计算 a_n.

【例 10-38】 (B类)　将 $f(x)=x-1(0 \leqslant x \leqslant 2)$ 展成周期为 4 的余弦级数，并且求 $\sum\limits_{n=1}^{\infty} \frac{1}{(2n-1)^2}$ 及 $\sum\limits_{n=1}^{\infty} \frac{1}{n^2}$.

分析: 要求余弦级数，就必须作偶延拓，在展开成傅里叶级数后，代入特殊的 x 值，便可求得所需数项级数的和.

解　将 $f(x)$ 作偶延拓，则 $b_n=0(n=1, 2, \cdots)$，且

$$a_0 = \frac{2}{2} \int_0^2 (x-1)\mathrm{d}x = 0,$$

$$a_n = \frac{2}{2} \int_0^2 (x-1)\cos \frac{n\pi x}{2}\mathrm{d}x = \frac{2}{n\pi}\left((x-1)\sin \frac{n\pi x}{2}\Big|_0^2 - \int_0^2 \sin \frac{n\pi x}{2}\mathrm{d}x\right)$$

$$= -\frac{2}{n\pi} \int_0^2 \sin \frac{n\pi x}{2}\mathrm{d}x = \frac{4}{n^2\pi^2}\cos \frac{n\pi x}{2}\Big|_0^2 = \frac{4}{n^2\pi^2}((-1)^n-1)$$

$$= \begin{cases} -\dfrac{8}{n^2\pi^2}, & n \text{ 为奇数} \\[2mm] 0, & n \text{ 为偶数} \end{cases}$$

所以

$$f(x) = x-1 = \frac{-8}{\pi^2} \sum_{n=1}^{\infty} \frac{1}{(2n-1)^2}\cos \frac{(2n-1)\pi x}{2} \quad (0 \leqslant x \leqslant 2)$$

上式代入 $x=0$，则有

$$\sum_{n=1}^{\infty} \frac{1}{(2n-1)^2} = \frac{\pi^2}{8}$$

又令 $\sum\limits_{n=1}^{\infty} \frac{1}{n^2} = s$，利用上式有

$$s = \sum_{n=1}^{\infty} \frac{1}{n^2} = \sum_{n=1}^{\infty} \frac{1}{(2n-1)^2} + \sum_{n=1}^{\infty} \frac{1}{(2n)^2}$$

$$= \sum_{n=1}^{\infty} \frac{1}{(2n-1)^2} + \frac{1}{4} \sum_{n=1}^{\infty} \frac{1}{n^2} = \frac{\pi^2}{8} + \frac{1}{4}s$$

故

$$s=\sum_{n=1}^{\infty}\frac{1}{n^2}=\frac{\pi^2}{6}$$

【例 10-39】(B 类)　证明

$$\sum_{n=1}^{\infty}\frac{1}{(2n-1)(2n+1)}\cos 2nx=\frac{1}{2}-\frac{\pi}{4}\sin x\quad(0<x<\pi)$$

分析：等式的左边为一个余弦级数，右边为一个函数，这样的等式证明，只要将右边的函数在 $(0,\pi)$ 上展成余弦级数，验证其是否为左边即可.

证　令 $f(x)=\frac{1}{2}-\frac{\pi}{4}\sin x$，要将 $f(x)$ 展成余弦级数，为此将 $f(x)$ 偶延拓到 $(-\pi,0)$ 上，则 $b_n=0$，且

$$a_0=\frac{2}{\pi}\int_0^{\pi}f(x)\mathrm{d}x=\frac{2}{\pi}\int_0^{\pi}\left(\frac{1}{2}-\frac{\pi}{4}\sin x\right)\mathrm{d}x$$

$$=\frac{2}{\pi}\left(\frac{1}{2}x+\frac{\pi}{4}\cos x\right)\Big|_0^{\pi}=0$$

$$a_n=\frac{2}{\pi}\int_0^{\pi}f(x)\cos nx\mathrm{d}x=\frac{2}{\pi}\int_0^{\pi}\left(\frac{1}{2}-\frac{\pi}{4}\sin x\right)\cos nx\mathrm{d}x$$

$$=\frac{2}{\pi}\left[\frac{1}{2n}\sin nx\Big|_0^{\pi}-\frac{\pi}{4}\cdot\frac{1}{2}\int_0^{\pi}(\sin(n+1)x-\sin(n-1)x)\mathrm{d}x\right]$$

$$=-\frac{1}{4}\left(-\frac{\cos(n+1)x}{n+1}+\frac{\cos(n-1)x}{n-1}\right)\Big|_0^{\pi}$$

$$=-\frac{1}{4}\left[\frac{1-(-1)^{n+1}}{n+1}+\frac{(-1)^{n-1}-1}{n-1}\right]$$

$$=\begin{cases}0,&n\text{ 为奇数}\\\dfrac{1}{(n+1)(n-1)},&n\text{ 为偶数}\end{cases}$$

故

$$f(x)=\frac{1}{2}-\frac{\pi}{4}\sin x=\sum_{n=1}^{\infty}\frac{1}{(2n+1)(2n-1)}\cos 2nx\quad(0<x<\pi)$$

练习题 10-10　设定义在 $[0, 3]$ 上的函数

$$f(x) = \begin{cases} 2 + \dfrac{x-1}{|x-1|}, & 0 \leqslant x \leqslant 3 \text{ 且 } x \neq 1 \\ 0, & x = 1 \end{cases}$$

$f(x)$ 展开为正弦级数后，其和函数为 $s(x)$，求 $s(x)$ 在一个周期内的表达式.

$$\text{答案：} s(x) = \begin{cases} 3, & 1 < x < 3 \\ 2, & x = 1 \\ 1, & 0 < x < 1 \\ 0, & x = 0,\ 3,\ -3 \\ -1, & -1 < x < 0 \\ -2, & x = -1 \\ -3, & -3 < x < -1 \end{cases}$$

10.3　本章测验

1. （10 分）选择题

(1) 设 $u_n = (-1)^n \ln\left(1 + \dfrac{1}{\sqrt{n}}\right)$，则级数（　　　）

A. $\displaystyle\sum_{n=1}^{\infty} u_n$ 与 $\displaystyle\sum_{n=1}^{\infty} u_n^2$ 都收敛　　　　　　B. $\displaystyle\sum_{n=1}^{\infty} u_n$ 与 $\displaystyle\sum_{n=1}^{\infty} u_n^2$ 都发散

C. $\displaystyle\sum_{n=1}^{\infty} u_n$ 收敛而 $\displaystyle\sum_{n=1}^{\infty} u_n^2$ 发散　　　　D. $\displaystyle\sum_{n=1}^{\infty} u_n$ 发散而 $\displaystyle\sum_{n=1}^{\infty} u_n^2$ 收敛

(2) a_n 与 b_n 符合下列（　　　）条件，可由 $\displaystyle\sum_{n=1}^{\infty} a_n$ 发散推出 $\displaystyle\sum_{n=1}^{\infty} b_n$ 发散.

A. $a_n \leqslant b_n$　　　　　　　　　　　　B. $a_n \leqslant |b_n|$

C. $|a_n| \leqslant |b_n|$　　　　　　　　　　D. $|a_n| \leqslant b_n$

2. （10 分）判断下列级数的敛散性.

(1) $\displaystyle\sum_{n=1}^{\infty} \dfrac{1! + 2! + \cdots + n!}{(2n)!}$ 　　　　　(2) $\displaystyle\sum_{n=1}^{\infty} \dfrac{q^n n!}{n^n}$　$(q > 0)$

3. （15 分）判断下列级数是绝对收敛、条件收敛还是发散?

(1) $\displaystyle\sum_{n=1}^{\infty} (-1)^n \dfrac{\ln(1+n)}{1+n}$ 　　　　　(2) $\displaystyle\sum_{n=1}^{\infty} \dfrac{\sin(na)^2 - n\sin a}{n^2}$

(3) $\dfrac{1}{\sqrt{2}-1} - \dfrac{1}{\sqrt{2}+1} + \dfrac{1}{\sqrt{3}-1} - \dfrac{1}{\sqrt{3}+1} + \cdots$

4. (12 分) 设 $\sum\limits_{n=1}^{\infty} a_n$ 为条件收敛，且 $u_n=\sum\limits_{i=1}^{n}\dfrac{|a_i|+a_i}{2}$，$v_n=\sum\limits_{i=1}^{n}\dfrac{|a_i|-a_i}{2}$，求 $\lim\limits_{n\to\infty}\dfrac{u_n}{v_n}$.

5. (12 分) 求级数 $\sum\limits_{n=1}^{\infty}\dfrac{1}{x^n}\sin\dfrac{\pi}{2^n}$ 的收敛域.

6. (12 分) 设 $I_n=\int_0^{\frac{\pi}{4}}\sin^n x\cos x\mathrm{d}x$，$(n=0,1,2,\cdots)$，求 $\sum\limits_{n=0}^{\infty}I_n$.

7. (14 分) 设

$$f(x)=\begin{cases}\dfrac{\mathrm{d}}{\mathrm{d}x}\left(\dfrac{\cos x-1}{x}\right),&x\neq0\\-\dfrac{1}{2},&x=0\end{cases}$$

将 $f(x)$ 展成 x 的幂级数，并求 $\sum\limits_{k=1}^{\infty}\dfrac{2k-1}{(2k)!}(-1)^k$.

8. (15 分) 证明：$\sum\limits_{n=1}^{\infty}\dfrac{\cos nx}{n^2}=\dfrac{1}{12}(3x^2-6\pi x+2\pi^2)$　$(0\leqslant x\leqslant\pi)$.

10.4　本章测验参考答案

1. (1) C

(2) D. 提示：若 $0\leqslant|a_n|\leqslant b_n$，则 $\sum\limits_{n=1}^{\infty}a_n$ 发散 $\Rightarrow\sum\limits_{n=1}^{\infty}|a_n|$ 发散 $\Rightarrow\sum\limits_{n=1}^{\infty}b_n$ 发散.

2. (1) 收敛. 提示：$u_n\leqslant\dfrac{n(n!)}{(2n)!}=\dfrac{1}{2(n+1)(n+2)\cdots(2n-1)}\leqslant\dfrac{1}{2(n+1)(n+2)}$

(2) $0<q<\mathrm{e}$ 时收敛，$q\geqslant\mathrm{e}$ 时发散. 提示：比值判别法.

3. (1) 条件收敛；(2) $a=k\pi$ 时绝对收敛，$a\neq k\pi$ 时发散；(3) 发散，提示：是交错级数，但不满足莱布尼兹定理的条件，考虑

$$s_{2n}=\left(\dfrac{1}{\sqrt{2}-1}-\dfrac{1}{\sqrt{2}+1}\right)+\cdots+\left(\dfrac{1}{\sqrt{n+1}-1}-\dfrac{1}{\sqrt{n+1}+1}\right)=2\left(1+\dfrac{1}{2}+\cdots+\dfrac{1}{n}\right)\to\infty(n\to\infty).$$

4. 1. 提示：$\lim\limits_{n\to\infty}\dfrac{u_n}{v_n}=\lim\limits_{n\to\infty}\dfrac{\left(1+\dfrac{\sum\limits_{i=1}^{n}a_i}{\sum\limits_{i=1}^{n}|a_i|}\right)}{\left(1-\dfrac{\sum\limits_{i=1}^{n}a_i}{\sum\limits_{i=1}^{n}|a_i|}\right)}=1$

（因为 $\sum\limits_{n=1}^{\infty}a_n$ 条件收敛，所以 $\sum\limits_{n=1}^{\infty}|a_n|=+\infty$，$\sum\limits_{n=1}^{\infty}a_n=s$.）

5. $|x| > \dfrac{1}{2}$

6. $\ln(2+\sqrt{2})$. 提示：$\displaystyle\sum_{n=0}^{\infty} I_n = \sum_{n=0}^{\infty} \dfrac{1}{n+1}\left(\dfrac{\sqrt{2}}{2}\right)^{n+1}$，令 $s(x) = \displaystyle\sum_{n=0}^{\infty} \dfrac{1}{n+1} x^{n+1}$，求出和函数 $s(x)$

后，代入 $x = \dfrac{\sqrt{2}}{2}$ 即可得.

7. $f(x) = \displaystyle\sum_{n=1}^{\infty} \dfrac{(-1)^n(2n-1)}{(2n)!} x^{2(n-1)}$，$-\infty < x < +\infty$.

$\displaystyle\sum_{n=1}^{\infty} \dfrac{(-1)^n(2n-1)}{(2n)!} = f(1) = \dfrac{\mathrm{d}}{\mathrm{d}x}\left(\dfrac{\cos x - 1}{x}\right)\Big|_{x=1} = 1 - \sin 1 - \cos 1$.

8. 提示：将 $f(x) = 3x^2 - 6\pi x$ 在 $[0, \pi]$ 上展成余弦级数即可.

10.5 本章练习

10-1 判定下列级数的敛散性.

(1) $\displaystyle\sum_{n=1}^{\infty} \dfrac{3n^n}{(1+n)^n}$ 　　　　　(2) $\displaystyle\sum_{n=1}^{\infty} 2^{-n-(-1)^n}$

(3) $\displaystyle\sum_{n=1}^{\infty} \dfrac{n^{n-1}}{(n+1)^{n+1}}$ 　　　　(4) $\displaystyle\sum_{n=1}^{\infty} \dfrac{1}{2^{2n-1}(3n-1)}$

(5) $\displaystyle\sum_{n=1}^{\infty} \dfrac{(n!)^2}{2^{n^2}}$ 　　　　　　(6) $\displaystyle\sum_{n=1}^{\infty} \sqrt{n}\,\tan\dfrac{\pi}{2^{n+1}}$

(7) $\displaystyle\sum_{n=1}^{\infty} \dfrac{2+(-1)^n}{\sqrt{n(n+1)}}$ 　　　(8) $\displaystyle\sum_{n=1}^{\infty} \dfrac{1}{\sqrt{n}}\ln\left(\dfrac{n+1}{n}\right)$

10-2 判定下列级数是绝对收敛、条件收敛，还是发散？

(1) $\displaystyle\sum_{n=1}^{\infty} (-1)^{n-1}\left(1-\cos\dfrac{1}{\sqrt{n}}\right)$ 　　(2) $(-1)^n(\sqrt[n]{n}-1)$

(3) $\displaystyle\sum_{n=2}^{\infty} \sin\left(n\pi+\dfrac{1}{\ln n}\right)$ 　　　(4) $\displaystyle\sum_{n=1}^{\infty} (-1)^n \dfrac{n^{n+1}}{(n+1)!}$

10-3 设两个正项级数 $\displaystyle\sum_{n=1}^{\infty} a_n$，$\displaystyle\sum_{n=1}^{\infty} b_n$ 发散，讨论下列级数的敛散性.

(1) $\displaystyle\sum_{n=1}^{\infty} \min\{a_n, b_n\}$ 　　　　　(2) $\displaystyle\sum_{n=1}^{\infty} \max\{a_n, b_n\}$

10-4 设级数 $\displaystyle\sum_{n=1}^{\infty} a_n$ 的前几项和为

$$s_n = \dfrac{1}{n+1} + \dfrac{1}{n+2} + \cdots + \dfrac{1}{n+n}$$

求级数的一般项 a_n 及级数的和 s.

10-5　判别下列级数的敛散性.

$$(1)\ \sum_{n=1}^{\infty}\int_{n}^{n+1}\frac{e^{-x}}{x}dx \qquad\qquad (2)\ \sum_{n=1}^{\infty}\int_{0}^{\frac{1}{n}}\frac{\sqrt{x}}{1+\sin^2 x}dx$$

10-6　讨论下列级数是绝对收敛、条件收敛，还是发散？

$$(1)\ \sum_{n=1}^{\infty}\frac{a^n}{1+a^{2n}}\ (a>0) \qquad\qquad (2)\ \sum_{n=1}^{\infty}\frac{a^n}{(1+a)(1+a^2)\cdots(1+a^n)}\quad (a\geqslant 0)$$

10-7　设正项级数 $\sum\limits_{n=1}^{\infty}a_n$ 与 $\sum\limits_{n=1}^{\infty}b_n$ 收敛，证明级数 $\sum\limits_{n=1}^{\infty}\sqrt{a_n b_n}$ 与 $\sum\limits_{n=1}^{\infty}\frac{\sqrt{a_n}}{n^{\frac{2}{3}}}$ 都收敛.

10-8　证明：(1) 设 $a_n>0$，且 $\{na_n\}$ 有界，则 $\sum\limits_{n=1}^{\infty}a_n^2$ 收敛；(2) 设 $\lim\limits_{n\to\infty}n^2 a_n=c(c>0)$，则 $\sum\limits_{n=1}^{\infty}a_n$ 收敛.

10-9　设 $a_n=\int_{0}^{\frac{\pi}{4}}\tan^n x\,dx$，(1) 求 $\sum\limits_{n=1}^{\infty}\frac{1}{n}(a_n+a_{n+2})$ 的值；(2) 证明：对任意 $\lambda>0$，级数

$\sum\limits_{n=1}^{\infty}\frac{a_n}{n^{\lambda}}$ 收敛.

10-10　设 x_n 是方程 $x=\tan x$ 的正根（按递增顺序排列），证明级数 $\sum\limits_{n=1}^{\infty}\frac{1}{x_n^2}$ 收敛.

10-11　设级数 $\sum\limits_{n=1}^{\infty}a_n$ 收敛，则下列级数中必定收敛的是（　　　）

A. $\sum\limits_{n=1}^{\infty}a_n^2$ 　　　　　　　　B. $\sum\limits_{n=1}^{\infty}\frac{a_n^2}{n}$

C. $\sum\limits_{n=1}^{\infty}(-1)^n a_n$ 　　　　　D. $\sum\limits_{n=1}^{\infty}(a_n-a_{n-1})$

10-12　若级数 $\sum\limits_{n=1}^{\infty}u_n$ 与 $\sum\limits_{n=1}^{\infty}v_n$ 均发散，则下列级数必定发散的是（　　　）

A. (u_n+v_n) 　　　　　　　B. $u_n v_n$

C. $(|u_n|+|v_n|)$ 　　　　　D. $(u_n^2+v_n^2)$

10-13　若 $\sum\limits_{n=1}^{\infty}u_n$ 条件收敛，$\sum\limits_{n=1}^{\infty}v_n$ 绝对收敛，则 $\sum\limits_{n=1}^{\infty}(u_n+v_n)$（　　　）

A. 发散 　　　　　　　　　B. 绝对收敛

C. 条件收敛 　　　　　　　D. 前三种情况都有可能

10-14　求下列函数项级数的收敛域.

$$(1)\ \sum_{n=1}^{\infty}\frac{(-1)^n}{2n-1}\left(\frac{1-x}{1+x}\right)^n \qquad\qquad (2)\ \sum_{n=1}^{\infty}\frac{n+2}{2^n}e^{-nx}$$

10-15　若幂级数 $\sum\limits_{n=0}^{\infty}a_n(x-2)^n$ 在 $x=-1$ 处收敛，问此级数在 $x=4$ 处是否收敛？若收敛，

是绝对收敛还是条件收敛?

10-16 求下列幂级数的收敛域.

(1) $\sum_{n=1}^{\infty} (\sqrt{n+1}-\sqrt{n})x^n$ (2) $\sum_{n=1}^{\infty} \frac{e^n(x+1)^n}{n!}$

(3) $\sum_{n=1}^{\infty} (-1)^n \frac{2^{2n}x^{2n}}{2n}$ (4) $\sum_{n=1}^{\infty} \frac{2n-1}{2^n}(x-1)^{2n-1}$

10-17 若幂级数 $\sum_{n=1}^{\infty} a_n x^n$ 的收敛域为 $(-27, 27)$,求 $\sum_{n=1}^{\infty} a_n x^{3n+1}$ 的收敛域.

10-18 求下列幂级数的和函数.

(1) $\sum_{n=0}^{\infty} 2^n x^{2n+1}$ (2) $\sum_{n=1}^{\infty} \frac{n^2+1}{n}(2x-1)^{n-1}$

10-19 求下列数项级数的和.

(1) $\sum_{n=1}^{\infty} \frac{n^2 2^{n-2}}{3^n}$ (2) $\sum_{n=1}^{\infty} \frac{(-1)^n(n^2-n+1)}{2^n}$

10-20 将下列函数展成 x 的幂级数.

(1) $\ln(x^2-5x+6)$ (2) $\cos^2 2x$

(3) $\dfrac{x}{(1-x)(1+x)}$ (4) $\dfrac{x}{\sqrt{1-x}}$

10-21 将下列函数在指定点展成幂级数.

(1) $\sin \dfrac{\pi}{2}x$, $x=1$ (2) $\dfrac{1}{x(x-1)}$, $x=3$

10-22 求证 $\sum_{n=1}^{\infty} \frac{n^2 x^n}{n!}=(x+x^2)e^x$,并求 $\sum_{n=1}^{\infty} \frac{(n+1)(n-1)}{n!}$ 的和.

10-23 设 $f(x)=\arctan \dfrac{1+x^2}{1-x^2}$,求 $f^{(n)}(0)$.

10-24 设

$$f(x)=\begin{cases} 1-\dfrac{x}{2}, & 0\leqslant x\leqslant 2 \\ 0, & 2<x<4 \end{cases}$$

的傅里叶级数为

(1) $s(x)=\dfrac{a_0}{2}+\sum_{n=1}^{\infty} a_n\cos \dfrac{n\pi x}{4}$,其中 $a_n=\dfrac{1}{2}\int_0^4 f(x)\cos \dfrac{n\pi x}{4}\mathrm{d}x(n=0, 1, 2, \cdots)$,求 $s(-5)$ 及 $s(-9)$ 的值;

(2) $s(x)=\sum_{n=1}^{\infty} b_n\sin \dfrac{n\pi x}{4}$,其中 $b_n=\dfrac{1}{2}\int_0^4 f(x)\sin \dfrac{n\pi x}{4}\mathrm{d}x(n=1, 2, \cdots)$,求 $s(-5)$ 及 $s(-9)$ 的值.

10-25 $f(x)=e^x$ 在 $(-\pi, \pi)$ 上以 2π 为周期的傅里叶级数的和函数为 $s(x)$,求 $s(-2)$,

$s(0)$，$s\left(\dfrac{3\pi}{2}\right)$ 及 $s\left(-\dfrac{4\pi}{3}\right)$ 的值.

10-26　$f(x)=\mathrm{e}^{-x}$ 在 $[0，2\pi]$ 上的傅里叶级数展开式为

$$s(x)=\frac{1-\mathrm{e}^{-2\pi}}{2\pi}+\frac{1}{\pi}\sum_{n=1}^{\infty}\frac{1-\mathrm{e}^{-2\pi}}{1+n^2}(\cos nx-n\sin nx)$$

求数项级数 $\displaystyle\sum_{n=1}^{\infty}\frac{1}{1+n^2}$ 的和.

10-27　设

$$f(x)=\begin{cases}x, & -\pi\leqslant x<0 \\ 1, & x=0 \\ 2x, & 0<x\leqslant\pi\end{cases}$$

讨论 $f(x)$ 以 2π 为周期的傅里叶级数及其收敛情况.

10-28　将 $f(x)=\dfrac{\pi-x}{2}$ 在区间 $(0，2\pi)$ 内展为傅里叶级数，并求 $\displaystyle\sum_{n=0}^{\infty}\frac{(-1)^n}{2n+1}$ 的和.

10-29　将 $f(x)=x(0<x<2)$ 分别展成正弦级数和余弦级数.

10-30　若 $f(x)$ 在 $[-\pi，\pi]$ 上满足 $f(x+\pi)=-f(x)$，证明 $f(x)$ 的傅里叶系数中 $a_0=a_{2n}=b_{2n}=0$.

10.6　本章练习参考答案

10-1　(1) $u_n\nrightarrow 0$，发散　　　　(2) 根值法，收敛

　　　(3) 比较法，收敛　　　　(4) 根值法，收敛

　　　(5) 比值法，收敛　　　　(6) 比值法，收敛

　　　(7) 比较法，发散　　　　(8) 比较法，收敛

10-2　(1)、(2)、(3) 均为条件收敛，(4) 发散.

10-3　(1) 可能收敛也可能发散. 例如 $a_n=\dfrac{1+(-1)^n}{2}+2^{-n}$，$b_n=\dfrac{1-(-1)^n}{2}+2^{-n}$；又例如 $a_n=2^n$，$b_n=3^n$

　　　(2) 发散.

10-4　$a_n=\dfrac{1}{2n-1}-\dfrac{1}{2n}$，$s=\displaystyle\int_0^1\frac{1}{1+x}\mathrm{d}x=\ln 2$

10-5　(1) $u_n<\displaystyle\int_n^{n+1}\mathrm{e}^{-x}\mathrm{d}x$，收敛　(2) $u_n<\displaystyle\int_0^{\frac{1}{n}}\sqrt{x}\,\mathrm{d}x$，收敛.

10-6　(1) $a>0$，$a\neq 1$ 时收敛，$a=1$ 时发散　(2) 比值法，收敛.

10-9　(1)　$\dfrac{1}{n}(a_n+a_{n+2})=\dfrac{1}{n}\int_0^{\frac{\pi}{4}}\tan^n x(1+\tan^2 x)=\dfrac{1}{n(n+1)}$，$\displaystyle\sum_{n=1}^{\infty}\dfrac{1}{n}(a_n+a_{n+2})=1$

　　　　(2)　$a_n=\displaystyle\int_0^{\frac{\pi}{4}}\tan^n x\,\mathrm{d}x\xlongequal{\tan x=t}\int_0^1\dfrac{t^n}{1+t^2}\mathrm{d}t<\int_0^1 t^n\mathrm{d}t=\dfrac{1}{n+1}$

10-10　提示：因为 $x_n\in\left(\dfrac{\pi}{2}+(n-1)\pi,\ \dfrac{\pi}{2}+n\pi\right)(n=1,\ 2,\ \cdots)$，故 $x_n^2>\left(n-\dfrac{1}{2}\right)^2\pi^2$

10-11　D

10-12　C. 提示：用反证法，若 $\displaystyle\sum_{n=1}^{\infty}(\,|\,u_n\,|+|\,v_n\,|\,)$ 收敛，$|\,u_n\,|\leqslant|\,u_n\,|+|\,v_n\,|$，所以 $\displaystyle\sum_{n=1}^{\infty}|\,u_n\,|$ 收敛，故 $\displaystyle\sum_{n=1}^{\infty}u_n$ 收敛，矛盾.

10-13　C. 提示：$\displaystyle\sum_{n=1}^{\infty}(u_n+v_n)$ 收敛是显然的，用反证法可证明 $\displaystyle\sum_{n=1}^{\infty}(u_n+v_n)$ 不可能绝对收敛.

10-14　(1)$[0,\ +\infty)$　(2) $(-\ln 2,\ +\infty)$

10-15　绝对收敛

10-16　(1) $[-1,\ 1)$　(2) $(-\infty,\ +\infty)$　(3) $\left[-\dfrac{1}{2},\dfrac{1}{2}\right]$

　　　　(4) $(1-\sqrt{2},\ 1+\sqrt{2})$

10-17　$(-3,\ 3)$

10-18　(1) $\dfrac{x}{1-2x^2}$，$|\,x\,|<\dfrac{\sqrt{2}}{2}$

　　　　(2) $0<x<1$ 且 $x\neq\dfrac{1}{2}$ 时，$\dfrac{1}{4(1-x)^2}-\dfrac{\ln(2-2x)}{2x-1}$，$x=\dfrac{1}{2}$ 时为 2

10-19　(1) $\dfrac{15}{2}$　(2) $-\dfrac{5}{27}$

10-20　(1) $\ln 6-\displaystyle\sum_{n=1}^{\infty}\left(\dfrac{1}{2^n}+\dfrac{1}{3^n}\right)\dfrac{x^n}{n}$，$-2<x<2$

　　　　(2) $\dfrac{1}{2}+\displaystyle\sum_{n=0}^{\infty}(-1)^n\dfrac{4^{2n}}{2(2n)!}x^{2n}$，$-\infty<x<+\infty$

　　　　(3) $\displaystyle\sum_{n=0}^{\infty}x^{2n+1}$，$-1<x<1$

　　　　(4) $x+\displaystyle\sum_{n=1}^{\infty}\dfrac{(2n-1)!!}{(2n)!!}x^{n+1}$，$-1\leqslant x\leqslant 1$

10-21　(1) $\displaystyle\sum_{n=0}^{\infty}\dfrac{(-1)^n}{(2n)!}\left(\dfrac{\pi}{2}\right)^{2n}(x-1)^{2n}$，$-\infty<x<+\infty$

　　　　(2) $\displaystyle\sum_{n=0}^{\infty}(-1)^n\left(\dfrac{1}{2^{n+1}}-\dfrac{1}{3^{n+1}}\right)(x-3)^n$，$1<x<5$

10-22　$e+1$

10-23　$f(0)=\dfrac{\pi}{4}$,　$f'(0)=0$,　$f^{(4n+2)}(0)=\dfrac{(-1)^n(4n+2)!}{2n+1}$,　$n=0$，1，2，…，其他 $f^k(0)$ $=0$

10-24　(1) $s(-5)=0$,　$s(-9)=\dfrac{1}{2}$　　(2) $s(-5)=0$,　$s(-9)=-\dfrac{1}{2}$

10-25　$s(0)=1$,　$s(-2)=e^{-2}$,　$s\left(-\dfrac{3\pi}{2}\right)=s\left(-\dfrac{\pi}{2}\right)=e^{-\frac{\pi}{2}}$,　$s\left(-\dfrac{4\pi}{3}\right)=s\left(\dfrac{2\pi}{3}\right)=e^{\frac{2}{3}\pi}$

10-26　$\dfrac{\pi}{2}\left(\dfrac{1+e^{2\pi}}{1-e^{2\pi}}-\dfrac{1}{\pi}\right)$. 提示：设 $f(x)$ 在 $[0，2\pi]$ 上的傅里叶级数的和函数为 $s(x)$，则 $s(0)=\dfrac{1+e^{-2\pi}}{2}$,　$s(2\pi)=\dfrac{1+e^{-2\pi}}{2}$,　$s(0)$，$s(2\pi)$ 代入傅里叶级数中可得.

10-27　$f(x)=\dfrac{\pi}{4}+\displaystyle\sum_{n=1}^{\infty}\left(\dfrac{(-1)^n-1}{n^2\pi}\cos nx+\dfrac{3(-1)^{n+1}}{n}\sin nx\right)$,　$x\in(-\pi，\pi)$，且 $x\neq0$，当 $x=0$ 时，级数收敛到 0，当 $x=\pm\pi$ 时，级数收敛到 $\dfrac{\pi}{2}$.

10-28　$\dfrac{\pi-x}{2}=\displaystyle\sum_{n=1}^{\infty}\dfrac{1}{n}\sin nx$　$(0<x<2\pi)$,　$\displaystyle\sum_{n=0}^{\infty}\dfrac{(-1)^n}{2n+1}=\dfrac{\pi}{4}$

10-29　$\dfrac{4}{\pi}\displaystyle\sum_{n=1}^{\infty}(-1)^{n+1}\dfrac{1}{n}\sin\dfrac{n\pi x}{2}$, $0\leqslant x<2$；$1-\dfrac{8}{\pi^2}\displaystyle\sum_{n=1}^{\infty}\dfrac{1}{(2n-1)^2}\cos\dfrac{2n-1}{2}\pi x$, $0\leqslant x\leqslant2$

第 *11* 章

微 分 方 程

11.1 基 本 内 容

1. 基本概念

(1) **微分方程**：含有未知函数、未知函数的自变量和未知函数的导数或微分的方程.

(2) **常（或偏）微分方程**：未知函数是一元（或多元）函数的微分方程.
   通常将常微分方程简称为微分方程或方程.

(3) **微分方程的阶**：微分方程中未知函数的导数或微分的最高阶数.

(4) **微分方程的解**：解是一个函数. 用这个函数代替未知函数可使微分方程成为关于未知函数的自变量的恒等式.
   当解对应的函数是用一个等式给出的隐函数时，该等式称为微分方程的隐式解.

(5) **微分方程的通解**：含有任意常数且独立任意常数的个数等于微分方程的阶的解.

(6) **微分方程的特解**：不含任意常数的微分方程的解.

(7) **初始条件**：为确定通解中的任意常数而给出的条件.

(8) **初值问题**：将微分方程及其初始条件放在一起就成为初值问题.

(9) **微分方程的积分曲线**：微分方程的解的曲线图形.

2. 一阶微分方程

1）可分离变量方程
可化为下列形式的一阶微分方程，称为可分离变量方程.

$$M(x)\mathrm{d}x = N(y)\mathrm{d}y$$

解法 两边积分得

$$\int M(x)\mathrm{d}x = \int N(y)\mathrm{d}y.$$

2) 齐次方程

齐次方程：$\dfrac{\mathrm{d}y}{\mathrm{d}x}=\varphi(\dfrac{y}{x})$

换元解法：令 $u=\dfrac{y}{x}$，则 $y'_x=(ux)'_x=u'_x x+u$，故原方程可化为可分离变量方程

$$\dfrac{\mathrm{d}u}{\mathrm{d}x}x+u=\varphi(u)\Rightarrow\dfrac{1}{\varphi(u)-u}\mathrm{d}u=\dfrac{1}{x}\mathrm{d}x$$

3) 一阶线性微分方程

$$\dfrac{\mathrm{d}y}{\mathrm{d}x}+P(x)y=Q(x)$$

通解公式：$y=\mathrm{e}^{-\int P\mathrm{d}x}\left[\int Q\mathrm{e}^{\int P\mathrm{d}x}\mathrm{d}x+C\right]$

其中，$P=P(x)$，$Q=Q(x)$，且积分号"$\int(\ \ )\mathrm{d}x$"中不再含 C.

4) Bernouli（伯努利）方程

$$\dfrac{\mathrm{d}y}{\mathrm{d}x}+P(x)y=Q(x)y^n$$

解法　化为一阶线性微分方程.

$$原方程\Leftrightarrow y^{-n}\dfrac{\mathrm{d}y}{\mathrm{d}x}+P(x)y^{1-n}=Q(x)\overset{z=y^{1-n}}{\Longleftrightarrow}\dfrac{\mathrm{d}z}{\mathrm{d}x}+[(1-n)P(x)]z=(1-n)Q(x)$$

5) 全微分方程

当微分方程

$$P(x,\ y)\mathrm{d}x+Q(x,\ y)\mathrm{d}y=0$$

满足：存在函数 $u=u(x,\ y)$，使 $\mathrm{d}u=P(x,\ y)\mathrm{d}x+Q(x,\ y)\mathrm{d}y$ 时，称其为全微分方程.

　　解法 1　利用曲线积分与路径无关的充要条件，求出 $u=u(x,\ y)$，则通解为 $u(x,\ y)=C.$

　　解法 2　利用下列凑微分公式将 $P(x,y)\mathrm{d}x+Q(x,y)\mathrm{d}y$ 凑成一个全微分 $\mathrm{d}[u(x,\ y)]$，则通解为 $u(x,\ y)=C.$

> 凑微分公式：设 $u,\ v$ 是任意的多元函数，则
>
> $\mathrm{d}u\pm\mathrm{d}v=\mathrm{d}(u+v)$　　　　　　　$v\mathrm{d}u+u\mathrm{d}v=\mathrm{d}(uv)$
>
> $\dfrac{v\mathrm{d}u-u\mathrm{d}v}{v^2}=\mathrm{d}(\dfrac{u}{v})$　　　　　$f(u)\mathrm{d}u=\mathrm{d}\left[\int f(u)\mathrm{d}u\right]=\mathrm{d}\left[\int_a^u f(t)\mathrm{d}t\right]$

　　积分因子：一个微分方程，本来不是全微分方程，但在方程的等号两边同时乘上一个非零函数 $w=w(x,\ y)$ 以后，变为全微分方程，则 w 称为原微分方程的积分因子.

3. 二阶线性微分方程

1) 叠加原理

如果 y_1 是 $y''+p(x)y'+q(x)y=f_1(x)$ 的解，y_2 是 $y''+p(x)y'+q(x)y=f_2(x)$ 的解，则 $y=C_1y_1+C_2y_2$ 是 $y''+p(x)y'+q(x)y=C_1f_1(x)+C_2f_2(x)$ 的解.

注意两种特殊情况：一种是 $C_1=C_2=1$；另一种是 $C_1=1$，$C_2=-1$，$f_1=f_2=f$.

记
$$y''+p(x)y'+q(x)y=0 \tag{11-1}$$
$$y''+p(x)y'+q(x)y=f(x) \quad (f(x)\neq0) \tag{11-2}$$

推论 1　如果 y_1，y_2 是方程（11-1）的两个无关的特解（即 $y_1/y_2\neq$ 常数），则 $y=C_1y_1+C_2y_2$ 是方程（11-1）的通解.

推论 2　如果 $\overline{y}$ 是方程（11-1）的通解，y^* 是方程（11-2）的特解，则 $y=\overline{y}+y^*$ 是方程（11-2）的通解.

2) 二阶（也含有高阶）常系数齐次线性微分方程：$y''+py'+qy=0$.

特征方程 $r^2+pr+q=0$ 的根（r）	对应的 $y''+py'+qy=0$ 的通解 y
两个不相等的实根 $r_1\neq r_2$	$y=C_1\mathrm{e}^{r_1x}+C_2\mathrm{e}^{r_2x}$
两个相等的实根 $r_1=r_2$	$y=C_1\mathrm{e}^{r_1x}+C_2x\mathrm{e}^{r_1x}$
两个复根 $r_{1,2}=\alpha\pm\mathrm{i}\beta$（$\beta\neq0$）	$y=C_1\mathrm{e}^{\alpha x}\cos\beta x+C_2\mathrm{e}^{\alpha x}\sin\beta x$

对于高阶情况，方程 $y^{(n)}+a_1y^{(n-1)}+\cdots+a_ny=0$ 对应的特征方程为 $r^n+a_1r^{n-1}+\cdots+a_n=0$，对应特征方程的每一个 k 重实根 λ，方程恰有 k 个无关的特解 $\mathrm{e}^{\lambda x}$，$x\mathrm{e}^{\lambda x}$，$x^2\mathrm{e}^{\lambda x}$，$\cdots$，$x^{k-1}\mathrm{e}^{\lambda x}$；每一对 k 重共轭复根 $\alpha\pm\mathrm{i}\beta$，方程恰有 $2k$ 个无关的特解 $\mathrm{e}^{\alpha x}\cos\beta x$，$\mathrm{e}^{\alpha x}\sin\beta x$，$x\mathrm{e}^{\alpha x}\cos\beta x$，$x\mathrm{e}^{\alpha x}\sin\beta x$，$x^2\mathrm{e}^{\alpha x}\cos\beta x$，$x^2\mathrm{e}^{\alpha x}\sin\beta x$，$\cdots$，$x^{k-1}\mathrm{e}^{\alpha x}\cos\beta x$，$x^{k-1}\mathrm{e}^{\alpha x}\sin\beta x$；最后上述所有特解的线性组合就是方程的通解.

3) 两类二阶常系数非齐次线性微分方程

（1）设 λ，A，B，$\cdots$，$C\in\mathbf{R}$，$m-1\in\mathbf{N}$ 是已知常数，则
$$y''+py'+qy=\mathrm{e}^{\lambda x}(Ax^m+Bx^{m-1}+\cdots+C)$$

有如下形式的特解
$$y^*=x^k\mathrm{e}^{\lambda x}(ax^m+bx^{m-1}+\cdots+c)$$

其中，a，b，$\cdots$，c 为待定系数

$$k=\begin{cases}0, & \lambda \text{ 不是特征方程的根} \\ 1, & \lambda \text{ 是特征方程的单根} \\ 2, & \lambda \text{ 是特征方程的重根}\end{cases}$$

(2) 设 λ，w，A，B，$\cdots$，C，D，F，$\cdots$，$G \in \mathbf{R}$，$l-1$，$n-1 \in \mathbf{N}$ 是已知常数，则

$$y''+py'+qy=\mathrm{e}^{\lambda x}\big[(Ax^l+Bx^{l-1}+\cdots+C)\cos wx+$$
$$(Dx^n+Fx^{n-1}+\cdots+G)\sin wx\big]$$

有如下形式的特解

$$y^*=x^k\mathrm{e}^{\lambda x}\big[(ax^m+bx^{m-1}+\cdots+c)\cos wx+(dx^m+fx^{m-1}+\cdots+g)\sin wx\big]$$

其中，$m=\max\{l,\ n\}$，a，b，$\cdots$，c，d，f，$\cdots$，g 为待定常数，

$$k=\begin{cases}0, & \lambda+\mathrm{i}w\ (\text{或 } \lambda-\mathrm{i}w)\ \text{不是特征方程的根} \\ 1, & \lambda+\mathrm{i}w\ (\text{或 } \lambda-\mathrm{i}w)\ \text{是特征方程的根}\end{cases}$$

4. 可降阶的高降微分方程

(1) 方程 $y^{(n)}=f(x)$.

解法：利用 $\square'_x = \triangle \Leftrightarrow \square = \int\triangle\mathrm{d}x$，两边 n 次积分.

(2) 方程 $y''=f(x,\ y')$

解法：令 $u=y'$，化为一阶方程 $u'=f(x,\ u)$.

(3) 方程 $y''=f(y,\ y')$

解法：令 $y'=p$，则 $y'_x=p$，$y''=(y'_x)'_x=p'_x=p'_yy'_x=p'_yp$，化为一阶微分方程 $\dfrac{\mathrm{d}p}{\mathrm{d}y}p=f(y,\ p)$.

5. 微分方程的幂级数解法

先设微分方程的未知函数 $y=y(x)$ 为一个 $x-x_0$ 的幂级数，即设

$$y=a_0+a_1(x-x_0)+a_2(x-x_0)^2+a_3(x-x_0)^3+\cdots$$

然后将微分方程的等号两边都展成 $x-x_0$ 的幂级数，最后对比等号两边 $(x-x_0)^n$ 的系数，就可算出这些系数从而得出解 $y=y(x)$. 当只是求方程的通解时，可将幂级数前边的系数（n 阶方程就是前 n 个系数）设为任意常数. 当初始条件有 $y|_{x=a}=b$ 时，可令 $x_0=a$，$a_0=b$.

6. 微分方程的简单应用

见例 11-26 到例 11-30

11.2 典型例题

【例 11-1】（A 类）　设方程为 $y''+y=0$，C 为任意常数，则

(A)　$y=C\sin x$ 是方程的通解

(B)　$y=C\sin x$ 是方程的特解

(C)　$y=C\sin x$ 不是方程的解

(D)　这里的 (A)、(B)、(C) 都不是正确的答案

解　正确答案为 (D)．因为特解不含任意常数，所以 (B) 不对．又因为 $y''+y=0$ 是二阶方程，它的通解需含两个任意常数，所以 (A) 不对．最后因为 $y=C\sin x$ 时，$y''+y=(C\sin x)''+C\sin x=-C\sin x+C\sin x=0$，所以 (C) 不对．因此用排除法，(D) 正确．

【例 11-2】（B 类）　问 $(x-C_1)^2+(y-C_2)^2=1$ 是哪个微分方程的隐式通解，其中 C_1，C_2 为任意常数．

> **分析**：由通解求微分方程的方法就是把通解中的任意常数通过求导消去．又注意隐函数问题常会反复利用原方程（即确定隐函数的那个方程）．

解　设 $y=y(x)$，在 $(x-C_1)^2+(y-C_2)^2=1$ 的等号两边对 x 求导得

$$2(x-C_1)+2(y-C_2)y'_x=0 \tag{11-3}$$

再对上式求导一次得

$$2+2y'^2_x+2(y-C_2)y''_{xx}=0 \tag{11-4}$$

由式 (11-3)，得

$$x-C_1=-(y-C_2)y'_x$$

代入 $(x-C_1)^2+(y-C_2)^2=1$ 得

$$(y-C_2)^2y'^2_x+(y-C_2)^2=1 \Rightarrow (y-C_2)^2=\frac{1}{1+y'^2_x} \tag{11-5}$$

最后由式（11-4）得

$$y - C_2 = -(1 + y_x'^2)\frac{1}{y_{xx}''}$$

代入式（11-5）得

$$(1 + y_x'^2)^2 \cdot \frac{1}{y_{xx}''^2} = \frac{1}{1 + y_x'^2} \quad \text{或} \quad \frac{|y_{xx}''|}{(1 + y_x'^2)^{\frac{3}{2}}} = 1$$

即为所求（注意最后结果为：曲率 $k = 1$，故此题也可由 $(x - C_1)^2 + (y - C_2)^2 = 1$ 的几何意义直接得到最后结果）.

常见错误：在得到式（11-4）后，解出 $y - C_2 = \frac{1 + y_x'^2}{y_{xx}''}$，再导一次 $y_x' = -\frac{2y_x'y_{xx}''^2 - (1 + y_x'^2)y_{xxx}'''}{y_{xx}''^2}$

即为所求（错误的原因是所求方程必须是二阶）.

练习题 11-1　问 $y = C_1x^2 + C_2e^x + 3$ 是哪个微分方程的通解，其中 C_1，C_2 是任意常数.

　　答案：$(2x - x^2)y'' + (x^2 - 2)y' + 2(1 - x)y = 6(1 - x)$

　　提示：对通解求导两次，得三个含 C_1，C_2 的方程，消去 C_1，C_2 即为所求.

【例 11-3】（A 类）　　求下列一阶微分方程的通解.

(1) $(x\ln x)dy + (y - \ln x)dx = 0$

(2) $(\tan x)y' + y^2 = 1$

(3) $(3x^2 + 2xy - y^2)dx + (x^2 - 2xy)dy = 0$

(4) $y' = xy(x^2y^2 + 1)$

(5) $(2x + y^3)dx + (3xy^2 + 4)dy = 0$

　　分析：求解一阶微分方程最基本的方法是先判断方程是否属于既定的五种类型，然后用相应的解法解之. 如果方程不是既定的五种类型，再试用其他技巧解之. 本题都是属于既定的五种类型的方程.

　　下面给出一阶微分方程的求解步骤.

　　步骤 1　解出 $\dfrac{dy}{dx}$（或 y'）$= f(x, y)$

　　步骤 2　如果 $f(x, y)$ 可变形为如下形式：①$g(x)h(y)$；②$\varphi\left(\dfrac{y}{x}\right)$；③$-P(x)y + Q(x)$；④$-P(x)y + Q(x)y^n$，则可按可分离变量方程、齐次方程、一阶线性方程、伯努利方程这四种方程对应的方法求解.

步骤 3 方程还原成未变形前的形式（如此形式含 $y' = \dfrac{\mathrm{d}y}{\mathrm{d}x}$，可在方程两边乘 $\mathrm{d}x$），记该形式为 $P\mathrm{d}x + Q\mathrm{d}y = 0$，如 $Q'_x - P'_y = 0$，则可用全微分方程的解法解之.

步骤 4 改用其他技巧求解，详见例 11-5 至例 11-9.

解 （1）先变形

$$\frac{\mathrm{d}y}{\mathrm{d}x} = \frac{-y + \ln x}{x \ln x} = -\frac{1}{x\ln x}y + \frac{1}{x}$$

得 $y' + Py = Q$，其中

$$P = \frac{1}{x\ln x}, \quad Q = \frac{1}{x}$$

故由通解公式

$$
\begin{aligned}
y &= \mathrm{e}^{-\int P\mathrm{d}x}\left[\int Q\mathrm{e}^{\int P\mathrm{d}x}\mathrm{d}x + C\right] \\
&= \mathrm{e}^{-\int \frac{1}{x\ln x}\mathrm{d}x}\left(\int \frac{1}{x}\mathrm{e}^{\int \frac{1}{x\ln x}\mathrm{d}x}\mathrm{d}x + C\right) = \frac{1}{\ln x}\left(\int \frac{1}{x}\ln x\,\mathrm{d}x + C\right) \\
&= \frac{1}{\ln x}\left(\frac{1}{2}\ln^2 x + C\right)
\end{aligned}
$$

（2）先变形

$$\frac{\mathrm{d}y}{\mathrm{d}x} = \frac{1 - y^2}{\tan x}$$

分离变量

$$\frac{\mathrm{d}y}{1 - y^2} = \frac{\cos x}{\sin x}\mathrm{d}x$$

两边积分得

$$\int \frac{1}{1 - y^2}\mathrm{d}y = \int \frac{\cos x}{\sin x}\mathrm{d}x \Rightarrow \frac{1}{2}\ln\frac{1+y}{1-y} = \ln\sin x + \frac{1}{2}\ln C^{①}$$

$$\Rightarrow \ln\frac{1+y}{1-y} = \ln[(\sin x)^2 C] \Rightarrow \frac{1+y}{1-y} = C\sin^2 x$$

（3）先变形

$$\frac{\mathrm{d}y}{\mathrm{d}x} = \frac{y^2 - 2xy - 3x^2}{x^2 - 2xy}$$

---

① 这里用了形式解法：积分出现 $\ln|\,\square\,|$ 时换为 $\ln\square$，并将积分常数 C 换为 $\ln C$，最后在等式两边消去 $\ln$.

分子分母同除以 $x^{2①}$ 得

$$\frac{\mathrm{d}y}{\mathrm{d}x}=\frac{\left(\dfrac{y}{x}\right)^2-2\left(\dfrac{y}{x}\right)-3}{1-2\left(\dfrac{y}{x}\right)}$$

故令 $u=\dfrac{y}{x}$，则

$$y=ux,\ \frac{\mathrm{d}y}{\mathrm{d}x}=\frac{\mathrm{d}u}{\mathrm{d}x}x+u$$

原方程化为

$$\frac{\mathrm{d}u}{\mathrm{d}x}x+u=\frac{u^2-2u-3}{1-2u}\Rightarrow x\frac{\mathrm{d}u}{\mathrm{d}x}=\frac{u^2-2u-3}{1-2u}-\frac{u-2u^2}{1-2u}=\frac{3u^2-3u-3}{1-2u}$$

$$\int\frac{2u-1}{u^2-u-1}\mathrm{d}u=-3\int\frac{1}{x}\mathrm{d}x\Rightarrow\ln(u^2-u-1)=-3\ln x+\ln C$$

得

$$u^2-u-1=Cx^{-3}\Rightarrow y^2-xy-x^2=Cx^{-1}.$$

（4）先定类型

$$y'=-(-x)y+x^3y^3$$

所以是伯努利方程 $y'+Py=Qy^n$，$P=-x$，$Q=x^3$，$n=3$，向一阶线性方程转换.

$$y^{-3}y'+(-x)y^{-2}=x^3\Rightarrow-\frac{1}{2}(y^{-2})'+(-x)(y^{-2})$$
$$=x^3\Rightarrow(y^{-2})'+2x(y^{-2})=-2x^3$$

用一阶线性方程通解公式有

$$y^{-2}=\mathrm{e}^{-\int 2x\mathrm{d}x}\left[\int(-2x^3)\mathrm{e}^{\int 2x\mathrm{d}x}\mathrm{d}x+C\right]$$
$$=\mathrm{e}^{-x^2}\left[\int(-x^2)\mathrm{e}^{x^2}\mathrm{d}x^2+C\right]=\mathrm{e}^{-x^2}\left[-(x^2\mathrm{e}^{x^2}-\mathrm{e}^{x^2})+C\right]$$
$$=-x^2+1+C\mathrm{e}^{-x^2}$$

---

① 如果一个分式的分子、分母都是 n 次齐次式（即 n 次项之和，如以下都是二次项：x^2，xy，y^2，$\sqrt{x^4+y^4}$，$y\sqrt{x^2+xy}$），则分子、分母同除以 x^n 可将该分式化为 $\varphi\left(\dfrac{y}{x}\right)$.

（5）先变形为

$$\frac{dy}{dx} = -\frac{2x+y^3}{3xy^2+4}$$

经检验可知，此方程不是可分离变量方程，不是齐次方程，不是一阶线性方程，不是伯努利方程，因此将原式记为 $Pdx+Qdy=0$，判断它是否为全微分方程．由本题后的"附"可知存在二元函数

$$u(x,\ y)=x^2+xy^3+4y$$

使在整个 xOy 面内

$$du=(2x+y^3)dx+(3xy^2+4)dy$$

故原式是一个全微分方程，且其通解为 $u(x,\ y)=C$，即

$$x^2+xy^3+4y=C$$

附　验证在整个 xOy 面内，存在一个二元函数 $u=u(x,\ y)$，使

$$du=(2x+y^3)dx+(3xy^2+4)dy$$

并求出该函数 $u=u(x,\ y)$．

解 1　设 $P=2x+y^3$，$Q=3xy^2+4$，因为在整个 xOy 面内

$$Q'_x-P'_y=(3xy^2+4)'_x-(2x+y^3)'_y=3y^2-3y^2=0$$

所以 $Pdx+Qdy$ 是一个全微分，设为 $d[u(x,\ y)]$，则由积分与路径无关的理论有

$$u(x,y)=\int_{(0,0)}^{(x,y)}Pdy+Qdy=\left(\int_{(0,0)}^{(x,0)}+\int_{(x,0)}^{(x,y)}\right)Pdx+Qdy$$

$$=\int_{x=0}^{x=x}Pdx+Qdy\bigg|_{y=0}+\int_{y=0}^{y=y}Pdx+Qdy\bigg|_{x=x}$$

$$=\left(\int_0^x 2xdx+0\right)+\int_0^y[0+(3xy^2+4)dy]=x^2+xy^3+4y$$

解 2　用凑微分公式．

$$(2x+y^3)dx+(3xy^2+4)dy$$

$$=2xdx+[y^3dx+x(3y^2dy)]+4dy$$

$$=dx^2+[y^3dx+xdy^3]+d(4y)=d[x^2+y^3x+4y]$$

解 3 因为

$$Q'_x - P'_y = (3xy^2 + 4)'_x - (2x + y^3)'_y = 0$$

所以存在 $u = u(x, y)$，使

$$P\mathrm{d}x + Q\mathrm{d}y = \mathrm{d}u = u'_x\mathrm{d}x + u'_y\mathrm{d}y$$

因此

$$u'_x = P = 2x + y^3, \quad u'_y = Q = 3xy^2 + 4$$

解此偏微分方程组得

$$u = \int u'_x\mathrm{d}x = \int (2x + y^3)\mathrm{d}x = x^2 + y^3x + C_1(y)$$

再由 $u'_y = 3xy^2 + 4$ 得

$$[x^2 + y^3x + C_1(y)]'_y = 3xy^2 + C'_1(y) = 3xy^2 + 4 \Rightarrow C'_1(y) = 4$$

故

$$C_1(y) = 4y + C_2 \Rightarrow u = u(x, y) = x^2 + y^3x + 4y + C_2$$

常见错误：在"解 1"与"解 3"中，没有验证 $Q'_x - P'_y = 0$．（但注意"解 2"是可以不验证 $Q'_x - P'_y = 0$ 的）

【例 11-4】（A 类） 求微分方程 $y' = y^2 \mathrm{e}^{x^2}$ 满足条件 $y\mid_{x=1} = 2$ 的特解．

分析：在解微分方程的过程中，以下三点值得注意．

(1) 解中可以含有不能表为初等函数的积分，如 $\int \mathrm{e}^{x^2}\mathrm{d}x$．

(2) 为了体现通解中的常数 C，也为了求出特解中的常数 C，可用公式 $\int f(x)\mathrm{d}x = \int_a^x f(t)\mathrm{d}t + C$．

(3) 为了简化计算，对应初始条件 $y\mid_{x=x_0} = y_0$，公式 $\int f(x)\mathrm{d}x = \int_a^x f(t)\mathrm{d}t + C$ 中的 a 可取 x_0．

解 因为 $y' = \dfrac{\mathrm{d}y}{\mathrm{d}x}$，所以原方程为

$$\frac{\mathrm{d}y}{\mathrm{d}x} = y^2 \mathrm{e}^{x^2}$$

这是可分离变量方程，解得.

$$\int \frac{1}{y^2}\mathrm{d}y = \int \mathrm{e}^{x^2}\mathrm{d}x \Rightarrow -\frac{1}{y} = \int \mathrm{e}^{x^2}\mathrm{d}x$$

利用公式 $\int f(x)\mathrm{d}x = \int_a^x f(t)\mathrm{d}t + C$，可得方程通解为

$$-\frac{1}{y} = \int_a^x \mathrm{e}^{t^2}\mathrm{d}t + C$$

由于初始条件为 $y\mid_{x=1}=2$，所以取 $a=1$.

$$-\frac{1}{y} = \int_1^x \mathrm{e}^{t^2}\mathrm{d}t + C$$

将 $x=1$，$y=2$ 代入得 $-\frac{1}{2}=C$，所以

$$-\frac{1}{y} = \int_1^x \mathrm{e}^{t^2}\mathrm{d}t - \frac{1}{2}$$

即为所求.

练习题 11-2　设 $f(x)$ 连续，$a>0$.（1）求满足 $y'+ay=f(x)$，$y(0)=0$ 的特解；（2）若 $|f(x)|\leqslant k$，k 为常数，证明当 $x\geqslant 0$ 时，$|y(x)|\leqslant \dfrac{k}{a}(1-\mathrm{e}^{-ax})$.

答案：（1）$y(x) = \mathrm{e}^{-ax}\displaystyle\int_0^x f(t)\mathrm{e}^{at}\mathrm{d}t$；（2）$|y(x)|\leqslant \mathrm{e}^{-ax}\displaystyle\int_0^x |f(t)|\mathrm{e}^{at}\mathrm{d}t \leqslant$ $\mathrm{e}^{-ax}\displaystyle\int_0^x k\mathrm{e}^{at}\mathrm{d}t = \dfrac{k}{a}(1-\mathrm{e}^{-ax})$

练习题 11-3　设 $\varphi(x)$ 是以 2π 为周期的连续函数，又 $\displaystyle\int_0^{2\pi}\varphi(x)\mathrm{d}x = a$.（1）求 $y'+y\sin x=\varphi(x)\mathrm{e}^{\cos x}$ 的通解；（2）以上所求通解中何时有周期为 2π 的解.

答案：（1）$y(x) = \mathrm{e}^{\cos x}\left[\displaystyle\int_0^x \varphi(t)\mathrm{d}t + C\right]$；（2）由 $0=y(x+2\pi)-y(x)=\mathrm{e}^{\cos x}a$，可知 $y(x)$ 是周期为 2π 的函数 $\Leftrightarrow a=0$.

【例 11-5】（B 类）　求微分方程 $(y')^2-y^2=0$ 的通解.

解　因为原方程 $\Leftrightarrow (y'-y)(y'+y)=0$，所以得

$$y'-y=0 \quad \text{或} \quad y'+y=0$$

$$\int \frac{1}{y}\mathrm{d}y = \int \mathrm{d}x \quad \text{或} \quad \int \frac{1}{y}\mathrm{d}y = -\int \mathrm{d}x$$

$$y = Ce^x \quad \text{或} \quad y = Ce^{-x}$$

注: 虽然方程 $(y'-y)(y'+y)=0$ 是一个函数方程, 但并不存在一个非零函数 $y = y(x)$, 使得在两个相连的区间 $I_1 = [a, b]$, $I_2 = [b, c]$ 上分别满足 $y'-y=0$, $y'+y=0$ 两个方程; 否则, 在 I_1 上, $y = C_1 e^x$, 在 I_2 上, $y = C_2 e^{-x}$, 由于在 b 点 $(I_1 \bigcap I_2 = \{b\})$ 要求函数连续且可导, 故 $C_1 e^b = C_2 e^{-b}$ 且 $C_1 e^b = -C_2 e^{-b} \Rightarrow C_2 = 0 \Rightarrow C_1 = 0 \Rightarrow y(x) \equiv 0$, 与 $y(x)$ 是非零函数矛盾.

练习题 11-4 求微分方程 $x^2(y')^2 - 2(x^2-x)yy' + (x-1)^2 y^2 - e^{4x} = 0$ 的通解.

答案: $y = \dfrac{e^x}{x}(e^x + C)$ 或 $y = \dfrac{e^x}{x}(-e^x + C)$. 提示: 原方程 $\Leftrightarrow [xy' - (x-1)y - e^{2x}][xy' - (x-1)y + e^{2x}] = 0$.

【例 11-6】 (A 类) 求微分方程 $(y^2 - 6x)y' + 2y = 0$ 的通解.

分析: 经验算可知此方程不属于常规类型的方程, 但这只是将 y 看成是 x 的函数时的结论, 如果将 x 看成是 y 的函数 (显然 y 是 x 的函数时, x 就是 y 的反函数), 这个方程可能就可以解了.

解 将方程变形得

$$\frac{\mathrm{d}y}{\mathrm{d}x} = \frac{2y}{6x - y^2}$$

把 x 作为自变量, y 作为应变量

$$\frac{\mathrm{d}x}{\mathrm{d}y} = \frac{6x - y^2}{2y} \Rightarrow x'_y - \frac{3}{y}x = -\frac{1}{2}y$$

故由一阶线性方程的求解公式得方程的通解为

$$\begin{aligned}
x &= e^{-\int P \mathrm{d}y}\left[\int Q e^{\int P \mathrm{d}y}\mathrm{d}y + C\right] \\
&= e^{\int \frac{3}{y}\mathrm{d}y}\left[\int \left(-\frac{1}{2}y\right)\frac{1}{y^3}\mathrm{d}y + C\right] \\
&= y^3\left[\frac{1}{2}\frac{1}{y} + C\right]
\end{aligned}$$

【例 11-7】 (B 类) 求微分方程

$$(3x^2 + 2x\sin y - \sin^2 y)\mathrm{d}x + (x^2 - 2x\sin y)\cos y\mathrm{d}y = 0$$

的通解.

分析：当方程形如 $P(x, f(y))\mathrm{d}x + Q(x, f(y))f'(y)\mathrm{d}y = 0$ 时，应换元 $u = f(y)$，将方程化简为 $P(x, u)\mathrm{d}x + Q(x, u)\mathrm{d}u = 0$（同理 $P(f(x), y)f'(x)\mathrm{d}x + Q(f(x), y)\mathrm{d}y = 0$，应令 $v = f(x)$）.

解　令 $\sin y = u$，则 $\cos y\mathrm{d}y = \mathrm{d}(\sin y) = \mathrm{d}u$，故原方程化为

$$(3x^2 + 2xu - u^2)\mathrm{d}x + (x^2 - 2xu)\mathrm{d}u = 0$$

由例 11-3（3）可得此方程的通解为

$$u^2 - xu - x^2 = Cx^{-1} \Rightarrow \sin^2 y - x\sin y - x^2 = Cx^{-1}$$

练习题 11-5　求下列微分方程的通解.

(1) $2xy''y + 2x(y')^2 - 6y'y + 3x^2 = 0$

(2) $y''y - (y')^2 = y^2\ln y$

答案：(1) $3y^2 = x^3 + C_1x^4 + C_2$；(2) $\ln y = C_1\mathrm{e}^x + C_2\mathrm{e}^{-x}$

提示：(1) 等号两边乘 $\mathrm{d}x$，并注意 $(y''y + (y')^2)\mathrm{d}x = y\mathrm{d}y' + y'\mathrm{d}y = \mathrm{d}(y'y)$. 或用 $y''y + (y')^2 = (y'y)'$，再令 $u = y'y$；(2) 用 $\dfrac{y''y - (y')^2}{y^2} = \left(\dfrac{y'}{y}\right)'$ 及 $\dfrac{y'}{y} = (\ln y)'$，再令 $u = \ln y$.

【例 11-8】（B 类）　利用代换 $y = \dfrac{u}{\cos x}$ 将方程 $y''\cos x - 2y'\sin x + 3y\cos x = \mathrm{e}^x$ 化简，并求出原方程的通解.

解 1　利用 $y = u\sec x$，计算出 y'，y'' 代入原方程可得 u 关于 x 的微分方程. 下面计算 y'，y''

$$y' = u'\sec x + u\tan x\sec x$$
$$y'' = u''\sec x + 2u'\tan x\sec x + u(\sec^3 x + \tan^2 x\sec x)$$

因此

$$y''\cos x - 2y'\sin x + 3y\cos x$$
$$= \left[u''\frac{1}{\cos x} + 2u'\frac{\sin x}{\cos^2 x} + u\left(\frac{1}{\cos^3 x} + \frac{\sin^2 x}{\cos^3 x}\right)\right]\cos x$$
$$\quad - 2\left[u'\frac{1}{\cos x} + u\frac{\sin x}{\cos^2 x}\right]\sin x + 3u\frac{1}{\cos x}\cos x$$
$$= \frac{1}{\cos^2 x}\{u''\cos^2 x + u'(2\sin x\cos x - 2\sin x\cos x)$$
$$\quad + u[1 + \sin^2 x - 2\sin^2 x + 3\cos^2 x]\}$$
$$= u'' + 4u$$

所以原方程化为

$$u'' + 4u = \mathrm{e}^x$$

解特征方程 $\lambda^2 + 4 = 0$ 得特征根为 $\lambda = \pm 2\mathrm{i}$.

故齐次通解为

$$\bar{u} = C_1 \cos 2x + C_2 \sin 2x$$

非齐特解形式为

$$u^* = a\mathrm{e}^x$$

代入 $u'' + 4u = \mathrm{e}^x$ 得

$$(a + 4a)\mathrm{e}^x = \mathrm{e}^x \Rightarrow a = \frac{1}{5}$$

非齐次通解为 $$u = \bar{u} + u^* = C_1 \cos 2x + C_2 \sin 2x + \frac{1}{5}\mathrm{e}^x$$

代回 $y = \dfrac{u}{\cos x}$，得原方程的通解为

$$y = C_1 \frac{\cos 2x}{\cos x} + C_2 \frac{\sin 2x}{\cos x} + \frac{1}{5}\frac{\mathrm{e}^x}{\cos x}$$

解 2 利用 $u = y\cos x$，计算出 u'，u'' 与 y'，y'' 的关系式，逐步消去原方程中 y''，y'，y 可得 u 关于 x 的微分方程. 下面算 u'，u''.

$$u' = y'\cos x - y\sin x$$
$$u'' = y''\cos x - 2y'\sin x - y\cos x$$

因此

$$y''\cos x - 2y'\sin x + 3y\cos x$$
$$= u'' + y\cos x + 3y\cos x = u'' + 4u$$

所以原方程化为 $u'' + 4u = \mathrm{e}^x$. 以下同解 1.

练习题 11-6 已知方程 $y'' + (x + \mathrm{e}^{2y})(y')^3 = 0$，（1）若把 x 看成因变量，而 y 看成自变量，则方程将化为什么形式？（2）求此方程的通解.

答案：（1）$x''_{yy} - x = \mathrm{e}^{2y}$，因为

$$y' = y'_x = \frac{1}{x'_y}, \quad y'' = (y'_x)'_x = \left(\frac{1}{x'_y}\right)'_y y'_x = -\frac{1}{(x'_y)^2}x''_{yy}\frac{1}{x'_y}$$

(2) $x = C_1 e^y + C_2 e^{-y} + \dfrac{1}{3} e^{2y}$

练习题 11-7 作变换 $t = \tan x$，将微分方程

$$\cos^2 x \frac{\mathrm{d}^2 y}{\mathrm{d}x^2} + 2(\cos^2 x - \sin x \cos x)\frac{\mathrm{d}y}{\mathrm{d}x} + y = \tan x$$

变换成 y 关于 t 的微分方程，并求原方程的通解．

答案： $y_t'' + 2y_t' + y = t$，$y = (C_1 \tan x + C_2)e^{-\tan x} + \tan x - 2$

【**例 11-9**】 (1)（B类）设 a，b，n，m 为常数，$(n+1)(m+1) \neq 0$，求微分方程

$$a x^n y^{m+1} \mathrm{d}x + b x^{n+1} y^m \mathrm{d}y = 0$$

的一个积分因子 ω，并求出所得的全微分方程 $\mathrm{d}u = 0$ 中的 $u = u(x, y)$．

(2)（A类）如果 ω 是微分方程 $P\mathrm{d}x + Q\mathrm{d}y = 0$ 的积分因子，且 $\omega P\mathrm{d}x + \omega Q\mathrm{d}y = \mathrm{d}[u(x, y)]$，又 $f(t)$ 是一个连续函数，证明：$\omega f(u)$ 也是 $P\mathrm{d}x + Q\mathrm{d}y = 0$ 的积分因子．

(3)（C类）求微分方程 $(5xy - 3y^3)\mathrm{d}x + (3x^2 - 7xy^2)\mathrm{d}y = 0$ 的通解．

分析： (1) 由于对任意的二元函数 $u = u(x, y)$ 都有 $f(u)\mathrm{d}u = \mathrm{d}\left[\displaystyle\int f(u)\mathrm{d}u\right] = \mathrm{d}\left[\displaystyle\int_c^u f(t)\mathrm{d}t\right]$，所以 $f_1(x)g_1(y)\mathrm{d}x + f_2(x)g_2(y)\mathrm{d}y = 0$ 有积分因子 $[g_1(y)f_2(x)]^{-1}$．
(2) 显然．(3) 利用 (2) 中的符号，称 $W = \{\omega f(u) \mid f\ \text{任意}\}$ 为 $P\mathrm{d}x + Q\mathrm{d}y = 0$ 的积分因子组．如果 W_1，W_2 分别是 $P_1\mathrm{d}x + Q_1\mathrm{d}y = 0$ 和 $P_2\mathrm{d}x + Q_2\mathrm{d}y = 0$ 的积分因子组，则 W_1 和 W_2 中的公共积分因子就是 $(P_1\mathrm{d}x + Q_1\mathrm{d}y) + (P_2\mathrm{d}x + Q_2\mathrm{d}y) = 0$ 的积分因子．

解 (1) 所求的积分因子为 $\dfrac{1}{x^{n+1}y^{m+1}}$．因为

$$\frac{1}{x^{n+1}y^{m+1}}(a x^n y^{m+1}\mathrm{d}x + b x^{n+1}y^m \mathrm{d}y)$$

$$= \frac{a}{n+1}\frac{\mathrm{d}x^{n+1}}{x^{n+1}} + \frac{b}{m+1}\frac{\mathrm{d}y^{m+1}}{y^{m+1}} = \frac{a}{n+1}\mathrm{d}(\ln x^{n+1}) + \frac{b}{m+1}\mathrm{d}(\ln y^{m+1})$$

$$= \mathrm{d}(\ln x^a) + \mathrm{d}(\ln y^b) = \mathrm{d}(\ln x^a + \ln y^b) = \mathrm{d}[\ln (x^a y^b)]$$

因此 $u = \ln (x^a y^b)$．

(2) 因为

$$\omega f(u)[P\mathrm{d}x + Q\mathrm{d}y] = f(u)[\omega P\mathrm{d}x + \omega Q\mathrm{d}y]$$

$$= f(u)\mathrm{d}u = \mathrm{d}\left[\int_c^u f(t)\mathrm{d}t\right]$$

所以 $\omega f(u)$ 是 $P\mathrm{d}x + Q\mathrm{d}y = 0$ 的积分因子．

（3）先将方程左边分组

$$(5xy - 3y^3)dx + (3x^2 - 7xy^2)dy = (5xy\,dx + 3x^2\,dy) - (3y^3\,dx + 7xy^2\,dy)$$

由（1）、（2）可知

$$5xy\,dx + 3x^2\,dy = 0$$

有积分因子（注意记 $f_1(\ln t) = g_1(t)$）：

$$\frac{1}{x^2 y} f_1(\ln(x^5 y^3)) = \frac{1}{x^2 y} g_1(x^5 y^3)$$

同理

$$3y^3\,dx + 7xy^2\,dx = 0$$

有积分因子

$$\frac{1}{xy^3} f_2(\ln(x^3 y^7)) = \frac{1}{xy^3} g_2(x^3 y^7)$$

为了求出公共积分因子，令

$$\frac{1}{x^2 y} g_1(x^5 y^3) = \frac{1}{xy^3} g_2(x^3 y^7)$$

经观察可知，令 $g_1(t) = t^\alpha$，$g_2(t) = t^\beta$ 可算出公共积分因子.

$$\frac{1}{x^2 y}(x^5 y^3)^\alpha = \frac{1}{xy^3}(x^3 y^7)^\beta$$

化简得

$$x^{5\alpha - 2} y^{3\alpha - 1} = x^{3\beta - 1} y^{7\beta - 3}$$

只需 $5\alpha - 2 = 3\beta - 1$ 且 $3\alpha - 1 = 7\beta - 3$. 解得

$$\alpha = \frac{1}{2}, \quad \beta = \frac{1}{2}$$

所以得公共积分因子为

$$x^{5\alpha - 2} y^{3\alpha - 1} = x^{\frac{1}{2}} y^{\frac{1}{2}}$$

将原方程两端乘以 $x^{\frac{1}{2}} y^{\frac{1}{2}}$ 得

$$(5x^{\frac{3}{2}} y^{\frac{3}{2}}\,dx + 3x^{\frac{5}{2}} y^{\frac{1}{2}}\,dy) - (3x^{\frac{1}{2}} y^{\frac{7}{2}}\,dx + 7x^{\frac{3}{2}} y^{\frac{5}{2}}\,dy) = 0$$

上式左边 $= (2y^{\frac{3}{2}}\,dx^{\frac{5}{2}} + 2x^{\frac{5}{2}}\,dy^{\frac{3}{2}}) - (2y^{\frac{7}{2}}\,dx^{\frac{3}{2}} + 2x^{\frac{3}{2}}\,dy^{\frac{7}{2}})$

$$= \mathrm{d}\left[(2x^{\frac{5}{2}}y^{\frac{3}{2}}) - (2x^{\frac{3}{2}}y^{\frac{7}{2}})\right]$$

故得原方程的通解为

$$2\sqrt{x^5y^3} - 2\sqrt{x^3y^7} = C.$$

练习题 11-8　求下列方程的积分因子及通解.

(1) $(x+y)(\mathrm{d}x - \mathrm{d}y) = \mathrm{d}x + \mathrm{d}y$

(2) $y\mathrm{d}x - x\mathrm{d}y + y^2x\mathrm{d}x = 0$

(3) $y^2(x - 3y)\mathrm{d}x + (1 - 3y^2x)\mathrm{d}y = 0$

(4) $x\mathrm{d}x + y\mathrm{d}y = (x^2 + y^2)\mathrm{d}x$

(5) $(x - y^2)\mathrm{d}x + 2xy\mathrm{d}y = 0$

(6) $2y\mathrm{d}x - 3xy^2\mathrm{d}x - x\mathrm{d}y = 0.$

答案：(1) $\dfrac{1}{x+y}$, $x - y - \ln|x+y| = C$ 　(2) $\dfrac{1}{y^2}$, $\dfrac{x}{y} + \dfrac{x^2}{2} = C$

(3) $\dfrac{1}{y^2}$, $\dfrac{x^2}{2} - 3xy - \dfrac{1}{y} = C$ 　(4) $\dfrac{1}{x^2+y^2}$, $\dfrac{1}{2}\ln(x^2+y^2) - x = C$

(5) $\dfrac{1}{x^2}$, $\dfrac{y^2}{x} + \ln|x| = C$ 　(6) $\dfrac{x}{y^2}$, $\dfrac{x^2}{y} - x^3 = C$

例 11-10　求解下列微分方程.

(1)（A 类）$y^{(n)} = \sin x$ 求通解，其中 $n \in \mathbf{N}.$

(2)（A 类）$(1+x)y'' + y' = \ln(1+x)$，求通解.

(3)（B 类）$yy'' + 1 = (y')^2$，且 $y(0) = 4$，$y'(0) = -1$，求特解.

(4)（B 类）$yy'' + 1 = (y')^2$，求通解.

分析：(1) 使用 n 次：$\square'_x = \triangle \Rightarrow \square = \int \triangle \mathrm{d}x$；(2) 令 $y' = u$，则 $y'' = u'$；(3) 令 $y' = P$，则 $y'' = P'_y P$，注意：尽早确定任意常数 C，可简化求特解的计算；(4) 注意讨论 C 的取值范围.

解　(1) $y^{(n)} = \sin x \Rightarrow y^{(n-1)} = \int \sin x \mathrm{d}x = -\cos x + C_1$

$\Rightarrow y^{(n-2)} = -\sin x + C_1 x + C_2$

$\Rightarrow y^{(n-3)} = \cos x + C_1 x^2 + C_2 x + C_3 \left(\text{此 } C_1 \text{ 为上一步的} \dfrac{C_1}{2}\right)$

$\Rightarrow y^{(n-4)} = \sin x + C_1 x^3 + C_2 x^2 + C_3 x + C_4 \Rightarrow \cdots$

最后

$$y = \sin\left(x - \frac{n}{2}\pi\right) + C_1 x^{n-1} + C_2 x^{n-2} + \cdots + C_n$$

(2) 令 $u = y'$，并在方程两边同时除以 $(x+1)$ 得

$$u' + \frac{1}{x+1}u = \frac{\ln(x+1)}{x+1}$$

由一阶线性方程的通解公式

$$y' = u = e^{-\int \frac{1}{x+1} dx} \left[\int \frac{\ln(x+1)}{x+1} e^{\int \frac{1}{x+1} dx} dx + C \right]$$

$$= \ln(x+1) - 1 + \frac{C}{x+1}$$

故

$$y = (x+1)\ln(x+1) - 2x + C\ln(x+1) + C_1$$

(3) 令 $y' = P$，则 $y'' = P'_y y'_x = P'_y P$，原方程变为

$$yP'_y P + 1 = P^2 \Rightarrow y\frac{dP}{dy}P = P^2 - 1 \Rightarrow \int \frac{2P}{P^2 - 1} dP = \int \frac{2}{y} dy$$

$$\ln(P^2 - 1) = \ln y^2 + \ln C \Rightarrow P^2 - 1 = Cy^2$$

即 $(y')^2 - 1 = Cy^2$.

由 $x=0$ 时，$y=4$，$y'=-1$（因为 $y(0)=4$，$y'(0)=-1$），得 $(-1)^2 - 1 = C \cdot 4 \Rightarrow C = 0$. 故得

$$(y')^2 - 1 = 0 \Rightarrow y' = \pm 1$$

由 $x=0$ 时，$y=4$，$y'=-1$ 可知 $y'=1$ 需舍去，故只有

$$y' = -1 \Rightarrow y = -x + C_1$$

最后将 $x=0$，$y=4$ 代入，得 $C_1=4$. 故所求特解为

$$y = -x + 4$$

(4) 令 $y' = P$，则 $y'' = P'_y P$，原方程化为

$$yP'_y P + 1 = P^2 \Rightarrow \int \frac{2P}{P^2 - 1} dP = \int \frac{2}{y} dy \Rightarrow P^2 - 1 = Cy^2$$

即

$$\left(\frac{dy}{dx}\right)^2 = 1 + Cy^2 \Rightarrow \frac{dy}{dx} = \pm\sqrt{1 + Cy^2} \Rightarrow \int \frac{dy}{\sqrt{1+Cy^2}} = \pm\int dx$$

故 $C=0$ 时 $y = \pm x + C_1$

$C>0$ 时

$$\frac{1}{\sqrt{C}}\int \frac{d(\sqrt{C}y)}{\sqrt{1+(\sqrt{C}y)^2}} = \pm\int dx \Rightarrow \frac{1}{\sqrt{C}}\ln(\sqrt{C}y + \sqrt{1+Cy^2}) = \pm x + C_1$$

$C<0$ 时

$$\frac{1}{\sqrt{|C|}}\int\frac{\mathrm{d}(\sqrt{|C|}\,y)}{\sqrt{1-(\sqrt{|C|}\,y)^2}}=\pm\int\mathrm{d}x\Rightarrow\frac{1}{\sqrt{|C|}}\arcsin(\sqrt{|C|}\,y)=\pm\,x+C_1$$

【例 11-11】（A 类）   求下列微分方程的通解.

(1) $3y''+2y'+2y=0$ 　　　　　　　　　　 (2) $4y''+5y'+y=0$

(3) $25y''+10y'+y=0$

解 (1) 特征方程为

$$3r^2+2r+2=0$$

由求根公式得

$$r_{1,2}=\frac{-b\pm\sqrt{b^2-4ac}}{2a}=\frac{-2\pm\sqrt{2^2-4\cdot6}}{2\times3}=\frac{-1\pm\sqrt{-5}}{3}=-\frac{1}{3}\pm\mathrm{i}\frac{\sqrt{5}}{3}$$

故方程通解为

$$y=C_1\mathrm{e}^{-\frac{1}{3}x}\cos\left(\frac{\sqrt{5}}{3}x\right)+C_2\mathrm{e}^{-\frac{1}{3}x}\sin\left(\frac{\sqrt{5}}{3}x\right)$$

(2) 特征方程为

$$4r^2+5r+1=0$$

解得

$$r_1=-\frac{1}{4},\ r_2=-1$$

故方程的通解为

$$y=C_1\mathrm{e}^{-\frac{1}{4}x}+C_2\mathrm{e}^{-x}$$

(3) 特征方程为

$$25r^2+10r+1=0$$

解得

$$r_1=-\frac{1}{5},\ r_2=-\frac{1}{5}$$

故方程的通解为

$$y=C_1\mathrm{e}^{-\frac{1}{5}x}+C_2x\mathrm{e}^{-\frac{1}{5}x}$$

【例 11-12】（A 类）   求下列方程的通解.

(1) $y'''+3y''+3y'+y=0$ 　　　　　　　　 (2) $y^{(4)}+2y''+y=0$

(3) $y^{(4)}+9y=0$

解　（1）特征方程为

$$r^3+3r^2+3r+1=0 \Leftrightarrow (r+1)^3=0 \Rightarrow r_1=r_2=r_3=-1$$

故方程的通解为

$$y=C_1 e^{-x}+C_2 x e^{-x}+C_3 x^2 e^{-x}$$

（2）特征方程为

$$r^4+2r^2+1=0 \Leftrightarrow (r+i)^2 (r-i)^2=0 \Rightarrow r_1=r_2=-i,\ r_3=r_4=i.$$

故方程的通解为

$$y=C_1 \cos x+C_2 \sin x+C_3 x\cos x+C_4 x\sin x$$

（3）特征方程为

$$r^4+9=0 \Leftrightarrow r^4=-9=9e^{i\pi}=9e^{i(\pi+2k\pi)},\ k\in \mathbf{Z}$$

解得

$$r=\sqrt[4]{9}e^{\frac{i(\pi+2k\pi)}{4}},\ r_k=\sqrt{3}e^{\frac{i\pi+2k\pi}{4}}=\sqrt{3}\left(\cos \frac{2k+1}{4}\pi+i\sin \frac{2k+1}{4}\pi\right)\quad (k=0,\ 1,\ 2,\ 3)$$

所以

$$r_0=\sqrt{3}\left(\frac{\sqrt{2}}{2}+i\frac{\sqrt{2}}{2}\right),\ r_1=\sqrt{3}\left(-\frac{\sqrt{2}}{2}+i\frac{\sqrt{2}}{2}\right),\ r_2=\sqrt{3}\left(-\frac{\sqrt{2}}{2}-i\frac{\sqrt{2}}{2}\right),\ r_3=\sqrt{3}\left(\frac{\sqrt{2}}{2}+i\frac{\sqrt{2}}{2}\right)$$

故方程的通解为

$$y=C_1 e^{\frac{\sqrt{6}}{2}x}\cos \left(\frac{\sqrt{6}}{2}x\right)+C_2 e^{\frac{\sqrt{6}}{2}x}\sin \left(\frac{\sqrt{6}}{2}x\right)+C_3 e^{-\frac{\sqrt{6}}{2}x}\cos \left(\frac{\sqrt{6}}{2}x\right)+C_4 e^{-\frac{\sqrt{6}}{2}x}\sin \left(\frac{\sqrt{6}}{2}x\right)$$

【例 11-13】（A 类）　求方程 $y''-2y'-3y=3x+1$ 满足初始条件 $y(0)=1$，$y'(0)=0$ 的特解．

分析：求二阶常系数非齐方程满足某初始条件的特解 $\tilde{y}$ 的步骤如下．
步骤 1　先求非齐通解 y，注意非齐通解"$y=$ 齐次通解 $\bar{y}+$ 非齐特解 y^*"；
步骤 2　求齐次通解 $\bar{y}$；
步骤 3　求非齐特解 y^* 的形式；
步骤 4　将 y^* 代入原方程求出其中的待定系数；
步骤 5　由非齐通解 $y=\bar{y}+y^*$ 及初始条件定出通解中的 C_1，C_2，从而得到所求特解 $\tilde{y}=y$．

解　先求非齐通解 y．"非齐通解＝齐次通解＋非齐特解"，记为 $y=\bar{y}+y^*$．因为 $\bar{y}$ 是

$y''-2y'-3y=0$ 的通解，而 $y''-2y'-3y=0$ 的特征方程为

$$r^2-2r-3=0 \Rightarrow r_1=3,\ r_2=-1$$

所以

$$\bar{y}=C_1 e^{3x}+C_2 e^{-x}$$

　　再求非齐特解 y^* 的形式．因为原方程的右边为 $3x+1=(3x+1)e^{0x}$，所以 $y^*=x^k(ax+b)e^{0x}$．由于 $\lambda=0$ 不是特征方程 $r^2-2r-3=0$ 的根，所以 $k=0$，故 $y^*=ax+b$．

　　为求出 a，b，将 $y^*=ax+b$ 代入原方程，得

$$(ax+b)''-2(ax+b)'-3(ax+b)=3x+1$$
$$\Rightarrow -2a-3ax-3b=3x+1$$

比较 x 的系数和常数项，得 $-3a=3$，$-2a-3b=1$．所以 $a=-1$，$b=\dfrac{1}{3}$，从而

$$y^*=-x+\frac{1}{3}$$

故得非齐通解为

$$y=\bar{y}+y^*=C_1 e^{3x}+C_2 e^{-x}-x+\frac{1}{3}.$$

代入初始条件 $y(0)=1$，$y'(0)=1$ 得

$$y(0)=1 \Leftrightarrow \left[C_1 e^{3x}+C_2 e^{-x}-x+\frac{1}{3}\right]_{x=0}=1 \Rightarrow C_1+C_2+\frac{1}{3}=1$$

$$y'(0)=1 \Leftrightarrow \left[C_1 e^{3x}+C_2 e^{-x}-x+\frac{1}{3}\right]'\Big|_{x=0}=0$$

$$\Leftrightarrow \left[3C_1 e^{3x}-C_2 e^{-x}-1\right]_{x=0}=0 \Rightarrow 3C_1-C_2-1=0$$

解得 $C_1=\dfrac{5}{12}$，$C_2=\dfrac{1}{4}$，故所求特解为

$$\tilde{y}=\frac{5}{12}e^{3x}+\frac{1}{4}e^{-x}-x+\frac{1}{3}$$

【例 11-14】（A 类）　写出下列微分方程的待定特解形式．

(1) $y''-3y'+2y=(2x-3)e^{3x}$ 　　　　　　(2) $y''+y'=x^2$

(3) $y''+2y'+y=e^{-x}$ 　　　　　　　　　　(4) $y''+4y=x\cos 2x$

(5) $y''+4y=e^{-x}(x\cos 2x+3\sin 2x)$

　　分析：y^* 与方程右边同形，但要多乘一个 x^k．又要注意，多项式要补齐低次项，y^* 中 $\cos$，$\sin$ 要同时出现．

解　(1) 对比 $(2x-3)e^{3x}$, $y^* = x^k(ax+b)e^{3x}$.

因为 $e^{\lambda x}$ 中的 $\lambda=3$ 不是特征方程 $r^2-3r+2=(r-2)(r-1)=0$ 的根，所以 $k=0$，故 $y^* = (ax+b)\ e^{3x}$.

(2) 对比 x^2, $y^* = x^k(ax^2+bx+c)$.

因为没有 $e^{\lambda x}$，所以 $\lambda=0$，而 $\lambda=0$ 是特征方程 $r^2+r=r(r+1)=0$ 的单根，所以 $k=1$，故 $y^* = x(ax^2+bx+c)$.

(3) 对比 e^{-x}, $y^* = x^k e^{-x}a$.

因为 $e^{\lambda x}$ 的 $\lambda=-1$ 是特征方程 $r^2+2r+1=(r+1)^2=0$ 的二重根，所以 $k=2$. 故 $y^* = ax^2 e^{-x}$.

(4) 对比 $x\cos 2x$, $y^* = x^k[(ax+b)\cos 2x+(cx+d)\sin 2x]$.

因为 $e^{\lambda x}$，$\cos \omega x$ 对应的 $\lambda+i\omega=0+2i$ 是特征方程 $r^2+4=0$ 的单根，所以 $k=1$，故 $y^* = x[(ax+b)\cos 2x+(cx+d)\sin 2x]$.

(5) 对比 $e^{-x}[x\cos 2x+3\sin 2x]$, $y^* = x^k e^{-x}[(ax+b)\cos 2x+(cx+d)\sin 2x]$.

因为 $e^{\lambda x}$，$\cos \omega x$ 对应的 $\lambda+i\omega=-1+2i$ 不是特征方程 $r^2+4=0$ 的根，所以 $k=0$，故 $y^* = e^{-x}[(ax+b)\cos 2x+(cx+d)\sin 2x]$.

【例 11-15】（A 类）　求出例 11-14 中的特解中的待定系数.

> **分析：解法 1**　将例 11-13 中的形式特解 y^* 代入原方程，对比 $x^n e^{\lambda x}$ 或 $x^n e^{\lambda x}\cos \omega x$ 或 $x^n e^{\lambda x}\sin \omega x$ 的系数，列方程求出其中的待定常数.
>
> **解法 2**　记 $y^* = Qe^{\lambda x}$，其中 Q 为多项式，代入原方程 $y''+py+qy=Pe^{\lambda x}$ 后消去 $e^{\lambda x}$，可得
>
> $$Q'' + Q'(2\lambda+p) + Q(\lambda^2+p\lambda+q) = P \tag{11-6}$$
>
> 对比 x^n 的系数即可求出待定常数，又对于
>
> $$y'' + py' + qy = Pe^{\lambda x}\cos \omega x = \mathrm{Re}[Pe^{(\lambda+i\omega)x}]\ (\text{或}\ Pe^{\lambda x}\sin\omega x = \mathrm{Im}[Pe^{(\lambda+i\omega)x}]) \tag{$\triangle$}$$
>
> 仿前面的做法，可求出 $y'' + py' + qy = Pe^{\tilde{\lambda} x}(\tilde{\lambda}=\lambda+i\omega)$ 的特解 $\tilde{y}^* = Qe^{\tilde{\lambda} x}$，从而得出（$\triangle$）的特解 $y^* = \mathrm{Re}[\tilde{y}^*]$（或 $y^* = \mathrm{Im}[\tilde{y}^*]$）.

解 1　略.

解 2　(1) 因为

$$y^* = (ax+b)e^{3x} = Qe^{\lambda x}, y''+py'+qy = y''-3y'+2y, P=2x-3,$$

所以式（11-6）为

$$(ax+b)'' + (ax+b)'[2 \cdot 3+(-3)] + (ax+b)(3^2-3 \cdot 3+2) = 2x-3$$

$$3a + 2(ax+b) = 2x-3 \Rightarrow 2a=2, 3a+2b=-3 \Rightarrow a=1, b=-3$$

(2) 因为

$$y^* = x(ax^2+bx+c) = Q\mathrm{e}^{\lambda x}, \quad y''+py'+qy = y''+y', \quad P = x^2$$

所以式 (11-6) 为

$$(ax^3+bx^2+cx)''+(ax^3+bx^2+cx)'(2 \cdot 0+1)+0 = x^2$$

$$6ax+2b+3ax^2+2bx+c = x^2 \Rightarrow 3a=1, \ 6a+2b=0, \ 2b+c=0 \Rightarrow a=\frac{1}{3}, \ b=-1, \ c=2$$

（3）因为

$$y^* = ax^2\mathrm{e}^{-x} = Q\mathrm{e}^{\lambda x}, \quad y''+py'+qy = y''+2y'+y, \quad P = 1$$

所以式 (11-6) 为

$$(ax^2)''+0+0 = 1 \Rightarrow 2a=1, \ a=\frac{1}{2}$$

（4）因为原方程为 $y''+4y = x\cos 2x = \mathrm{Re}[x\mathrm{e}^{2\mathrm{i}x}]$，所以先解方程 $y''+4y = x\mathrm{e}^{2\mathrm{i}x}$. 与例 11-14（4）同理，得

$$\tilde{y}^* = x(ax+b)\mathrm{e}^{2\mathrm{i}x} = Q\mathrm{e}^{\lambda x}$$

又

$$y''+py'+qy = y''+4y, \quad P = x$$

所以式 (11-6) 为

$$(ax^2+bx)''+(ax^2+bx)'(2 \cdot 2\mathrm{i}+0)+0 = x$$

$$2a+2ax \cdot 4\mathrm{i}+4\mathrm{i}b = x \Rightarrow 8\mathrm{i}a=1, \ 2a+4\mathrm{i}b=0 \Rightarrow a=-\frac{1}{8}\mathrm{i}, \ b=\frac{1}{16}$$

得 $y''+4y = x\mathrm{e}^{2\mathrm{i}x}$ 的

$$\tilde{y}^* = \left(-\frac{1}{8}\mathrm{i}x^2+\frac{1}{16}x\right)\mathrm{e}^{2\mathrm{i}x}$$

故原方程 $y''+4y = \mathrm{Re}[x\mathrm{e}^{2\mathrm{i}x}]$ 的

$$y^* = \mathrm{Re}[\tilde{y}^*] = \mathrm{Re}\left[\left(-\frac{1}{8}\mathrm{i}x^2+\frac{1}{16}x\right)(\cos 2x+\mathrm{i}\sin 2x)\right] = \frac{1}{16}x\cos 2x+\frac{1}{8}x^2\sin 2x$$

（5）因为原方程为

$$y''+4y = x\mathrm{e}^{-x}\cos 2x+3\mathrm{e}^{-x}\sin 2x = \mathrm{Re}[x\mathrm{e}^{(-1+2\mathrm{i})x}]+\mathrm{Im}[3\mathrm{e}^{(-1+2\mathrm{i})x}]$$

所以先解 $y''+4y = x\mathrm{e}^{(-1+2\mathrm{i})x}$（后面再解 $y''+4y = 3\mathrm{e}^{(-1+2\mathrm{i})x}$）. 与例 11-14(5) 同理，得

$$\tilde{y}_1^* = (ax+b) \ \mathrm{e}^{(-1+2\mathrm{i})x} = Q_1\mathrm{e}^{\lambda x}$$

又

$$y'' + py' + qy = y'' + 4y, \quad P_1 = x$$

所以式 (11-6) 为

$$(ax+b)'' + (ax+b)'[2 \cdot (-1+2\mathrm{i})+0] + (ax+b)[(-1+2\mathrm{i})^2+4] = x$$

$$a(-2+4\mathrm{i}) + (ax+b)(1-4\mathrm{i}) = x \Rightarrow a(1-4\mathrm{i}) = 1, \ a(-2+4\mathrm{i}) + b(1-4\mathrm{i}) = 0 \Rightarrow$$

$$a = \frac{1+4\mathrm{i}}{17}, \ b = \frac{2+76\mathrm{i}}{289}$$

所以 $y'' + 4y = x\mathrm{e}^{(-1+2\mathrm{i})x}$ 的

$$\tilde{y}_1^* = \left(\frac{1+4\mathrm{i}}{17}x + \frac{2+76\mathrm{i}}{289}\right)\mathrm{e}^{(-1+2\mathrm{i})x}$$

故 $y'' + 4y = x\mathrm{e}^{-x}\cos 2x = \mathrm{Re}[x\mathrm{e}^{(-1+2\mathrm{i})x}]$ 的

$$y_1^* = \mathrm{Re}[\tilde{y}_1^*] = \mathrm{Re}\left[\left(\frac{1+4\mathrm{i}}{17}x + \frac{2+76\mathrm{i}}{289}\right)\mathrm{e}^{-x}(\cos 2x + \mathrm{i}\sin 2x)\right]$$

$$y_1^* = \mathrm{e}^{-x}\cos 2x\left(\frac{1}{17}x + \frac{2}{289}\right) + \mathrm{e}^{-x}\sin 2x\left(-\frac{4}{17}x - \frac{76}{289}\right)$$

同理，$y'' + 4y = 3\mathrm{e}^{(-1+2\mathrm{i})x}$ 的 $\tilde{y}_2^* = C\mathrm{e}^{(-1+2\mathrm{i})x}$，对应的式 (11-6) 为

$$(C)'' + (C)'[2(-1+2\mathrm{i})+0] + C[(-1+2\mathrm{i})^2+4] = 3 \Rightarrow C = \frac{3+12\mathrm{i}}{17}$$

故 $y'' + 4y = 3\mathrm{e}^{-x}\sin 2x = \mathrm{Im}[3\mathrm{e}^{(-1+2\mathrm{i})x}]$ 的

$$y_2^* = \mathrm{Im}[\tilde{y}_2^*] = \mathrm{Im}\left[\frac{3+12\mathrm{i}}{17}\mathrm{e}^{-x}(\cos 2x + \mathrm{i}\sin 2x)\right]$$

$$y_2^* = \mathrm{e}^{-x}\cos 2x\left(\frac{12}{17}\right) + \mathrm{e}^{-x}\sin 2x\left(\frac{3}{17}\right)$$

最后用叠加原理，原方程的特解为

$$y^* = y_1^* + y_2^* = \mathrm{e}^{-x}\cos 2x\left(\frac{1}{17}x + \frac{206}{289}\right) + \mathrm{e}^{-x}\sin 2x\left(-\frac{4}{17}x - \frac{25}{289}\right)$$

【例 11-16】（B类）　求微分方程 $y'' - y = \sin^2 x$ 的通解.

分析：因为 $\sin^2 x = \frac{1}{2} - \frac{1}{2}\cos 2x$，所以原方程的特解为 $y^* = y_1^* + y_2^*$，其中 y_1^* 是 $y'' - y = \frac{1}{2}$ 的特解，y_2^* 是 $y'' - y = -\frac{1}{2}\cos 2x$ 的特解.

解　由于"非齐通解＝齐次通解＋非齐特解"，记为 $y = \bar{y} + y^*$，其中 $\bar{y}$ 是 $y'' - y = 0$ 的通解. 故特征方程为

$$r^2-1=0 \Rightarrow r=\pm 1 \Rightarrow \bar{y}=C_1 \mathrm{e}^x+C_2 \mathrm{e}^{-x}$$

又因为 $\sin^2 x=\dfrac{1}{2}-\dfrac{1}{2}\cos 2x$，所以利用叠加原理 $y^*=y_1^*+y_2^*$. 显然，$y''-y=\dfrac{1}{2}$ 的 $y_1^*=x^k a$，$k=0$（因为无 $\mathrm{e}^{\lambda x}$ 且 $\lambda=0$ 不是特征根）. 故

$$y_1^*=a,\ (a)''-a=\frac{1}{2} \Rightarrow a=-\frac{1}{2} \Rightarrow y_1^*=-\frac{1}{2}$$

而 $y''-y=-\dfrac{1}{2}\cos 2x$ 的 $y_2^*=x^k(b\cos 2x+c\sin 2x)$，$k=0$（因为 $\lambda+\mathrm{i}\omega=0+2\mathrm{i}$ 不是特征根）. 故

$$(b\cos 2x+c\sin 2x)''-(b\cos 2x+c\sin 2x)=-\frac{1}{2}\cos 2x$$

$$-4b\cos 2x-4c\sin 2x-b\cos 2x-c\sin 2x=-\frac{1}{2}\cos 2x$$

$$\Rightarrow -4b-b=-\frac{1}{2},\ -4c-c=0 \Rightarrow b=\frac{1}{10},\ c=0,\ \Rightarrow y_2^*=\frac{1}{10}\cos 2x$$

故所求为

$$y=\bar{y}+(y_1^*+y_2^*)=C_1 \mathrm{e}^x+C_2 \mathrm{e}^{-x}-\frac{1}{2}+\frac{1}{10}\cos 2x$$

【例 11-17】（B 类）　已知 $y_1=3$，$y_2=3+x^2$，$y_3=3+\mathrm{e}^x$ 是二阶线性非齐次方程的解，求方程的通解及所述的方程.

分析：应记忆的概念：非齐特解＝齐次通解＋非齐特解；齐次通解＝$C_1\bar{y}_1+C_2\bar{y}_2$，其中 $\bar{y}_1$，$\bar{y}_2$ 是两个线无关的齐次特解；两个非齐特解的差是齐次特解；$f(x)$，$g(x)$ 线性无关的定义是：$\dfrac{f(x)}{g(x)} \neq$ 常数.

解　因为 y_1，y_2，y_3 是所述非齐方程的特解，所以

$$\bar{y}_1=y_2-y_1=x^2,\qquad \bar{y}_2=y_3-y_1=\mathrm{e}^x$$

是齐次方程的特解. 又因为 $\dfrac{\bar{y}_1}{\bar{y}_2}=\dfrac{x^2}{\mathrm{e}^x} \neq$ 常数，所以这两个解是线性无关的，故得所述方程的通解为

$$y=C_1\bar{y}_1+C_2\bar{y}_2+y_1=C_1 x^2+C_2 \mathrm{e}^x+3$$

再由练习题 11-1（第 262 页）所述方程为

$$(2x-x^2)y''+(x^2-2)y'+2(1-x)y=6(1-x)$$

【例 11-18】（B 类）　求方程 $y''+4y=3\,|\sin x\,|$ 在 $[-\pi,\pi]$ 上满足 $y\left(\dfrac{\pi}{2}\right)=0$，

$y'\left(\dfrac{\pi}{2}\right)=1$ 的特解，且问此特解的 $y''(0)$ 是否存在．

分析：因为 $|\sin x|$ 是分段函数，所以可以分段解微分方程，然后再将特解接在一起．注意，先由初始条件求出对应段的特解，再由此特解定出相邻段的初始条件．

解　先解 $y''+4y=3\sin x$　$(0\leqslant x\leqslant\pi)$，$y\left(\dfrac{\pi}{2}\right)=0$，$y'\left(\dfrac{\pi}{2}\right)=1$．

因为

$r^2+4=0$，$\bar{y}=C_1\cos 2x+C_2\sin 2x$，$y^*=a\cos x+b\sin x$，$a=0$，$b=1$，$y=\bar{y}+y^*=$

$\cos 2x-\dfrac{1}{2}\sin 2x+\sin x$，$0\leqslant x\leqslant\pi$

由此得 $y(0)=1$，$y'(0)=0$．故再解 $y''+4y=-3\sin x$　$(-\pi\leqslant x\leqslant 0)$ 及 $y(0)=1$，$y'(0)=0$．

同理得

$$y=\cos 2x+\frac{1}{2}\sin 2x-\sin x,\qquad -\pi\leqslant x\leqslant 0$$

接上两个 y，得原方程 $y''+4y=3\,|\sin x\,|$，$y\left(\dfrac{\pi}{2}\right)=0$，$y'\left(\dfrac{\pi}{2}\right)=1$ 的特解为

$$y=y(x)=\begin{cases}\cos 2x+\dfrac{1}{2}\sin 2x-\sin x, & -\pi\leqslant x\leqslant 0\\[2mm]\cos 2x-\dfrac{1}{2}\sin 2x+\sin x, & 0\leqslant x\leqslant\pi\end{cases}$$

易验证 y，y'，y'' 在 $x=0$ 连续，且 $y''_+(0)=y''_-(0)=-4$．

【例 11-19】（B 类）　设 $f(x)=\sin x+\displaystyle\int_0^x(x-t)f(t)\mathrm{d}t$，其中 f 为连续函数，求 $f(x)$．

分析：含有未知函数的变限积分的方程称为积分方程．在等式两边求导可将积分方程化为微分方程．通常还可由积分方程求出对应的微分方程的初始条件．另外，有关变限积分的求导方法见上册的例 6-13．

解　由 $f(x)=\sin x+\displaystyle\int_0^x(x-t)f(t)\mathrm{d}t$ 可知，$f(0)=0$，且

$$(f(x))'_x=\left(\sin x+\int_0^x(x-t)f(t)\mathrm{d}t\right)'_x$$

$$\Leftrightarrow f'(x)=\cos x+\left(x\int_0^x f(t)\mathrm{d}t-\int_0^x tf(t)\mathrm{d}t\right)'_x$$

$$\Leftrightarrow f'(x)=\cos x+\int_0^x f(t)\mathrm{d}t$$

再求导一次，可得

$$f''(x) = -\sin x + f(x)$$

又由 $f'(x) = \cos x + \int_0^x f(t)\mathrm{d}t$ 可知，$f'(0) = 1$，最后记 $y = f(x)$，可得

$$\begin{cases} y'' - y = -\sin x \\ y(0) = 0, \ y'(0) = 1 \end{cases}$$

解之

$$r^2 - 1 = 0, \ \overline{y} = C_1\mathrm{e}^x + C_2\mathrm{e}^{-x}, \ y^* = A\cos x + B\sin x = \frac{1}{2}\sin x$$

最后

$$f(x) = y = \overline{y} + y^* = \frac{1}{4}(\mathrm{e}^x - \mathrm{e}^{-x}) + \frac{1}{2}\sin x$$

练习题 11-9　已知在 $x > -1$ 时，有定义的二阶可微函数 $f(x)$ 满足

$$f'(x) + f(x) - \frac{1}{x+1}\int_0^x f(t)\mathrm{d}t = 0 \text{ 和 } f(0) = 1$$

(1) 求 $f'(x)$；(2) 证明当 $x \geqslant 0$ 时，$\mathrm{e}^{-x} \leqslant f(x) \leqslant 1$.

答案：(1) $f'(x) = -\dfrac{\mathrm{e}^{-x}}{x+1}$. 提示：所得微分方程为 $(f'' + f')(x+1) + f' = 0$. 解法 1：方程乘以 $(x+1)$ 后求导. 解法 2：先求导 $f'' + f' + \dfrac{1}{(x+1)^2}\int_0^x \left(-\dfrac{1}{x+1}\right)f = 0$，再把原式 $\dfrac{1}{x+1}\int_0^x = f' + f$ 代入. (2) 提示：因为 $f' < 0 \Rightarrow f(x) \leqslant f(0) = 1$，再令 $H(x) = f(x) - \mathrm{e}^{-x} \Rightarrow H'(x) > 0 \Rightarrow H(x) \geqslant 0$.

练习题 11-10　已知函数 $\varphi(x)$ 在 $(0, +\infty)$ 上可微，k 是一个常数. 又当 $x > 0$ 时总有 $k\int_0^1 \varphi(xt)\mathrm{d}t = \varphi(x)$，求 $\varphi(x)$.

答案：$\varphi(x) = Cx^{k-1}$. 提示：令 $u = xt \Rightarrow \int_0^1 \varphi(xt)\mathrm{d}t = \dfrac{1}{x}\int_0^x \varphi(u)\mathrm{d}u \Rightarrow k\int_0^x \varphi(u)\mathrm{d}u = x\varphi(x) \Rightarrow k\varphi(x) = \varphi(x) + x\varphi'(x)$.

【例 11-20】（B 类）　设函数 $f(x)$ 连续可导，$f(0) = 0$，又已知曲线积分 $\int_L [f(x) - \mathrm{e}^x]y\mathrm{d}x - f(x)\mathrm{d}y$ 与路积分关，求 $f(x)$.

分析：利用积分 $\int_L P\mathrm{d}x + Q\mathrm{d}y$ 与路径无关的条件 3，主要是 $Q'_x - P'_y = 0$.

解　因为积分 $\int_L [f(x) - \mathrm{e}^x] y\,\mathrm{d}x - f(x)\,\mathrm{d}y$ 与路径无关，故得

$$(-f(x))'_x - ([f(x) - \mathrm{e}^x]y)'_y = 0 \Leftrightarrow f'(x) + f(x) = \mathrm{e}^x$$

解之得

$$f(x) = \mathrm{e}^{-x}\left(\int \mathrm{e}^x \mathrm{e}^x \mathrm{d}x + C\right) = \mathrm{e}^{-x}\left(\frac{1}{2}\mathrm{e}^{2x} + C\right)$$

再将 $x = 0$ 及 $f(0) = 0$ 代入得 $C = -\dfrac{1}{2}$，因此

$$f(x) = \mathrm{e}^{-x}\left(\frac{1}{2}\mathrm{e}^{2x} - \frac{1}{2}\right) = \frac{1}{2}(\mathrm{e}^x - \mathrm{e}^{-x})$$

练习题 11-11　设 $f(x)$ 具有二阶连续导数，且 $[xy(x+y) - f(x)y]\mathrm{d}x + [f'(x) + x^2 y]\mathrm{d}y = 0$ 为一全微分方程，求 $f(x)$ 满足的微分方程．

答案：$f''(x) + f(x) = x^2$．提示：$P\mathrm{d}x + Q\mathrm{d}y = 0$ 是全微分方程 $\Leftrightarrow P\mathrm{d}x + Q\mathrm{d}y$ 是全微分 $\Leftrightarrow \int_L P\mathrm{d}x + Q\mathrm{d}y$ 与路径无关 $\Leftrightarrow Q'_x - P'_y = 0$．

【例 11-21】（C 类）　若函数 $f(x, y, z)$ 对任意的 $t > 0$ 满足 $f(tx, ty, tz) = t^k f(x, y, z)$，则称 $f(x, y, z)$ 为 k 次齐次函数．设 $f(x, y, z)$ 可微，证明

$$f(x, y, z) \text{ 是 } k \text{ 次齐次函数} \Leftrightarrow x\frac{\partial f}{\partial x} + y\frac{\partial f}{\partial y} + z\frac{\partial f}{\partial z} = kf(x, y, z)$$

分析：证 "$\Rightarrow$" 时，已知函数方程，求证导数方程，所以只需对函数方程求导就应该得证．关键是对谁求导？证 "$\Leftarrow$" 时，已知偏微分方程，求证函数方程，应使用"一元化"思想，即定义一个一元函数 $g(\ )$，将偏微分方程化为常微分方程，且该常微分方程的解就是 $f(tx, ty, tz) = t^k f(x, y, z)$，故可推测 $g(\ ) = ?$

另外，再强调一下复合求导的三个要点．

(1) 总是使用公式"如 $f = f(\text{第 1 元}, \text{第 2 元}, \cdots)$，则 $(f)'_x = f'_1(\text{第 1 元})'_x + f'_2(\text{第 2 元})'_x + \cdots$"．

(2) "求导前是'谁们'的函数，求导后还是'谁们'的函数"．如前面的 $f'_1 = f'_1(\text{第 1 元}, \text{第 2 元}, \cdots)$．

(3) "题设中含有 $f(x, y, \cdots)$ 时，f'_1 等于题中的 $f'_x = \dfrac{\partial f}{\partial x} = f_x$，$f'_2$ 等于题中的 $f'_y = \dfrac{\partial f}{\partial y} = f_y$，$\cdots$"．

证 首先注意所需证明中的 $\dfrac{\partial f}{\partial x} = f'_x = f'_x(x,\ y,\ z)$.

下面证明 "⇒". 在已知等式 $f(tx,\ ty,\ tz) = t^k f(x,\ y,\ z)$ 两边对 t 求导, $x,\ y,\ z$ 看作常数, 有

$$f'_1 \cdot x + f'_2 \cdot y + f'_3 \cdot z = kt^{k-1}f(x,\ y,\ z) \tag{11-7}$$

注意: 这里的 $f'_1 = f'_1(tx,\ ty,\ tz) = f'_x(tx,\ ty,\ tz)$ (其中第一个等号用的是分析中的第 (2) 点, 第二个等号用的是分析中的第 (3) 点), 所以令式 (11-7) 中的 $t=1$ 可证得

$$x\frac{\partial f}{\partial x} + y\frac{\partial f}{\partial y} + z\frac{\partial f}{\partial z} = kf(x,\ y,\ z)$$

再证 "⇐". 令 $g(t) = f(tx,\ ty,\ tz)$. $t>0$, 则

$$g'(t) = f'_1 \cdot x + f'_2 \cdot y + f'_3 \cdot z = \frac{1}{t}\big[(tx)f'_1(tx,\ ty,\ tz) + (ty)f'_2(tx,\ ty,\ tz) +$$

$$(tz)f'_3(tx,\ ty,\ tz)\big] \xlongequal{\text{由已知}} \frac{1}{t}\big[kf(tx,\ ty,\ tz)\big] = \frac{1}{t}kg(t)$$

解初值问题

$$\begin{cases} g'(t) = \dfrac{1}{t}kg(t) \\ g(1) = f(x,\ y,\ z) \end{cases}$$

得 $g(t) = t^k f(x,\ y,\ z)$, 即为所证.

练习题 11-12 设一元函数 $f(u)$ 具有二阶连续导数, 而 $z = f(e^x \sin y)$ 满足方程 $\dfrac{\partial^2 z}{\partial x^2} + \dfrac{\partial^2 z}{\partial y^2} = e^{2x}z$, 求 $f(u)$.

答案: $f(u) = C_1 e^u + C_2 e^{-u}$. 提示: 令 $u = e^x \sin y$, 则原方程 $\Leftrightarrow f''(u)e^{2x} = e^{2x}f(u)$.

练习题 11-13 设二元函数 $z = f(x,\ y)$ 可微, a, b 为非零常数. 证明: z 只是 $ax + by$ 的函数 $\Leftrightarrow b\dfrac{\partial z}{\partial x} = a\dfrac{\partial z}{\partial y}$.

提示: z 只是 $ax + by$ 的函数 $\Leftrightarrow$ 存在一个一元函数 g, 使 $z = g(ax + by)$, 所以证 "⇒" 显然. 为了证明 "⇐", 由偏微分方程通解特点知 (详见例 7-18): 当 $z = z(u,\ v)$ 时, $z'_v = 0 \Rightarrow z = g(u)$. 所以应作一个非退化线性变换 ("非退化" 是为了不丢信息, "线性" 是为了简单) $u = ax + by$, $v = cx + dy$ (简单地可取 $v = x$, 非退化对应由 u'_x, u'_y, v'_x, v'_y 组成的行列式不等于 0), 使原方程 $bz'_x = az'_y \Leftrightarrow z'_v = 0$.

【例 11-22】（B 类） 设函数 $f(t)$ 在 $[0,\ +\infty)$ 上连续, 且满足方程

$$f(t) = \mathrm{e}^{4\pi t^2} + \iint_{x^2+y^2 \leqslant 4t^2} f\left(\frac{1}{2}\sqrt{x^2+y^2}\right) \mathrm{d}x\mathrm{d}y$$

求 $f(t)$.

解   利用极坐标可得，当 $t \geqslant 0$ 时

$$\iint_{x^2+y^2 \leqslant 4t^2} f\left(\frac{1}{2}\sqrt{x^2+y^2}\right)\mathrm{d}x\mathrm{d}y = \int_0^{2\pi}\mathrm{d}\theta\int_0^{2t} f\left(\frac{1}{2}r\right)r\mathrm{d}r = 2\pi\int_0^{2t} f\left(\frac{r}{2}\right)r\mathrm{d}r$$

代入原方程

$$f(t) = \mathrm{e}^{4\pi t^2} + 2\pi\int_0^{2t} f\left(\frac{r}{2}\right)r\mathrm{d}r$$

两边对 t 求导，得

$$f'(t) = 8\pi t\mathrm{e}^{4\pi t^2} + 2\pi\left[f\left(\frac{r}{2}\right)r\right]_{r=2t}\cdot(2t)'_t$$

$$\Leftrightarrow f'(t) = 8\pi t\mathrm{e}^{4\pi t^2} + 2\pi f(t)2t\cdot 2$$

又由原方程，令 $t=0$，得 $f(0)=1$，解之得

$$f(t) = \mathrm{e}^{4\pi t^2}(4\pi t^2 + 1)$$

【例 11-23】（B类）   设对任何实数 a，b，函数 $f(x)$ 满足

$$f(a+b) = f(a) + f(b)$$

分别在下列两个条件下求 $f(x)$.（1）$f(x)$ 可微；（2）$f(x)$ 连续.[①]

分析：（1）先对 a 求导，b 看作常数；再把 b 看作变量，a 看作常数.（2）因为连续，所以可积，在等式两边作定积分.

解   （1）对于原方程，把 b 看作常数，对 a 求导得

$$(f(a+b))'_a = (f(a) + f(b))'_a \Rightarrow f'(a+b) = f'(a)$$

令 $a=0$，再把 b 看作变量，得

$$f'(b) = f'(0) \Rightarrow f(b) = \int f'(0)\mathrm{d}b = f'(0)b + C$$

将此结果代回原方程得

$$f'(0)(a+b) + C = (f'(0)a + C) + (f'(0)b + C) \Rightarrow C = 0$$

①   这个条件还可换为 $f(x)$ 在 $x=0$ 处连续，详见上册的例 2-26.

故

$$f(b) = f'(0)b \Rightarrow f(x) = f'(0)x \Leftrightarrow f(x) = kx \ (k \text{ 为任意常数})$$

（2）把 b 看作常数，在原方程两边对变量 a 作定积分得

$$\int_0^x f(a+b)\mathrm{d}a = \int_0^x [f(a)+f(b)]\mathrm{d}a \Leftrightarrow \int_b^{x+b} f(t)\mathrm{d}t = \int_0^x f(a)\mathrm{d}a + f(b)x$$

令 $x = 1$ 并把 b 换为 y，得

$$f(y) = \int_y^{1+y} f(t)\mathrm{d}t - \int_0^1 f(t)\mathrm{d}t$$

故由 $f(t)$ 连续可知 $f(y)$ 可微，再由第（1）题的结果知，$f(x)=kx$（k 为任意常数）.

练习题 11-14 设函数 $f(x)$ 满足对任意的 x，$y \in (-\infty, +\infty)$，都有 $f(x+y) = \mathrm{e}^x f(y) + \mathrm{e}^y f(x)$. 分别在下列条件下求 $f(x)$. （1）$f(x)$ 可微；（2）$f(x)$ 连续；（3）$f(x)$ 在 $x=0$ 连续；（4）$f(x)$ 在 $x=0$ 可导.

答案：$f(x) = f'(0)x\mathrm{e}^x$ 或 $f(x) = Cx\mathrm{e}^x$. 提示：（1）、（2）参见例 11-23. （3）参见上册例 2-26. （4）$f'(x) = \lim_{\Delta x \to 0} \dfrac{f(x+\Delta x) - f(x+0)}{\Delta x} = \lim_{\Delta x \to 0} \dfrac{1}{\Delta x} \left[\mathrm{e}^x f(\Delta x) + \mathrm{e}^{\Delta x} f(x) - (\mathrm{e}^x f(0) + \mathrm{e}^0 f(x))\right] = \mathrm{e}^x f'(0) + f(x)$.

【例 11-24】（C 类）　已知二元函数 $F(x, y)$ 在直角坐标系下可写为 $F(x, y) = f(x)g(y)$；在极坐标系下可写为 $F(x, y) = s(r)$. 其中，F，f，g，s 都是可微函数，两坐标系的关系是 $x = r\cos\theta$，$y = r\sin\theta$，求 $F(x, y)$.

分析：显然 $s(r)$ 只与 r 有关，与 θ 无关，故 $(s(r))'_\theta = 0$. 又如果对任意的 x，y 都有 $h(x) = i(y)$，则 $h(x) = i(y) = $ 常数. 因为 $h(x)$ 中不含 y，又因为 $h(x) = i(y)$，所以，$h(x)$ 中也不含 x.

解　显然

$$0 = (s(r))'_\theta = (F(x, y))'_\theta = (f(r\cos\theta)g(r\sin\theta))'_\theta$$

$$\Rightarrow 0 = f'(r\cos\theta)r(-\sin\theta)g(r\sin\theta) + f(r\cos\theta)g'(r\sin\theta)r\cos\theta$$

$$0 = -yf'(x)g(y) + xf(x)g'(y)$$

$$\Rightarrow \frac{f'(x)}{xf(x)} = \frac{g'(y)}{yg(y)}$$

因此 $\dfrac{f'(x)}{xf(x)}$ 不但与 y 无关，而且也与 x 无关 $\left(\text{因为 } \dfrac{f'(x)}{xf(x)} = \dfrac{g'(y)}{yg(y)}\right)$，从而有

$$\frac{f'(x)}{xf(x)} = C \Rightarrow \int \frac{f'(x)}{f(x)} \mathrm{d}x = \int Cx \,\mathrm{d}x \Rightarrow$$

$$\ln f(x) = \frac{1}{2} Cx^2 + \ln C_1 \Rightarrow f(x) = C_1 \mathrm{e}^{C\frac{x^2}{2}}$$

同理，由 $\dfrac{g'(y)}{yg(y)} = C$，可得

$$g(y) = C_2 \mathrm{e}^{Cy^2/2}$$

记 $C_1 C_2 = C_3$，可得

$$F(x, y) = f(x)g(y) = C_3 \mathrm{e}^{C(x^2+y^2)/2}$$

容易验证

$$F(x, y) = C_1 \mathrm{e}^{Cx^2/2} C_2 \mathrm{e}^{Cy^2/2} = C_3 \mathrm{e}^{Cr^2/2}.$$

练习题 11-15 设 $f(x, y)$ 可微，且满足方程 $x\dfrac{\partial f}{\partial x} + y\dfrac{\partial f}{\partial y} = 0$. 证明：$f(x, y) =$ 常数.

提示：先证 $(f)'_r = 0$；再证 $\forall (x_0, y_0)$ 都有 $f(x_0, y_0) = f(0, 0)$. 思路是：令 $g(t) = f(t\cos\theta_0, t\sin\theta_0)$，则 $f(x_0, y_0) - f(0, 0) = g(r_0) - g(0) = g'(\xi)r_0 = 0$.

【例 11-25】（B类） 设级数.

$$\frac{x^4}{2 \cdot 4} + \frac{x^6}{2 \cdot 4 \cdot 6} + \frac{x^8}{2 \cdot 4 \cdot 6 \cdot 8} + \cdots \qquad (-\infty < x < +\infty)$$

的和函数为 $s(x)$，求 （1） $s(x)$ 所满足的一阶微分方程；（2） $s(x)$ 的表达式.

分析：（1）利用逐项求导计算 $s'(x)$，并看能否将其用 $s(x)$ 和 x 表出；（2）解出微分方程的特解即可. 其所需的初始条件，令级数表达式 $s(x)$ 中的 $x = 0$.

解 （1）记

$$s(x) = \frac{x^4}{2 \cdot 4} + \frac{x^6}{2 \cdot 4 \cdot 6} + \frac{x^8}{2 \cdot 4 \cdot 6 \cdot 8} + \cdots \qquad |x| < +\infty$$

两边求导得

$$s'(x) = \frac{x^3}{2} + \frac{x^5}{2 \cdot 4} + \frac{x^7}{2 \cdot 4 \cdot 6} + \frac{x^9}{2 \cdot 4 \cdot 6 \cdot 8} + \cdots\cdots$$

$$= \frac{1}{2}x^3 + x\left[\frac{x^4}{2 \cdot 4} + \frac{x^6}{2 \cdot 4 \cdot 6} + \frac{x^8}{2 \cdot 4 \cdot 6 \cdot 8} + \cdots\right] = \frac{1}{2}x^3 + xs(x)$$

故所求为

$$s'(x) = \frac{1}{2}x^3 + xs(x)$$

(2) 令 (1) 中的 $x=0 \Rightarrow s(0)=0$. 故解初值问题 $s'(x) = \frac{1}{2}x^3 + xs(x)$. $s(0)=0$，得

$$s(x) = e^{\int x dx}\left[\int \frac{1}{2}x^3 e^{-\int x dx} dx + C \right] = e^{\frac{x^2}{2}}\left[e^{-\frac{x^2}{2}}\left(-\frac{1}{2}x^2 - 1 \right) + C \right]$$

由 $s(0)=0 \Rightarrow C=1$，故

$$s(x) = -\frac{1}{2}x^2 - 1 + e^{\frac{x^2}{2}}$$

练习题 11-16　　(1) 验证函数 $y(x) = 1 + \frac{x^3}{3!} + \frac{x^6}{6!} + \frac{x^9}{9!} + \cdots (-\infty < x < +\infty)$ 满足微

分方程 $y'' + y' + y = e^x$；(2) 利用 (1) 的结果求幂级数 $\sum\limits_{n=0}^{\infty} \frac{x^{3n}}{(3n)!}$ 的和函数.

答案： (1) 用逐项求导. (2) $y(x) = \frac{2}{3}e^{-\frac{x}{2}}\cos\frac{\sqrt{3}}{2}x + \frac{1}{3}e^x$.

【例 11-26】（B 类）　某日上午 9 时，在某旅馆的一个房间内发现一具尸体. 测得当时的尸温为 $30℃$，后经监测知当尸温降至 $25℃$ 时已是该日晚 8 点，又知该房间的室温一直保持为 $20℃$，试确定该人的死亡时间.（设人体死亡前的温度为 $37℃$，且物体冷却符合牛顿冷却定律：温度为 T 的物体处于常温介质中，其温度的变化率正比于该物体的温度与介质温度之差）

分析： 温度的变化率就是温度 T 对时间 t 的导数 T'_t.

解　设该人在死了 t 小时后温度为 $T(t)(℃)$，则由冷却定律有

$$T'_t = k(T-20)$$

其中，k 为待定的比例常数.

解之得

$$\int \frac{dT}{T-20} = \int k dt \Rightarrow \ln(T-20) = kt + \ln C$$

由题设

$$T(0) = 37 \Rightarrow \ln(37-20) = \ln C \Rightarrow C = 17$$

再由题设（设 9 时是死后 t_1 小时，故晚上 8 时是死后 $t_1 + 11$ 小时）

$$\ln (30-20)=kt_1+\ln 17, \quad \ln (25-20)=k(t_1+11)+\ln 17$$

两式相减得

$$\ln 10-\ln 5=-k11 \Rightarrow k=-\frac{(\ln 2)}{11}$$

故

$$\ln 10=kt_1+\ln 17 \Rightarrow t_1=\frac{(\ln \frac{10}{17})}{k}=-11\frac{(\ln \frac{10}{17})}{\ln 2}\approx 8.42$$

所以死亡时间为 $9-t_1\approx 0.58\approx\frac{35}{60}$，即当日凌晨零点 35 分（0：35）.

【例 11-27】（B 类）   设容器内有 100 公斤浓度为 10% 的盐水，现以每分钟 6 公斤的速度向容器内注入浓度为 1% 的盐水，同时以每分钟 4 公斤的速度从容器中向外排出搅拌均匀后（即认为任意时刻容器内盐水的浓度都是均匀的）的盐水，求容器内含盐量 x 与时间 t 的关系.

> **分析**：求 x 与 t 的关系就是求函数 $x=x(t)$. 利用微元法列微分方程是实践中非常实用的一种方法，其理论基础是利用微分公式 $\mathrm{d}x(t)=x(t+\mathrm{d}t)-x(t)$. 对于本题就是计算在 $[t, t+\mathrm{d}t]$ 的时间内容器中含盐量的增量 $\mathrm{d}x(t)=x(t+\mathrm{d}t)-x(t)=$ "$[t, t+\mathrm{d}t]$ 这段时间的流入盐量减去相应的流出盐量". 计算中要用到微观思想：在微分长的时间段 $[t, t+\mathrm{d}t]$ 内容器中的浓度是不变的.

解   设 t 时刻容器内的含盐量 $x=x(t)$，故

$$
\begin{aligned}
\mathrm{d}x(t) &= x(t+\mathrm{d}t)-x(t) \\
&= \text{"}[t, t+\mathrm{d}t]\text{ 时间段内的流入盐量减去 }[t, t+\mathrm{d}t]\text{ 时间段内的流出盐量"} \\
&= \text{流入盐量}-\text{流出盐量}
\end{aligned}
$$

其中

$$
\begin{aligned}
\text{流入盐量} &= \text{流入的盐水量}\times\text{流入浓度} \\
&= \text{流入速度}\times\text{流入时间}\times\text{流入浓度} \overset{记}{=\!=\!=} V_入\, T_入\, N_入
\end{aligned}
$$

由于已知流入浓度 $N_入=1\%=0.01$，流入速度 $V_入=6(\mathrm{kg/min})$；又由于是计算 t 到 $t+\mathrm{d}t$ 时间段内的流入盐量，所以流入时间 $T_入=(t+\mathrm{d}t)-t=\mathrm{d}t$. 因此

$$\text{流入盐量}=V_入\, T_入\, N_入=6\cdot(\mathrm{d}t)\cdot 0.01$$

同理

$$\text{流出盐量}=V_出\, T_出\, N_出=4\cdot(\mathrm{d}t)\cdot N_出$$

其中流出浓度为

$$N_{出} = \frac{t \text{ 时刻容器内的含盐量}}{t \text{ 时刻容器内的盐水量}}$$

$$= \frac{x(t)}{(t=0 \text{ 时容器内的盐水量}) + ([0, t] \text{ 时间段内流入的盐水量}) - (\text{同时段内流出的盐水量})}$$

$$= \frac{x(t)}{100 + V_{入} t - V_{出} t} = \frac{x(t)}{100 + 6t - 4t} = \frac{x(t)}{100 + 2t}$$

至此已列出 $x(t)$ 满足的微分方程

$$\mathrm{d}x(t) = 6 \cdot (\mathrm{d}t) \cdot 0.01 - 4(\mathrm{d}t) \cdot \frac{x(t)}{100 + 2t} \Leftrightarrow x'(t) + \frac{4x(t)}{100 + 2t} = 0.06$$

加上 $t=0$ 时容器内的含盐量 $x(0) = 100 \times 10\% = 10$，可得

$$x(t) = \mathrm{e}^{-\int \frac{2\mathrm{d}t}{50+t}} \left[\int 0.06 \mathrm{e}^{\int \frac{2\mathrm{d}t}{50+t}} \mathrm{d}t + C \right] = (50+t)^{-2} \left[\frac{1}{50}(50+t)^3 + C \right]$$

令

$$t=0 \Rightarrow 10 = 50^{-2} \left[\frac{1}{50} \cdot 50^3 + C \right] \Rightarrow C = 9 \times 50^2 = 22\ 500$$

故所求为

$$x = x(t) = (50+t)^{-2} \left[\frac{1}{50}(50+t)^3 + 22\ 500 \right]$$

练习题 11-17　已知某国的现时人口为 10 亿，如果该国人口的年增长率总是保持为 $1‰$，求时间 t 与人口数 x 的关系.

答案：$x(t) = 10\mathrm{e}^{0.01t}$. 提示："年增长率"是"年瞬时增长率"的缩写，故 $\mathrm{d}x(t) = x(t+\mathrm{d}t) - x(t) = x(t) \times \frac{1}{100} \times \mathrm{d}t$.

【例 11-28】（B 类）　一曲线过点 $(1, 0)$，曲线上任一点 $P(x, y)$ 处的切线在 y 轴上的截距等于原点到 P 点的距离，求曲线的方程.

分析：在写动点 (x, y) 处的切线方程时，把 x, y, y'_x 看作常数，而用 X, Y 表示切线的"动标".

解　设所求曲线的方程为 $y = y(x)$.

故在点 $P(x, y)$ 的切线方程为：

$$Y - y = y'_x(X - x)$$

其中 $x, y = y(x), y'_x = y'_x(x)$ 是常数. 故令切线方程中的 $X=0$ 可得切线在 y 轴上截距

Y. 故

$$Y-y=y'_x(0-x) \Rightarrow Y=y-xy'_x$$

因为截距等于 (x, y) 到原点的距离，故

$$y-xy'_x=\sqrt{x^2+y^2}, \text{ 且 } y(1)=0$$

其中 $y(1)=0$ 是因为曲线过 $(1, 0)$ 点. 解此初值问题，得

$$y'_x=\frac{y-\sqrt{x^2+y^2}}{x}=\frac{y}{x}-\sqrt{1+\left(\frac{y}{x}\right)^2}$$

令 $u=\dfrac{y}{x}$，化简计算得

$$y=xu, \quad y'_x=u+xu'_x$$

$$\Rightarrow u+xu'_x=u-\sqrt{1+u^2} \Rightarrow \ln(u+\sqrt{1+u^2})=-\ln x+\ln C \Rightarrow x\left(\frac{y}{x}+\sqrt{1+\left(\frac{y}{x}\right)^2}\right)=C$$

最后由 $y(1)=0$ 得

$$y+\sqrt{x^2+y^2}=1 \Leftrightarrow x^2+2y=1$$

【例 11-29】（B类）　长为 l 的均匀链条放在一水平的无摩擦的桌面上，链条在桌边悬挂下来的长度为 b，求由重力使链条全部滑离桌面所需的时间.

分析：设滑下的长度 x 与时间 t 的关系为 $x=x(t)$，然后列出 $x(t)$ 满足的微分方程，解出 $x(t)$ 后，令 $x(T)=l$ 可得所求 T. 又因为牛顿第二定律 $F=ma$ 是每时每刻都成立的定律，即时每一个 t，$F(t)=ma(t)=mx''(t)$. 另外从题意上体会，开始时链条是静止的（如先拉住链条，再突然松手）.

解　设在 t 时刻链条在桌边下垂部分的长度为 $x(t)$，如图11-1，则由牛顿第二定律

$$F(t)=mx''(t)$$

对链条进行受力分析. 由于链条只受到滑下桌面的链条的重力，所以 $F(t)=\mu x(t)g$，$m=\mu l$. 其中 μ 是链条的线密度（单位长度的质量），g 是重力加速度. 又由于开始时（即 $t=0$ 时），链条是静止的，故 $x'(0)=V(0)=0$，又显然 $x(0)=b$，这样可得初值问题为

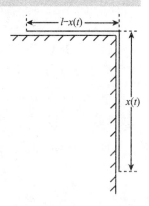

图 11-1

$$\begin{cases} \mu x(t)g = \mu l x''(t) \\ x(0)=b,\ x'(0)=0 \end{cases} \Longleftrightarrow \begin{cases} x''(t)-\dfrac{g}{l}x(t)=0 \\ x(0)=b,\ x'(0)=0 \end{cases}$$

记 $\dfrac{g}{l}=a^2$，$r^2-a^2=0$，$x(t)=C_1 e^{at}+C_2 e^{-at}=b\dfrac{e^{at}+e^{-at}}{2}=b\,\mathrm{ch}(at)$．令 $x(t)=l\Rightarrow$ $b\,\mathrm{ch}(at)=l$，得所求为

$$t=\frac{1}{a}\mathrm{arch}\left(\frac{l}{b}\right)=\sqrt{\frac{l}{g}}\,\mathrm{arch}\left(\frac{l}{b}\right)$$

【例 11-30】（C 类） 位于坐标原点的我国军舰向位于 $A(1,\ 0)$ 点处的敌舰发射制导鱼雷且鱼雷永远对准敌舰，设敌舰以速度 v_0 匀速地沿平行于 Oy 轴的直线行驶，又设鱼雷的速度是敌舰的 5 倍．求鱼雷轨迹 $y=f(x)$ 满足的微分方程，并问敌舰行驶多远时，将被鱼雷击中？

> **分析：** 设 t 时刻鱼雷位于 $P=(x(t),\ y(t))$ 处，敌舰位于 $Q=(X(t),\ Y(t))$ 处，根据题设列出有关 t 的方程．再设 $P=(x(t),\ y(t))=(x,\ y)=(x,\ f(x))$，然后消去 t 列出 $f(x)$ 满足的微分方程．

解 1 如图 11-2 所示，$\overset{\frown}{OB}$：$y=f(x)$，又设 t 时刻鱼雷位于 $P=(x(t),\ y(t))$，敌舰位于 $Q=(X(t),\ Y(t))$．则由题设知 $Q=(1,\ v_0 t)$．由"鱼雷总是指向敌舰"可知曲线 $\overset{\frown}{OB}$ 在 P 点的切线通过 Q 点．因为切线为

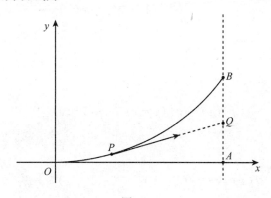

图 11-2

$$y-y(t)=\frac{y'(t)}{x'(t)}[x-x(t)]$$

所以

$$v_0 t-y(t)=\frac{y'(t)}{x'(t)}[1-x(t)] \tag{$\triangle$}$$

又因为"鱼雷的速度是敌舰的 5 倍",所以

$$\overparen{OP} \text{ 的长} = 5 \cdot AQ \text{ 的长} \Rightarrow \int_0^t \sqrt{x'(t)^2 + y'(t)^2}\,\mathrm{d}t = 5v_0 t \qquad (\text{☆})$$

为了消去 t 得 $f(x)$ 的微分方程,设 $P = (x(t),\ y(t)) = (x,\ f(x))$,则(△)式化为

$$v_0 t - f(x) = f'(x)(1-x)$$

(☆)式化为

$$\int_0^x \sqrt{1 + f'(x)^2}\,\mathrm{d}x = 5v_0 t$$

此两式消去 $v_0 t$ 得

$$\int_0^x \sqrt{1 + f'(x)^2}\,\mathrm{d}x = 5[f(x) + f'(x)(1-x)]$$

两边对 x 求导即得 $f(x)$ 满足的微分方程

$$\sqrt{1 + f'(x)^2} = 5f''(x)(1-x)$$

又注意 $y = f(x)$ 过原点且原点处的切线指向 A 点,可知 $f(0) = 0$,$f'(0) = 0$. 解之得

$$\int \frac{f''(x)}{\sqrt{1 + f'(x)^2}}\,\mathrm{d}x = \frac{1}{5}\int \frac{1}{1-x}\,\mathrm{d}x \Rightarrow \ln[f'(x) + \sqrt{1 + f'(x)^2}]$$

$$= -\frac{1}{5}\ln(1-x) + \ln C$$

令 $x = 0 \Rightarrow C = 1 \Rightarrow \sqrt{1 + f'(x)^2} = (1-x)^{-\frac{1}{5}} - f'(x)$

解得

$$f'(x) = \frac{1}{2}\left[(1-x)^{-\frac{1}{5}} - (1-x)^{\frac{1}{5}}\right]$$

再利用 $f(0) = 0$,得

$$f(x) = -\frac{5}{8}(1-x)^{\frac{4}{5}} + \frac{5}{12}(1-x)^{\frac{6}{5}} + \frac{5}{24}$$

最后所求敌舰击中时行驶的距离为

$$d = |AB| = f(1) = \frac{5}{24}$$

练习题 11-18　如图 11-3 所示，我缉私船（甲船）奉命追击走私船（乙船）. 已知缉私船与走私船的速率（即速度的大小）比为 2：1，且当缉私船赶到距事发生地点 O 点 a 海里处的 A 点时，走私船所在的位置 B 也与 O 点相距 a 海里（即 $OA=OB=a$）. 由于天降大雾，缉私船赶到 A 点时，看不到走私船，加上无法事先知道走私船的逃跑方向（但假设走私船总是沿着一个方向直线逃跑）. 请你为缉私船设计一条追击路线 L（如图），使缉私船沿此路线追击，一定能追上走私船（即对每一个 θ 值，当缉私船到达该 θ 值对应的射线时，正好与沿该射线逃跑的走私船相遇）.

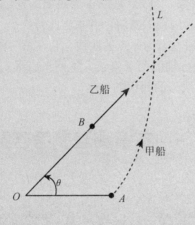

图 11-3

解答：以 O 点为极点、OA 为极轴建立极坐标，并设 L 的极坐标方程为 $r=r(\theta)$，由"速度率比为 2：1"，得

$$\int_0^\theta \mathrm{d}s = 2(r(\theta)-a) \Rightarrow s'_\theta = 2r'_\theta$$

又因为 $\mathrm{d}s=\sqrt{(r'_\theta)^2+r^2}\,\mathrm{d}\theta$，所以

$$(s'_\theta)^2 = (r'_\theta)^2+r^2 = (2r'_\theta)^2,\ r'_\theta>0,\ r(0)=a$$

解之，得 $r=a\mathrm{e}^{\frac{\theta}{\sqrt{3}}}$.

11.3　本章测验

1.（8 分）求微分方程 $(\sin y)(1+\mathrm{e}^x)y'+\mathrm{e}^x\cos y=0$ 的通解.

2.（8 分）求微分方程 $2x(y\mathrm{e}^{x^2}-1)\mathrm{d}x+\mathrm{e}^{x^2}\mathrm{d}y=0$ 的通解.

3.（12 分）求初值问题 $y^3y''=-1$，$y(1)=1$，$y'(1)=0$ 的解.

4. (12分)（1）求 $y''-2y'+2y=0$ 的通解.

    （2）求 $y''-2y'+2y=xe^x\cos x$ 的通解.

5. (15分) 设函数 $f(x)$ 连续可导，且 $f(\pi)=1$，又设 $\left[\sin x-f(x)\right]\dfrac{y}{x}\mathrm{d}x+f(x)\mathrm{d}y=0(x>0)$ 为一全微分方程.（1）求 $f(x)$；（2）求此全微分方程的通解.

6. (15分) 已知方程 $y'y'''-3(y'')^2+x(y')^5=0$，（1）若把 x 看成因变量，而 y 看成自变量，则方程化成什么形式？（2）求此方程的通解.

7. (15分) 设 k,ω 是两个正常数，$f(x)$ 是以 ω 为周期的连续函数. 试证明线性方程 $y'+ky=f(x)$ 存在唯一的以 ω 为周期的特解，并求出此特解.

8. (15分) 求具有下列性质的通过坐标原点的曲线：它在第一象限且过（1，5）点；过其上每一点（x,y）作平行于坐标轴的两条直线，这两条直线与坐标轴形成一个矩形，在此矩形内该曲线上的面积是曲线下的面积的 3 倍.

11.4　本章测验参考答案

1. $\cos y=C(1+e^x)$

2. $ye^{x^2}-x^2=C$. 提示：原方程 $\Leftrightarrow[y\mathrm{d}e^{x^2}+e^{x^2}\mathrm{d}y]-\mathrm{d}x^2=0$.

3. $y=\sqrt{2x-x^2}$. 提示：利用 $y''=P'_yP\Rightarrow P^2=y^{-2}+C$，代入初始条件 $C=-1\Rightarrow\displaystyle\int\dfrac{2y}{\sqrt{1-y^2}}\mathrm{d}y$

  $=\pm 2\displaystyle\int\mathrm{d}x\Rightarrow-2\sqrt{1-y^2}=\pm 2x+C_1\Rightarrow C_1=\mp 2\Rightarrow-\sqrt{1-y^2}=\pm(x-1)\Rightarrow y^2=2x-x^2\Rightarrow y=\pm\sqrt{2x-x^2}$，由于 $y(1)=1$，所以 $y=\sqrt{2x-x^2}$.

4. （1）$y=C_1e^x\cos x+C_2e^x\sin x$

  （2）$y=C_1e^x\cos x+C_2e^x\sin x+e^x\left(\dfrac{1}{4}x\cos x+\dfrac{1}{4}x^2\sin x\right)$. 提示：由例 11-15 的分析 $y''+py'+qy=\mathrm{Re}[Pe^{\lambda x}]$ 的特解 $y^*=\mathrm{Re}[Qe^{\lambda x}]$，且 Q 满足

$$Q''+(2\lambda+p)Q'+(\lambda^2+p\lambda+q)Q=P \tag{$\triangle$}$$

对应本题 $p=-2$，$q=2$，$P=x$，$\lambda=1+\mathrm{i}\Rightarrow Q=x^k(ax+b)$，$k=1$，再代入（$\triangle$）式，得

$$2a+[2(1+\mathrm{i})-2](2ax+b)+0=x\Rightarrow a=-\dfrac{\mathrm{i}}{4}\,,\ b=\dfrac{1}{4}$$

故

$$y^*=Re[Qe^{\lambda x}]=\mathrm{Re}\left[\left(-\dfrac{\mathrm{i}}{4}x^2+\dfrac{1}{4}x\right)e^x(\cos x+\mathrm{i}\sin x)\right]$$

$$= \mathrm{e}^x \left(\frac{1}{4} x^2 \sin x + \frac{1}{4} x \cos x \right)$$

5. (1) $f(x) = \dfrac{1}{x}(-\cos x + \pi - 1)$. 提示：记方程为 $P\mathrm{d}x + Q\mathrm{d}y = 0$，则 $Q'_x - P'_y = 0 \Rightarrow f'(x) +$

$\dfrac{1}{x} f(x) = \dfrac{\sin x}{x}$.

(2) $y(\pi - 1 - \cos x) = Cx$. 提示：全微分方程的通解为 $u(x, y) = C$，且 $u(x, y) = \displaystyle\int_{(1, 0)}^{(x, y)} P\mathrm{d}x +$

$Q\mathrm{d}y$.

6. (1) $-x'''_{yyy} + x = 0$. 提示：参看例 11-8 后的练习题 11-6.

(2) $x = C_1 \mathrm{e}^y + C_2 \mathrm{e}^{-y/2} \cos(\sqrt{3}y/2) + C_3 \mathrm{e}^{-y/2} \sin(\sqrt{3}y/2)$. 提示：特征方程 $r^3 - 1 =$

$(r - 1)(r^2 + r + 1) = 0$ 的根 $r_1 = 1$，$r_{2,3} = \dfrac{1}{2}(-1 \pm \sqrt{1-4}) = \dfrac{1}{2}(-1 \pm \mathrm{i}\sqrt{3})$.

7. 提示：通解

$$y = \mathrm{e}^{-kx} \left[\int f(x) \mathrm{e}^{kx} \mathrm{d}x + C_1 \right] = \mathrm{e}^{-kx} \left[\int_0^x f(t) \mathrm{e}^{kt} \mathrm{d}t + C \right]$$

又如果

$$0 = y(x + w) - y(x) = \mathrm{e}^{-kx} \left[\int_0^{x+w} f(t) \mathrm{e}^{k(t-w)} \mathrm{d}t - \int_0^x f(t) \mathrm{e}^{kt} \mathrm{d}t + C(\mathrm{e}^{-kw} - 1) \right] \underline{\underline{\text{令 } t - w = s}}$$

$$\mathrm{e}^{-kx} \left[\int_{-w}^x f(s) \mathrm{e}^{-ks} \mathrm{d}s - \int_0^x f(t) \mathrm{e}^{kt} \mathrm{d}t + C(\mathrm{e}^{-kw} - 1) \right] = \mathrm{e}^{-kx} \left[\int_{-w}^0 f(t) \mathrm{e}^{kt} \mathrm{d}t + C(\mathrm{e}^{-kw} - 1) \right]$$

则 $C = -\left(\displaystyle\int_{-w}^0 f(t) \mathrm{e}^{kt} \mathrm{d}t \right) \big/ (\mathrm{e}^{-kw} - 1)$.

8. $y = 5x^3$. 提示：如图 11-4 所示，$A = 3B \Leftrightarrow xy - \displaystyle\int_0^x y\mathrm{d}x = 3\int_0^x y\mathrm{d}x$.

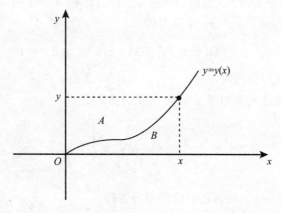

图 11-4

11.5　本 章 练 习

11-1　指出微分方程 $(y'')^3+5(y')^4-y^5+x^7=0$ 是几阶微分方程.

11-2　确定函数 $y=C_1\sin(x-C_2)$ 中的任意常数 C_1，C_2，使函数满足初始条件 $y(\pi)=1$，$y'(\pi)=0$.

11-3　对于曲线族

(1) $(x-C)^2+y^2=1$；(2) $y=Cx+C^2$

其中 C 为任意常数，分别求出这些曲线族对应的微分方程.

11-4　求方程 $y'=e^{x-y}$ 的通解.

11-5　求方程 $xy'=y\ln\dfrac{y}{x}$ 的通解.

11-6　求方程 $(x^2-1)y'+2xy-\cos x=0$ 的通解.

11-7　求方程 $y'-y=y^2(x^2+x+1)$ 满足初始条件 $y(0)=1$ 的特解.

11-8　求方程 $(x\cos y+\cos x)dy-(y\sin x-\sin y)dx=0$ 的通解.

11-9　求方程 $y''=2x-\cos x$ 的通解.

11-10　求方程 $y''=y'+x$ 的通解.

11-11　求方程 $yy''=2(y'^2-y')$ 满足初始条件 $y(0)=1$，$y'(0)=2$ 的特解.

11-12　求下列微分方程的通解.

(1) $y''-4y=0$ 　　　　　　　　(2) $y''-4y'=0$

(3) $y''-2y'+2y=0$ 　　　　　　(4) $y''+2y'+y=0$

(5) $y^{(4)}+2y''+y=0$

11-13　求方程 $y''-4y'+3y=0$ 满足初始条件 $y(0)=1$，$y'(0)=2$ 的特解.

11-14　验证 $y_1=x-1$，$y_2=x^2-x+1$ 是方程

$$(2x-x^2)y''+2(x-1)y'-2y=0$$

的解，并写出方程的通解

11-15　证明：有两个线性无关的解 y_1，y_2 的微分方程是

$$\begin{vmatrix} y_1 & y_2 & y \\ y'_1 & y'_2 & y' \\ y''_1 & y''_2 & y'' \end{vmatrix}=0$$

又当 $y_1=x^2$，$y_2=e^{-x}$ 时，求对应的微分方程.

11-16　求下列微分方程的通解.

(1) $y''-y=x$ 　　　　　　　　　(2) $y''-y'=x^2$

(3) $y''+y'-2y=e^x+e^{2x}$ (4) $y''-2y'+y=x+2xe^x$

(5) $y''+y=\sin x$ (6) $y''-3y'=2e^{2x}\sin x$

11-17 求方程 $y''-y'=2(1-x)$ 满足初始条件 $y(0)=1$，$y'(0)=1$ 的特解.

11-18 用适当换元，求下列微分方程有通解.

(1) $f'(y)y'+p(x)f(y)=q(x)$，其中 $f'(x)$，$p(x)$，$q(x)$ 是已知的连续函数

(2) $(y+1)y'+x(y^2+2y)=x$

(3) $xy(y')^2-(x^2+y^2)y'+xy=0$

(4) $\dfrac{\mathrm{d}y}{\mathrm{d}x}=\dfrac{1}{x-y}+1$

(5) $yy''+(y')^2=y'$

(6) $yy''=(y')^2$

(7) $y''-xy'-y=0$

(8) $y(xy+1)\mathrm{d}x+x(1+xy+x^2y^2)\mathrm{d}y=0$

(9) $(y^4-3x^2)\mathrm{d}y+xy\mathrm{d}x=0$

(10) $\dfrac{\mathrm{d}y}{\mathrm{d}x}=\dfrac{y}{2x}+\dfrac{1}{2y}\tan\dfrac{y^2}{x}$

(11) 利用换元 $x=\tan t$，$y=u(t)/\cos t$，$|t|<\pi/2$，求微分方程 $(1+x^2)y''_{xx}=y$ 满足初始条件 $y|_{x=0}=0$，$y'_x|_{x=0}=1$ 的特解.

11-19 设 $p(x)$，$q(x)$ 连续，且 $y_1(x)$，$y_2(x)$，$y_3(x)$ 是方程 $y'=p(x)y+q(x)$ 的三个不同的特解，证明：

$$\frac{y_3(x)-y_1(x)}{y_2(x)-y_1(x)}=\text{常数}$$

11-20 求微分方程 $y''+y=x\left(x<\dfrac{\pi}{2}\right)$ 和 $y''+4y=0\left(x>\dfrac{\pi}{2}\right)$ 满足初始条件 $y(0)=0$，$y'(0)=0$ 并在 $x=\dfrac{\pi}{2}$ 处连续且可微的解.

11-21 (1) 证明：若 $f'(x)=f(1-x)$，则必有 $f''(x)+f(x)=0$；(2) 求 $f'(x)=f(1-x)$ 的通解.

11-22 已知线性方程 $y'+ay=b(x)(a\neq0)$，其中 $b(x)$ 在 $[0,+\infty)$ 上连续，且 $|b(x)|\leqslant k$，(1) 求满足条件 $\varphi(0)=0$ 的解 $\varphi(x)$；(2) 证明 $|\varphi(x)|\leqslant\dfrac{k}{a}(1-e^{-ax})$.

11-23 设 $\varphi_1(x)$，$\varphi_2(x)$ 为二阶线性方程 $y''+p(x)y'+q(x)y=0$ 的两个特解. 证明：φ_1，φ_2 是线性无关的充要条件为 $\varphi_1'\varphi_2-\varphi_2'\varphi_1\neq0$.

11-24 设 $y_1(x)$，$y_2(x)$ 是方程 $y''+p(x)y'+q(x)y=0$ 的解，试证 $y_1y_2'-y_2y_1'=Ce^{-\int p\mathrm{d}x}$.

11-25 设 $y_1=\varphi(x)$ 是 $y''+p(x)y'+q(x)y=0$ 的一个解，试令 $y_2=C(x)y_1$，求出与 y_1 线

性无关的另一解，并写出方程的通解．

11-26 设 $f(x)$ 在 $(0, +\infty)$ 内可导，$f(1)=3$ 并且 $x>0$，$y>0$ 时都有

$$\int_1^{xy} f(t)\mathrm{d}t = x\int_1^{y} f(t)\mathrm{d}t + y\int_1^{x} f(t)\mathrm{d}t$$

求 $f(x)$．

11-27 求满足方程 $\int_0^x f(t)\mathrm{d}t = x + \int_0^x tf(x-t)\mathrm{d}t$ 的可微函数 $f(x)$．

11-28 设 $x>0$ 时，$f(x)$ 的导数连续，且 $f(1)=2$，又对 $x>0$ 内的任一闭曲线 Γ，总有

$$\oint_\Gamma 4x^3 y\mathrm{d}x + xf(x)\mathrm{d}y = 0$$

求 $f(x)$；并计算 $\int_{\widehat{AB}} 4x^3 y\mathrm{d}x + xf(x)\mathrm{d}y$．其中 $A(2, 0)$，$B(2, 3)$，$\widehat{AB}$ 表示以 A、B 为端点的一段弧．

11-29 设函数 $u=f(r)$，其中 $r=\sqrt{x^2+y^2+z^2}$，$f(r)$ 是二次连续可微函数，又 div $[\mathbf{grad}\ u]=0$，求函数 $u=u(x, y, z)$．

11-30 设对于半空间 $x>0$ 内任意的光滑有向封闭曲面 S，都有

$$\oiint_S xf(x)\mathrm{d}y\mathrm{d}z - xyf(x)\mathrm{d}z\mathrm{d}x - \mathrm{e}^{2x}z\mathrm{d}x\mathrm{d}y = 0$$

其中，$f(x)$ 在 $(0, +\infty)$ 连续可导，且 $\lim\limits_{x\to 0^+} f(x)=1$，求 $f(x)$．

11-31 求满足方程 $f(x+y)=\dfrac{f(x)+f(y)}{1-f(x)f(y)}$ 的函数 $f(x)$，已知 $f'(0)$ 存在．

11-32 已知在直角坐标系下 $F(x, y)=f(x)+g(y)$，在极坐标系下 $F(x, y)=S(r)$（与 θ 无关），求 $F(x, y)$．

11-33 求下列级数的和函数（可以利用微分方程）．

(1) $s(x)=1+x+\dfrac{1}{2}x^2+\dfrac{1}{1\cdot 3}x^3+\dfrac{1}{2\cdot 4}x^4+\dfrac{1}{1\cdot 3\cdot 5}x^5+\dfrac{1}{2\cdot 4\cdot 6}x^6+\cdots$

(2) $s(x)=1+\dfrac{1}{2!}x^2+\dfrac{1}{4!}x^4+\dfrac{1}{6!}x^6+\cdots$

11-34 用微分方程表示下述命题：某气体的气压 P 对于温度的变化率与气压成正比，与温度的平方成反比．

11-35 如果某银行贷款按年利率（指瞬时年利率）10% 收取利息，问贷款 A 亿元 t 年后，需还款多少亿元？

11-36 设某人摄入热量的速度为每天 $2\,500$ 卡，其中用于维持日常生命活动需 $1\,200$ 卡/天．另外此人还做健身训练，这项活动每天每公斤体重还会消耗 16 卡的热量．经过上述的热量消耗后，如还剩一些热量，可转化为脂肪增加体重；如还缺一些热量，可消

耗脂肪减少体重以换取所缺的热量. 已知 1 公斤脂肪可换取 10 000 卡热量, 求此人的体重 w 与时间 t 的关系. 随着时间的流逝此人的体重能否靠近某一定值, 如能, 求出该定值.

11-37　在某一溶液中加入质量分别为 a, b 的两种物质, 加入后两种物质会发生反应生成第三种物质, 反应时两种物质消耗的质量数相同. 根据化学定律: 反应进行的速度与尚未起反应的两种物质的质量的乘积成正比 (比例系数为 k), 求第一种 (第二种也一样) 物质已知起反应的质量 x 与时间 t 的关系 $x=x(t)$ 所满足的微分方程和初始条件.

11-38　房间容积为 1 000 米^3, 原来没有一氧化碳. 从时间 $t=0$ 开始, 含有 4% 一氧化碳的烟吹入房间, 其速率为 0.1 米^3/分钟, 充分对流后的气体又以相同的速率流出房间. 试求多长时间后房内一氧化碳的浓度达到 0.012%?

11-39　设 C 为任意常数, 则称 $f(x, y, C)=0$ 为一个曲线族. 如果有两个曲线族 $f(x, y, C)=0$ 和 $g(x, y, C)=0$ 满足: 对于平面上的任意一个点 (x, y), 通过该点的两个曲线族中的两条曲线在该点垂直相交 (即两条曲线在该点的切线垂直相交), 则称一个曲线族为另一个曲线族的正交轨线. 试求曲线族 $xy=C$ 的正交轨线.

11-40　质量为 1 克的质点由一力从某中心沿直线被推开, 该力和从这中心到它的距离成正比 (比例系数等于 4), 介质的阻力和运动的速度成正比 (比例系数等于 3). 在运动开始时质点与中心的距离等于 1 厘米, 而速度为零, 求运动规律.

11-41　设河边点 O 正对岸为点 A, 河宽 $OA=h$, 两岸为平行直线, 水流速度为 a, 有一只鸭子从点 A 游向点 O, 设鸭子 (在静水中) 的游速为 $b(b>a)$, 且鸭子游动方向始终朝着点 O. 求鸭子游过的路线的方程.

11.6　本章练习参考答案

11-1　二阶

11-2　$y=-\cos x$

11-3　(1) $y^2(y')^2+y^2=1$　　(2) $y=xy'+(y')^2$

11-4　$e^y=e^x+C$

11-5　$y=xe^{Cx+1}$

11-6　$y=\dfrac{(\sin x+C)}{(x^2-1)}$

11-7　$y=\dfrac{1}{(x^2-x+2-e^{-x})}$

11-8　$x\sin y+y\cos x=C$

11-9 $y=\dfrac{1}{3}x^3+\cos x+C_1x+C_2$

11-10 $y=C_1\mathrm{e}^x-\dfrac{1}{2}x^2-x+C_2$

11-11 $\arctan y=x+\dfrac{\pi}{4}$

11-12 (1) $y=C_1\mathrm{e}^{2x}+C_2\mathrm{e}^{-2x}$ (2) $y=C_1+C_2\mathrm{e}^{4x}$ (3) $y=C_1\mathrm{e}^x\cos x+C_2\mathrm{e}^x\sin x$

(4) $y=C_1\mathrm{e}^{-x}+C_2x\mathrm{e}^{-x}$ (5) $y=C_1\cos x+C_2x\cos x+C_3\sin x+C_4x\sin x$

11-13 $y=0.5(\mathrm{e}^x+\mathrm{e}^{3x})$

11-14 $y=C_1y_1+C_2y_2=C_1(x-1)+C_2(x^2-x+1)$．提示：$y_1/y_2\neq$常数．

11-15 提示：$\begin{vmatrix} y_1 & y_2 \\ y_1' & y_2' \end{vmatrix}\neq0$，$y=y_1$，$y=y_2$ 代入成恒等式，所求微分方程为 $(x^2+2x)y''+(x^2-2)y'-2(x+1)y=0$．

11-16 (1) $y=C_1\mathrm{e}^x+C_2\mathrm{e}^{-x}-x$ (2) $y=C_1+C_2\mathrm{e}^x-2x-x^2-\dfrac{1}{3}x^3$ (3) $y=C_1\mathrm{e}^{-2x}+C_2\mathrm{e}^x+\dfrac{1}{3}x\mathrm{e}^x+\dfrac{1}{4}\mathrm{e}^{2x}$ (4) $y=C_1\mathrm{e}^x+C_2x\mathrm{e}^x+\dfrac{1}{3}x^3\mathrm{e}^x+x+2$ (5) $y=C_1\cos x+C_2\sin x-\dfrac{1}{2}x\cos x$ (6) $y=C_1+C_2\mathrm{e}^{3x}-\dfrac{3}{5}\mathrm{e}^{2x}\sin x-\dfrac{1}{5}\mathrm{e}^{2x}\cos x$.

11-17 $y=\mathrm{e}^x+x^2$

11-18 (1) $f(y)\mathrm{e}^{\int P\mathrm{d}x}-\displaystyle\int q(x)\mathrm{e}^{\int P\mathrm{d}x}\mathrm{d}x=C$，换元 $u=f(y)$

(2) $y^2+2y-1=C\mathrm{e}^{-x^2}$，换元 $u=y^2+2y$

(3) $y=Cx$ 和 $y^2-x^2=C$，换元 $u=y^2$ 并解 u' 的一元二次方程

(4) $(x-y)^2=-2x+C$，换元 $u=x-y$

(5) $y=C_1\ln|y+C_1|+x+C_2$，$yy''+(y')^2=(yy')'$，换元 $u=yy'-y$

(6) $y=C_2\mathrm{e}^{C_1x}$，$yy''-(y')^2=\left(\dfrac{y'}{y}\right)'y^2$，换元 $u=\dfrac{y'}{y}$

(7) $y=C_1\mathrm{e}^{\frac{x^2}{2}}\left[\displaystyle\int\mathrm{e}^{-\frac{x^2}{2}}\mathrm{d}x+C\right]$，$-xy'-y=-(xy)'$，换元 $u=y'-xy$

(8) $2x^2y^2\ln y-2xy-1=Cx^2y^2$，换元 $u=xy$，$x\mathrm{d}y=(\mathrm{d}u)-y\mathrm{d}x$

(9) $x^2=y^4+Cy^6$，换元 $t=x^2$，$\dfrac{\mathrm{d}t}{\mathrm{d}y}=\dfrac{-2(y^4-3t)}{y}$，一阶线性

(10) $\sin\dfrac{y^2}{x}=Cx$，换元 $u=y^2$

(11) $y=\sqrt{1+x^2}\arctan x$

11-19 提示：$y_i=\mathrm{e}^{\int_0^x P\mathrm{d}x}\left[\displaystyle\int_0^x q\mathrm{e}^{-\int_0^x P\mathrm{d}x}\mathrm{d}x+C_i\right]$ 代入计算

11-20　当 $-\pi \leqslant x < 0$ 时，$y = \cos 2x + \dfrac{1}{2}\sin 2x - \sin x$；当 $0 < x \leqslant \pi$ 时，$y = \cos 2x -$

　　　　$\dfrac{1}{2}\sin 2x + \sin x$

11-21　(1) $f''(x) + f(x) = 0$　　(2) $f(x) = C\left(\cos x + \dfrac{1+\sin 1}{\cos 1}\sin x\right)$

11-22　(1) $\varphi(x) = \mathrm{e}^{-ax}\displaystyle\int_0^x \mathrm{e}^{at}b(t)\mathrm{d}t$　　　　(2) 提示：$|\varphi(x)| \leqslant \mathrm{e}^{-ax}\displaystyle\int_0^x \mathrm{e}^{at}k\,\mathrm{d}t$

11-23　提示：无关 $\Leftrightarrow \dfrac{\varphi_1}{\varphi_2} \neq$ 常数 $\Leftrightarrow \left[\dfrac{\varphi_1}{\varphi_2}\right]' \neq 0$

11-24　提示：用 $y = y_1$，$y = y_2$ 代入后，前者乘以 y_2 减去后者乘以 y_1 得 $y_1''y_2 - y_2''y_1 +$
　　　　$P(y_1'y_2 - y_2'y_1) = 0$，再计算 $(y_1'y_2 - y_2'y_1)'$

11-25　$y_2 = \varphi\displaystyle\int \dfrac{\mathrm{e}^{-\int P\mathrm{d}x}}{\varphi^2}\mathrm{d}x, y = C_1 y_1 + C_2 y_2$

11-26　$f(x) = 3\ln x + 3$

11-27　$f(x) = \mathrm{e}^x$，提示：令 $x - t = u$

11-28　$f(x) = x^3 + \dfrac{1}{x}$；51

11-29　$u = -C_1 r^{-1} + C_2 = C_1(x^2 + y^2 + z^2)^{-\frac{1}{2}} + C_2$，提示：$f$ 满足 $f'' + f' \cdot \dfrac{2}{r} = 0$

11-30　$f(x) = \dfrac{\mathrm{e}^x}{x}(\mathrm{e}^x - 1)$

11-31　$f(x) = \tan[f'(0)x]$；参见例 11-23

11-32　$F(x, y) = (C_1/2)(x^2 + y^2) + C_2$；参见例 11-24

11-33　(1) $S(x) = \mathrm{e}^{\frac{x^2}{2}}\left[1 + \displaystyle\int_0^x \mathrm{e}^{-\frac{x^2}{2}}\mathrm{d}x\right]$　　(2) $S(x) = chx$；参见例 11-25

11-34　$\dfrac{\mathrm{d}P}{\mathrm{d}T} = k\dfrac{P}{T^2}$，$k$ 为比例常数

11-35　$x(t) = A\mathrm{e}^{0.1t}$. 提示：$\dfrac{x(t+\mathrm{d}t) - x(t)}{\mathrm{d}t}/x(t) = 10\%$

11-36　$w = -\dfrac{1\,300}{16} + \left(\dfrac{1\,300 - 16\omega_0}{16}\right)\exp\left(-\dfrac{16t}{10\,000}\right)$ (公斤). $\dfrac{1\,300}{16}$ (公斤). 提示：$\dfrac{\mathrm{d}w}{\mathrm{d}t} =$

　　　　$\dfrac{(2\,500 - 1\,200) - 16w}{10\,000}$，$w(0) = w_0$

11-37　$x'(t) = k[b - x(t)][a - x(t)]$，$x(0) = 0$

11-38　30 分钟；参见例 11-27

11-39　$x^2 - y^2 = C$. 提示：在 (x, y) 点所给曲线族满足 $y_x' = -\dfrac{y}{x}$，所求曲线族满足 $y_x' =$

$$-\frac{1}{\left(-\dfrac{y}{x}\right)}=\frac{x}{y}$$

11-40 $S(t)=\dfrac{1}{5}(4\mathrm{e}^{t}+\mathrm{e}^{-4t})$ （厘米），因为 $F=ma\Leftrightarrow 4S-3S'=1\cdot S''$，$S(0)=1$，$S'(0)=0$

11-41 $x=\dfrac{h}{2}\left[\left(\dfrac{y}{h}\right)^{1-\frac{a}{b}}-\left(\dfrac{y}{h}\right)^{1+\frac{a}{b}}\right]$，$0\leqslant y\leqslant h$；因为

$$\frac{\mathrm{d}x}{\mathrm{d}y}=\frac{v_x}{v_y}=\frac{\left[a-\dfrac{bx}{\sqrt{x^2+y^2}}\right]}{\left[-\dfrac{by}{\sqrt{x^2+y^2}}\right]}$$

曲线过 $(x,\ y)=(0,\ 0)$，$(0,\ A)$

附录 A

模拟试卷及其参考答案

A.1 试卷

基本题（1 至 11 题，每题 5 分；12 至 16 题，每题 9 分）

1. 已知 $z = y^{2x}$，求 z 的全微分 $\mathrm{d}z$.

2. 设 $z = f(x, y)$ 为二元函数，在下图所示的方框中，用"$\Rightarrow$"将 $f(x, y)$ 在 (x, y) 处的连续性、可微性等关系表示出来.

f 连续	f'_x, f'_y 连续

f'_x, f'_y 存在	$\mathrm{d}f$ 存在

3. 设 $z = f\left(x^2 y, \dfrac{y}{x}\right)$，其中 f 具有二阶连续的偏导数，求 $\dfrac{\partial z}{\partial x}$，$\dfrac{\partial^2 z}{\partial x \partial y}$.

4. 求曲面 $2x^3 - ye^z - \ln(z+1) = 0$ 在点 $(1, 2, 0)$ 处的切平面方程.

5. 求函数 $u = 2xy - z^2$ 在点 $M(1, 1, 1)$ 处沿方向 $\boldsymbol{l} = (1, 1, 1)$ 的方向导数.

6. 交换二次积分 $I = \displaystyle\int_0^2 \mathrm{d}x \int_{\sqrt{2x-x^2}}^{\sqrt{4-x^2}} f(x, y)\mathrm{d}y$ 的积分次序.

7. 设 Σ 是 $z = \sqrt{x^2 + y^2}$，$0 \leqslant z \leqslant 1$ 的部分，求 $\displaystyle\iint_\Sigma (3xy + x^2 + y^2 - z^2 - 1)\mathrm{d}S$.

8. (1) 当常数 a，p 满足条件_____时，级数 $\displaystyle\sum_{n=1}^{\infty} \dfrac{a^n}{n^p}$ 条件收敛.

   (2) 当常数 a，p 满足条件_____时，级数 $\displaystyle\sum_{n=1}^{\infty} \dfrac{a^n}{n^p}$ 绝对收敛.

9.（1）求微分方程 $y'' - 2y' + 5y = 0$ 的通解.

　　（2）求微分方程 $y'' - 2y' + 5y = xe^x \sin 2x$ 的特解形式.

10. 设

$$f(x) = \begin{cases} 1, & 0 \leqslant x < \dfrac{\pi}{2} \\ x-1, & \dfrac{\pi}{2} \leqslant x < \pi \end{cases}$$

的正弦级数 $\sum\limits_{n=1}^{\infty} b_n \sin nx$ 的和函数为 $S(x)$，其中 $b_n = \dfrac{2}{\pi} \int_0^{\pi} f(x) \sin nx\,dx$，求 $S\left(\dfrac{7\pi}{2}\right)$ 的值.

11. 已知级数 $\sum\limits_{n=1}^{\infty} a_n$ 绝对收敛，且 $\sum\limits_{n=1}^{\infty} (-1)^{n-1} a_n = 2$，$\sum\limits_{n=1}^{\infty} a_{2n-1} = 5$，问 $\sum\limits_{n=1}^{\infty} a_n = ?$

12. 求函数 $z = x^2 - 6x + y^2 - 4y$ 在区域 D：$x \geqslant 0$，$y \geqslant 0$，$x + y \leqslant 3$ 上的最大值和最小值.

13. 计算 $\oiint\limits_{\Sigma} zx\,dydz + yz\,dzdx + z\sqrt{x^2+y^2}\,dxdy$，其中 Σ 是由 $a^2 \leqslant x^2 + y^2 + z^2 \leqslant 4a^2$，$z \geqslant \sqrt{x^2+y^2}$ 所确定的立体表面的外侧（$a > 0$）.

14. 求幂级数 $\sum\limits_{n=1}^{\infty} \dfrac{x^{n+1}}{n(n+1)}$ 的收敛区间（不考虑区间端点），以及这个幂级数在收敛区间上的和函数；并利用所得结果计算数项级数 $\sum\limits_{n=1}^{\infty} \dfrac{(-1)^{n+1}}{n(n+1)2^n}$ 的和.

15. 一曲线为连接 $O(0,0)$ 和 $A(1,1)$ 的一段凸曲线，曲线 $\overparen{OA}$ 上任一点 $P(x,y)$ 满足：曲线 $\overparen{OP}$ 与直线 $\overline{OP}$ 所围图形的面积为 x^2，求曲线 $\overparen{OA}$ 的方程.

16. 计算曲线积分 $\int_L \dfrac{x\,dy - y\,dx}{x^2 + y^2}$，其中 L 是抛物线 $y = -(x+1)(x-3)$ 上由点 $A(3,0)$ 到点 $B(-1,0)$ 的一段弧.

附加题

1.（10分）已知数列 x_n 满足：$|x_{n+1} - x_n| \leqslant k|x_n - x_{n-1}|$，$n = 2, 3, 4, \cdots$ 其中 $0 < k < 1$.

　　（1）证明：级数 $\sum\limits_{n=1}^{\infty} |x_{n+1} - x_n|$ 收敛.

　　（2）证明：$\lim\limits_{n \to \infty} x_n$ 存在.

2.（10分）求极限 $\lim\limits_{x \to 0^+} \dfrac{\displaystyle\int_0^{\frac{x}{2}} dt \int_t^{\frac{x}{2}} e^{-(t-u)^2}\,du}{1 - e^{-x^2/4}}$.

A.2 参考答案

1. **解** $dz = (2y^{2x} \ln y)dx + (2xy^{2x-1})dy$

   评分：$dz = (\quad)dx + (\quad)dy$（+1分）；一个"$(\quad)$"+2分

2. **解**

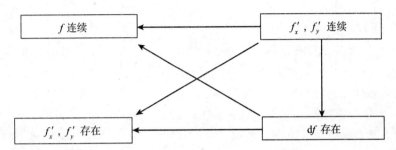

   评分：缺一个或多一个箭头扣一分；不给负分.

3. **解** $\dfrac{\partial z}{\partial x} = f'_1 2xy - f'_2 \dfrac{y}{x^2}$ （+2分）

$$\frac{\partial^2 z}{\partial x \partial y} = 2xf'_1 + 2xy\left[f''_{11}x^2 + f''_{12}\frac{1}{x}\right] - \frac{1}{x^2}f'_2 - \frac{y}{x^2}\left[f''_{21}x^2 + f''_{22}\frac{1}{x}\right] \text{（+3分）}$$

$$= 2xf'_1 - \frac{1}{x^2}f'_2 + 2x^3 y f''_{11} + y f''_{12} - \frac{y}{x^3}f''_{22}$$

4. **解** $\left(6x^2, -e^z, -ye^z - \dfrac{1}{z+1}\right) = (6, -1, -3)$

   所求为

$$6(x-1) - (y-2) - 3z = 0 \Leftrightarrow 6x - y - 3z - 4 = 0$$

   评分：$6, -1, -3$，一个数给 1 分，法向量有错最多给 2 分.

5. **解** $\dfrac{\partial u}{\partial l} = (u'_x, u'_y, u'_z) \cdot \dfrac{l}{|l|} = (2y, 2x, -2z) \cdot \dfrac{l}{|l|}$

$$= (2, 2, -2) \cdot (1, 1, 1)/\sqrt{3} = \frac{2}{\sqrt{3}}.$$

   评分：对应以上各等号分别给 1、2、4、5 分.

6. **解** $I = \displaystyle\int_0^1 dy \int_0^{1-\sqrt{1-y^2}} f(x, y)dx + \int_0^1 dy \int_{1+\sqrt{1-y^2}}^{\sqrt{4-y^2}} f(x, y)dx + \int_1^2 dy \int_0^{\sqrt{4-y^2}} f(x, y)dx$

   评分：对一个给 2 分，对两个给 4 分. 只有正确图 1 分. 用减法扣 1 分（因为 f 会无定

义）

7. **解 1** 用对称和曲面代入

$$I = 0 + 0 + \iint_\Sigma (-1)\mathrm{d}S = -\frac{1}{2} \times 底周长 \times 斜高 = -\sqrt{2}\pi$$

解 2

$$I = \iint_{D: x^2+y^2 \leqslant 1} (\quad) \sqrt{1+z_x'^2+z_y'^2}\,\mathrm{d}x\mathrm{d}y \Big|_{z=\sqrt{x^2+y^2}}$$

$$= \int_0^{2\pi} \mathrm{d}\theta \int_0^1 (3r\cos\theta\, r\sin\theta - 1)\sqrt{2}\,r\mathrm{d}r = -\sqrt{2}\pi$$

评分：解 1、解 2 各等号分别给 2、2、5，2、4、5 分.

8. (1) $a = -1$，$0 < p \leqslant 1$

(2) $|a| < 1$ 或 $|a| = 1$，$p > 1$

评分：第一空给 2 分，只有 $a=-1$，$0<p<1$ 给 1 分，第二空给 3 分，前一半给 1 分.

9. **解** (1) $r^2 - 2r + 5 = 0 \Rightarrow r = 1 \pm 2\mathrm{i} \Rightarrow y = C_1 \mathrm{e}^x \cos 2x + C_2 \mathrm{e}^x \sin 2x$

(2) $y = x\mathrm{e}^x[(ax+b)\cos 2x + (cx+d)\sin 2x]$

评分：(1) 3 分. 各箭头前给到 1、2、3 分. (2) 2 分. 有 $x[\quad]$，即 $k=1$ 给 1 分.

10. **解** 因为 S 为奇函数且 $T = 2\pi$，所以

$$S\left(\frac{7\pi}{2}\right) = S\left(\frac{-\pi}{2}\right) = -S\left(\frac{\pi}{2}\right) = -\frac{1}{2}\left[1 + \left(\frac{\pi}{2} - 1\right)\right] = -\frac{\pi}{4}$$

评分："所以"后各等号给到 1、3、5、5 分.

11. **解** 因为 $5 - 2 = \sum\limits_{n=1}^{\infty} a_{2n}$，所以 $\sum\limits_{n=1}^{\infty} a_n = 5 + 3 = 8$.

评分：前半句给 3 分，后半句给 2 分.

12. **解 1** $z = (x-3)^2 + (y-2)^2 - 13 = $ "(x, y) 到 $(3, 2)$ 的距离的平方减 13"

如图 A-1 所示

所以

$$z_{\min} = z(2, 1) = 1 + 1 - 13 = -11, \quad z_{\max} = z(0, 0) = 0$$

注意图中的圆线是 z 的等值线.

评分：第一行给 3 分，结论再给 6 分.

解 2 因为

$$\begin{cases} z_x' = 2x - 6 = 0 \\ z_y' = 2y - 4 = 0 \end{cases} \Rightarrow (x, y) = (3, 2) \notin D$$

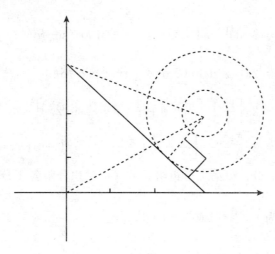

图 A-1

所以 D 内无疑点.

再找 D 的边界 L_1：$y=0$，$0 \leqslant x \leqslant 3$ 上的嫌疑点，即求 $z_1 = z \mid_{L_1} = z \mid_{y=0} = x^2 - 6x$ 在 $0 \leqslant x \leqslant 3$ 的最值嫌疑点．令 $(z_1)'_x = 2x - 6 = 0 \Rightarrow x = 3$，又因为 $x = 0$ 得嫌疑点为 $(0, 0)$，$(3, 0)$．

同理，令

$$(z_2)'_y = (z \mid_{x=0})'_y = 2y - 4 = 0, \quad 0 \leqslant y \leqslant 3$$

得嫌疑点为 $(0, 2)$，$(0, 0)$，$(0, 3)$．令

$$(z_3)'_x = (z \mid_{x+y=3})'_x = [x^2 - 6x + (3-x)^2 - 4(3-x)]'_x = 0, \quad 0 \leqslant x \leqslant 3$$

令

$$(z_3)'_x = 2x - 6 - 2(3-x) + 4 = 4x - 8 = 0 \Rightarrow x = 2, \quad 0 \leqslant x \leqslant 3$$

得嫌疑点为 $(2, 1)$，$(0, 3)$，$(3, 0)$．

计算所有嫌疑点的 z 值

$$z(0, 0) = 0, \quad z(3, 0) = -9, \quad z(0, 2) = -4$$
$$z(0, 3) = -3, \quad z(2, 1) = -11$$

所以

$$z_{\min} = z(2, 1) = -11, \quad z_{\max} = z(0, 0) = 0$$

评分：求 D 内嫌疑点给 3 分，求 $y=0$，$x=0$，$x+y=3$ 上嫌疑点分别给 1、1、3 分；结论给 1 分.

13. **解**　　　　$$\text{原式} = \iiint_{\Omega} (z + z + \sqrt{x^2 + y^2}) \mathrm{d}x \mathrm{d}y \mathrm{d}z \quad （\text{用球坐标}）$$

$$= \int_0^{2\pi} d\theta \int_0^{\frac{\pi}{4}} d\phi \int_a^{2a} (2r\cos\phi + r\sin\phi) r^2 \sin\phi dr$$

$$= 2\pi \int_a^{2a} r^3 dr \int_0^{\frac{\pi}{4}} (2\cos\phi + \sin\phi)\sin\phi d\phi$$

$$= 2\pi \left[\frac{r^4}{4} \right]_a^{2a} \left[\sin^2\phi + \frac{1}{2}\left(\phi - \frac{1}{2}\sin 2\phi \right) \right]_0^{\frac{\pi}{4}}$$

$$= 2\pi \left[\frac{15a^4}{4} \right] \left[\frac{1}{2} + \frac{1}{2}\left(\frac{\pi}{4} - \frac{1}{2} \right) - (0+0) \right] = \frac{15\pi a^4}{16}(2+\pi)$$

评分： 得第一行给 3 分，得第二行再给 4 分（每对积分限各 1 分，被积函数 1 分），最后结果再给 2 分

14. **解**　显然收敛区间为 $|x| < 1$ 或 $(-1, 1)$. 记

$$S(x) = \sum_{n=1}^{\infty} \frac{x^{n+1}}{n(n+1)}$$

则

$$S''(x) = \sum_{n=1}^{\infty} x^{n-1} = \frac{1}{1-x}$$

故

$$S'(x) = S'(0) + \int_0^x \frac{1}{1-x} dx = -\ln(1-x)$$

$$S(x) = S(0) + \int_0^x -\ln(1-x) dx = 0 - \left(x\ln(1-x) - \int x \frac{-1}{1-x} dx \right)_0^x$$

$$= -x\ln(1-x) + \left(\int \frac{1-x-1}{1-x} dx \right)_0^x = (1-x)\ln(1-x) + x$$

显然所求数项级数为

$$2\sum_{n=1}^{\infty} \frac{(-1)^{n+1}}{n(n+1)2^{n+1}} = 2S\left(-\frac{1}{2} \right) = 2\left(\frac{3}{2}\ln\frac{3}{2} - \frac{1}{2} \right) = 3\ln\frac{3}{2} - 1$$

评分： 收敛区间给 2 分；"$S''(x) = \sum\limits_{n=1}^{\infty} x^{n-1} = \frac{1}{1-x}$" 给 3 分（前面给 2 分，后面给 1 分）"$S'(x) = -\ln(1-x)$" 给 1 分；"$S(x) = (1-x)\ln(1-x) + x$" 给 1 分；数项级数给 2 分（如含 $S\left(-\frac{1}{2} \right)$ 且结果不对，可加 1 分）.

15. **解**　设所求 $y = y(x)$，由题意有

$$x^2 = \int_0^x (上线 - 下线) dx = \int_0^x (上线 - 下线) dt = \int_0^x \left[y(t) - \frac{y(x)}{x} t \right] dt$$

$$2x = \left(\int_0^x y(t) dt - \frac{y(x)}{x} \int_0^x t dt \right)'_x = y(x) - \left(\frac{y(x)}{x} \frac{x^2}{2} \right)'_x = y(x) - \frac{1}{2}[y'(x)x + y(x)]$$

得

$$4x=y-xy' \Rightarrow y'-\frac{1}{x}y=-4$$

故

$$y=e^{-\int -\frac{1}{x}dx}\left[\int(-4)e^{\int -\frac{1}{x}dx}dx+C\right]=x\left(-4\int\frac{1}{x}dx+C\right)=x(-4\ln x+C)$$

最后将 $x=1$，$y=1$ 代入得 $C=1$．所以所求为：

$$y=x(-4\ln x+1)$$

评分："$x^2=\int_0^x(\text{上线}-\text{下线})dx=\int_0^x\left[y(t)-\frac{y(x)}{x}t\right]dt$" 给 4 分（前面 2 分，后面 2 分）；求导得微分方程给 2 分；得通解给 2 分；得特解给 1 分（给出 $y(1)=1$ 也可加 1 分）．

16. **解 1**　因为

$$Q_x'-P_y'=\left[\frac{x}{x^2+y^2}\right]_x'-\left[\frac{-y}{x^2+y^2}\right]_y'=\frac{y^2-x^2}{x^2+y^2}-\frac{y^2-x^2}{x^2+y^2}=0$$

所以在不含（0，0）的单连域内积分与路径无关．如图 A—2 所示，取路径 $L_1=\overline{AE}+C+\overline{DB}$，其中 AE 是直线线段；C 是圆心在原点、半径为 r（r 较小）的上半圆，从 E 到 D；DB 是直线线段．故

$$\int_L\frac{x\,dy-y\,dx}{x^2+y^2}=\int_{\overline{AE}}+\int_C+\int_{\overline{DB}}$$

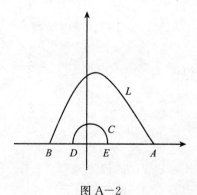

图 A—2

其中

$$\int_{\overline{AE}}=\int_{x=3}^{x=r}\Big|_{y=0}=0;\quad \int_{\overline{DB}}=\int_{x=-1}^{x=-r}\Big|_{y=0}=0$$

$$\int_C = \int_{t=0}^{t=\pi} \bigg|_{\substack{x=r\cos t \\ y=r\sin t}} = \int_0^\pi \frac{r\cos t \, \mathrm{d} r\sin t - r\sin t \, \mathrm{d} r\cos t}{r^2\cos^2 t + r^2\sin^2 t} = \pi$$

因此所求$=0+\pi+0=\pi$.

解 2 $Q'_x - P'_y = 0$ 同解 1；然后用格林公式，图同图 A-2.

$$\int_L \frac{x\mathrm{d} y - y\mathrm{d} x}{x^2 + y^2} = \oint_{L+\overline{BD}+C^-+\overline{EA}} + \int_{\overline{AE}} + \int_C + \int_{\overline{DB}} = 0 + \int_{\overline{AE}} + \int_C + \int_{\overline{DB}}$$

以下同解 1.

解 3 $Q'_x - P'_y = 0$ 及与路径无关同解 1；然后用门形路径，其中 $k>0$.

$$\int_L \frac{x\mathrm{d} y - y\mathrm{d} x}{x^2 + y^2} = \int_{\overline{AH}} + \int_{\overline{HG}} + \int_{\overline{GB}}$$

$$\int_{\overline{AH}} = \int_{y=0}^{y=k} \bigg|_{x=3} = \int_0^k \frac{3\mathrm{d} y}{3^2 + y^2} = \left[\arctan\frac{y}{3}\right]_0^k = \arctan\frac{k}{3}$$

$$\int_{\overline{GB}} = \int_{y=k}^{y=0} \bigg|_{x=-1} = \int_0^k \frac{\mathrm{d} y}{1^2 + y^2} = [\arctan y]_0^k = \arctan k$$

$$\int_{\overline{HG}} = \int_{x=3}^{x=-1} \bigg|_{y=k} = \int_3^{-1} \frac{-k\mathrm{d} x}{k^2 + x^2} = \left[\arctan\frac{x}{k}\right]_{-1}^3 = \arctan\frac{3}{k} + \arctan\frac{1}{k}$$

因此所求$= \dfrac{\pi}{2} + \dfrac{\pi}{2} = \pi$.

评分："$Q'_x - P'_y = 0$"给 3 分；后面分段积分，直线段给 1 分；半圆线段给 2 分；解 1、解 2 结论给 2 分，解 3 结论给 3 分.

附加题

1. 解 （1）因为

$$|x_{n+1} - x_n| \leqslant k|x_n - x_{n-1}| \leqslant kk|x_{n-1} - x_{n-2}| \leqslant k^3|x_{n-2} - x_{n-3}| \leqslant k^{n-1}|x_2 - x_1|$$

而 $\displaystyle\sum_{n=1}^\infty k^{n-1}|x_2 - x_1|$ 收敛（因为 $q=k<1$），所以级数 $\displaystyle\sum_{n=1}^\infty |x_{n+1} - x_n|$ 收敛.

（2）由（1）知级数 $\displaystyle\sum_{n=1}^\infty (x_{n+1} - x_n)$ 收敛，而 $\displaystyle\sum_{n=1}^\infty (x_{n+1} - x_n)$ 收敛$\Leftrightarrow x_n$ 收敛，即 $\lim\limits_{n\to\infty} x_n$ 存在.

（因为"左边"$\Leftrightarrow \lim\limits_{n\to\infty} s_n = \lim\limits_{n\to\infty}[(x_2 - x_1) + (x_3 - x_2) + \cdots + (x_{n+1} - x_n)] = \lim\limits_{n\to\infty}[x_{n+1} - x_1]$ 存在$\Leftrightarrow \lim\limits_{n\to\infty} x_n$ 存在.）

评分：（1）6 分，其中不等式给 3 分，比较法推理给 3 分. 用极限比值判别法要扣 3 分.

（2）4 分. 第一句话给 2 分，第二句话给 2 分（无"（ ）"中的内容，可不扣分）.

2. 解 1

$$分子 = \iint_D \mathrm{e}^{-(t-u)^2}\mathrm{d} t\mathrm{d} u$$

其中 D：$0 \leqslant t \leqslant \dfrac{x}{2}$，$t \leqslant u \leqslant \dfrac{x}{2}$. 由二重积分中值定理有

分子$=\mathrm{e}^{-(\xi-\eta)^2}\times(D\,\text{的面积})=\mathrm{e}^{-(\xi-\eta)^2}\dfrac{1}{2}\left(\dfrac{x}{2}\right)^2$，$(\xi,\ \eta)\in D$

注意为 $x\to 0^+$ 时，整个区域 $D\to(0,\ 0)$，故 $(\xi,\ \eta)\to(0,\ 0)$．因此

$$\text{所求}=\lim_{x\to 0^+}\frac{\mathrm{e}^{-(\xi-\eta)^2}\dfrac{1}{2}\left(\dfrac{x}{2}\right)^2}{-(\mathrm{e}^{-x^2/4}-1)}=\lim_{x\to 0^+}\frac{\mathrm{e}^{-(\xi-\eta)^2}\dfrac{1}{2}\left(\dfrac{x}{2}\right)^2}{-(-x^2/4)}=\lim_{x\to 0^+}\mathrm{e}^{-(\xi-\eta)^2}\frac{1}{2}=\frac{1}{2}$$

解 2 可用罗必达法则．为求导交换积分次序，即

$$\text{所求}=\lim_{x\to 0^+}\frac{\displaystyle\int_0^{x/2}\left[\int_0^u\mathrm{e}^{-(t-u)^2}\,\mathrm{d}t\right]\mathrm{d}u}{1-\mathrm{e}^{-x^2/4}}=\lim_{x\to 0^+}\frac{\left[\displaystyle\int_0^u\mathrm{e}^{-(t-u)^2}\,\mathrm{d}t\right]_{u=\frac{x}{2}}\left(\dfrac{x}{2}\right)'_x}{-\mathrm{e}^{-x^2/4}(-x^2/4)'_x}$$

$$\lim_{x\to 0^+}\frac{\left(\dfrac{1}{2}\right)\displaystyle\int_0^{\frac{x}{2}}\mathrm{e}^{-[t-(x/2)]^2}\,\mathrm{d}t}{(x/2)}\xlongequal{\text{令}\,s=t-\frac{x}{2}}\lim_{x\to 0^+}\frac{\displaystyle\int_{-\frac{x}{2}}^0\mathrm{e}^{-s^2}\,\mathrm{d}s}{x}=\lim_{x\to 0^+}(-1)\left(\mathrm{e}^{-s^2}\big|_{s=-x/2}\right)\times\left(-\frac{x}{2}\right)'_x=\frac{1}{2}$$

评分：对于解 1，积分中值定理正确（含 D 的面积计算）给 5 分，知道 $(\xi,\ \eta)\to(0,\ 0)$ 给 2 分．分母处理给 1 分，结论给 2 分．

对于解 2，按本解法各等号给到 4、6、6、9、9、10 分．